普通高等教育“十一五”国家级规划教材
高等院校能源与动力类专业“十二五”规划教材

能源与环境

（第二版）

主编 周乃君
参编 马爱纯 涂福炳 马卫武

序

能源是人类社会赖以生存的重要物质基础，是工业经济的命脉。环境问题是关系到人类生存和发展的重大问题。

当今世界年能源消费量已达到100亿吨石油当量，随着社会经济的发展，人类对能源的需求量仍在不断增大。然而，在现阶段以至今后数十年内，煤炭、石油、天然气等化石燃料能源仍然不得不占据能源消费的主导地位，人类主要利用这些能源中所贮存的化学能经过转换提供所需的各种能量。这就导致了如下两方面的问题：一是这些化石能源属于不可再生资源，随着大规模的开采和利用，必然会走向枯竭。有数据表明，按照现有开采速度，石油仅够开采40年，天然气仅够开采60年，煤炭也将在200年左右枯竭。二是在化石能源的开采、运输、加工、转换和利用过程中，产生大量硫氧化物、氮氧化物、二氧化碳、烟尘、废水、重金属元素等污染物质，是造成环境污染的最主要因素。当今世界环境污染已十分严重，而且还有进一步恶化的趋势，酸雨、臭氧层破坏、全球气候变暖，已成为世界各国需要共同面对和解决的环境灾难问题。因此，世界各国必须行动起来，共同研究和解决能源与环境这两个涉及人类社会可持续发展的重大问题。

“节约与开发并重”是现阶段解决能源问题的重要途径。“节约”主要是指提高已探明储量的化石燃料能源的采收率和提高全社会的能源利用率，让其发挥出最大效益；“开发”则是指增加化石燃料能源的探明储量和不断寻找新的可替代能源及其利用方法，以满足社会经济发展对能源供应量不断增大的需求。核能、太阳能、地热能、风能、海洋能、潮汐能、生物质能、氢能和天然气水合物等新能源将是解决未来世界能源短缺问题的出路所在。

能源与环境污染密切相关。要解决环境问题，首先需要解决能源的开采、运输、加工、转换和利用过程中产生的污染排放，特别是减少化石燃料燃烧污染物的排放(即所谓减排)，并通过开发利用清洁能源减少对化石燃料的依赖性，实现人与自然的和谐发展。

无论是“节能减排”，还是“环境和谐”，都涉及一些能源与环境的基本知识、原理和方法，这是未来能源科技工作者需要理解和掌握的基本理论和专业知识，也是有助于全面认识、深刻理解和自觉地贯彻执行科学发展观所必需的理论储备。

本教材以能源和环境的关系为主线，内容可分为两部分。前一部分主要介绍能源的分类、能源和社会经济发展的关系，煤炭、石油、天然气和水能资源等传统能源的资源量、生产和消费状况，并介绍了核能、太阳能、地热能、风能、海洋能、潮汐能、生物质能、氢能和天然气水合物等新能源的资源状况和开发利用技术，进而重点讨论能量转换和储存的基本原理、能量系统分析方法和工业过程节能的途径与方法；后一部分则重点围绕能源转换和利用过程产生的环境污染治理问题展开讨论，详细介绍了燃烧污染防治技术和大气污染控制技术。

本书作者以鲜明的时代感和高度的社会责任感，将广泛的知识和技术原理融会贯通，内容上自成体系、难易结合、重点突出，不仅在知识层面而且在政策层面突出了能源和环境问题的重要性和紧迫性。书中汇集了大量统计数据和国家标准，具有较好的实用性，是一本知识性、实用性都较好的教材，相信能成为大学生们的“精神能源”，并对广大能源和环境科技工作者极具参考价值。

周乃君教授一直在热能与动力学科领域从事一线教学与科研工作，有许多工作积累和切身体会，在繁忙工作之余，率几位年轻教师结合多年教学实践和科学研究经验，历经数年，撰成此书，实属难得。在本书即将付梓之际，向几位作者表示由衷的祝贺！

前　言

“能源”与“环境”，是当今世界发展的两大主题。

能源是人类社会赖以生存的重要物质基础，是工业的食粮，社会经济的命脉。随着社会生产力的发展，人类对能源的需求量日益增大。但是，当今世界所使用的能源，绝大多数仍取自地球，随着不断的开采和利用，各种能源资源日渐枯竭，能否满足未来世界不断增加的能源需求，是人类共同面临的问题。

本书前两章较为详细地讨论了能源的种类、能源与社会经济发展的关系，并介绍了煤炭、石油、天然气和水能资源这几种传统能源的资源量、生产和消费状况；第3章讲述了核能、太阳能、地热能、风能、海洋能、潮汐能、生物质能、氢能和天然气水合物等新能源的资源状况和开发利用技术，并指出，多种新能源的开发利用是解决未来世界能源需求问题的根本途径。

“节约与开发并重”是我国的基本能源政策，也是解决世界能源问题的根本出路。节约能源、提高能源利用率，涉及各种技术原理和方法。本书第4、5、6章重点讨论了能量转换和储存的基本原理、能量系统的分析方法、工业过程节能的途径与方法，其中还介绍了一些节能新技术。

环境问题是关系到人类生存和发展的又一重大问题。当今世界环境污染已十分严重，而且还有进一步恶化的趋势。酸雨、臭氧层破坏、全球气候变暖，已构成世界各国需要共同面对和解决的环境灾难问题。调查研究表明，能源的开采、运输、加工、转换和利用过程中产生的污染，是造成环境污染的最主要因素。化石燃料的大量使用，导致硫氧化物(SO_x)、氮氧化物(NO_x)和烟尘的大量排放而污染环境，同时也导致了大量二氧化碳等“温室气体”的排放；制冷空调等能量转换设备的应用，在增加温室气体排放的同时，还是造成臭氧层破坏的罪魁祸首。

为了认识和了解各种污染物的生成机理并采用有效的措施加以防治，本书在第7章介绍环境与环境标准等知识之后，第8章重点讨论了SO_x、NO_x和烟尘的危害、生成机理、防治技术与相应设备，第9章则主要讨论了温室效应、臭氧层破坏的机理及其控制措施。

本书是在1997年编写的同名教材的基础上，结合作者多年的教学实践经验，扩充、改写而成。参加本书编写的有：周乃君(第3、4、5、6、8章)、马爱纯(第1、2章)、涂福炳(第7章)、马卫武(第9章)。全书由周乃君修改并总纂定稿。

知名热工专家梅炽教授审阅了全部书稿，并提出了许多宝贵意见，中南大学能源科学与工程学院的领导和老师们为本书的编写提供了支持。另外，书中引用了许多作者的著述；很多资料引自网络资源；中南大学给予了教材建设专项经费支持。在此一并表示感谢！

“能源”与“环境”这两大主题，原本属于两个独立的学科，实际上是一个多学科交叉领域。因此，涉及的知识面广，且广度和深度也较难把握。本书主要为适应能源动力类专业教学新要求和结合大学生素质教育要求而编写的。内容上力求自成体系，难易结合，重点突出，体现多门专业知识的综合与应用，并在讲述基本理论的同时，尽量注重实用性。可供能源动力类专业教学用书。对内容进行取舍后，也可作为大学生素质教育用书。希望本书能成为大学生们的“良师益友”，并能对广大能源和环境科技工作者有所裨益，共同为我国的“节能减排”事业作出贡献。

随着全球能源需求的持续增长，化石能源日渐枯竭，能源价格不断上涨，生产成本和生活成本正在不断上升，同时，环境问题也日益突出，因此节能减排已受到世界各国的普遍重视，可持续发展理念日渐深入人心，低碳经济模式正在以前所未有的态势迅猛发展。本教材能得到广大读者的支持与厚爱，无疑得益于我国节能减排和低碳经济形势的发展与要求。能为此尽绵薄之力，作者深感欣慰！

结合近年来能源与环境形势的发展，本书对第一版进行了修订，全面更新了各种数据，并结合作者的教学实践和读者反馈意见，对部分内容进行了适当调整和增删，每章增加了思考与练习题，以备课后复习；修正了错漏之处；总体上使全书内容更为精练，以适应新形势下对专业人才培养的新要求。

由于作者水平有限，加之能源和环境科学发展迅速，数据更新很快，因此不足和错漏之处在所难免，恳请广大读者批评指正。

编　者

2012年12月

目 录

第 1 章　能源概论

能源是关系到国计民生的重大问题。本章首先介绍能源的概念与分类，然后讨论能源与社会经济发展的关系，并给出能源计量、能源结构、能源效率等概念，最后对我国的能源状况和能源政策进行分析和讨论。

1.1　能源的分类与评价

1.1.1　能源的定义

所谓能源，是指能够直接或经过转换而获取某种能量的自然资源。在《现代汉语词典》中，对能源的注解是“能产生能量的物质，如燃料、水力、风力等”。而《大英百科全书》对能源的解释为“能源是一个包括所有燃料、流水、阳光和风的术语，人类采用适当的转换手段，给人类自己提供所需的能量”。此外在各种有关能源的书籍中还有一些其他的描述，但不论何种描述其内涵都是基本相同的，即能源就是能量的来源，是提供能量的资源。

在自然界里，有一些自然资源拥有某种形式的能量，它们在一定条件下能够转换成人们所需要的能量形式，这种自然资源被称为能源，如煤炭、石油、天然气、太阳能、风能、水能、地热能、核能等。但在生产和生活中，由于工作需要或是便于输送和使用等原因，常将上述能源经过一定的加工、转换，使之成为更符合使用条件的能量，如煤气、电力、焦炭、蒸汽、沼气和氢能等，它们也称做能源，因为它们也为人们提供所需的能量。

1.1.2　能源的分类

能源的形式多种多样，可以根据其存在和产生的形式、来源、本身的性质、利用的时间和普及的程度等进行分类。

1）按存在和产生的形式分类

根据能源存在和产生的形式可分为两大类：一类是自然界存在的，可以直接利用的能源，如煤、石油、天然气、植物燃料、水能、风能、太阳能、原子能、地热能、海洋能、潮汐能等，称为一次能源；另一类是由一次能源经过加工转换而成的能源产品，如电、蒸汽、煤气、焦炭、石油制品、沼气、酒精、氢、余热等，称为二次能源。

2）按来源分类

按能量的来源不同，可将能源分为三大类：

第一类是来自地球以外天体的能量，其中主要是太阳辐射能，此外，还有其他恒星或天体发射到地球上的各种宇宙射线的能量。太阳辐射能是地球上能量的最主要来源，它除了直接向地球提供光和热外，还是其他一次能源的来源。例如，靠太阳的光合作用促使植物生长，形成植物燃料；煤炭、石油、天然气、油页岩等矿物燃料（又称化石燃料）都是古代生物接受太阳能后生长，又长久沉积在地下形成的；另外，水能、风能、海洋能等，归根到底也都源于太阳辐射能。

第二类是地球自身蕴藏的能量，主要有地热能和原子核能。地热能是地球内以热能形式存在的能源，包括地下热水、地下蒸汽和热岩层，以及尚无法利用的火山爆发能等。原子核能是地壳内和海洋中的核裂变燃料(铀、钍)和核聚变燃料(氘、氚)等发生核反应时释放的能量。

第三类能源来自地球与其他天体间的相互作用。例如，太阳和月球对地球表面海水的吸引作用而产生的潮汐能就属于这一类。

自然界中能源的来源及蕴藏量如图1－1所示。

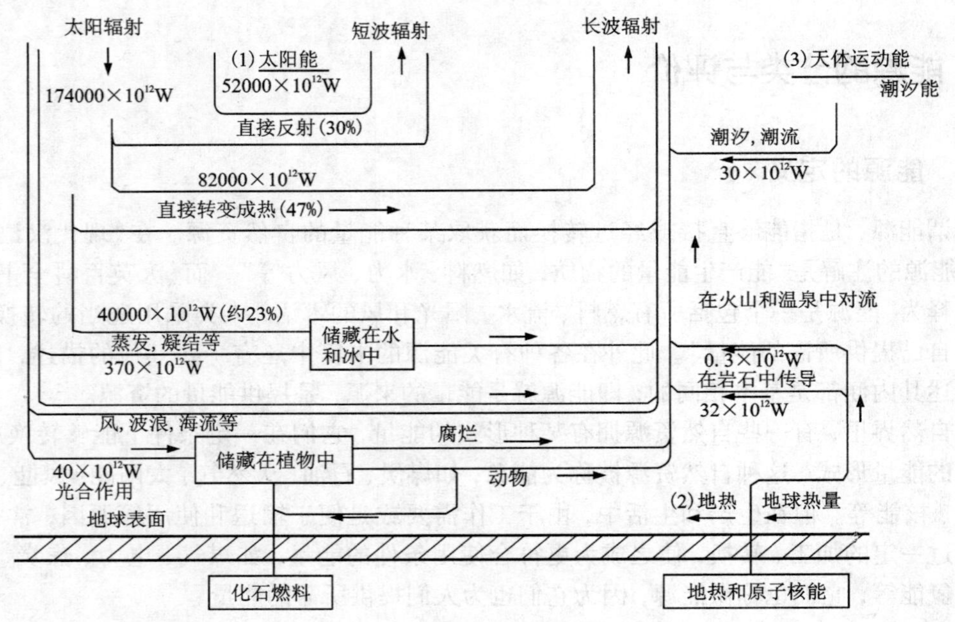

图1－1 自然界的能量来源及蕴藏量

3)按是否再生分类

在自然界中可以不断再生并有规律地得到补充的能源，称为可再生能源，如太阳能、水能、风能、潮汐能、生物质能等。它们都可以循环再生，不会因长期使用而减少。经过亿万年形成的、短期内无法恢复的能源，称之为非再生能源，如煤、石油、天然气以及各种核燃料等。它们随着大规模的开采和使用将会逐渐减少。

4)按使用性能分类

按能源是否能作为燃料使用可分为燃料能源和非燃料能源。可作为燃料使用的能源包括矿物燃料(煤、石油、天然气等)、生物燃料(柴禾、沼气、有机废物等)、化工燃料(酒精、乙炔、煤气、石油液化气等)，以及核燃料(铀、钍、钚、氘、氚等)。不可作为燃料使用的能源包括机械能(风能、水能、潮汐能等)、电能、热能(地热能、海洋温差能等)和光能(太阳辐射能、激光等)。

按能源的储存性质可分为含能体能源和过程性能源。前者可直接储存，本身就是可提供能量的物质，如煤、石油、天然气、核燃料等；而后者是由可提供能量的物质的运动所产生的能源，其特点是无法直接储存，如风能、水能、电能、海洋能等。

5）按技术利用状况分类

从能源被开发利用的程度、生产技术水平是否成熟及应用程度等方面考虑，常将能源分为常规能源和新能源两类。常规能源是当前广泛使用、应用技术比较成熟的能源，如煤、石油、天然气、蒸汽、煤气、电等。新能源是指开发利用较少或正在开发研究，但很有发展前景，今后将越来越重要的能源，如太阳能、海洋能、地热能、潮汐能等。新能源有时又叫非常规能源或替代能源。

常规能源与新能源是相对而言的，例如核裂变能应用于核电站，在我国核电站较少，核电所占比例较小，核能是新能源，但在国外除快中子反应堆与核聚变外，许多国家已把核能作为常规能源。即使对于常规能源，目前也正在研究新的利用技术，如磁流体发电，就是利用煤、石油、天然气作燃料，使气体加热成高温等离子体，再通过强磁场时直接发电。另外，风能、生物质能以及某些地方的地热水（如温泉）等能源，虽然已有多年使用历史，但过去未被重视，近年来又开始重视并加以利用，各国现在一般也把它们当作新能源。

6）按对环境的影响分类

从使用能源时对环境污染的大小，把无污染或污染小的能源称为清洁能源，如太阳能、风能、水能、氢能等；对环境污染较大的能源称为非清洁能源，如煤炭、油页岩等。

能源的分类见表1－1。

表1－1 能源的分类

<table>
<tr><th colspan="2" rowspan="2">类别</th><th colspan="2">第一类
源自地球以外天体</th><th>第二类
源自地球本身</th><th>第三类
源自地球与其他天体间的相互作用</th></tr>
<tr><th>常规能源</th><th colspan="3">新能源</th></tr>
<tr><td rowspan="2">一次能源</td><td>再生能源</td><td>水能、植物燃料</td><td>太阳能、风能、生物质能、海水温差能、海洋波浪能、海水动力能、（雷电能）</td><td>地热能
（火山能）
（地震能）</td><td>潮汐能</td></tr>
<tr><td>非再生能源</td><td>各种煤、石油、天然气</td><td>油页岩</td><td>核燃料——
铀、钍、钚、氘、氚</td><td></td></tr>
<tr><td colspan="2">二次能源</td><td>焦炭、煤气、汽油、柴油、煤油、石油液化气、电能、蒸汽</td><td colspan="3">酒精、沼气、氢能</td></tr>
</table>

1.1.3 能源的评价

为了合理地选择和使用能源，应分析和研究它们的资源量、可用性和经济性。通常从以下几个方面对能源进行评价。

1）储藏量

储藏量是能源供应能否稳定持续的必要条件。描述资源的储藏量主要有三种方法：

储量：采用卫星探测、地质分析等方法，通过宏观统计分析得到的、地质上有表征与特征显示的估计蕴藏量。

探明储量：已探明地层范围及蕴藏确切数量的资源量。

经济可采储量：用当前技术水平可能开采，而经济上又可行的那部分储量。据勘探程度又可划分为普查量、详查量和精查量。

作为能源的一个必要条件是储量足够丰富。与储量有关的评价还要看可再生性，在条件许可和经济上基本可行的情况下，应尽可能地采用可再生能源。

2）能流密度

能流密度指在一定质量、空间或面积内，从某种能源中实际所能得到的能量或功率。如果能流密度很小，就很难作为主要能源。一般来说，各种常规能源的能流密度都比较大，核燃料的能流密度最大，而太阳能和风能的能流密度较小。几种能源的能流密度见表1-2。

表1-2 几种能源的能流密度

能源类别	能流密度	能源类别	能流密度
汽油	4.4×10^4 kJ/kg	水能(流速3 m/s)	20 kW/m^2
甲烷	5.0×10^4 kJ/kg	波浪能(波高2 m)	30 kW/m^2
烟煤(典型值)	2.5×10^4 kJ/kg	潮汐能(潮差10 m)	100 kW/m^2
无烟煤(典型值)	2.3×10^4 kJ/kg	氢	1.2×10^5 kJ/kg
风能(风速3 m/s)	0.02 kW/m^2	天然铀	5.0×10^8 kJ/kg
太阳能(昼夜平均)	0.16 kW/m^2	铀-235(核裂变)	7.0×10^{10} kJ/kg
太阳能(晴天正午)	1 kW/m^2	氘(核聚变)	3.5×10^{11} kJ/kg

3）开发费用和用能设备费用

各种能源的开发费用和利用该种能源的设备费用相差较大。例如太阳能、风能等，不花任何成本就能得到。各种化石燃料和核燃料，从勘测、开采，到加工、运输等，都需要人力和物力的投资，而且有的工序还有一定的危害性和危险性。通常，利用能源的设备费用与开发费用大小正好相反，如太阳能、风能、海洋能等虽然很廉价，但其利用设备费就远高于利用化石燃料的设备费；核电站的核燃料费远低于燃油电站的燃油费，但其设备费却高很多。此外，开采和利用的价格与能源的转化和利用的技术难度关系很大，后者直接决定了各种能源利用历史的先后。

4）供能连续性和存储可能性

供能的连续性是指能量按需要的多少和快慢，连续不断地供给能量。储能可能性指能量在不用时可以存储起来，需要时能立即供给所需的能量。对于化石燃料和核燃料来说，储能比较容易，所以能连续供能。但太阳能白天有，晚上无；风能则时大时小，且随季节变化大，储存起来比较困难，因此它们很难做到供能的连续性。

5）运输费用与损耗

能源的运输费用和损耗不容忽视。例如太阳能、风能、地热能等能源，很难输送出去；

石油和天然气很容易从产地输运到用户；煤的运输则稍为困难一些，而且损耗也较大；核燃料的运输很容易，因为它的能流密度很大；水力发电站如果远离用户，远距离输电损失也不小，而且还是一项投资巨大的基建工程。

6）对环境的影响

使用能源时必须考虑其对环境的影响。原子能的可能危险性世界各国都很重视，已经采取了较可靠的安全措施；化石燃料对环境的污染较大，还需进一步重视并采取有效的措施减少其污染排放；水力资源的应用，也可能对生态平衡、土壤盐碱化、灌溉与航运造成影响；而太阳能、风能、氢能等，则基本上是没有污染的清洁能源。

7）能源品位

任何一种形式的能量都可看成是由㶲（或称有效能，即在一定周围环境条件下，理论上能够转变为有用功的那部分能量）和炕（或称无效能，即不能够转变为有用功的那部分能量）两部分组成。㶲可用来评价能量的质量和品位，㶲大的能量具有较高的能质和品位。电能、机械能、水力能等是高质能量，而化学能、热能等是较低质的能量。非高质能中的有效能所占比例越大，则能量的品位就越高。例如在热机中，热源温度愈高，冷源温度愈低，则循环效率就越高，即热量可转化为机械功的部分越大，也就是说，两热源温差越大，其㶲值就越高，能量品位也越高。这部分内容将在本书第 5 章中详细讨论。

1.2 能源与社会经济发展的关系

能源的开发利用，同社会生产力的发展、科学技术的进步以及人们的生活水平有着极为密切的关系。在不同的历史时期，生产力水平不同，人类利用能源的技术水平也有差别，而能源科学技术的进步，又将推动社会生产力的飞跃发展。可以说，能源科学技术的每个重大突破，都会引起生产技术的一次革命，把社会生产力推上一个新台阶。

1.2.1 能源的更迭与社会发展的关系

回顾人类发展的历史，人类社会对能源的开发和利用有明显的阶段性，大致可分为四个时期。

1）薪柴时期

在原始社会漫长的年代里，人类在劳动实践中掌握了钻木取火的方法，从此，人类就以薪柴、秸秆和动物粪便等生物质燃料来烧饭和取暖，同时以人力、畜力和一些简单的风力或水力机械作为动力从事生产活动。薪柴是一种可再生能源，并且数量巨大，操作技术简单，因此以柴草为主要能源的时期延续了长达 1 万年之久。在这个历史时期，生产和生活水平低下，社会发展迟缓。

2）煤炭时期

18 世纪中叶从英国开始的工业革命，促使世界能源结构发生了第一次重要转变，从薪柴时期转向煤炭时期。18 世纪中叶开始的工业革命的主要标志是 1765 年瓦特发明了蒸汽机，人类社会步入了蒸汽机时代，蒸汽机成为生产的主要动力。随之纺织、冶金、交通和机械等工业得到迅速发展，蒸汽机的应用也推动了煤炭工业的兴起。工业的蓬勃发展以及铁路和航运的开通均需要大量的煤炭，于是，世界能源结构由以薪柴为主转向以煤炭为主。1881 年，美国发明家与工程师爱迪生以煤为燃料建造了世界上第一座发电站，这是能源利用史上的第二次突破。从此电力开始取代蒸汽动力，成为工矿企业的基本动力，也成为生产和生活照明的主要能源，社会生产力大幅度增长，实现了资本主义工业化，从根本上改变了人类社会的面貌。因此煤炭成为19世纪资本主义工业化的主要能源。在1860年到1910年的半个世纪内，煤炭消费量增长了7.3倍，占能源消费结构中的比例由25.3%增长到63.5%。

3)石油时期

人们对石油的发现和使用可追溯到3000年以前，但直到1859年，在美国宾夕法尼亚州成功打出第一口油井，现代石油工业才算真正开始。起初，石油制品主要用于加热和照明。到20世纪50年代，美国、中东、北非等地区相继发现了巨大的油田和气田，石油开始进入了生产和生活的各个消费领域。西方发达国家很快从以煤为主要能源转到以石油和天然气为主要能源。1965年，石油消费首次取代煤炭而居首位，石油在能源消费结构中的比率达到了41.2%，真正进入“石油时代”。同时汽车、飞机、内燃机车和远洋客货轮的迅猛发展，极大地缩短了地区和国家间的“距离”，也大大促进了世界经济的繁荣和发展。

4)多能互补时期

1973年10月中东战争爆发，触发了资本主义国家的能源危机。实质上这是一次石油危机。由于石油供应量下降，价格高企，不少国家被迫调整工业结构和产品结构，石油消费量下降。2011年石油在能源消费结构的比重下降至34%，煤炭的比重增至30%，天然气增至24%，水电和核电大幅度增至13%。如法国等缺少化石燃料的国家和地区，核电的比重2011年已达到78%。挪威的水力发电所占的比重2011年达到了99.5%。随着化石燃料的日益枯竭，没有一种单一能源在能源消费结构中占绝对优势。因此称为多能互补时期。

未来几十年内，世界范围的化石燃料仍占主导地位，核能的比重将会有所增长，其他新能源暂时还不可能占很大比重。但这些能源大多来源便宜、污染少，一旦一些关键技术问题有了突破以后，预期将会得到大量应用。因此，提高能源利用效率、节约能源，是近期解决能源供需矛盾的主要途径，对传统能源的清洁利用途径和方法的研究，以及开展替代能源和可再生能源的研究将占据越来越重要的地位。

随着化石燃料的日益枯竭，世界能源向化石燃料以外的能源转移已势在必行。能源消费结构已开始从化石燃料为主要能源逐步向多元化能源结构过渡。特别是太阳能、氢能、海洋能、风能、生物质能和地热能等新能源的开发利用已成为各发达国家优先发展的领域。天然气水合物能和空间太阳能也是人类的未来能源领域。由于世界各国加大了新能源与可再生能源的人力和财力的投入，在过去的30年中，新能源与可再生能源技术得到了快速发展，许多技术已进入了商业化应用阶段。如风力发电技术、太阳能光电池技术、生物质发电技术、燃料电池技术等已经具备了与常规能源进行商业竞争的能力。

许多国家制定了新能源与可再生能源的发展规划，将使新能源与可再生能源在全球总能源耗费中的比例由2000年的5%提高到2020年的15%左右。随着新能源与可再生能源在全球总能源消费中的比例的不断上升，就会逐渐提高能源供给的可持续性，有望实现保证经济可持续发展的能源战略，最终实现经济、能源、环境和生态的和谐与可持续发展。

图1-2和图1-3分别给出了人类历史上能源消费变更情况(示意图)和20世纪以来的发展变化情况。由图中可见，人类社会对能源的开发和利用有明显的阶段性，且随着科学技术的进步、工业的高速发展，各种能源的生产和消费总量都在急剧增加。最近100年，煤炭

年消费总量约增长 6 倍，石油年消费总量约增长 25 倍，天然气年消费总量约增长 12 倍，水电年增长 6 倍，核能则从无到有，增长迅速。现阶段虽然仍以化石燃料为主要能源，但水电和核能等能源已占居重要地位，因此呈现为多能互补的发展趋势。

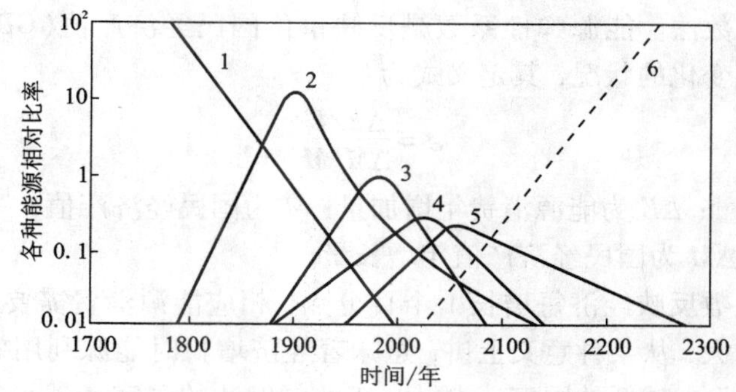

图 1－2　人类历史上能源消费结构的变更

1—柴草；2—煤炭；3—石油；4—天然气；
5—核裂变能；6—太阳能、核聚变能及其他新能源

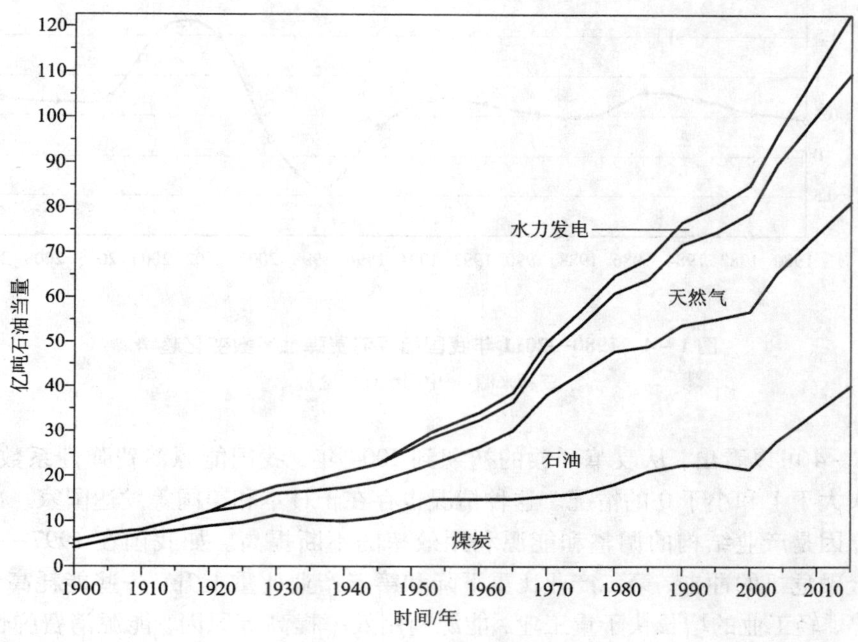

图 1－3　20 世纪以来世界能源消费图

1.2.2　能源与国民经济的关系

人类社会发展的历史与能源的开发和利用水平密切相关，能源利用的每一个时期，均使社会生产产生新的飞跃。蒸汽机的发明引起了产业革命；内燃机的发明，推动了交通运输技术的进步；电的发明导致了生产工艺机械化、自动化的重大变革；原子能的发现为人类利用

能源开辟了新的途径。

世界各国经济发展的实践证明，在经济正常发展的情况下，能源消耗总量和能源消耗增长速度与国民经济生产总值增长率成正比例关系。

能源与经济增长的一般关系可通过数量关系反映出来。目前，国内外比较通用的评价方法是能源消费弹性系数法。能源弹性系数是反映单位国民经济产值(GDP)增长率的变化引起的能源消费增长率变化的状况，其定义式为：

$$\varepsilon = \frac{\Delta E/E}{\Delta M/M} \tag{1-1}$$

式中：E 为能源消费量；ΔE 为能源消费年增加量；M 为国民经济产值，一般用可比的国内生产总值(GDP)表示；ΔM 为国民经济产值年增长量。

能源消费弹性系数反映经济每增长 1 个百分点，相应能源消费需要增长多少个百分点。能源消费弹性系数越大，从某种意义上讲，意味着经济增长时能源利用效率越低，反之则越高。一般而言，国民收入越低的国家 ε 越大，工业越发达的国家 ε 越小。因为工业化程度越高，生产规模越大，则产品能耗或产值能耗就越低。

图 1－4 为 1980—2011 年我国的能源消费弹性系数的变化趋势。

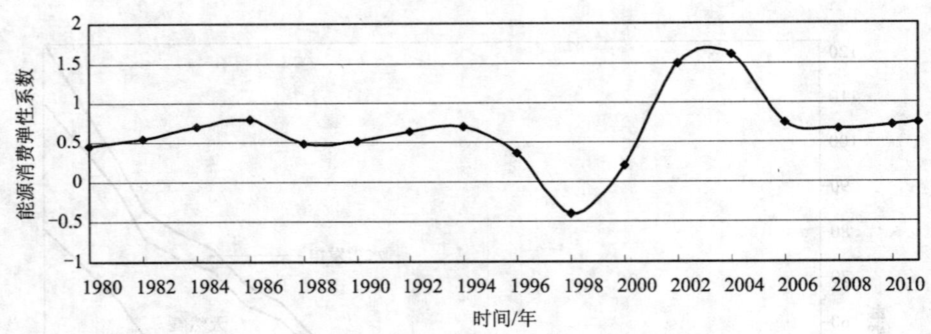

图 1－4　1980—2011 年我国能源消费弹性系数变化趋势

资料来源：《中国统计年鉴》。

由图 1－4 可以看出，从改革开放的初期到 2004 年，我国能源消费弹性系数波动较大，出现很多次大于 1 和小于 0 的情况。这种情况也存在于日本和美国等发达国家。出现这种情况的主要原因是产业结构的调整和能源利用效率的不断提高。如我国在 1997—1999 年间，由于亚洲金融危机的冲击，第二产业比重下降和第三产业比重上升，一些能耗高、污染大的小企业关停，轻工业的增长快于重工业，能源利用效率提高等原因，能源消费弹性系数出现了负值。而 2002—2004 年间能源消费弹性系数大于 1 主要是由于投资高速增长导致钢铁、水泥、电解铝等高耗能产业迅速扩张，造成能源消费的快速增长，第三产业比重降低，而第二产业尤其是重工业的比重上升，人民生活消费如汽车、家用电器、燃气等的快速增长。

表 1－3 为 1981—2002 年世界一些国家的能源消费弹性系数。

表面上看，中国的能源消费弹性系数较低，甚至低于日本和澳大利亚，但这并不表明中国的能源利用效率处于世界先进水平。由于我国经济起步晚和总量较小，因此 GDP 增长相对较快，该系数反映的是两个增量之间的比例关系，掩盖了中国单位产值消费能源较高的事实。

表 1 -4为中国与一些主要国家的单位实际 GDP（按汇率法计算，1995 年价）所消费的能源。

由表 1 -4 可见，与发达国家相比，我国的单位 GDP 能耗相对较高，即使与一些发展中国家相比，我国的单位产值能耗也较高。所以仅利用能源消费弹性系数来衡量能源利用效率不全面，最好同时采用其他指标（如单位 GDP 能耗等）进行综合评估。

表 1 -3　1981—2002 年部分国家的能源消费弹性系数

国 家	能源消费增长率（%）	可比价 GDP 增长率（%）	能源消费弹性系数
巴 西	2.99	2.05	1.45
印 度	4.66	5.57	0.84
日 本	1.98	2.53	0.78
澳大利亚	1.83	3.30	0.55
中 国	4.17	9.53	0.44
法 国	0.73	2.12	0.34
加 拿 大	0.92	2.82	0.33
英 国	0.72	2.46	0.29
美 国	0.76	3.03	0.25

注：由于国际能源署对中国国家统计局提供的能源消费量数据进行了大幅调整，因此该数据与统计年鉴中的相应数据出入较大，这里仍采用统计年鉴提供的数据，表中其他国家的数据都来自国际能源署。

表 1 -4　中国与一些主要国家单位产值实际能耗　　单位：kgoe/美元

国家	1980	1985	1990	1995	2000	2005	2010	2011
乌克兰	—	—	1.75	1.86	2.14	1.42	1.31	1.35
俄罗斯	—	—	2.25	1.62	1.17	0.80	0.62	0.46
印度	1.32	1.23	1.18	1.03	0.99	0.61	0.40	0.39
中国	2.48	2.15	1.56	1.43	0.81	0.72	0.44	0.35
南非	0.68	0.76	0.82	0.82	0.83	0.76	0.35	0.35
加拿大	0.47	0.43	0.38	0.37	0.35	0.32	0.23	0.21
美国	0.35	0.31	0.27	0.25	0.23	0.21	0.15	0.14
法国	0.22	0.22	0.21	0.20	0.19	0.18	0.11	0.10
澳大利亚	0.33	0.32	0.31	0.29	0.27	0.25	0.13	0.10
德国	0.30	0.28	0.23	0.20	0.18	0.17	0.10	0.09
英国	0.23	0.20	0.18	0.17	0.15	0.14	0.10	0.09
日本	0.12	0.12	0.11	0.11	0.11	0.10	0.09	0.08
世界平均	0.40	0.39	0.37	0.33	0.31	0.24	0.20	0.18

来源：联合国能源署历年统计年鉴。

1.2.3 能源与生活水平的关系

各个国家的能源消费数量极不均衡，从一个国家人民的能耗量可以看出一个国家人民的生活水平。以2011年为例，全世界一次能源消费量为12 274.6 Mtoe(百万吨石油当量)。其中北美、亚太和欧洲这些主要消费地区的消费量占世界总量的3/4以上。美国是世界消耗一次能源最多的国家，其消费量接近世界总量的1/5。我国作为世界上最大的发展中国家，2011年一次能源消费量为2 613.2 Mtoe，占世界的21.3%，居世界首位。但按人口平均，我国人均能源消费量未达到世界平均水平，美国、加拿大和新加坡人均消费能源水平较高。表1-5为世界主要国家或地区的人均一次能源消费量比较。

表1-5 主要国家或地区人均一次能源消费量比较 单位：toe/人

国家或地区	人均消费量(toe/人)			国家或地区	人均消费量(toe/人)		
	1990年	2000年	2010年		1990年	2000年	2010年
新加坡	8.694	8.750	13.406	德国	4.449	4.026	3.926
加拿大	9.474	9.785	9.393	中国香港	1.925	2.368	3.748
美国	7.892	8.380	7.482	英国	3.698	3.749	3.430
澳大利亚	5.164	5.536	5.282	西班牙	2.407	3.271	3.301
韩国	2.091	4.040	5.211	意大利	2.689	3.052	2.880
中国台湾	2.466	4.238	4.894	马来西亚	1.389	1.966	2.602
俄罗斯	3.035	4.375	4.734	匈牙利	2.524	2.300	2.296
新西兰	4.592	4.684	4.550	阿根廷	1.356	1.592	1.962
捷克	3.195	3.883	4.230	中国内地	0.612	0.766	1.824
法国	3.900	4.291	3.947	非洲总计	0.355	0.345	0.347
日本	3.513	4.038	3.937	世界总计	1.561	1.532	1.901

来源：世界人口数据表(美国人口咨询局)，2010. 世界各国一次能源消费结构. 中外能源，2010.

此外，生产力水平较高的国家，社会人均年消费能源较高，且工业、运输、民用领域所消费的能源比例基本相当。而我国能源消费主要领域仍是工业。

1.3 能源资源概况

1.3.1 能源的计量

在统计能源供需数据时，首先需要明确计量所用的单位。能源的计量是一个较为复杂的问题，目前国际上还没有统一的、行之有效的计量方法。一般有以下几种表示方法。

(1)直接以物质的量来表示。如煤炭的吨数，天然气的立方米数，核燃料则以千克来表示，石油计量单位有桶、吨、加仑和升几种表示方法。

桶和吨是常见的两个原油计量单位。欧佩克组织和英美等西方国家原油计量单位通常用桶来表示，中国及俄罗斯等国则常用吨作为原油计量单位。吨和桶之间的换算关系为：1 t约等于7桶，如果油质较轻(稀)则1 t约等于7.2桶或者7.3桶。尽管吨和桶之间有固定的换算关系，但是由于吨是质量单位，桶是体积单位，而原油的密度变化范围较大，在交易中如按不同的单位计算，结果也不同。加仑和升是两个比较小的成品油计量单位，美国与欧盟等国家的加油站，通常用加仑为单位，我国的加油站则用升计价。1桶=158.98 L=42加仑。美制1加仑=3.785 L，英制1加仑=4.546 L。如果要把体积换算成重量，和原油的密度有关。假设某地产的原油密度为0.99 kg/L，那么一桶原油的重量就是158.98×0.99=157.3902 kg。

直接以物质的量来表示的方法，其优点是可直接表示某种能源资源量的多少，缺点是没有考虑资源的品质，因此缺乏可比性。

(2)以能量单位来表示。即用各种能源资源能够转化成的能量的数值，以能量的单位来衡量。按现行国际标准，能量的单位有kJ、kW·h。原来采用的kcal、Btu(英热单位，定义为1磅水升高1华氏度所需的热量)等单位已经被废弃。这种表示方法考虑到了能源的共性，具有一定的可比性，但缺乏直接性。

(3)用能源的当量值表示。即将各种能源资源所蕴含的能量折算成某种标准燃料的当量数值。国际能源署(IEA)在比较世界各国能源供需量时，常常使用toe(tons of oil equivalent，油当量吨，按热值10 000kcal/kg油折算)，中国往往使用tce(tons of coal equivalent，煤当量吨)。但它们都还没有国际上公认的换算基数。例如1 t原油的煤当量值，中国和欧洲共同体按1.43 t计算，而联合国按1.45 t，英国按1.70 t计算，甚至1 kg煤当量的热值也还没有国际统一的规定。中国、俄罗斯、日本和西欧大陆国家按29.3 MJ(7 000 kcal)计算，而联合国则按28.8 MJ(6 800 kcal)，英国按25.5 MJ(6 100 kcal)计算。这给国际间的比较造成了很大的困难，因此亟待统一起来。但总的来看，当量表示兼顾了直接性和可比性，是衡量能源资源量的较好的表示方法。

我国采用的煤当量(也称标准煤)的热值为29.3 MJ/kg(或7 000 kcal/kg)。将原煤换算成煤当量时，按平均热值20.9 MJ/kg(或5 000 kcal/kg)计算，换算系数为0.714 3；原油热值按41.8 MJ/kg(或10 000 kcal/kg)计算，换算系数为1.428 6；天然气热值按38.9 MJ/kg(或9 310 kcal/m^3)计算，换算系数为1.330 0。电力通常用kW·h作计量单位，而不进行换算。在能源统计中，水电和核电算作一次能源，一般按火电站当年生产1 kW·h电能实际消耗的燃料的平均煤当量值来计算。联合国则按电的热功当量计算，1 kW·h=3.6 MJ(或860 kcal)，换算成煤当量的系数是0.123。我国各种能源折标准煤的参考系数如书末附表1。

综上所述，能源的计量和统计目前还没有统一标准，实际工作中应考虑各个行业的习惯做法，并尽量采用国际标准。在进行国际间合作和比较时，应注意计量标准的差异。

1.3.2　能源资源

目前为止，化石燃料仍是世界上最主要的能源资源，但世界范围内各种能源的储量分布极不平衡，这种能源资源分布的不均衡给世界的政治、经济格局带来了重大的影响。世界一次能源的储量主要集中在某些地区和少数国家，三种主要化石能源的资源量有四分之三以上为十个国家所占有。

据2012年英美BP石油公司公布的资料，截至2011年年底，全球石油可采储量为16526亿桶(合2343亿吨)。其中中东占有全球石油可采储量的48.1%，仅沙特就占有全球总量的

16.1%;中南美地区以委内瑞拉石油可采储量最多,占17.9%;欧洲和前苏联地区以俄罗斯最多,占5.3%;北美地区石油储量以加拿大为主,占10.6%;非洲地区主要是利比亚和尼日利亚,分别占2.9%和2.3%;东亚地区以中国石油可采储量最多,但仅占全球的0.9%。

2011年全球天然气可采储量为208.4万亿立方米,比1980年增加了一倍多,按当前天然气的生产能力,这些气储量还可开采65年左右。以俄罗斯为首的9个天然气资源国储量,占有全球天然气总储量的76%,其中俄罗斯天然气可采储量占全球总储量的21.4%,中东地区的伊朗和卡塔尔分别占15.9%和12%。这三个国家的天然气可采储量占全球总储量的49.3%。其他储量较高的国家有土库曼斯坦、沙特、阿联酋、美国、尼日利亚、阿尔及利亚和委内瑞拉,中国天然气仅占全球总储量的1.5%。

煤炭是世界上蕴藏量最丰富的化石燃料,据世界能源委员会的评估,世界煤炭资源最终可采资源量达4.84万亿tce,占世界化石燃料可采资源量的66.8%。据统计,至2011年年底,世界煤炭探明的可采储量为8 609.38亿t,储采比为112年,远远高于世界石油和天然气资源的可采年限。煤炭储量居世界前五位的国家是美国、俄罗斯、中国、澳大利亚和印度,五国的煤炭储量占世界煤炭总储量的75%。与世界石油、天然气资源分布相比,煤炭资源分布更加广泛,而且有近一半分布在经合组织国家。因此,世界各国对煤炭供应安全的关注程度远没有对石油和天然气的高。

表1-6为世界主要国家一次能源可采储量和储采比。

表1-6 世界主要国家一次能源储量(2011年)

石油			天然气			煤炭		
国家	储量/万亿 m^3	储采比/年	国家	储量/万亿 m^3	储采比/年	国家	储量/万亿 m^3	储采比/年
委内瑞拉	463	>100	俄罗斯	44.6	73.5	美国	2 372.9	239
沙特	365	65.2	伊朗	33.1	>100	俄罗斯	1 570.1	471
加拿大	282	>100	卡塔尔	25.0	>100	中国	1 145.0	33
伊朗	208	95.8	土库曼斯坦	24.3	>100	澳大利亚	764.0	184
伊拉克	193	>100	美国	8.5	13.0	印度	606.0	103
科威特	140	97.0	沙特阿拉伯	8.2	82.1	德国	407.0	216
阿联酋	130	80.7	阿联酋	6.1	>100	乌克兰	338.7	390
俄罗斯	121	23.5	委内瑞拉	5.5	>100	哈萨克斯坦	336.0	290
利比亚	61	>100	尼日利亚	5.1	>100	南非	301.6	118
尼日利亚	50	41.5	阿尔及利亚	4.5	57.7	哥伦比亚	67.4	79
哈萨克斯坦	39	44.7	澳大利亚	3.8	83.6	加拿大	65.8	97
美国	37	10.8	伊拉克	3.6	>100	波兰	57.1	41
卡塔尔	32	39.3	中国	3.1	29.8	印度尼西亚	55.3	17
巴西	22	18.8	印度尼西亚	3.0	39.2	巴西	45.6	>100
中国	20	9.9	马来西亚	2.4	39.4	希腊	30.2	53
世界总计	2 343	54.2	世界总计	208.4	63.6	世界总计	8 609.4	112

来源:BP Statistical Review of Word Energy, 2012.

其他的能源资源如煤层气、油页岩、风能、水能等将在后面的章节中进行介绍。

1.4　能源结构

能源结构包括能源生产结构和能源消费结构。能源生产结构指各种能源的生产量及其在整个能源工业总产量中所占的比重。能源消费结构指国民经济各部门所消费的各种能源量及其在能源消费总量中的比重。由于世界各国所处地理位置和生产力发展水平的差异，能源资源以及开采状况各不相同，能源结构也就存在差异。世界能源资源分布的极不平衡导致了能源生产与消费结构的极不平衡。

1.4.1　能源的生产结构

最近 30 年来，全球能源生产发展非常迅速。2011 年世界总计开采石油达 39.95 亿 t，比上年增加 1.3%，石油产量中东占优势；其次是俄罗斯，其石油产量为 5.1 多亿 t，直逼头号产油国沙特(5.3 亿 t)；中国的原油产量为 2.04 亿 t，较上年增长 0.3%。

天然气产量增速较快，2011 年世界天然气总产量为 32 762 亿 m^3，比上年增长 3.1%，与十年前相比增长了 32%，俄、美两国的天然气产量分别占世界总量的 18.5% 和 20%。上述主要 9 个天然气资源国的其他 7 国，产量最高的阿尔及利亚，天然气产量仅为世界总产量的 2.4%，有的甚至不到 1%，亚太地区的印度尼西亚和马来西亚的天然气产量，只占世界产量的 2.3% 和 1.9%，中国天然气产量为 1 025 亿 m^3，仅占世界产量的近 3.1%。

自 20 世纪 80 年代以来，经合组织国家的煤炭产量急剧下降，欧洲煤产量下降 70%，一些经济转型国家下降 40%，但澳大利亚、中国、印度和印度尼西亚、南非和美国煤炭产量增长迅速，使世界煤炭产量总体趋于平缓。近几年，由于我国煤炭产量增加较快，世界煤炭产量处于上升势头。2011 年，世界煤炭产量超过 50 亿 t。20 多年以来，世界煤炭生产重心逐渐由欧洲及欧亚大陆转移到亚太地区，欧洲及欧亚大陆煤炭产量占世界煤炭总产量之比由 1983 年的 49% 降到 2011 年的 11.6%，而亚太地区的比例由 1983 年的 28% 逐步增大到 2011 年的 60% 多。

世界主要国家一次能源产量如表 1－7 所示。

表 1－7　世界主要能源生产国的能源产量(2011 年)　　单位：Mtoe

石油		天然气		煤炭		能源生产总量		比例/%
沙特阿拉伯	525.8	美国	592.3	中国	1956.0	中国	2 446.1	19.58
俄罗斯	511.4	俄罗斯	546.3	美国	556.8	美国	1 809.2	14.48
美国	352.3	加拿大	144.4	澳大利亚	230.8	俄罗斯	1 291.6	10.34
伊朗	205.8	伊朗	136.6	印度	222.4	沙特阿拉伯	615.1	4.92
中国	203.6	卡塔尔	132.2	印度尼西亚	199.8	加拿大	463.6	3.71
加拿大	172.6	中国	92.3	俄罗斯	157.3	印度	350.6	2.81

续表 1-7

石油		天然气		煤炭		能源生产总量		比例/%
阿联酋	150.1	挪威	91.3	南非	143.8	伊朗	345.2	2.76
墨西哥	145.1	沙特阿拉伯	89.3	哈萨克斯坦	58.8	印度尼西亚	319.0	2.55
科威特	140.0	阿尔及利亚	70.2	波兰	56.6	澳大利亚	296.9	2.37
委内瑞拉	139.6	印度尼西亚	68.0	哥伦比亚	55.8	巴西	240.2	1.92
伊拉克	136.9	荷兰	57.8	乌克兰	45.1	挪威	212.7	1.70
尼日利亚	117.4	马来西亚	55.6	德国	44.6	墨西哥	212.1	1.69
巴西	114.6	埃及	55.1	加拿大	35.6	卡塔尔	203.3	1.63
挪威	93.4	土库曼斯坦	53.6	越南	24.9	阿联酋	196.7	1.57
OPEC	1 695.9	乌兹别克斯坦	51.3	捷克共和国	21.6	委内瑞拉	192.9	1.54
世界总计	3 995.6	世界总计	2 954.8	世界总计	3 955.5	世界总计	12 491.5	100

来源：BP Statistical Review of Word Energy，2012.

注：①石油生产量包括原油、页岩油、油砂和天然气凝液，但不包括从煤衍生物制取的液态燃料。

②能源生产总量包括原煤、原油、天然气、水电及其他动力能(如风能、地热能等)发电量。不包括低热值燃料生产量、生物质能、太阳能等的利用和由一次能源加工转换而成的二次能源产量。该部分资料来源为国际能源机构统计年鉴(IEA STATISTICS)。

1.4.2 能源的消费结构

通常，每年世界的能源消费总量与生产总量是基本持平的。19 世纪中叶，世界一次商品能源的消费总量(包括水电)为 130 Mtce，进入 20 世纪时，一次能源消费总量也不足 800 Mtce。此后，矿物能源消费的增速明显加快，到 2010 年，全球一次商品能源的消费总量超过了 17 000 Mtce。与同期 GDP 增长的 52 倍相比，全球商品能源的增长超过了 240 倍。

2000—2011 年世界和中国一次能源消费量的变化如图 1-5 所示。2011 年世界一次能源消费量比 2005 年增长 14.1%，中国一次能源消费量比 2005 年增长 57.5%。

世界能源消费仍以化石燃料为主，目前化石燃料占世界能源总消费的 87%，非化石能源和可再生能源虽然增长较快，但仍处于较低比例。据 2011 年统计，一次能源消费最多的国家依次是中国、美国、俄罗斯、印度和日本，分别占总量的 21.3%、18.5%、5.6%、4.6%和 3.9%。

统计资料表明，自 20 世纪 60 年代开始占据世界能源消费的主体以来，石油和天然气两大矿物燃料的地位得到明显加强。1960 年，全球能源消费中的石油和天然气比重只有 51%，但到了 2010 年，这一比重已经上升至 57%，如图 1-6 所示。

2011 年世界石油消费总量达 40.59 亿 t，略高于石油产量，年增速为 0.7%。石油消费以北美、亚太和欧洲为主，其中，美国石油消费量占全球的 20.5%，世界发达国家组成的经合组织 30 国占 51.5%；而中南美洲、中东、非洲等发展中国家和欠发达国家地区的石油消费量所占比例较低，分别为全球的 7.1%、9.1%和 3.9%。亚太地区石油消费增长迅速，2011 年亚洲石油消费水平已超过北美(25.3%)，占到 32.4%；其中，以中国、越南两国石油消费增

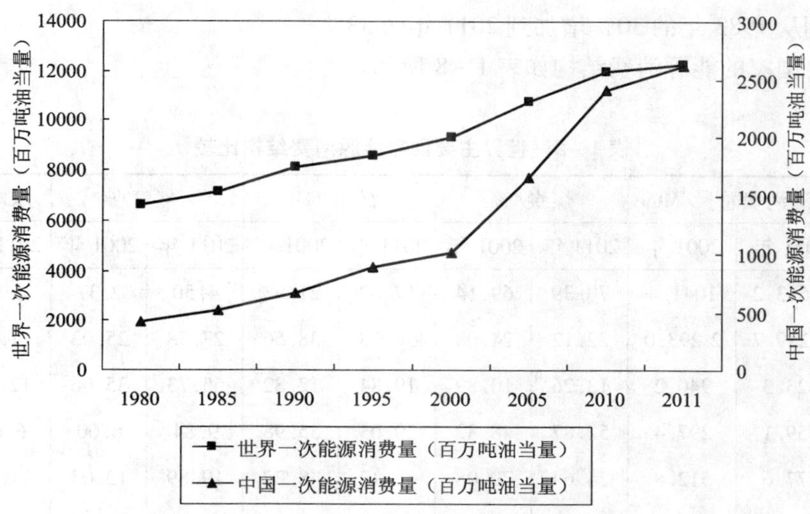

图1-5　世界和中国一次能源消费总量增长(1980—2011年)

资料来源：BP Statistical Review of Word Energy,2012.

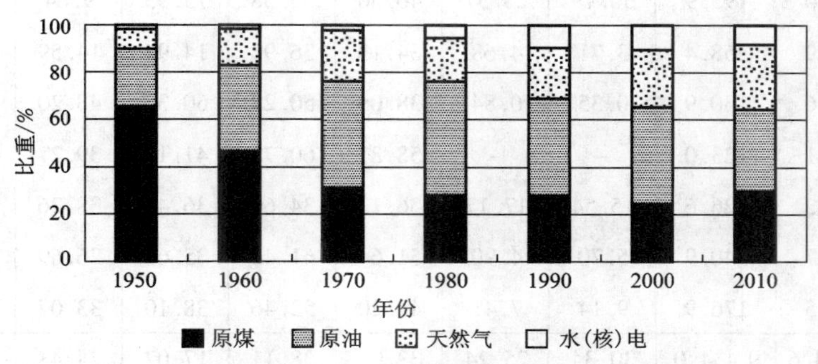

图1-6　世界能源消费结构变化(1950—2000年)

速较高，分别达5.5%和8.9%。

与石油消费不同，除美、俄两个大国外，世界天然气的总体消费水平还偏低。2011年，世界天然气消费为32 229亿m^3，美国是头号消费大国，占世界消费总量的21.5%；俄罗斯居第二，占13.2%；其他天然气消费水平较高的国家有英国、加拿大、德国、日本、哈萨克斯坦、乌克兰、沙特阿拉伯等，它们各自天然气的消费分别占世界总消费量的3%左右；中国的天然气消费约占世界总量的4.0%。

近30年来，世界煤炭消费量总体上呈上升趋势，由1981年的2 600 Mtce上升到2011年的5 320.4 Mtce，平均年增长2.4%，低于石油和天然气等的增长速度。世界能源消费构成中煤炭所占比例由1985年的27%下降至1999年的22%。近几年由于亚洲等发展中国家煤炭消费量迅速增长，煤炭所占比例有所回升，上升到2011年的30%。世界各地区煤炭消费趋势两极分化严重，欧洲和欧亚大陆地区国家煤炭消费量一直在下降，占全世界的煤炭消费量的比例已从1983年的44%下降到2011年的17%，而亚太地区增长显著，其在世界煤炭消费总量中的比例从1983年的30%增加到2011年的53%。

世界主要国家的能源消费结构如表1－8所示。

表1－8　世界主要国家能源消费结构比较

国家	能源消费总量/Mtoe		煤炭/%		石油/%		天然气/%		水电及核电/%	
	2011年	2001年	2011年	2001年	2011年	2001年	2011年	2001年	2011年	2001年
中国	2 613.2	1041.4	70.39	69.14	17.67	21.93	4.50	2.37	6.75	6.41
美国	2 259.7	2 293.0	22.12	24.08	36.73	38.56	27.58	25.03	11.62	10.15
俄罗斯	623.3	940.2	13.26	10.89	19.84	12.82	55.73	35.06	12.27	7.53
印度	559.1	297.4	52.87	48.82	29.03	35.98	9.84	8.00	6.64	6.93
日本	477.6	512.8	24.64	20.08	42.17	48.22	19.89	13.03	11.75	17.80
加拿大	330.3	298.2	6.60	11.40	31.21	30.35	28.55	26.63	32.27	30.92
德国	306.4	338.8	25.33	25.09	36.39	38.84	21.31	22.02	9.40	13.02
巴西	266.9	182.3	5.20	6.69	45.22	50.85	8.99	5.87	37.73	35.00
韩国	263.0	193.9	30.19	23.57	40.30	53.38	15.93	9.64	13.38	13.36
法国	242.9	258.4	3.71	4.68	34.13	36.96	14.94	14.59	45.41	43.46
伊朗	228.6	130.9	0.35	0.84	38.06	50.27	60.37	48.20	1.18	0.69
沙特	217.1	123.0	–	–	58.87	60.73	41.13	39.27	—	—
英国	198.2	226.6	15.54	17.17	36.13	34.60	36.43	38.26	8.53	9.40
墨西哥	173.7	140.9	5.70	4.90	51.64	61.46	35.69	26.69	5.98	5.96
意大利	168.5	176.9	9.14	7.41	42.20	52.46	38.10	33.07	5.99	5.99
世界总计	12 274.6	9 434.0	30.34	25.24	33.07	38.11	17.07	24.48	11.33	12.59

来源：BP Statistical Review of Word Energy, 2012.

从终端能源消费部门构成来看，生产力水平发展较高的国家，社会人均年消费能源较高，且工业、运输、民用领域所消费的能源比例基本相当(见表1－9)。

中国是一个能源生产大国，也是一个能源消费大国。2010年，全国商品能源生产总量为29.89亿t标准煤，比上年增长8%。其中：煤炭产量22.75亿t，原油产量1.13亿t，天然气产量926亿m^3。2010年发电量4 190 TW·h时，比2009年增长13.2%；2010年底发电装机容量为950 GW，比2009年增长18.75%。

2010年我国能源消费总量约为32.5亿t标准煤，比2009年增长5.9%。其中：煤炭占68.0%，石油占20.0%，天然气占4.4%，水电等占8.6%。石油进口达到23 900万t。

中国作为最大的发展中国家，从终端能源消费部门构成来看，工业消费占一半以上，居民和商业领域所消费的能源比例还不到20%，说明居民的生活水平还较低。

表 1-9　世界主要国家或地区终端能源消费部门构成(2011 年)

国　家	总量 /Mtoe	工业 /Mtoe	比例 /%	运输 /Mtoe	比例 /%	居民/商业 /Mtoe	比例 /%	其他 /Mtoe	比例 /%
中国	2613.2	1471.2	56.3	582.7	22.3	486.1	18.6	344.9	13.2
美国	2269.3	764.8	33.7	844.2	37.2	528.7	23.3	154.3	6.8
俄罗斯	623.3	281.7	45.2	153.3	24.6	132.8	21.3	55.5	8.9
印度	559.1	232.6	41.6	104.6	18.7	156.0	27.9	66.0	11.8
日本	477.6	203.9	42.7	141.8	29.7	120.8	25.3	11.0	2.3
加拿大	330.3	117.3	35.5	87.5	26.5	121.2	36.7	4.3	1.3
德国	306.4	138.1	45.1	77.5	25.3	62.8	20.5	27.9	9.1
巴西	266.9	85.7	32.1	70.0	26.2	98.2	36.8	13.1	4.9
韩国	263.0	95.2	36.2	74.7	28.4	85.7	32.6	7.4	2.8
法国	242.9	106.4	43.8	49.3	20.3	69.0	28.4	18.2	7.5
伊朗	228.6	109.0	47.7	56.2	24.6	49.1	21.5	14.2	6.2
沙特	217.1	74.2	34.2	63.6	29.3	52.3	24.1	26.9	12.4
英国	198.2	74.9	37.8	50.5	25.5	59.8	30.2	12.9	6.5
APEC	7 054.3	2 975.5	42.3	2 476.1	35.2	1 385.8	19.7	197.0	2.8
东南亚	302.5	94.4	31.2	118.6	39.2	55.1	18.2	37.1	11.4
世界总计	12 274.6	4 738.0	38.6	3 203.7	26.1	3 473.7	28.3	859.2	7.0

来源：BP Statistical Review of Word Energy, 2012.

1.5　能源利用技术经济指标

能源利用技术指标是用来衡量企业(或设备)的耗能是否合理、用能水平和促进能源科学管理程度的指标，它可以反映一台设备、一道工序、一个企业、一个部门甚至整个国家的能源利用水平。由于行业不同，设备繁多，一般采用下面三类指标。

1.5.1　能耗指标

能耗是用来表示单位产品产量或净产值的耗能量。分为产品单耗和产值单耗。

1)产品单耗

$$产品单耗=\frac{该产品总耗能量}{产品产量} \tag{1-2}$$

产品单耗反映某种产品所耗费的能源量，通常采用不同工艺生产同种产品时，其值不同；另外，产品单耗还可以反映出工艺设备、技术水平、管理水平等综合生产力发展水平。我国工业领域主要用能行业能耗水平明显偏高，平均比国外先进水平高出 1.4 倍，有的甚至达 1.8 倍。即使在我国，不同企业间差距也很大。表 1-10 为我国主要高耗能产品与国际先进水平的比较。

表1-10 中国主要高耗能产品与国际先进水平的比较

主要产品(单位)	国内平均值	国际先进值(国)	能耗强度(倍数)	比较年份	备注
原煤耗电(kW·h/t)	24.0	17.0(美)	1.41	2007	国内为国有重点煤矿
发电厂自用电率(%)	5.76	4.14(日)	1.39	2009	国内为6MW及以上机组
乙烯综合能耗(kgce/t)	950.0	629.0(日)	1.51	2010	
火电厂供电标准煤耗(gce/kW·h)	340.0	307.0(日)	1.11	2009	国内为6MW及以上机组
吨钢可比能耗(kgce/t)	679.0	612.0(日)	1.11	2009	国内为大中型钢铁企业
水泥综合能耗(kgce/t)	151.0	123.0(日)	1.23	2008	国内为大中型企业
大型合成氨综合能耗(kgce/t)	1 340.0	970.0(美)	1.38	2005	
铁路货运综合能耗(kgce/(10000t·km))	67.0	58.0(日)	1.15	2008	
载货汽车油耗(kcal/(1t·km))	1 050	723(日)	1.45	2008	

数据来源:《中国能源统计年鉴》,中国统计出版社,2012年2月。

2)产值单耗

$$产值单耗=\frac{能源总耗量}{总产值} \tag{1-3}$$

产值单耗是反映一个国家生产力发展水平的重要指标。它可以按不同产品、不同企业、不同行业来计算,也可以按社会总产值来计算。单位GDP能耗可从一个国家的投入和产出的宏观比较来反映一个国家或地区的能源经济效率。2011年中国能源经济效率与世界主要国家单位GDP能耗比较如表1-11所示。

表1-11 中国能源经济效率与世界水平的比较

(2011年,按当期市场汇率计算)

国家	汇率GDP总量(亿美元)	每吨石油当量产出GDP(美元)	1亿美元GDP消耗能源(万吨石油当量)	能耗强度(中国100)	中/外能耗强度倍数
美国	159 241	7 017	1.43	41	2.44
中国	74 261	2 842	3.52	100	1
日本	59 743	12 509	0.80	23	4.35
德国	33 059	10 789	0.93	26	3.85
法国	25 554	10 520	0.95	27	3.70
英国	22 586	11 395	0.88	25	4.00

续表 1-11

国家	汇率 GDP 总量（亿美元）	每吨石油当量产出 GDP(美元)	1 亿美元 GDP 消耗能源（万吨石油当量）	能耗强度（中国 100）	中/外能耗强度倍数
意大利	20 237	12 010	0.83	24	4.17
巴西	20 235	7 581	1.32	38	2.63
加拿大	15 636	4 734	2.11	60	1.67
俄罗斯	14 769	2 154	4.64	120	0.83
印度	14 300	2 558	3.91	111	0.90
西班牙	13 747	9 422	1.06	30	3.33
澳大利亚	12 197	9 892	1.01	29	3.45
墨西哥	10 040	5 780	1.73	49	2.04
韩国	9 863	3 750	2.67	76	1.32
世界总计	619 634	5 048	1.98	56	1.79

来源：各国 GDP 总量（美国中央情报局. CIA 出版），2012.

表中数据表明，我国 1 亿美元 GDP 消耗能源约 3.52 万吨油当量，能耗强度约为日本的 4.35 倍，德国的 3.85 倍，美国的 2.44 倍，巴西的 2.63 倍，印度的 0.9 倍。从宏观上看，我国能源经济效率明显低于发达国家水平。

1.5.2 能源利用效率

能源利用效率主要用来反映热工设备和装置、企业和社会的用能水平，通常用有效利用的能量占总能源消费量的百分比表示。

$$\text{能源利用率}\ \eta_i=\frac{\text{有效利用的能量}}{\text{能源消费量}}\times 100\%=\left(1-\frac{\text{损失能量}}{\text{能源消费量}}\right)\times 100\% \tag{1-4}$$

根据描述对象的不同有以下几种表示方法：

1）设备热效率

$$\text{设备热效率}=\frac{\text{设备有效利用热量}}{\text{供给设备的总热量}}\times 100\% \tag{1-5}$$

该指标是反映工艺设备能量有效利用率的重要指标。不同设备其热效率不同。例如，我国燃煤工业锅炉正常运转时热效率平均只有 65% 左右，而国外先进水平达 85%。

2）行业综合热效率

$$\text{行业综合热效率}=\frac{\text{行业有效利用的能源}}{\text{行业总供给的能源}}\times 100\% \tag{1-6}$$

这是反映行业能源有效利用的综合性指标。例如，我国煤炭发电效率为 36.7%，日本达 40.1%；我国钢铁行业综合效率为 46%，其他工业国家为 50% ~60%。

3）社会能源利用率

$$\text{社会能源利用率}\ \varphi=\sum a_j\cdot\eta_i \tag{1-7}$$

式中 a_j 是各部门消费的能源占能源总消费量的比例。

我国产业结构中工业产值比重高达49%，相当于美国和日本的1.5~2倍。其中工业能耗比重高达70%，而第三产业产值比重只占33%，不到美国和日本的1/2。此外，能源结构中煤炭比重过高，工艺技术、设备规模及管理水平与发达国家差距较大，这都造成了我国能源效率低下。1980—2011年，我国包括能源加工、转换、储运和终端利用各个环节在内的能源效率由26%提高到33%，但仍比发达国家的平均效率低很多。据有关专家分析，在一次能源品种中，我国煤炭的利用效率约为27%；原油利用效率约为50%；天然气利用效率约为57%；电的利用效率约为85%。依此数据计算世界各国的能源效率如表1-12。

表1-12 世界主要国家能源利用效率比较(2011年)

国家	能源利用效率/%	国家	能源利用效率/%
巴西	60.3	澳大利亚	48.2
日本	55.0	印度	41.2
俄罗斯	53.7	中国	33.0
德国	53.1		
美国	52.2	世界平均	50.7

由此可以看出，我国能源利用效率为33%，比世界各国平均利用效率50%低10多个百分点，差距的主要原因在于以煤为主的能源结构。

1.5.3 能量回收率

回收率是反映由于能量回收利用所带来的节能效果的指标。

$$\text{回收率}=\frac{\text{回收利用能量}}{\text{全入热}}\approx\frac{\text{回收利用能量}}{\text{供给热}+\text{回收利用能量}} \tag{1-8}$$

1.6 能源政策

能源是国民经济发展的物质基础，能源政策是一个国家的基本国策。不同的国家因所处的生产力水平的不同，能源政策也就不相同。能源政策的制定与各个国家的能源资源与分布状况、生产力发展水平、能源生产与需求状况有着直接关系。我国经济正处于一个高速、持续、稳定的发展时期，正确制定能源政策，对我国的社会主义现代化建设具有十分重要的意义。下面先来看看我国的能源状况和存在的主要问题。

1.6.1 中国能源状况分析

改革开放以来，中国的能源工业取得了巨大的成就，但从长远来看，能源问题仍将是中国经济发展面临的最重要的问题之一。中国能源发展存在的主要问题有：

1)能源资源严重不足

我国常规能源探明总资源量约8 200亿吨标准煤，探明剩余可采总储量1 500亿吨标准煤，约占世界探明剩余可采总储量的10%。其中煤炭、石油和天然气分别为世界人均水平的

70%、10%和5%。据2011年统计，我国煤炭剩余可采储量为1 145亿t，占世界的13.3%，排在世界第3位，中国若保持现有开采强度，储采比为33年。石油剩余可采储量为20亿t，占世界的0.9%，排在世界第11位，储采比不足10年；而且不可能再找到足够大的石油资源。天然气剩余可采储量为3.1万亿m^3，占世界的1.5%，排在世界第13位，也仅够开采30年。我国水能资源较为丰富，理论蕴藏量和经济可开发量均居世界首位，经济可开发装机容量约390 GW；但水能资源的开发受到环境、淹没、移民等多种因素的制约。据初步预测，我国煤层气资源量为31万亿m^3，居世界第二位，但尚未形成规模开发利用。因此，能源资源不足特别是石油资源的不足，是我国能源和社会经济发展面临的最大问题。

2）能源资源分布与需求不匹配

我国是以煤炭为主要能源的国家，目前煤炭消费占全部能源消费总量的70%，而煤炭资源主要呈现为“北多南少，西多东少”的分布状态，石油和天然气资源主要集中在东北、柴达木盆地、准噶尔盆地、四川盆地、渤海湾、北部湾、东海和南海等地区，而工业发达地区和人口密集区则主要集中在东南沿海、华北、华中地区，这种能源资源分布与需求的不匹配，对工业布局决策、能源运输保障体系的建设都产生重要的影响。

3）能源供应过分依赖煤炭，环境污染问题严重

中国能源供应主要依赖于煤炭。大量消费煤炭，特别是大量以终端直接燃烧方式消费煤炭，是造成大气环境污染的主要原因。目前，大气中90%的二氧化硫和70%的烟尘排放是燃煤造成的。大气污染造成了土壤酸化、粮食减产和植被破坏，也直接威胁人民身体健康。煤炭燃烧释放大量的二氧化碳，对气候变化也造成很大的影响。所以，我们必须加大清洁能源的开发和利用，逐渐降低煤炭消费在能源结构中的比重，解决能源生产和消费引起的环境污染问题。

4）能源利用技术落后，能源利用效率低

我国单位产出的能耗和资源消耗水平明显高于国际先进水平。火电供电煤耗高10.7%，大中型钢铁企业吨钢能耗高10.9%，水泥生产综合能耗高22.8%，乙烯综合能耗高51%，建筑物能耗是同纬度国家的3~4倍。初步统计，我国能源利用总效率约为33%，比世界各国平均利用效率50%低10多个百分点，差距的主要原因在于以煤为主的能源结构。资源产出效率大大低于国际先进水平，每吨标准煤的产出效率相当于美国的41%，日本的23%，巴西的38%。能源利用效率低下、能源浪费严重是影响可持续发展的重大问题。

1.6.2　能源政策

能源工业是国民经济的重要组成部分，是现代社会正常运转不可或缺的基本条件，能源问题事关经济发展、社会稳定和国家安全。因为能源的重要性，世界各国在不同发展时期都会根据本国的特点制定相应的能源政策。

为了保障我国能源工业以及经济的持续稳定发展，我国政府制定了一系列政策措施，并注意在不同历史时期进行相应的调整。从总体上看，中国的能源政策主要体现在以下几个方面。

1）大力优化能源结构，建立完善的能源保障体系

多年来，我国以推进多元化、清洁化为主要目标，制定了一系列能源结构调整政策，清洁能源的比重不断提高。按照中国政府确定的能源结构调整方向，预计未来水电、核电、新能源等清洁能源的比重将进一步提高，一次能源向二次能源转化的力度也将不断加大。在电

力领域，将优化发展煤电，大力开发水电，积极推进核电建设，适度发展天然气电站，鼓励新能源发电，加快推广热电联产和集中供热，加强电网建设，优化电力资源配置。调整和完善工业布局，构建合理的“北煤南运”、“西气东输”、“西电东送”体系。

2）加强技术改造，不断提高能源利用效率

早在20世纪80年代，中国政府就提出了“坚持开发与节约并举，把节约放在首位”的能源发展方针。进入新世纪后，我们根据经济发展的新形势和新任务，在中国能源发展第十个五年规划中明确提出，要“在坚持合理利用资源的同时，把能源工作重点放到提高能源生产和消费效率，促进经济增长和提高人民生活水平上来”。“十一五”和“十二五”期间又提出了“节能减排”新政策，提出了考核各级政府和工矿企业绩效的具体指标。从未来的发展看，要实现能源可持续发展，“节能优先、效率为本”是必然选择。在经济总量稳步扩大，人民生活用能水平不断提高，资源、环境约束矛盾日益突出的历史条件下，不考虑能源的承载能力，需要多少能源就生产多少能源的粗放型发展模式已经难以为继。全方位提高能源效率，进一步提升能源节约在经济社会发展战略中的重要地位，调整经济结构和能源结构是解决能源发展主要矛盾的根本性举措，也是贯彻科学发展观，走新型工业化道路的内在要求。

3）高度重视环境保护

我国是少数以煤为主要能源的国家，也是最大的煤炭消费国。鉴于煤炭在中国能源结构中的重要地位，长期以来，中国政府坚持能源生产、消费与环境保护并重的方针，把支持清洁煤技术的开发应用作为一项重要的战略任务，采取多种有效措施，降低能源开发利用对环境的负面影响，减轻能源消费增长对环境保护带来的巨大压力，促进人与自然的和谐发展。当前实施的“节能减排”政策，对各级政府和工矿企业在SO_x、NO_x、CO_2及其他有毒气体、粉尘、废水的排放量均做出了新的达标要求。环境保护问题将始终是我国能源发展过程中要解决的重大课题。

4）切实保障能源安全

中国是发展中国家，人口众多，能源需求量大。保障能源安全，既是中国政府高度重视的问题，也是备受世界瞩目的问题。我们将长期坚持能源供应基本立足于国内的方针，把煤炭作为主体能源。这既是中国能源安全的基石，也是有别于世界其他能源消费大国的重要特点。为了应对突发事件、防止石油供应短缺对经济发展和人民生活带来严重影响，中国将逐步建立和完善石油储备制度，加强石油安全建设。中央政府非常重视这项工作，在国家发展和改革委员会设立了国家石油储备办公室，专门处理国家石油储备方面的事务。目前，石油储备基地建设已经启动。同时，中国政府还高度重视能源生产、运输和消费环节的安全问题，以确保电力、煤炭、石油、天然气的稳定供应和人民生命财产安全。

5）积极开发西部能源

中国西部地区有丰富的煤炭、水力、石油、天然气资源，还有较好的风能和太阳能资源，具有明显的比较优势和良好的开发前景。中国政府实施西部大开发战略以来，制定了一系列优惠政策，实施了西气东输、西电东送等具有战略意义的重点工程，既加快了西部地区的资源优势向经济优势的转化，又促进了能源的合理开发和有效配置。

未来一个时期，我国的能源政策应坚持五大方向。

第一，节约优先。我国《“十一五”规划纲要》提出的到2010年单位GDP能耗比2005年降低20%的目标，通过调整结构、改进技术、加强管理、深化改革、强化法治和动员全民，充分发挥市场机制和经济杠杆的作用，全面促进能源节约和高效利用，最终在“十一五”末实现了单位 GDP 能耗降低 19.6% 的目标。在此基础上，我国又提出在“十二五”末再将单位 GDP 能耗下降 16% 的目标。

第二，立足国内。我们将充分考虑自身资源特点以及维护国际能源市场稳定的责任，继续坚持把主要依靠国内解决能源供给问题作为维护我国能源安全的基本方略，加快能源工业发展，增强国内能源供给能力。

第三，多元发展。努力构建以煤炭为主体、电力为中心、油气和新能源全面发展的能源结构。到 2020 年，争取使可再生能源比重从目前的 7% 左右提高到 16% 左右。

第四，保护环境。我国今后的能源发展将兼顾经济性和清洁性的双重要求，鼓励发展煤炭洗选、加工转化、先进燃烧、烟气净化等先进能源技术。在“十一五”期间，我国二氧化硫等主要污染物排放总量下降了 10%；“十二五”期间，我国又提出了主要污染物排放再下降 8%，和至 2020 年将 CO_2 排放在 2005 年基础上降低 40% ~45% 的目标。

第五，加强合作。我国政府已参与多个多边能源合作机制，并且是国际能源论坛 IEF、世界能源大会 WEC、亚太经合组织 APEC、亚太伙伴关系 APP 等机制的正式成员，是能源宪章的观察员，还与国际能源署等国际能源组织也保持着密切联系。同时，我国与美国、日本、英国、印度、欧盟、欧佩克等建立了能源双边对话机制。今后，我们将继续充分利用各方资源、经济、技术等方面的互补性，积极开展能源领域的国际合作。

从上述一些能源政策中可以看出，与世界其他国家的能源战略类似，中国的能源政策具有两个明显的导向。第一，化石燃料的替代及能源开发，包括可再生能源和新能源的开发利用，如风电、太阳能、水电、核能和清洁煤技术利用等；第二，节约能源，其目的是在降低能源使用量的同时不影响经济发展速度。21 世纪初中国的能源政策主要可以概括为：节能优先、效率为本、煤为基础、多元发展、优化结构、保护环境、立足国内、对外开放。这也表明，节能和能效位于中国能源政策的首要地位，并同时鼓励能源体系的多元化发展。

思考与练习

1. 能源的内涵什么？如何分类？
2. 大自然中能源的来源主要有哪几类？其主要特征是什么？
3. 何谓新能源？包括哪些种类？
4. 可再生能源包括哪些种类？为什么要大力发展可再生能源？
5. 能源的评价方法有哪些？
6. 简要说明能源与社会经济发展的关系。
7. 何谓能源弹性系数？定义这一指标有何意义？
8. 能源的计量有哪几种方式？在进行能源统计时应注意哪些问题？
9. 从世界各国能源储量统计表，可分析得到哪些结论？
10. 对能源的生产结构和消费结构进行统计分析有何意义？
11. 涉及能源利用效率的技术经济指标有哪些？各有何意义？
12. 我国能源状况有哪些特点？
13. 现阶段我国的能源政策有哪些要点？

第2章 常规能源

常规能源一般是指在一定历史时期，技术上比较成熟，应用广泛的能源，也就是最为主要的一种或几种能源。显然，在不同的历史时期，对常规能源的划分和解释有所不同。当前，常规一次能源包括煤炭、石油、天然气、水力，常规二次能源包括电力、煤气、蒸汽、石油制品等。而核能在国外已视为常规能源，在我国还是当新能源看待。

常规(一次)能源是不能再生的，随着开采和使用，资源会越来越少，总有枯竭的一天！当前时期内我们面临的任务是：①探明储量；②以先进的技术开采，提高采收率；③提倡节约与合理利用。

本章主要介绍煤炭、石油、天然气和电力这几种常规能源的特点、资源状况，以及开发和利用状况。

2.1 煤炭

煤炭作为燃料使用已有2000多年的历史。11世纪以后，煤炭的开采逐步得到了发展，并开始成为建筑材料和冶金工业的燃料。18世纪资本主义产业革命后，煤炭成为主要能源。19世纪初由于电的发明，煤炭的消费量迅速增长，一直到20世纪中叶，煤炭在世界能源结构中都占主导地位。由于煤炭资源比石油、天然气丰富得多，以煤为主要一次能源的格局在相当长的一个时期内不会改变。

2.1.1 煤的形成及特点

煤是古代植物遗体堆积在湖泊、海湾、浅海等地方，在地壳的长期运动中被埋在地下，在一定的地理环境下，经过复杂的生物化学和物理化学作用转化而成的一种具有可燃性能的沉积岩。这一演变过程称为成煤作用。高等植物经过成煤作用形成腐植煤，低等植物经过成煤作用形成腐泥煤，绝大多数煤为腐植煤。

由植物变成煤的过程可以分为两个阶段，即泥炭化阶段和煤化阶段。

泥炭化阶段是被泥沙覆盖的植物在厌氧细菌的作用下，有机质分解而生成泥炭。通过这种作用，植物遗体中的氢、氧成分逐渐减少，而碳的成分逐渐增加。泥炭质地疏松、褐色、无光泽、比重小，可看出有机质的残体，用火柴烧时可以引燃，烟浓灰多。泥煤的工业价值不大，更不适于远途运输，通常只可作为地方性燃料在产区附近使用。

煤化阶段包括成岩作用和变质作用。泥炭在沉积物的压力作用下，开始被压紧、脱水而胶结，碳的含量进一步增加，过渡成为褐煤，这称为煤的成岩作用。褐煤颜色为褐色或近于黑色，光泽暗淡，基本上不见有机物残体，质地较泥炭致密，用火柴可以引燃，有烟。褐煤的使用性能是黏结性弱，极易氧化和自燃，吸水性较强。新开采出来的褐煤机械强度较大，但在空气中极易风化和破碎，因而也不适于远距离运输和长期储存，通常也只作为地方性燃料使用。

褐煤是在低温和低压下形成的。如果褐煤埋藏在地下较深位置时，就会受到高温高压的作用，使水分和挥发分减少，含碳量相对增加，密度、比重、光泽和硬度增加，这个作用过程为煤的变质作用过程。经过变质作用后的煤成为烟煤。烟煤颜色为黑色，有光泽，致密状，用蜡烛可以引燃，火焰明亮，有烟。烟煤是冶金工业和动力工业不可缺少的燃料，也是近代化学工业的重要原料。烟煤的最大特点是具有黏结性，这是其他固体燃料所没有的，因此它是炼焦的主要原料。烟煤可以远距离运输和长期储存，容易燃烧，因此是主要的燃料之一。

烟煤进一步变质，成为无烟煤。无烟煤颜色为黑色，质地坚硬，有光泽，用蜡烛不能引燃，燃烧无烟。无烟煤密度大，含碳量高，挥发分极少，组织致密而坚硬，吸水性小，适于长途运输和长期储存，但其受热时易碎，可燃性较差，不易着火。

2.1.2　煤的成分、质量及其分类

2.1.2.1　煤的组成

煤主要由碳、氢、氧三种元素组成，并含有少量的氮、硫、磷、稀有元素(如锗、镓、铍、锂、钒等)及放射性元素铀等，另外还含有泥、沙等矿物杂质和水分。由于变质程度不同，煤的碳、氢、氧、氮的含量，发热量和其他性能也不同。为了合理选用煤炭资源，必须对不同煤种进行元素分析、工业分析和发热值的测定。煤的元素分析包括碳、氢、氧、氮、硫、灰分和水分含量，煤的工业分析包括水分、灰分、挥发分和固定碳4种组成部分。每种组分所占分析基准的质量百分数称为煤的该基成分。它们之间的关系如图2－1所示。

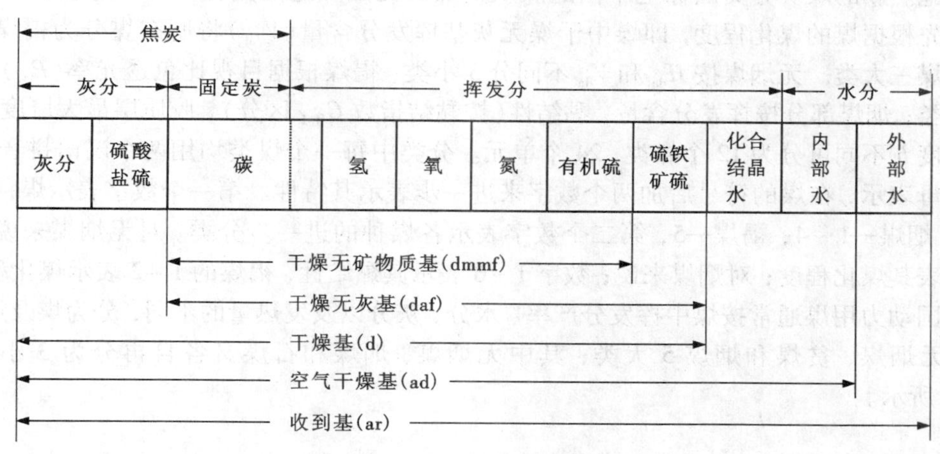

图2－1　煤的成分图解

2.1.2.2　煤的质量及其分类

评价煤质的主要指标有水分、灰分、挥发分、发热量、硫和磷含量等。

煤中水分可分为两类：一类是外部水分，也叫湿分或机械附着水，是存留在煤炭表面和缝隙中的水分，可经自然风干除去；另一种是内部水分，是吸附在煤的内部毛细孔里的水分，在温度达到100℃以上才能干燥蒸发掉。煤燃烧时水分会降低煤的有效发热量。

灰分是煤的矿物杂质完全燃烧后生成的固体残留物。灰分含量高的煤，不仅降低了煤的发热量，而且易造成不完全燃烧并给设备维护和操作带来困难，当灰分的熔点较低时，灰分

还容易结渣，不利于空气流通和气流的均匀分布。一般要求炼焦用煤的灰分不超过10%，动力用煤灰分不超过20%～30%，气化用煤不超过20%～25%。

挥发分是煤在隔绝空气的高温条件下分解出来的挥发物质，主要成分是甲烷、氢及其他碳氢化合物等。挥发分高的煤易着火和燃烧。随着煤的变质程度加深，挥发分含量逐渐减少。

挥发分逸出后所剩下的固体残留物叫焦炭，其中的碳素称为煤的固定炭。其含量随着煤的变质程度增高而增高。

单位质量的煤完全燃烧时放出的热量称为煤的发热量。有高位发热量和低位发热量两种表示方法，通常采用后者来评价煤的燃烧价值。煤的发热量大小主要与煤的可燃元素(碳、氢)含量有关，同时也与煤的变质程度有关。一般地，变质程度越高，发热量越大。

硫是煤中的主要有害物质。使用时，硫燃烧后生成的SO_2、SO_3和H_2S等有害气体，不仅危害人体健康和造成大气污染，而且腐蚀工业炉设备、输送管道，影响产品的质量。我国煤中的含硫量变化范围很大，低的小于0.2%，高的超过15%，多数在0.5%～3.0%之间。

磷也是煤中的有害物质。焦炭中的磷会使钢铁质量下降。我国煤中含磷都较低，一般在0.001%～0.1%范围，最高不到1%，大都符合0.05%以下的工业要求。

另外，对于动力、冶金和气化等用煤，还需进行一些专门指标的试验或测定，如动力用煤，需进行煤的结渣性、煤灰熔融性等性能测定。

按照煤的工艺性质和应用范围对煤进行分类，称为煤的工业分类或技术分类。1986年1月，我国国家标准局颁布了新的中国煤炭分类国家标准(GB5751—86)，于1989年10月1日正式实施。新的煤炭分类国标把中国的煤从褐煤到无烟煤之间共分为14个大类和17个小类。首先根据煤的煤化程度，即煤中干燥无灰基挥发分含量(V_{daf})将所有煤分为褐煤、烟煤和无烟煤三大类。无烟煤按H_{daf}和V_{daf}不同分3小类；褐煤根据目视比色透光率(P_M)差别分为2小类；烟煤部分按挥发分含量、黏结性(按黏结指数$G_{R.I.}$区分)、胶质层最大厚度Y或奥亚膨胀度b不同可分为12个煤类，24个单元。分类中每一个煤类均用两个汉语拼音中的第一个字母表示，在煤的符号后加两个数字来进一步表示其特性。第一个数字表示煤种，无烟煤—0，烟煤—1～4，褐煤—5，第二个数字表示各煤种的进一步分类。对无烟煤来说，数字1～3代表其煤化程度；对烟煤来说；数字1～6表示其黏结性，褐煤的1～2表示煤化程度。

我国动力用煤通常按煤中挥发分产率、水分、灰分以及发热量的不同，分为煤及煤矸石、褐煤、无烟煤、贫煤和烟煤5大类，其中无烟煤、烟煤和石煤又各自再分为3小类。如表2－1所示。

表2－1　我国动力用煤的分类方法

煤种	干燥无灰基挥发分含量 V_{daf}/ %	低位发热量 $Q_{ar,net,p}$/(10^3kJ · kg^{-1})
无烟煤	≤9	>20.9
贫煤	9～19	>18.4
低挥发分烟煤	19～30	>16.3
高挥发分烟煤	30～40	>15.5
褐煤	40～50	>11.7

世界各产煤国多根据各自煤炭资源的情况而颁布不同的煤炭分类方法，如美国采用ASTM分类方法。

2.1.3　煤炭资源及开采

2.1.3.1　煤炭资源

煤炭是地球上蕴藏量最丰富的化石能源。世界煤炭资源在地理上的分布很不均衡。世界煤炭资源的绝大部分埋藏在北纬30°以上地区，俄罗斯、美国和中国占有世界煤炭总资源的一半以上。2011年末世界主要产煤国不同煤种的煤炭探明可采储量如表2－2。

表2－2　世界主要产煤国2011年末煤炭探明可采储量　单位：Mtce

	烟煤和无烟煤	次烟煤和褐煤	总计	占比/%
美国	108 501	128 794	237 295	27.6%
俄罗斯	49 088	107 922	157 010	18.2%
中国	62 200	52 300	114 500	13.3%
澳大利亚	37 100	39 300	76 400	8.9%
印度	56 100	4 500	60 600	7.0%
德国	99	40 600	40 699	4.7%
乌克兰	15 351	18 522	33 873	3.9%
哈萨克斯坦	21 500	12 100	33 600	3.9%
南非	30 156	—	30 156	3.5%
哥伦比亚	6 366	380	6 746	0.8%
加拿大	3 474	3 108	6 582	0.8%
波兰	4 338	1 371	5 709	0.7%
印度尼西亚	1 520	4 009	5 529	0.6%
巴西	—	4 559	4 559	0.5%
希腊	—	3 020	3 020	0.4%
世界总计	404 762	456 176	860 938	100%

来源：BP Statistical Review of Word Energy，2012.

我国煤炭资源分布广泛，但煤炭资源的自然分布极不平衡，在全国形成了几个重要的煤炭分布地区。昆仑山—秦岭—大别山一线以北的北方地区，已发现煤炭资源占全国的90.3%（若不包括东北三省和内蒙古东部地区则为77.4%），其中，太行山—贺兰山之间地区占北方地区的65%左右，形成了包括山西、陕西、宁夏、河南及内蒙古中南部的富煤地区（华北富煤区的中部和西部），秦岭—大别山一线以南的我国南方地区，已发现资源只占全国的9.6%，而其中的90.4%集中在川、贵、云三省，形成以贵州西部、四川南部和云南东部为主的富煤地区（华南富煤区的西部）。在东西分带上，大兴安岭—太行山—雪峰山一线以西地区，已发现资源占全国的89%，而该线以东仅占全国的11%。图2-2是我国煤炭资源的分布情况。

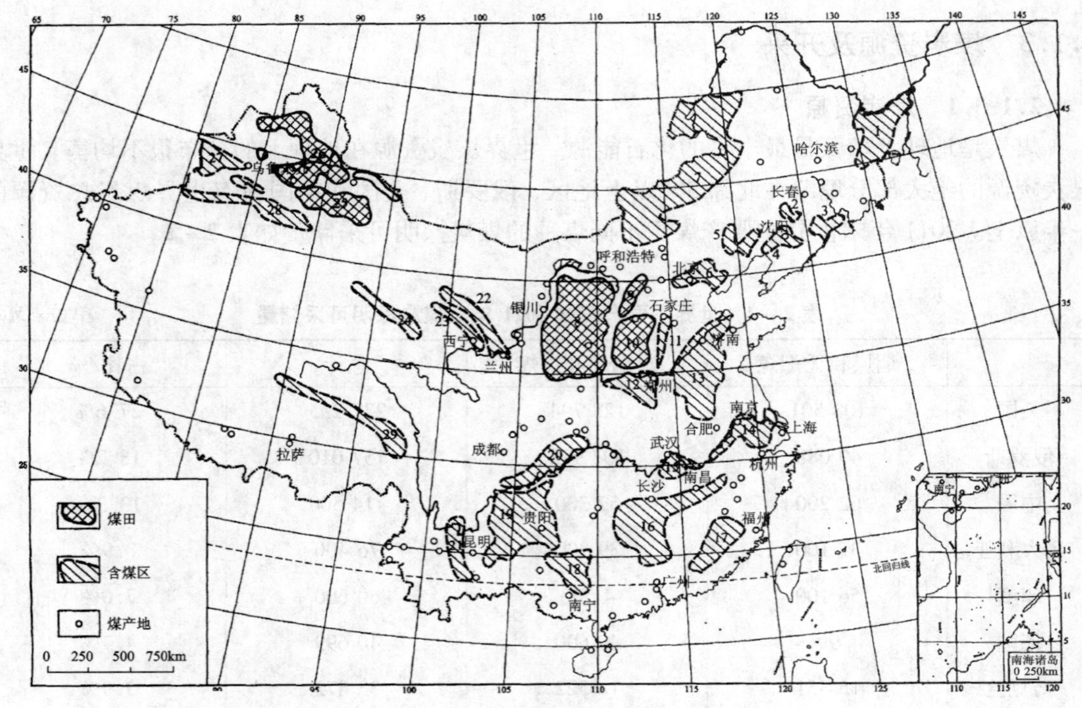

图2-2 中国煤炭资源分布情况

我国煤炭包括了从褐煤到无烟煤各种不同的煤类，但其数量和分布极不平衡。除褐煤占已发现资源的12.7%以外，在硬煤(包括烟煤和无烟煤)中，低变质烟煤所占的比例为总量的42.4%，贫煤和无烟煤占17.3%，而中变质烟煤，即传统上称之为炼焦用煤的数量却较少，只占27.6%，而且大多为气煤，占中变质烟煤的46.9%。肥煤、焦煤、瘦煤则更少，分别占中变质烟煤的13.6%、24.3%和15.1%。

另外，我国煤炭资源和水资源正好呈逆向分布，煤炭资源主要集中地和煤炭生产企业不可避免地面临缺水的问题；煤炭资源和煤炭生产企业与中国的经济发展水平也呈逆向分布，远距离“北煤南运”、“西电东输”的格局将长期存在；煤炭资源中等偏下的地质条件和自然灾害，是影响煤炭的经济可采储量和煤炭企业经济效益的重要原因。

2.1.3.2 煤炭开采

煤的开采同地质情况和开采技术有密切关系，可分为露天开采和井下开采两种方式。露天开采采收率高，可达80%~90%，开采成本低，人工消耗量只需井下采煤的(1/5)~(1/10)，生产安全，建设周期短。目前露天开采量约占世界煤炭产量的40%以上。美国、俄罗斯、德国和澳大利亚等发达国家的露天矿产量高达60%~80%。我国大部分煤炭资源位于地表深处，露天煤矿很少，只有6%的储量适宜露天作业，其他煤田则只能井下开采。

我国煤矿井型较小，开采技术装备较落后，机械化程度较低，因而劳动生产率也较低，煤矿的安全状况也相对较差。从煤矿安全事故的国际比较来看，我国与世界发达国家相距甚远，甚至与印度、南非相比都有较大差距。尤其是中小煤矿企业，由于资金缺乏问题，其安全问题越来越成为发展的严重阻碍。

2.1.4 煤炭生产与消费

据2011年统计，世界原煤生产最多的地区是亚太地区，占世界总量的67.9%，而中国是原煤生产最多的国家，占世界总量的49.5%。随着世界经济的发展，煤炭需求量还将增加，世界煤炭产量也随之而逐步增加。世界主要产煤国家硬煤生产量如表2-3所示。

表2-3 1990—2011年主要产煤国家硬煤生产量 单位：Mtce

国家	1990	1995	2000	2005	2010	2011	占比/%
中国	803.3	1 015.7	1 089.3	1 860.3	2 568.1	2 794.3	49.5%
美国	808.4	793.0	814.4	828.9	788.3	795.4	14.1%
澳大利亚	155.7	185.0	237.9	293.9	337.1	329.7	5.8%
印度	131.3	168.1	188.9	231.6	310.7	317.7	5.6%
印度尼西亚	9.4	36.7	67.7	134.1	241.7	285.4	5.1%
俄罗斯	251.7	169.3	165.7	198.9	215.9	224.7	4.0%
南非	143.0	167.0	180.9	196.7	204.7	205.4	3.6%
哈萨克斯坦	96.7	60.9	55.0	63.1	80.3	84.0	1.5%
波兰	135.0	130.1	101.9	98.1	79.3	80.9	1.4%
哥伦比亚	19.0	23.9	35.6	54.9	69.0	79.7	1.4%
乌克兰	119.9	61.7	60.0	58.6	57.0	64.4	1.1%
德国	167.6	106.6	80.7	76.0	62.4	63.7	1.1%
加拿大	57.1	61.4	51.6	50.4	51.4	50.9	0.9%
越南	4.1	5.6	9.3	26.1	35.1	35.6	0.6%
捷克	52.4	39.0	35.7	33.6	29.7	30.9	0.5%
世界总计	3 246.6	3 243.9	3 363.3	4 384.7	5 323.9	5 650.7	100%

来源：BP Statistical Review of Word Energy，2012.

我国一直是以煤炭为主要能源的国家，煤炭工业在我国有着极其特殊的地位。我国解放后不同类型煤矿的原煤产量的平均每年递增率为9.5%，是世界上产煤国中发展最快的，尤其以地方煤矿产量的增长更快，年递增超过10%。

我国现有煤矿的分布同煤炭资源的分布一样，是北多南少，西多东少。“北煤南运”、“西煤东运”的局面将在相当长的时期内存在。今后煤炭产量的增长主要仍在华北和西北地区，煤炭资源的地理分布和生产力布局不相适应，工业和人口相对集中的东部和东南沿海地区保有量很少。我国历年煤产量的变化曲线如图2-3。

近30年来，世界煤炭消费结构逐步优化，煤炭在加工转换部门的消费比例逐渐增大，在

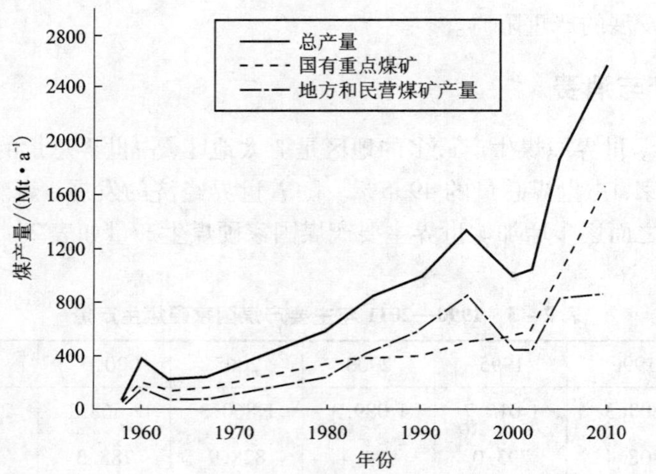

图 2-3　我国历年煤产量的变化曲线

资料来源：国家统计局；国家煤矿安全监察局

终端直接利用的比例逐渐减少。根据国际能源署（IEA）统计资料，从 1980—2010 年，世界用于发电煤炭消费量由 12.28 亿 tce 增加到 30.95 亿 tce，占世界煤炭总消费量的比例由 40.1% 增加到 61.3%。世界主要国家或地区硬煤消费情况如表 2-4 所示。

表 2-4　世界主要国家或地区硬煤消费量　　单位：Mtce

国家或地区	1990	1995	2000	2005	2010	2011	占比
中国	724.3	950.3	1 013.7	1 694.6	2 394.6	2 627.4	49.4%
美国	690.1	723.1	812.9	820.3	751.6	717.0	13.5%
印度	136.4	178.6	206.0	263.4	386.9	422.3	7.9%
日本	108.6	123.1	141.3	173.3	176.7	168.1	3.2%
南非	94.9	100.3	106.6	118.4	130.4	132.7	2.5%
俄罗斯	258.0	170.6	150.3	134.6	128.9	129.9	2.4%
韩国	34.9	40.1	61.4	78.3	108.4	113.4	2.1%
德国	185.1	129.4	121.3	117.3	109.4	110.9	2.1%
波兰	114.6	102.4	82.3	79.6	80.6	85.4	1.6%
澳大利亚	52.1	57.7	66.7	76.4	62.6	71.1	1.3%
印度尼西亚	5.7	8.1	19.6	36.3	58.9	62.9	1.2%
乌克兰	106.9	60.1	55.9	53.4	54.1	60.6	1.1%
中国台湾	15.7	24.1	41.0	54.4	57.6	58.7	1.1%
土耳其	22.7	23.6	32.1	31.1	44.1	46.3	0.9%
英国	92.7	67.9	52.4	53.4	44.3	44.0	0.8%
世界总计	3 152.9	3 188.9	3 388.9	4 260.4	5 045.7	5 320.4	100%

来源：BP Statistical Review of Word Energy, 2012.

在我国的能源消费结构中，煤炭的消费比重长期占到了2/3左右。30多年来，煤炭的消费一直保持了较高的增长速度。1996年我国煤炭消费总量首次突破了10亿t标准煤(原煤13.7亿t)，此后的数年内稍有起伏，但总体呈增长态势。煤炭消费除主要产煤区外，江浙、广东、湖北也消费较多。煤炭消费行业主要是工业，生活消费所占比例逐年减少。

2.1.5　中国煤炭发展战略

我国原煤产量中，烟煤占60.6%，其中炼焦用煤占21.8%；无烟煤占28.2%，褐煤占11.2%。炼焦用煤的产量构成远超过其储量构成，已远远超过实际需要量，目前仍有相当比例的炼焦用煤被当作动力煤使用，这是很不合理的。另外，煤矿的规模偏小(多为中小型煤矿)；井下开采比重过高(达94%)，露天煤矿少；机械化程度较低(仅占49%)，劳动生产率低[为1.68 t/(人·d)，比先进国家低10多倍]；安全保障体系较差；原煤的洗选率低(平均不到40%，而先进国家已达90%以上)，能够作为商品煤出口的精煤少，既增加了交通运输部门的负荷，也不利于煤炭的综合利用和提高利用率，同时还构成了严重的环境污染等。为了解决这些问题，近期内我国煤炭的发展战略为以下几点。

1)搞好煤炭开发规划和生产布局

以大型煤炭基地规划为主线，明确划定国家规划区、对国民经济具有重要价值矿区以及国家规定实行保护性开采的特定煤种。协调与理顺规划与资源管理的关系，尽快把煤炭资源的勘探和开发利用纳入到"统一规划、合理布局、有序开发、综合利用"的轨道上来。统筹安排好勘探和建井工作，既要适应国民经济发展对煤炭的需求，又要科学、合理、规范地开采煤炭资源。

2)完善煤炭法规和标准体系

从市场准入、运行和退出等方面，配套研究煤炭法规，加快煤炭法规和标准体系建设。重点在对市场准入基本条件的研究，不符合基本条件的不得从事煤炭生产经营活动；制定煤炭生产过程资源消耗标准，鼓励资源消耗少的企业发展，限制资源消耗多的企业生产；制定对生态环境影响的标准，支持环保型的煤矿发展，限制非环保型的煤矿生产。

3)发展大型煤炭企业(集团)

结合大型煤炭基地建设，加快推进大型煤炭集团的发展，形成若干个亿吨级的大型煤炭企业，使其成为大型煤炭基地开发的主体，更好地发挥基地功能，提高煤炭安全供给能力。

4)小煤矿的联合改造

按照"统一规划、合理集中、正规开采、保障安全、依法监管"的方针，加快小煤矿联合改造的步伐，促进小煤矿健康发展。在合理规划的前提下有序开发，逐步提高办矿标准；鼓励大煤矿兼并周边小煤矿，优化资源配置，淘汰落后生产能力；推进小煤矿之间的联合改造，减少矿井数量，提高正规开采水平，合理扩大生产规模。

5)推进洁净煤技术产业化

洁净煤技术能否取得突破性进展，洁净煤技术产业化能否得到扎扎实实的推进，关系到煤炭工业的健康发展。因此，应加快制定煤炭洁净生产和洁净利用促进法，动员全社会的智慧和力量，使煤炭成为洁净的能源。

6)发挥煤炭资源优势

依托煤炭资源优势，积极发展包括劣质煤发电在内的坑口电站建设，促进煤电、煤焦化、煤建材联营，促进结构调整和产业升级，推动煤炭工业按照新型工业化的道路健康发展。通过发展煤炭后续产业，推动单一煤炭资源矿区发展接续产业和替代产业，把资源优势转化为经济优势。

7)加强矿区环境综合治理

加强瓦斯抽放，加快煤层气开发利用产业化进程，充分利用煤中煤、煤泥、洗矸等有价值资源，发展包括低热值燃料综合利用电站。以土地复垦为重点，建立各种类型的矿区生态重建示范基地，逐步形成与生产同步的生态恢复建设机制。

8)实现矿区可持续发展

完善资源枯竭矿山的退出机制，制定促进接续和替代产业发展的政策，推动单一煤炭资源矿区发展接续产业和替代产业。同时，借鉴国外主要产煤国家的经验，制定衰老报废矿区和煤炭城市的转产配套政策。

2.2 石油

人类发现和利用石油的历史悠久。早在公元前3000年，幼发拉底河流域的人们就开始利用沥青作建筑材料。公元650年左右，阿拉伯人把石油中的较轻组分蒸馏出来做成著名的“希拉火”供作战使用。缅甸的仁安油田在13世纪开始开采。16世纪苏门答腊人用石油做成火球烧毁葡萄牙人的帆船。早在三千年前，我国《易经》就有关于石油的文字记载。二千年前，我国开始采集石油作燃料和润滑剂，到11世纪，我国开凿了第一批油井，并炼制出“猛火油”、石蜡、沥青等粗制石油制品。

1859年，在美国宾夕法尼亚州成功打出了第一口油井，接着俄国人也开始了油井采油，现代石油工业真正开始。20世纪50年代以来，以石油、天然气为原料的石油化工工业得到突飞猛进的发展，石油制品消费量迅速增长，石油的消费量剧增。1900年世界石油消费量为40万桶，1920年为22万桶/日，1940年为85万桶/日，1960年为340万桶/日，1980年为800万桶/日，2000年后达到了7 000万桶/日以上。

石油素有“工业的血液”之称，是当今世界最重要的能源，又是近代有机化工工业的重要原料，是仅次于煤的化石燃料。

2.2.1 石油的形成与特性

石油是古生物长期埋藏在地下形成的。按照有机成油理论，水体中沉积于水底的有机物和其他淤积物一道，随着地壳的变迁，埋藏的深度不断增加，并经历生物和化学转化过程。先是被喜氧细菌，然后是厌氧细菌彻底改造，细菌活动停止后，有机物便开始了以地温为主导的地球化学转化阶段。一般认为，有效的成油阶段大约从50~60℃开始，150~160℃时结束。过高的地温将使石油逐步裂解成甲烷，最终演化为石墨。因此，石油只是有机物在地球演化过程中的一种中间产物。

从各地区油井采出的原油成分不同，形态各异，从无色到黑色，从水样液体到柏油状固体，比重也不相同。未经处理的石油叫原油，原油及其加工所得的液体产品总称为石油。原油是碳氢化合物的混合物，含有1至50个以上碳原子的化合物，其碳和氢分别占84%~87%和12%~14%，主要成分为烷烃、环烷烃和芳香烃。在原油中除纯烃类成分之外，还有少量的非烃类化合物，如含硫化合物存在于所有原油之中，低者含量0.05%以下，高者可达7.5%，一般含量在2%～3%之间；含氮化合物含量通常不超过1%；含氧化合物在0.5%～2.0%之间。此外在原油中还存在少量的无机物质，如V、Ni、Fe、Al、Ca、Na、Mg、Co、Cu等金属元素，它们的浓度通常约为100 mg/L。一般原油中还有不溶解的水分存在。

原油的分类有许多方法。按含烃类比例的不同，原油可分为石蜡基原油、环烃基(也叫沥青基)原油和中间基(也称混合基)原油。根据硫含量不同，硫含量小于0.5%为低硫石油，0.5%～2.0%之间为含硫石油，大于2.0%者称高硫石油。世界石油总产量中，含硫石油和高硫石油约占75%。石油中的硫化物对石油产品的性质影响较大，加工含硫石油时应对设备采取防腐蚀措施。此外，按照比重的大小可将原油分为三类：重质原油，其比重介于1.00～0.92 t/m^3之间；中质原油，其比重在0.92～0.87 t/m^3之间；轻质原油，其比重小于0.87 t/m^3。

原油经过炼制，可以得到石油气、汽油、煤油、柴油、重油、油渣、沥青、石蜡等产品，以满足不同的用途。

2.2.2　石油资源及其开采

2.2.2.1　石油资源

目前世界上已找到近30 000个油田和7 500个气田，这些油、气田分布于地壳上六大稳定板块及其周围的大陆架地区。在156个较大的盆地内，几乎均有油、气田发现，但分布极不平衡。例如世界上石油储量超过10×10^8 t和天然气储量超过$10\,000\times10^8$ m^3的特大油、气田共42个(我国除外)，它们仅分布于100个盆地内，其中波斯湾盆地就占20个，西伯利亚盆地占10个，储量为650×10^8 t，占世界总储量的近一半。沙特阿拉伯的加瓦尔油田和科威特的布尔干油田的石油储量占目前世界储量的1/5。

据BP世界能源统计年鉴报道，2011年世界石油探明可采储量为2 343亿t，年产量为40.59亿t，与2010年持平(参见表1-6和表1-7)。

从石油储量来看，第二次世界大战后，发现和开发了一批重要的油气区，包括中东、伏尔加—乌拉尔、西伯利亚、阿拉斯加、利比亚、尼日利亚、东南亚等，使探明储量迅速增加，在1970年以前大约每10年翻一番，但1985年后，每年所增储量逐渐减少，甚至出现下降趋势。即从全球来说，新发现的储量跟不上石油开采量。

目前开采的石油80%都是来自1973年以前所发现的矿脉。专家们认为我们已经发现了世界上90%的石油储量，并且像今天这样的石油生产和消费的良好势态在10年后就会开始逆转。根据哈伯特(Hubbert King)在1956年建立的如图2-4所示的理论模式预测，一种有限资源的不加以控制的开采过程会遵循一条钟形曲线，达到该钟形曲线的最高点时就是这种能源耗尽一半之日。该模式曾预测美国石油生产高峰期为1969年，而实际上这个高峰期发生在1970年，美国石油生产变化情况很准确地遵循了这一钟形曲线。

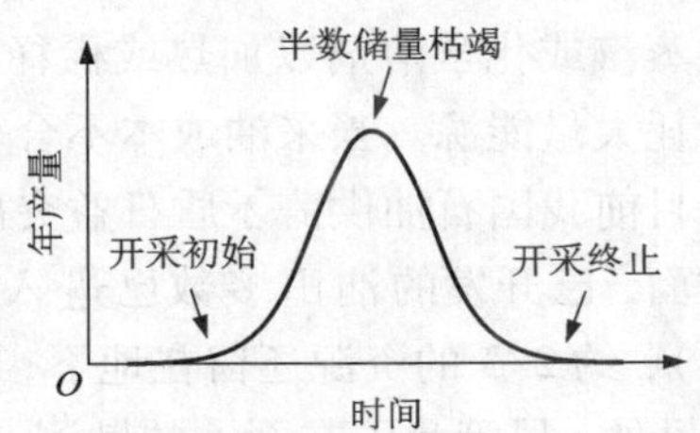

图2-4　对一种可耗竭资源开采的哈伯特钟形曲线

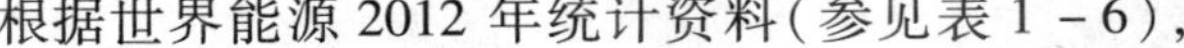

根据世界能源2012年统计资料(参见表1-6)，

全世界剩余石油可采储量为16526亿桶，储采比为54.2年。中国石油资源的可采储量147亿桶，居世界第15位。

我国沉积盆地广阔，有485个沉积盆地，拥有沉积岩面积670×10^4 km^2，其中陆上面积520×10^4 km^2，近海大陆架面积150×10^4 km^2。面积大于4×10^4 km^{2}的大型盆地12个，面积10 000 km^{2}的盆地50个。这62个盆地占盆地总数的12.8%，却拥有全国石油地质资源量的97%；其中9个主要含气的盆地拥有全国天然气地质资源量的80%。新中国成立后，中国石油地质学家打开了陆相盆地找油的新领域，在西北、东北、华东和中南等地区找到了100多个油田。尤其是大庆油田、胜利油田、辽河油田和克拉玛依油田等一批大型油田的发现和投入开发，使我国石油工业得到高速发展。但目前我国石油资源的探明程度远低于其他产油国，特别是近海大陆架可采储资比仅为0.145。而以上盆地和大陆架中很可能存在丰富的油气资源，因此在油气资源方面，我国尚有巨大的开发潜力。

2.2.2.2 石油开采

油田开发包括石油勘探、钻井和油田的开采。石油勘探是石油开发中最重要的基础环节，包括油田的寻找、发现和评估。石油勘探投资巨大，尤其是海上石油勘探，据估计，其费用相当于油田开采和石油炼制的总和。近百年来，石油勘探迅速发展，石油地质理论日益成熟，勘探手段更加先进，除地震勘探外，地球化学勘探、遥感、遥测、资源卫星等先进技术也引入到石油勘探中，使勘探效率和成功率大大提高。

钻井是从地面打开一条通往油、气层的孔道，以获取地质资料和油气能源。最古老的钻井方法是绳钻，即用绳端的铲头掷向井下打井取泥，现代则使用井架钻台，油井平均深度为1 700 m，有的大于10 000 m。钻到油气后，用泥浆压力或别的方法压井，再退出钻管。油被溶解气或四周水压压出岩砂流向孔道，形成自喷井，再通过装在井口的“圣诞树”阀门输出油、气。由于海上油田的大量发现，海上石油钻井得到了迅速发展，但海上钻井易受海水腐蚀及海浪、海流和潮汐的影响。由于从陆地到大洋海底的坡度是逐渐变化的，海上钻井装置也应随海深而变化。

当自喷井产油一段时间后，油压降低，产量下降；当不能自喷时，就需用油泵或深井泵采油。再过一段时期后，抽油泵也不能连续采油了，需要间歇一段时间，让地下远处的石油聚集过来，再抽一段时间。依靠地下自然压力把油集中到油井的采油期称为一次采油期，它只能采出油藏的15%~25%。为了增加采收率，可以向地下油藏注水或气体，以保持其压力，这时称二次采油。二次采油可提高采收率，平均可到25%~33%，个别高达75%。如果加注蒸汽或化学溶剂以加热或稀释石油后再开采，称为三次采油。三次采油的成本很高，还需消耗大量能源。当采油成本不合算或耗能过大时，应关闭油井。

目前我国石油供需矛盾日益突出，一方面我国人均石油资源量仅为世界水平的1/6，另一方面，已开发的油田多数已进入高含水的中后期开发阶段，水驱采收率不高(平均只有33%)，约2/3的资源还留在地下，而开发剩余可采储量和勘探发现新储量的难度也越来越大。另外，尽管我国在石油的勘测、开采和生产、加工几方面都已取得了很大的成绩，但与发达国家相比，无论在勘测能力、开采的技术和装置水平，还是在加工方法和有效利用诸方面，都还存在较大的差距。所以，在提高已探明资源的利用率的同时，迫切需要发展新的石油开采技术，以大幅度提高老油田的采收率。

2.2.3 石油生产与消费

世界上开展油气资源普查的国家有150多个，生产油气的国家有70多个。从世界石油生产来看，石油输出国组织(欧佩克)起着举足轻重的地位，20世纪60—70年代占世界产量一半以上。70年代后，世界石油产量上升缓慢，近30年来，石油产量一直在30×10^8 t左右徘徊。2011年世界石油的产量为40.59×10^8 t标准油，其中欧佩克组织的石油产量约占世界总产量的42.4%。2011年世界石油生产最多的地区是中东和欧洲，分别占世界总量的32.6%和21.0%；沙特阿拉伯和俄罗斯是世界石油生产最多的国家，分别占世界总量的13.2%和12.8%。石油输出国组织储量约占世界探明储量的3/4，而其海湾成员国家沙特阿拉伯、科威特、伊朗、伊拉克、阿联酋和卡塔尔六国占世界总储量的1/2。这些国家石油开采成本低廉，生产潜力大，在世界石油市场上有很强的竞争力，今后仍将是世界上最主要的石油供应国。表2-5为1990—2011年世界主要产油国的原油产量。

表2-5 1990—2011年世界主要产油国原油产量 单位：Mtoe

国家	1990	1995	2000	2005	2010	2011	占比
沙特阿拉伯	342.5	437.2	455.0	524.9	466.6	525.8	13.2%
俄罗斯	515.9	310.7	323.3	470.0	505.1	511.4	12.8%
美国	416.6	383.6	352.6	313.3	339.9	352.3	8.8%
伊朗	162.8	185.5	191.1	205.1	207.1	205.8	5.2%
中国	136.3	149.0	162.6	181.4	203.0	203.6	5.1%
加拿大	92.8	111.9	127.0	144.9	164.4	172.6	4.3%
阿联酋	107.6	112.3	122.1	137.3	131.4	150.1	3.8%
墨西哥	145.2	150.2	171.4	187.3	146.3	145.1	3.6%
科威特	46.8	104.9	110.1	130.4	122.7	140.0	3.5%
委内瑞拉	117.8	155.3	167.3	154.5	142.5	139.6	3.5%
伊拉克	105.3	26.0	128.8	90.0	121.4	136.9	3.4%
尼日利亚	91.6	97.5	105.4	124.2	117.2	117.4	2.9%
巴西	34.1	37.6	66.8	89.3	111.7	114.6	2.9%
挪威	82.1	138.4	160.2	138.2	98.6	93.4	2.3%
安哥拉	23.4	31.2	36.9	69.0	92.0	85.2	2.1%
世界总计	3 175.4	3 286.1	3 618.2	3 916.4	3 945.4	3 995.6	100%

来源：BP Statistical Review of Word Energy, 2012.

最近20年，我国石油总产量从1990年的1.36×10^8t增加到2011年的2.04×10^8t，成为世界第五大产油国，占世界总产量的5.1%。1990—2011年世界主要国家原油消费量如表2-6所示。

表 2-6 1990—2011 年世界主要国家石油消费量 单位: Mtoe

国家	1990	1995	2000	2005	2010	2011	占比
美国	772.5	796.7	884.1	939.8	849.9	833.6	20.5%
中国	112.9	160.2	224.2	327.8	437.7	461.8	11.4%
日本	248.1	267.3	255.6	244.4	200.3	201.4	5.0%
印度	57.9	75.2	106.1	119.6	156.2	162.3	4.0%
俄罗斯	251.7	152.2	123.1	123.2	128.9	136.0	3.4%
沙特阿拉伯	54.1	59.7	73.0	87.5	123.2	127.8	3.1%
巴西	63.8	78.8	92.3	93.8	118.0	120.7	3.0%
德国	127.3	135.1	129.8	122.4	115.4	111.5	2.7%
韩国	49.5	94.8	103.8	104.6	106.0	106.0	2.6%
加拿大	79.8	79.8	88.1	100.3	102.7	103.1	2.5%
墨西哥	71.0	74.8	87.8	90.8	88.5	89.7	2.2%
伊朗	50.0	60.2	65.2	80.5	89.8	87.0	2.1%
法国	89.4	89.0	94.9	93.1	84.4	82.9	2.0%
英国	82.9	81.9	78.6	83.0	73.5	71.6	1.8%
意大利	93.6	95.5	93.5	86.7	73.1	71.1	1.8%
世界总计	3 158.1	3 279.9	3 571.8	3 901.7	4 031.9	4 059.1	100%

来源: BP Statistical Review of Word Energy, 2012.

目前在世界一次能源的消费中,石油仍处在第一位。根据2011年的统计资料,世界一次能源消费约为 122.74×10^8 t油当量,其中石油消费量占33%。在消费行业中交通运输占57.0%,工业占19.7%,其他行业占17.1%,非能源行业占6.2%。石油消费偏重于经济发达地区,经济越发展,越需要更多的石油,美国是世界第一大石油消费国,中国以11.4%居第二位。

虽然在世界一次能源的消费中石油已取代煤的地位,但在我国能源消费结构中,石油的比重却远小于煤,只占我国一次能源消费总量的18%左右,而煤炭比例却近70%。自1993年,我国开始由净出口国变成净进口国,2011年进口石油达2.52亿t。2011年,全年原油表观消费达到4.6亿t,比上年增加2 410多万t,增幅达到5.5%。相应地,原油的加工量和石油产品的进口量也高速增长。未来我国石油需求仍将以较快的速度增加,而同期石油产量不会有大的增加。

我国石油消费除产量较高地区外,主要集中在经济发达的北京、上海和广东等地区。在我国的石油消费行业中,交通运输和工业领域所占比重仍较高。

今后世界石油的发展趋势,一是要加大勘查找油力度和范围,向未知地域特别是沉积盆地和沙漠地区、底层深部、海底特别是近海大陆架发展;二是提高开采技术和装备水平,以提高石油采收率;三是在没有发现更好的石油替代品以前,对石油资源实行保护措施,对石油年产量进行限制；四是从技术上寻求节油途径，并积极研究代替石油的措施。此外，还要积极开发和利用非常规石油。

非常规石油包括油页岩、重质油和油砂，这类资源的探明储量折算成石油有7 700多亿t，是世界上常规石油剩余探明储量的8倍左右。目前其开采方式与采煤一样，有露天和矿井开采两种。其利用和加工方法有直接燃烧和加热干馏两种。当前主要因成本问题还未得到大规模开发和利用，但这些非常规石油很可能是解决今后世界石油短缺问题的最有效途径。

2.2.4　石油产品

原油为制造石油产品的原料，由原油制造石油产品的过程称为炼油。石油的加工过程可分三步：一是将原油蒸馏，称一次加工；二是将一次加工所得到的产品再次加工，叫二次加工（又称深度加工）；三是把炼油厂的副产品（炼厂气等）和石油产品（即油品）及原油用来生产基本有机化工原料，叫三次加工。通常把一、二次加工叫做石油炼制，把第三次加工称为石油化工。

2.2.4.1　石油炼制产品

石油炼制的主要原理是利用蒸馏方式将原油中不同沸点的碳氢化合物分离，再以化学处理方法提高产品的价值。原油进入炼油厂后先加热到360～400℃，然后进入分馏塔的中间部分，沸点低的成分因受热气化而上升，沸点高的成分则渐次到达塔底，塔中每一层均会收集到一定沸点之组成。塔底是不能蒸发的油渣、重油，中层为柴油等馏分，上层为汽油、石脑油等。塔底的剩余油通常再送到减压塔快速蒸发。减压塔利用蒸汽喷射泵降低油气分压，使重油气化，与沥青分离。不同产地的原油分馏所得的各类轻、重油比例相差很大。

原油经过蒸馏后，依沸点范围可把石油分成不同组分。一般沸点范围为40～205℃的组分为汽油；180～300℃的组分为煤油；250～350℃的组分为柴油；350～520℃的组分为润滑油（或重柴油）；高于520℃的渣油作为重质燃料油。

原油经过蒸馏后大约只能提取25%～40%的轻质油品（汽油、煤油和轻柴油等），还有很大一部分重质油品中的烃类没有分离出来。同时蒸馏所得到的油品，有些质量还不够高（如汽油的辛烷值较低等），必须再经过转化过程方可获得更多价值较高的轻质油品，因此尚需进行二次加工。常用的转化法有热裂化、加氢裂化、催化重整（铂重整）和焦化等。

石油蒸馏工艺流程和炼油厂的流程分别示于图2－5和图2－6。

2011年世界石油炼制能力最多的国家依次是美国、中国、俄罗斯和日本，分别占世界总量的19.1%、11.6%、6.1%和4.6%。

2.2.4.2　石油化工产品

由石油、天然气及其相关产品为原料制成的化学产品，都可称为石油化学品。石油化学品包括化学肥料、合成树脂、油漆和清洁剂等。此外，资讯业、汽车工业及电子业等的相关零配件也有80%来自石油化学品，因此有人称石化工业为工业发展的火车头。

较重要的石油化工产品是三大合成材料（合成树脂、合成纤维、合成橡胶）、化肥、农药和洗涤剂等。尤以三大合成材料的产量最大，产品名目最多，其产量和质量在一定程度上可反映一个国家的石油化学工业水平。

（1）合成树脂：主要有聚乙烯树脂、聚丙烯树脂和聚氯乙烯树脂。绝大多数塑料制品都是用合成树脂制成的。此外，还可以生产有机玻璃等。

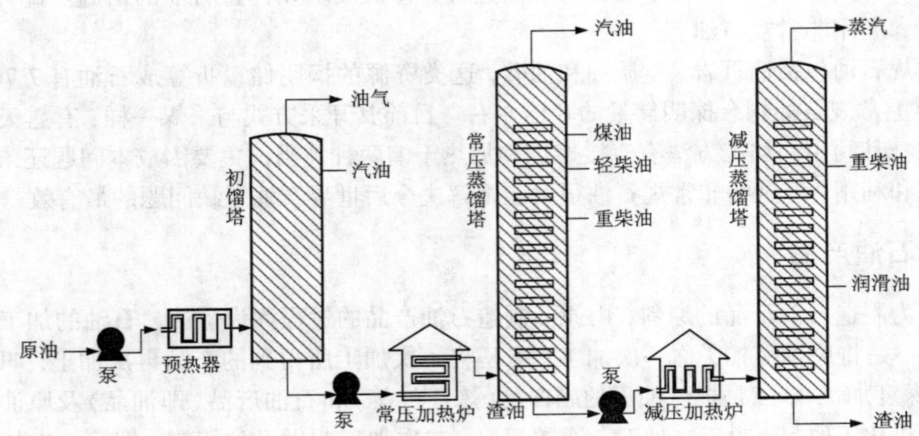

图 2-5　石油蒸馏工艺流程示意图

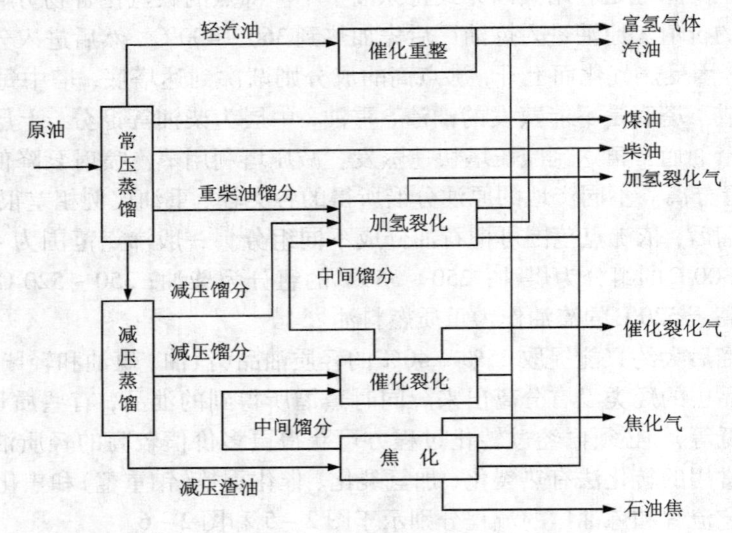

图 2-6　燃料型炼油厂的流程图

(2)合成纤维：是目前世界上产量最多和最重要的化学纤维。最主要的合成纤维产品是五大"纶"，即锦纶、涤纶、维纶、腈纶和丙纶。

(3)合成橡胶：广泛用在工业、农业、交通运输业及国防等方面。世界上合成橡胶的产量早已超过天然橡胶，合成橡胶的产品层出不穷，许多合成橡胶的质量也远远超过了天然橡胶。

(4)化肥：化肥主要有氮、磷、钾肥三种。其中以氮肥的产量最多，用途也最广。用石油为原料所生产的化肥正是氮肥，常见的有氨水、尿素、碳酸氢铵、硫酸铵和硝酸铵等。

此外，以石油为基础原料还可生产农药、洗涤剂、炸药、染料、油漆等多种化工产品。

2.3　天然气

天然气(natural gas，简称 NG)，是一种产于地表下的天然气体，其主要成分是甲烷，天然气是除煤和石油之外的另一重要一次能源。它与石油、煤炭构成了当代世界能源的三大支柱。石油和天然气的共同特点是，容易开采，使用方便，污染小，易储存和输送，使用过程易调节和控制，是目前主要的动力燃料，同时也是重要的化工原料。

2.3.1　天然气的形成及特性

一般认为石油和天然气是孪生的，两者在成因上、聚集和保存上均有共性。但天然气生成条件比石油生成条件要宽得多。当生油岩埋藏较浅，地温低于 70℃时，有机质则由细菌和温度作用形成干气，即甲烷；当生油岩埋藏的深度在 1 300 ~ 2 100 m，地温为 70 ~ 110℃时，有机质转化的主要方向是石油，同时还生成天然气；当生油岩埋藏深度超过 2 100 m，地温超过 110℃时，有机质继续转化为天然气。此外，在 90 ~ 110℃时，石油也开始裂解成为天然气，随着温度的增高，裂解的石油就越来越多，地温越高，干气在天然气中占的比例愈大，当地温超过 145℃时，就只生成干气了。所以，天然气的生成贯穿了整个有机质演化过程，比石油的生成要广泛得多。

根据油气的成因，目前世界上发现的天然气资源有如下几类：

(1)油成气。即有机物在成油过程中产生的天然气，这是迄今为止被世界各国开发利用的主要一类。其资源量大致与石油量相当，即 1 t 石油储量相应有 1 000 m^3 的天然气。

(2)煤成气。即有机质在成煤过程中产生的以甲烷为主要成分的天然气。一般认为每吨煤伴生天然气 38 ~ 68 m^3。

(3)生物成气。是未成熟的有机质在低温(70℃)下由厌氧生物分解生成的甲烷气体，约占天然气总储量的 20% 左右。

(4)水合物气。是低温或高温条件下，气体分子(甲烷)渗入地层深处的水分子晶隙中而被水缔合成气体水合物，估计资源约 50 万 m^3。

(5)深海圈闭气。有深海类似冰一样的水和甲烷混合物所圈闭的天然气，至今尚未勘探。

天然气的勘探、开采同石油类似，但采收率较高，可达 60% ~ 95%。在常温常压下，天然气以气态存在，故天然气皆以管线输送，每隔 80 ~ 160 km 需设一增压站，加上天然气压力高，故长距离管道输送投资很大。在越洋运输时，因铺设海底管线难度较高，通常先将天然气冷冻至摄氏零下 162℃形成液态的液化天然气(liquefied natural gas，简称 NG)，液化后体积仅为原来体积的 1/600，因此可以用冷藏油轮运输，运到使用地后再予以气化。

天然气的主要成分为甲烷及微量的乙烷、丙烷、丁烷及其他杂质如硫化氢和其他含硫化合物、水分、二氧化碳、氮气等。因此，天然气在使用前也需净化，即脱硫、脱水、脱二氧化碳、脱杂质等。

天然气比空气密度小，密度约是空气的 0.65 倍，所以一旦发生泄漏扩散较快。天然气燃烧浓度(与空气之混合比)为 4.5% ~ 15%，燃烧性良好，达到燃烧浓度时遇火就会爆炸，其燃点为 550℃。液态的天然气比水的密度小，约为水的 0.45 倍。

天然气完全燃烧后，CO_2 排放量为提供同样热能时煤的 1/2，油的 75%，因此可减轻地球的温室效应，是目前全世界公认的干净商用燃料。天然气液化后，可为汽车提供方便且污染小的天然气燃料，CO 排放量约为汽油车的 1/3，NO_x 排放量约为汽油车的 1/2。

2.3.2 天然气资源

天然气蕴藏量丰富，是清洁而便利的优质能源。但由于其储运难，上市难，投资大和回收周期长等特点，许多国家的天然气工业比石油工业落后 30 ~ 40 年，但近些年发展迅速。

随着天然气开发技术的发展，被探明的天然气储量也逐渐增加。和石油一样，世界天然气资源分布很不均匀，主要集中在中东、俄罗斯和东欧，三者之和约占世界天然气总储量的 70%。煤层气资源最丰富的国家按地质储量依次是俄罗斯(17 万亿 ~ 113 万亿 m^3)、加拿大(6 万亿 ~ 76 万亿 m^3)、中国(30 万亿 ~ 35 万亿 m^3)、澳大利亚(8 万亿 ~ 14 万亿 m^3)、美国(11 万亿 m^3)。这五个国家约占世界总量的 95%。

我国天然气资源丰富，截至 2011 年，我国天然气探明储量为 $31\ 000 \times 10^8\ m^3$。近十年的新增探明储量与前四十年的累积探明储量相当。特别是新疆、青海、川渝、陕甘宁四大气区的大力发展，为我国发展天然气工业提供了资源基础，实施"西气东输"工程有了资源条件。

在未来 20—30 年，我国天然气工业将高速发展，天然气市场需求也将增长迅速。尽管预计天然气探明储量增长快，但仍需进口才能满足需求。

2.3.3 天然气生产与消费

20 世纪 70 年代后，世界石油产量上升缓慢，但天然气的产量却高速增长。1970—2011 年，从 $1 \times 10^{12}\ m^3/a$ 上升到 $3.28 \times 10^{12}\ m^3/a$，年产气量翻了一番多。2011 年世界天然气生产最多的国家是美国、俄罗斯、加拿大、伊朗和卡塔尔，分别占世界总量的 20.0%、18.5%、4.9%、4.6% 和 4.5%。1990—2011 年世界主要产气国家的天然气产量见表 2 - 7。

表 2 - 7 1990—2011 年世界主要国家天然气产量 单位：亿 m^3

国家	1990	1995	2000	2005	2010	2011	占比
美国	504.3	526.7	543.2	511.1	604.1	651.3	20.0%
俄罗斯	590.0	532.6	528.5	580.1	588.9	607.0	18.5%
加拿大	108.6	159.8	182.2	187.1	159.9	160.5	4.9%
伊朗	23.2	35.3	60.2	103.5	146.2	151.8	4.6%
卡塔尔	6.3	13.5	23.7	45.8	116.7	146.8	4.5%
中国	15.3	17.9	27.2	49.3	94.8	102.5	3.1%
挪威	25.5	27.8	49.7	85.0	106.4	101.4	3.1%
沙特阿拉伯	33.5	42.9	49.8	71.2	87.7	99.2	3.0%
阿尔及利亚	49.3	58.7	84.4	88.2	80.4	78.0	2.4%
印度尼西亚	43.9	60.7	65.2	71.2	82.0	75.6	2.3%

续表 2-7

国家	1990	1995	2000	2005	2010	2011	占比
荷兰	61.0	67.8	58.1	62.5	70.5	64.2	2.0%
马来西亚	17.8	28.9	45.3	61.1	62.6	61.8	1.9%
埃及	8.1	12.5	21.0	42.5	61.3	61.3	1.9%
土库曼斯坦	79.5	29.2	42.5	57.0	42.4	59.5	1.8%
乌兹别克斯坦	36.9	43.9	51.1	54.0	59.6	57.0	1.7%
世界总计	1 980.4	2 115.3	2 411.3	2 770.4	3 178.2	3 276.2	100%

来源：BP Statistical Review of Word Energy, 2012.

20 世纪 90 年代以来，我国气田气的产量年平均增长率为 5.17%。我国已勘探开发的天然气资源主要集中在西部地区，经济发达的东部较少。进入 21 世纪，我国气田气的储量增长很快，但天然气的产量增加却明显滞后，主要原因是天然气管线严重不足，难以把中、西部气田的气送到东部经济发达的用气区，因而气田不能进行产能建设。这也是我国政府启动“西气东输”工程的主要原因。

目前，天然气已成为世界上主要能源之一，它与石油、煤炭构成了当代能源的三大支柱。一些工业发达国家在经受两次石油危机之后，正在大力推行以天然气取代石油。不仅作为工业燃料，特别是作为城市民用燃料，也越来越受到各国的重视，以更多的人力和财力投入到勘探、开发和利用的研究中。因此天然气在能源结构中的比重不断上升，20 世纪 40 年代为 4%，60 年代为 13%，80 年代为 20%，目前已达 17% 左右。世界天然气消费见表 2-8。

表 2-8 世界主要国家天然气消费量 单位：亿 m^3

国家	1990	1995	2000	2005	2010	2011	占比
美国	542.9	628.8	660.7	623.4	673.2	690.1	21.5%
俄罗斯	407.6	366.5	354.0	400.3	414.1	424.6	13.2%
伊朗	22.7	35.2	62.9	105.0	144.6	153.3	4.7%
中国	15.3	17.7	24.5	46.8	107.6	130.7	4.0%
日本	48.1	57.9	72.3	78.6	94.5	105.5	3.3%
加拿大	67.2	82.5	92.7	97.8	95.0	104.8	3.2%
沙特阿拉伯	33.5	42.9	49.8	71.2	87.7	99.2	3.1%
英国	52.4	70.5	96.9	95.0	94.0	80.2	2.5%
德国	59.9	74.4	79.5	86.2	83.3	72.5	2.2%
意大利	43.4	49.9	64.8	79.1	76.1	71.3	2.2%
墨西哥	27.5	31.4	41.1	56.1	67.9	68.9	2.1%
阿联酋	16.9	24.8	31.4	42.1	60.8	62.9	1.9%

续表 2-8

国家	1990	1995	2000	2005	2010	2011	占比
印度	12.0	18.8	26.4	35.7	61.9	61.1	1.9%
乌克兰	124.0	73.9	71.0	69.0	52.1	53.7	1.7%
埃及	8.1	12.6	20.0	31.6	45.1	49.6	1.5%
世界总计	1 959.2	2 135.2	2 409.1	2 766.7	3 153.1	322.9	100%

来源：BP Statistical Review of Word Energy, 2012.

2010 年，我国天然气在能源结构中的比重只达到 3.5% 左右，与发达国家相比还很低。也与石油生产很不相称。按统计资料计算，包括当做能源燃料和化工原料在内的工业用气占 65%，住宅和商业用气占 20%。在天然气的消费结构中，发电比例较低，占全部消费量的 10% 左右。其他天然气则用于交通运输、仓储及邮电通信行业等。

国内天然气消费主要集中在产气区，随着“西气东输”工程的拓展，将有更多地区能用到洁净的天然气。目前我国天然气主要用于工业，生活消费正逐年增长。

2.4 电能

电能是二次能源。煤炭、石油、天然气、水能和核能以及各种可再生能源都可以转化为电能。它是有效利用各种一次能源并使它们相互协调配合得最好的能源形态。

电力是最清洁的能源，适于大量生产和集中管理。电能容易输送和分配，使用方便、灵活、经济、洁净、易控，利用率高，共用性好，是目前应用最广泛的常规能源。电力工业是一个完整的电能生产、输送、分配和消费的能源系统，它通过输变电网路把各种一次能源所转化的电力联系在一起，互相配合，取得最大的效益。电力是一种特殊商品，一般来说，发电、供电和用电必须同时完成，不能大量储存。电力虽然具有输送和分配的方便条件，但要越过高山和大洋进行远距离传输，目前不仅技术上还难以办到，而且在经济上也不合理。因此，电力一般只在本国范围内平衡。这样电力过剩就会造成电力生产能力的积压和浪费，而电力短缺就会影响国民经济的发展。

电力用于照明，已有一百多年的历史。1882 年世界第一座发电厂在英国伦敦建成，当时为低压直流电。1891 年德国洛芬火电厂安装了第一台三相发电机，开始采用三相交流输电系统。1920 年美国人将输电电压提高到 150 kV。1934 年美国加州建成了第一座水电站，装机容量 1 340 MW。1954 年苏联建成了世界上第一座核电机组。

2.4.1 电能的生产与消费

电力是国民经济的晴雨表。进入 21 世纪后，全球经济由疲软开始复苏，对电力的需求也逐步恢复。2011 年世界电力生产最多的国家是中国、美国和日本，分别占世界总量的 21.3%、19.6% 和 5.0%。与发达国家相反，在以中国为首的部分发展中国家，由于国民经济持续增长，电力工业一直稳定增长。我国年发电量于 2011 年超过美国、居世界首位。世界各主要国家的年发电量如表 2-9 所示。

表2-9 世界主要国家年发电量 单位：TW·h

国家	1990	1995	2000	2005	2010	2011	占比
中国	621.2	1 006.6	1 355.6	2 500.3	4 207.7	4 700.1	21.35%
美国	3 185.4	3 516.8	3 990.5	4 257.4	4 331.1	4 308.0	19.57%
日本	841.1	968.6	1 057.9	1 153.1	1 156.0	1 104.2	5.01%
俄罗斯	1 082.2	862.1	877.8	954.1	1 035.7	1 051.6	4.78%
印度	284.2	409.0	554.7	689.6	922.2	1 006.2	4.57%
德国	549.9	534.7	564.5	620.3	628.1	614.5	2.79%
加拿大	478.2	551.3	599.2	614.0	581.8	607.6	2.76%
法国	420.2	493.9	540.8	576.2	573.2	564.3	2.56%
韩国	118.5	203.5	290.4	389.5	495.7	520.1	2.36%
巴西	222.8	275.6	348.9	402.9	484.8	501.3	2.28%
英国	319.7	337.4	377.1	398.3	381.1	365.3	1.66%
意大利	216.9	241.5	276.6	303.7	290.7	289.2	1.31%
墨西哥	122.4	152.5	204.4	242.0	270.8	289.0	1.31%
西班牙	164.6	178.9	232.0	4.229	303.0	279.7	1.27%
澳大利亚	156.0	175.5	212.3	249.0	255.9	264.1	1.20%
世界总计	11 862.0	13 256.0	15 394.4	18 339.4	21 365.8	22 018.1	100%

来源：BP Statistical Review of Word Energy，2012.

由于化石燃料对环境的污染，世界各国都日益重视水电、核电和其他可再生能源（如地热、太阳能、风能、生物质能）的发电。世界各主要国家的发电量构成如表2-10所示。从表中可以看出，发达国家对非化石燃料发电非常重视，其开发程度远高于中国和其他发展中国家。

表2-10 世界主要国家发电能源构成（2011年） 单位：TW·h

国家	核电	水电	地热	太阳能/风能[①]	化石燃料[②]	可再生能源和垃圾能源[③]	合计
中国	86.3	662.1	—	73.0	3 897.0	22.2	4 700
美国	790.89	262.2	33.3	87.3	2 992.5	153.7	4 308
日本	295.3	87.3	4.7	0.04	691.0	25.7	1 104
俄罗斯	172.3	168.1	0.07	—	706.3	5.2	1 052
加拿大	94.8	374.9	—	0.26	349.3	6.3	826
德国	108	21.5	—	26.0	460.0	12.3	615
法国	442.1	82.6	—	18.0	16.1	5.2	564
英国	63.2	4.2	—	1.7	288.6	7.3	365
意大利	—	52.3	4.76	1.62	228.8	1.5	289

注：①包括潮汐能、海流能、海浪能和其他（如燃料电池）；②包括烟煤、褐煤、泥煤、煤气、油和天然气；③包括固态生物、工业和城市垃圾及沼气。

电力消费最多的国家也是中国、美国和日本,其次为俄罗斯、印度、德国和加拿大。

在电力装机容量、电力生产和消费量上中国排在世界的首位,但人均电力指标和技术经济指标却较落后。世界主要国家人均电力指标如表 2-11 所示。

表 2-11 世界主要国家人均电力指标(2009 年)

	人均装机容量(kW/人)	人均发电量(kW·h/人)	人均用电量(kW·h/人)
加拿大	3.96	17 693	15 471
瑞典	3.85	15 861	14 141
美国	3.48	13 505	12 913
韩国	1.42	9 326	8 900
日本	2.20	8 771	7 819
法国	1.96	8 420	7 468
德国	1.69	7 205	6 779
俄罗斯	1.55	7 094	6 133
西班牙	1.81	7 312	6 006
英国	1.42	6 164	5 692
意大利	1.70	5 034	5 271
中国	0.62	2 775	2 631
巴西	0.57	2 291	2 206

资料来源:世界银行统计年鉴。

我国电力工业已有百余年历史,最早于1879 年在上海建成发电厂,但旧中国电力工业发展缓慢,到 1949 年,装机容量为 1.8 GW,年发电量仅为43 亿 kW·h,且发电设备都依赖进口,发电量的55%为外国资本所有。从 1949 年到 2000 年,我国电力总体上一直以高于国民经济增长的速度在发展,基本上保证了经济发展和人民生活水平提高的需要。到 2011 年全国电力装机容量达 23 亿 kW,年发电量达 4.70 万亿 kW·h,均居世界首位。目前我国电力缺口依然很大,然而人均用电水平已达 3 483 kW·h,远超世界平均水平。

由于电力不能大量储存,所以我国电力生产和消费较多的地区基本一致。按行业划分,电力主要用在工业和居民的生活用电。我国分行业电力消费情况如表 2-12 所示。

有研究报告测算,我国从能源开发到运输、储存以及终端利用能源总的利用效率只有 33.3%。这一方面与我国能源消费中煤炭比重过大有关;另一方面与我国电气化水平低有关,我国电力消费在终端能源中的比重 2010 年为 15.2%,而发达国家为 20% 以上,我国用于发电的能源在一次能源消费中所占比重约为50%,发达国家高达 80% 以上;三是由于我国能源生产转换装置的效率较低,我国发电设备中机组容量小,老旧机组多,热电联产比重小,煤耗高,厂用电率高,线损大;四是与用电设备装置的效率低有关,如有统计表明,我国电动机平均效率只有 87%,而发达国家一般能达到 92%,其他如配电变压器、传动装置、流量调节装置等的效率都较低。

我国人均电力指标和电力工业主要技术经济指标近些年增长迅速,但与发达国家相比还较落后。表2－13给出了我国近20多年来的电力技术经济指标。

表2－12 我国分行业电力消费量 单位：亿 kW·h

行　业	1995	2000	2005	2010	占比/%
农、林、牧、渔业	582.42	672.96	776.23	976.49	2.33
工业	7 659.81	9 653.62	18 521.69	30 871.77	73.62
建筑业	159.62	154.77	233.93	483.24	1.15
交通运输、仓储及邮电通信业	182.30	281.20	430.34	734.53	1.75
批发和零售贸易餐饮业	199.47	393.68	752.31	1 292.00	3.08
其他行业	234.20	643.20	1 340.91	2 451.83	5.85
生活消费	1 005.58	1 671.95	2 884.81	5 124.63	12.22
消费总量	10 023.40	13 471.38	24 940.32	41 934.49	100

表2－13 中国电力工业主要技术经济指标

年份	发电设备平均利用小时	发电厂用电率（%）	线路损失率（%）	发电标准煤耗（gce/kW·h）	供电标准煤耗（gce/kW·h）
1985	5 308	6.42	8.18	398	431
1990	5 041	6.90	8.06	392	427
1995	5 216	6.78	8.77	379	412
2000	4 517	6.28	7.70	363	392
2003	5 245	6.07	7.71	355	380
2011	4 731	5.44	5.73	329	340

资料来源：中国电力企业联合会。

2.4.2 电力的生产方式

目前，世界电力的生产方式主要有三种，即火力发电、水力发电和核能发电，此外还有新能源发电。这里主要介绍火电和水电。核电在我国仍作为新能源看待，将在下一章中予以介绍。

2.4.2.1 火电

火力发电是以煤炭、石油或天然气为燃料，加热水使之成为一定压力和温度的水蒸气，然后由水蒸气膨胀做出的功推动发电机发电，发出的电力经过输变电系统和高压输电线路送达和分配给用户，用户把电力还原成生产和生活所需要的功、热和光能。火力发电站的主要设备是蒸汽锅炉和汽轮机、发电机组以及变电站。火力蒸汽发电机组有凝汽式、背压式、抽汽凝汽式、抽汽背压式以及热电联产等方式。除了蒸汽机组，还有燃气轮机和燃气－蒸汽联合循环发电机组。目前最主要的是蒸汽机组，后两种机组只在特殊情况下使用。火力电站以凝汽式机组发电效率最高，目前先进水平已达到41%，标准煤耗317 g/kW·h。综合热效率以热电联产机组最高，一般可达70%。燃气-蒸汽联合循环发电机组的发电效率可以高于凝汽式机组，目前尚在探索中。

在我国，煤电一直是电力的主体，其装机比例一直在75%左右，随着煤炭在能源供应总量中的比重下降，煤电在电力中的比例也要下降，但仍比当前世界平均20%左右大得多。对于气电，在发达国家一般比例较高，达25%左右。而我国天然气资源相对贫乏，在我国化石燃料电站中，石油和天然气发电所占的比重只有18%左右，而世界平均水平为24%。

2.4.2.2 水电

水是自然界广泛存在的一次能源。它既是常规能源，又是可再生能源和清洁能源，所以水能是世界上众多能源中永不枯竭的优质能源。

世界上一些国家水能资源理论蕴藏量和可开发的水能资源见表2-14。

表2-14 一些国家水能资源

国家	理论蕴藏量		可开发的水能资源	
	装机容量 $/10^4 kW$	水能资源 $/(10^8 kW \cdot h \cdot a^{-1})$	装机容量 $/10^4 kW$	年电量 $/(10^8 kW \cdot h \cdot a^{-1})$
中国	67 605	59 222	37 853	19 233
俄罗斯	45 000	39 400	26 900	10 950
巴西	15 000	13 200	20 900	9 680
美国	12 130	10 630	20 550	7 931
加拿大	12 000	10 500	15 200	5 352
印度	8 620	7 560	7 000	2 800
瑞典	2 250	1 970	2 010	1 003
挪威	2 100	1 840	2 960	1 210
日本	1 880	1 650	4 960	1 300
西班牙	1 787	1 560	2 932	6 75
意大利	1 500	1 310	1 920	5 06
法国	1 200	1 050	2 100	630
南斯拉夫	1 000	876	1 696	636
奥地利	700	614	1852	492
英国	188	165	246	42

我国国土辽阔，河流众多，径流丰沛，落差巨大，蕴藏着丰富的水能资源。据估计，我国河流水能资源的理论蕴藏量为6.944×10^8 kW，年发电量为59200×10^8 kW·h，不管是水能资源的理论蕴藏量，还是可能开发的水能资源，中国在世界各国中均居第1位。据估计，单机装机容量500 kW及以上的可开发的水电站共11 000余座，总装机容量可达$37\ 853 \times 10^4$ kW。

虽然我国水能资源总量十分丰富，但人均资源量并不高。我国可开发的水能资源约占世界总量的15%，但人均资源量却只有世界平均值的70%左右。另外，我国的水能资源分布很不均衡。从河流看，水能资源主要集中在长江、黄河中上游、雅鲁藏布江中下游、珠江、澜沧江、怒江和黑龙江上游。这7条江河可开发的大中型水电资源都在1000×10^{4} kW以上，占全国大中型水电资源量的90%。由于我国水能资源多集中在经济发展相对落后的地区，例如，云、川、藏水能资源就占全国的57%，而经济较发达、人口集中的东部11省、市，水能资源仅占6%，加上我国气候受季风影响，江河来水年内和年际变化大，这些不利条件都影响我国水能资源的开发利用。

水力发电是利用水的高度差能来推动水轮机做功，从而带动发电机组发电。水电的主要特点为：

(1)是可再生的一次能源，发电的同时还可以方便地开展综合利用；

(2)可以储蓄和调节，水力发电具有可塑性；

(3)启动快，工作灵活，运行成本低，效率高；

(4)受自然和地理条件的限制和影响大，一次性投资大，建设时间长，库区需要定期清淤。

水电站通常有三种类型：堤坝式、引水式及混合式。

表2-15是我国水电与火电的技术经济比较表。总的看来水电的经济性优于火电，值得大力发展。由于水力发电相对火力发电具有明显的优势，西方国家都优先发展水电，一些先进国家水电资源的开发利用率都已达到80%~90%。

表2-15　我国水电、火电技术经济比较表

项　目	水　电	火　电	比　较
投资(元/kW)	大型水电站,10 000	超超临界百万千瓦机组，8 100	当水电不计综合效益时，水火电投资差不多
运行成本(元/kW·h)	0.04~0.09	0.2~0.3	水电为火电的25%左右。
上网电价(元/kW·h)	0.302	0.418	水电比火电低
施工工期(年)	大型水电站6~12，中型水电站4~7	火电厂4~7	水电比火电长
利润(元/kW·h)	0.30	0.05	水电比火电高出许多，实际上目前很多火电站处于亏损状态
厂用电率(%)	全国平均0.33	全国平均6.33	水电比火电低
投资(元/kW)	大型水电站,10 000	超超临界百万千瓦机组，8 100	当水电不计综合效益时，水火电投资差不多
性能	机组启动、停机、增减负荷快，不但可带基荷，还可调峰、调频、调相、事故备用等	只适宜带基荷，启动、增减负荷慢(带满负荷需3~4 h)，部分负荷下运行煤耗增大	水电比火电使用灵活

续表 2-15

项　目	水　电	火　电	比　较
综合利用效益	有防洪、灌溉、航运、供水、渔业等综合利用效益	热电厂可供热，煤灰综合利用发展不多	水电综合利用效益较大
环境保护	不排放废弃物，对环境影响小	排除粉尘、硫和氮氧化物，以及放射性物质	水电优势明显
燃料	不用燃料	消耗大量煤炭、石油等	水电不消耗燃料，利用水能发电，优势明显，但水电受天气影响较大

2011 年世界水力发电生产最多的国家是中国、巴西、加拿大和美国，分别占世界总量的 19.8%、12.3%、10.8%和9.4%。水力发电占一次能源消费中比例最高的国家是挪威，占 63.2%。

表 2-16 为 1990—2011 年世界主要水电生产国的装机容量和年发电量统计。

表 2-16　1990—2011 年世界主要国家水电装机容量与年发电量

国家	1990		2000		2010		2011		占比
	装机容量/MW	发电量/(TW·h)	装机容量/MW	发电量/(TW·h)	装机容量/MW	发电量/(TW·h)	装机容量/MW	发电量(TW·h)	
中国	36 046	126.3	72 971	221.3	190 000	718.9	230 000	662.1	19.8%
巴西	45 558	205.9	60 980	303.2	79 846	401.3	81 267	427.7	12.3%
加拿大	59 381	294.4	67 407	355.5	75 078	349.4	76 121	374.9	10.8%
美国	92 360	294.4	98 881	277.2	101 023	261.8	101 352	262.2	7.5%
俄罗斯	43 284	166.3	44 345	164.6	46 804	167.6	49 534	168.1	4.8%
印度	18 757	66	25 153	75.6	36 976	110	37 491	131.1	3.8%
挪威	26 884	121	28 126	141.7	29 003	117.5	29 342	121.4	3.5%
日本	37 830	87.1	46 324	81.4	47 736	90.6	47 835	87.3	2.5%
委内瑞拉	10 000	37	13 215	62.5	14 764	76.6	14 926	83.2	2.4%
法国	24 747	53.7	25 123	67.4	25 214	62.5	25 338	82.6	2.3%
瑞典	16 331	72.6	16 525	78.3	16 732	66.4	16 815	66	1.9%
土耳其	6 764	22.9	11 175	30.8	15 831	51.5	16 134	52.4	1.5%
意大利	18 770	31.7	20 346	44.0	21 520	50.6	21 876	52.3	1.5%
哥伦比亚	6 608	27.3	8 065	30.4	9 137	40.1	9 243	48	1.4%
阿根廷	6 618	18	9 602	33.9	10 267	40.5	11 625	39.6	1.1%
世界总计	748 234	2 155.1	847 716	2 647.5	908 552	3 427.2	912 436	3 482.6	100%

资料来源：联合国能源数据库及 OECD 电子图书馆。

我国早在4000年前就开始兴修水利。至春秋战国时期，水利工程已有相当规模，建设水平也比较先进。但现代化的水电建设起步很晚，直到1910年才开始在云南滇池修建第一个水电站——石龙坝水电站，装机容量472 kW。到1949年底，全国水电装机容量也仅为16.3 $\times 10^4$ kW，占全国总装机容量的8.8%，当时的水电装机容量居世界第20位。经过60年的发展，我国水电事业突飞猛进，至2011年底，全国装机容量达到23 000 $\times 10^4$ kW，占全球总装机容量的25.2%，居世界第一位。

目前我国水电建设技术已具有世界先进水平。现在世界装机容量最大的水电站是我国长沙三峡水电站，装机容量2 250 $\times 10^4$ kW；世界上最大的抽水蓄能电站是美国巴斯康蒂电站，装机容量210 $\times 10^4$ kW；水头最高的水电站是瑞士的马吉亚蓄能电站，水头2 117 m。我国三峡水利枢纽工程是多目标开发的综合利用工程，其防洪、发电、航运三大主要效益，均居世界同类水利工程前列，创下了多项世界第一。

虽然我国水能开发已经取得巨大的成绩，但水能资源开发利用率仍较低。2011年，按水电装机容量计算，开发率仅为33%，而世界范围内，包含美国、日本、挪威、瑞士在内的22个国家水资源利用率均在80%以上，有53个国家水资源利用率在50%以上，目前各发达国家已基本完成对水资源的开发，主要工作集中在水电站设备更新和升级。因此，继续大力发展水电，特别是在各主要水力资源丰富的河流上实现阶梯开发，是我国的基本能源政策之一。

2.4.3　电力工业的发展趋势

目前世界电力工业的发展趋势表现在以下几个方面：

(1)发电能源多元化。除了传统的火电、水电外，核电的发展十分迅速，30年之内将由1990年的18%上升至35%以上；由于福岛事故，2011年核电在电力中的比重下降4.3%；其他如地热发电、太阳能发电、海洋波动能和温差发电等也将有长足进步，成为不可忽视的生产力量。

(2)大容量、高参数机组和大电厂。这是提高发电效率和能源利用率以及规模效益的较好途径。目前世界上单机容量最大的为1 300 MW，不久还会有1 500 MW以上的机组问世；亚临界参数(22 MPa，370℃)机组将得到普遍采用；超临界参数机组也已问世；火电厂规模将会达到4 000～5 000 MW。

(3)燃气－蒸汽联合循环发电机组进入工业实用并得到推广。这是提高发电效率更为有效的途径，其发电效率将超过50%。

(4)电力在能源消费中的比重会进一步提高。由现在的40%左右提高到50%～60%，工业发达国家会更高。

目前我国发电能源在一次能源总消费量中的比重已超过30%，发电量的构成为火电81.7%，水电15.2%，核电2%；在火电中煤炭占82%，石油占15.2%，天然气占2.8%。1990年，我国核电实现了零的突破，目前已有广东大亚湾1 968 MW、浙江秦山3 040 MW，广东岭澳1 980 MW以及江苏田湾1 060 MW核电机组投入运行，正在建设的有7座，今后核电必然会有大的发展。随着科技进步和制造业的发展，我国电力设备制造水平也有了很大提高，包括核电机组在内的所有发电设备都可由本国制造。

但目前我国电力缺口依然较大，有15%的城镇和75%的农村严重缺电，全国电力缺口将近7 000万kW，严重影响到工矿企业的正常生产和城乡人们的生活。2009年，我国人均电力消费量不到3 000 kW·h，只相当于加拿大的17.0%，俄罗斯的42.9%，日本的33.6%，美国的20.4%，在全球范围内排名比较靠后。

我国在相当长时期内仍将以火电，特别是煤电为主。水电和核电将会有较大幅度的增长。2011年总发电量已达到47 001亿度。在积极发展火电的同时，应充分利用我国水力资源和核资源丰富的特点，大力开发水电，有计划有重点地建设核电站。

我国火电机组目前单机容量最大的只有100万kW，亚临界参数机组和联合循环发电机组尚在研制之中，最大火电站规模为5 400 MW，中小型火电站和热电站居多，发电效率一般在28%~34%，最好的也只达到38%，发电煤耗在320~405 g标准煤/(kW·h)，这些指标与先进国家相比存在较大的差距，是今后努力的重要方向。

我国技术上可供开发的水能资源有694.4 GW，相应的发电量有5 920 TW·h，目前只利用了33%，总装机容量超过230 GW，其中主要分布在西南、西北和中南地区。在这些地区的主要河流上，经梯级开发规划，共有100多座水电站，其中三峡工程22.5 GW水电机组的建成投产，创下了多项世界之最。总之在我国，水电的发展前景十分广阔。

思考与练习

1. 请简述煤的形成及分类特点。
2. 煤的成分表示有哪几种方法？其关系是什么？
3. 请总结我国煤炭资源的分布、开采和消费特点。
4. 请简述我国煤炭的发展战略。
5. 试述石油的形成及分类特点。
6. 石油的开采方式有哪些？各有何特点？
7. 请总结石油的炼制方法及其产品。
8. 石化产品有哪些种类？
9. 简述天然气的形成过程及特点。
10. 简要分析我国天然气的资源分布及消费特点。
11. 电能的生产方式有哪些？各有何特点？
12. 你如何理解“优先发展电力特别是水电”这句话？

第3章　新能源

在人类历史上，所用能源几经更迭，自进入工业化社会后，煤和石油成为主要能源，它们被统称为化石燃料。直至目前，化石燃料在能源消耗中的比重仍占优势。但是化石燃料的使用有诸多缺陷：资源有限、污染物排放量大、导致温室效应，同时化石燃料又是重要的化工原料，是不可再生资源。因此寻找新的、干净的、安全的、理想的能源，取代传统的化石能源，以满足人类长远的能量需求，就成为当代科学技术要解决的重大课题。

新能源一般是指最近一二十年才为人们所重视，并开始开发利用的能源，技术上还不太成熟，在目前使用的能源中所占的比例还较小，但具有发展前途，将是解决化石燃料枯竭后世界能源问题的根本途径。它们一般包括太阳能、地热能、海洋能、潮汐能、生物质能、氢能、核聚变能等。核裂变能虽然在国外已视为常规能源，但由于我国对核裂变能的开发还刚刚起步，因此也归为新能源。

根据国际能源机构统计，石油、天然气和煤炭这三种主要能源，其可开采年限分别只有50年、60年和110年。科学家们为21世纪的能源需求计算出大致的比例：2020年石油、煤炭、天然气这三种传统能源在能源消费总量中仍会高达80%以上，其中石油占一半以上；2040年石油消费量将达到最高峰，2100年石油消费将减少到不足能源消费总量的5%，而从2050年开始，新能源的消费比例将大大上升，达到总能源消费量的一半以上。因此，开发新能源已成为全球可持续发展的当务之急。

3.1　核能

核能的利用，是人类利用能源历史的第五个阶段。据专家分析，核能是今后能源发展的重要方向。原因首先是核燃料资源丰富，目前全球铀的探明储量为630万t，未探明储量超过1 000万t，氘、氚由于取自海水，是可再生的核燃料，据初步估计核燃料资源至少相当于全部化石燃料的10倍；其次是核裂变能的利用技术已臻成熟，核聚变能的利用也已提出了相应的方法，所以核能将是解决今后能源问题的主要途径。

核能是从爱因斯坦发现相对论之后，人类才开始认识的。根据相对论原理，物质的质量和能量可以互相转化，即 $E=m\cdot c^2$。因光速 $c\approx 3\times 10^8$ m/s，所以物质质量转换成的能量是非常惊人的。如1 kg ^{235}U完全裂变可释放出热量678亿kJ，相当于2 400 t标准煤；1 kg氘氚混合物聚变时可释放热量3 390亿kJ，相当于12 000 t标准煤。

核能的产生有两种方式，即核裂变和核聚变。核裂变能是指较大的原子核在中子激发下分裂成较小原子核时所释放出的能量；核聚变能是氘氚等较小原子核在高温高压条件合成氦等较大原子核时所释放出的能量。目前聚变能还没有有效的控制方法，只有核裂变能得到了普遍利用。

核燃料一般指裂变核燃料，目前主要有^{235}U、^{238}U、^{239}Pu、^{233}U。其中^{235}U很容易裂变，是

优质核燃料，但^{235}U在天然铀矿中含量仅为7%；^{238}U几乎不裂变；^{239}Pu和^{233}U也是优质核燃料，但自然界中几乎不存在，需要以^{238}U和^{232}Th为原料，用人工方法制备。

3.1.1 核裂变能生成原理与特点

3.1.1.1 核裂变能生成原理

众所周知，^{235}U等重核在吸收中子后产生裂变，分裂为质量大致相同的两个新原子核，同时放出2~3个中子，这些新产生的中子又引起其他^{235}U原子核发生裂变，产生第三代中子，再引起新的裂变，如此继续下去，就产生所谓链式反应(见图3-1)。在裂变过程中伴随大量能量的释放，即形成核能(裂变能)。

典型的裂变反应式为：

$$^{235}U + n \longrightarrow {}^{140}Ba + {}^{94}Kr + 2n \qquad (3-1)$$

^{235}U每次核裂变释放出约200 MeV的能量。

目前核电站就是利用核裂变释放能量的原理进行工作，其主要核燃料是铀和钍等重核元素。

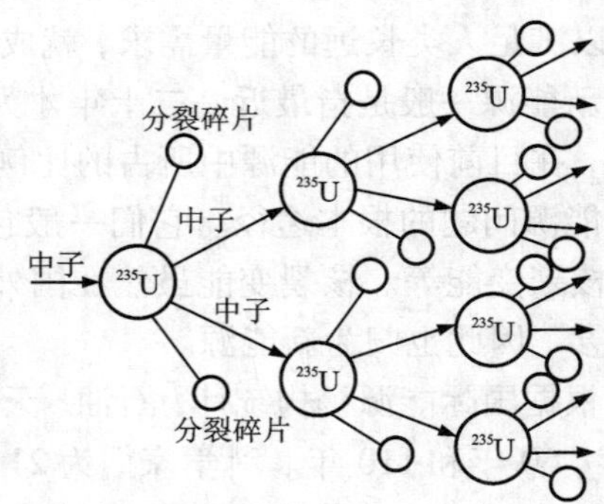

图3-1 链式裂变反应示意图

裂变反应中新产生的中子速度甚快，达2×10^7 m/s，它们要么逃逸到空气中，要么被其他物质“吃掉”。由这样的快中子引起裂变的概率很小。当中子的运动速度降到约2.2×10^3 m/s(此速度与常温下分子的运动速度接近)时，它在铀核附近停留的时间变长，容易击中铀核使铀发生裂变，这时的中子被称为热中子。要使快中子减速成为热中子需要某些物质来充当减速剂。根据弹性碰撞理论，减速剂的质量与中子的质量越接近，对中子的减速效果就越好，因此一般选用轻核物质如普通水、重水、纯石墨等作为减速剂。

为了维持链式反应持续地进行，使裂变能源源不断地释放出来，就必须严格控制中子的增殖速度，使中子增殖系数K等于1。如果K小于1，核裂变只能是昙花一现，链式反应无法进行，此时的反应称为次临界状态。当K等于1时，产生的中子与损失的中子(外逸及被吸收的中子)相互抵消，使发生核裂变的原子数目既不增加也不减少，链式反应就能够自持地进行，此状态称为临界状态。K大于1的状态为超临界状态，此时参与核裂变的原子数目急剧增加，反应激烈进行，大量的能量瞬间释放，以致发生核爆炸，这就是原子弹的工作原理。

由此可见，要想控制核能的释放，首先必须控制中子的增殖速度，保证堆芯中子增殖系数恒等于1，所以需要控制棒。费米等人以金属镉(Cd)为材料制成控制棒来控制中子增殖速度，称为镉棒。镉对中子有较大的俘获截面，能吸收大量中子。把镉棒插在反应堆堆芯中上下移动，通过改变镉棒插在堆芯中的深浅度，就可以人为地控制中子的增殖速度。

3.1.1.2 核裂变燃料

在目前科技水平下，人类所发现的可以产生核裂变的材料主要有铀-233(^{233}U)、铀-235(^{235}U)和钚-239(^{239}Pu)。自然界天然存在的只有^{235}U，^{233}U和^{239}Pu不以自然态存在，它们分别是由自然态存在的钍-232(^{232}Th)和^{238}U吸收中子后衰变产生的。天然铀通常由3种同位素构成：^{235}U、^{238}U和^{234}U，其中^{238}U约占铀元素的99.28%，^{235}U约占铀元素的0.71%，

^{234}U 数量极微。在目前的核技术中可直接利用的核燃料是^{235}U。美国化学家尤里（H. C Urey）采用气体扩散法使^{235}U得到浓缩。毕竟天然^{235}U含量太少，满足不了链式反应的需求，必须另辟蹊径寻求其他的核燃料。在美国学者麦克米兰（E. M. Mcmillan）及西博格（G. T. Seaborg）等人的努力下，1943 年 3 月实现了下面的反应：

$$^{238}_{92}U + ^{1}_{0}n \longrightarrow ^{239}_{92}U \xrightarrow{\beta} ^{239}_{93}Np(\text{镎}) \xrightarrow{\beta} ^{239}_{94}Pu \tag{3-2}$$

$$^{232}_{90}Th + ^{1}_{0}n \longrightarrow ^{233}_{90}Th \xrightarrow{\beta} ^{233}_{91}Pa(\text{镤}) \xrightarrow{\beta} ^{233}_{92}U \tag{3-3}$$

^{239}Pu 及^{233}U 都是很好的可裂变材料，但^{239}Pu 在地壳中不存在。因此用中子照射^{238}U 或^{232}Th，然后经过两次 β 衰变就可以获得这种核燃料，而且使^{238}U 变废为宝，成为制造核材料的原料。世界主要铀资源国如表 3－1。

表 3－1　世界主要铀资源国（2012 年）

国家	铀资源（以铀计）/万 t	占世界铀资源份额/%	国家	铀资源（以铀计）/万 t	占世界铀资源份额/%
澳大利亚	124.3	19.7	纳米比亚	27.5	4.4
哈萨克斯坦	81.7	13.0	尼泊尔	27.4	4.3
俄罗斯	54.6	8.7	印度	21.5	3.4
南非	43.5	6.9	乌兹别克斯坦	18.6	3.0
加拿大	42.3	6.7	中国	17	2.7
美国	34.5	5.5	蒙古	4.62	0.7
巴西	27.8	4.4	世界总计	630	100

地球上的铀矿储量有限，已探明的有 630×10^4 t，其中有经济开采价值的占一半。经过多年的研究，人们发现海水中也含有铀。据估计，每 1 000 t 海水中仅含铀 3 g，但全球有 15×10^{14} t 海水，因而含铀总量高达 45×10^8 t，几乎比陆地上的铀含量多千倍。如按热值计算，45 亿 t铀的裂变能约相当于 1×10^{13} t 优质煤，比地球上全部煤的地质储量还多百倍。因此从 20 世纪 70 年代开始，一些发达国家已开始着手研究海水提铀技术。目前各国开发的海水提铀工艺技术有沉淀法、吸附法、浮选法和生物浓缩法等，其中吸附法比较成熟。它是利用一种特殊的吸附剂将海水中的铀富集到吸附剂上，然后再从吸附剂上“分离”出铀。但海水提铀在现阶段还存在一些经济和技术上的问题，特别是成本太高。不过随着科技的发展，如将海水提铀和波浪发电、海水淡化、海水化学资源的提取等结合起来，海水提铀的前景将非常光明，而且还将为海洋的综合利用开辟更广阔的天地。

3.1.2　核聚变能

核聚变能也称热核反应能，是质量较轻的原子聚变成质量更大的原子时释放出的能量。太阳就存在这种剧烈的热核反应，氢弹也是利用同样的原理工作的。核聚变通常发生在氘合成 He，或氘和 Li 合成 He 的过程。聚变过程释放的能量强度比^{235}U 裂变能还要大 4 倍多。但热核反应的引发，需要几百个大气压和几千万度的温度。氢弹的爆炸就是靠原子弹爆炸所产生的高温高压“点火”来引发的。

3.1.2.1 核聚变原理

重原子核分裂，可以放出核能。相反，两个轻的原子核融合在一起形成较重的原子核，称作核聚变，发生聚变反应时可放出更大的能量(见图3－2)。聚变反应的原料主要有氘(D)和氚(T)。

目前人们最感兴趣的聚变反应有：

$$D + T \longrightarrow {}^{4}He + n + 17.6MeV \quad (3-4)$$

$$D + D \longrightarrow T + p + 4.04MeV \quad (3-5)$$

$$D + D \longrightarrow {}^{3}He + n + 3.27MeV \quad (3-6)$$

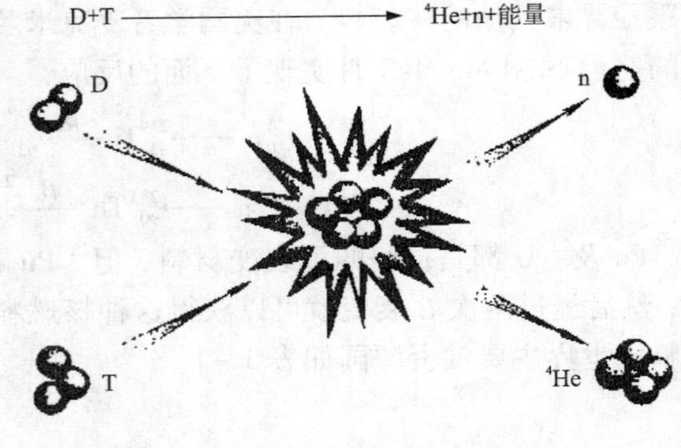

图3－2 D－T核聚变原理

3.1.2.2 实现受控核聚变的方法

核聚变反应是在极高温度下发生的。在这种极高的温度下，参加反应的原子(氘原子、氚原子等)的核外电子都被剥离，成为裸露的原子核，这种由完全带正电的原子核(离子)和带负电的电子构成的高度电离的气体称为等离子体。要实现可控核聚变，除了需要极高温度外，还需要解决等离子体密度和约束时间问题。

在发生核聚变的超高温下，等离子体以辐射的形式损失的热量非常巨大。如果聚变反应释放的能量小于辐射损失，热核反应将会中止。因此存在一临界温度，当超过这一温度时，聚变反应才能持续进行。这一临界温度称作临界点火温度，对氘－氚反应，临界点火温度约为44×10^{6}℃，纯氘反应，点火温度约为200×10^{6}℃。

实现核聚变的“点火”有三大难题要解决，一是如何将等离子体加热到10^{8}℃以上；二是如何使等离子体不与装它的容器相碰，否则等离子体要降温，容器要烧毁；三是防止杂质混入等离子体，因杂质会增加辐射而使等离子体冷却。1991年11月在伦敦卡拉姆JET实验装置上，人类第一次成功地进行氘氚等离子的聚合反应。虽然只维持了1.3 s的时间，但它为人类探索新能源——聚变能迈进了一大步。随后于英国牛津14国联合建造的聚变装置上完成了一个维持时间约10 min的可控氘氚聚变实验，等离子体温度达到2×10^{8}℃，聚变产生了200 kW的能量。就这样，人类完成了受控热核聚变的理论验证工作，此后从纯物理研究正式进入工程设计和工程技术攻关阶段。

核聚变反应堆是一种满足核聚变条件从而利用其能量的装置。从目前看，实现核聚变有两种途径：磁约束和惯性约束。

磁约束是用一定强度和几何约束磁场将带电粒子约束在一定的空间范围内，并保持一段时间。20世纪60年代，苏联科学家发明了著名的磁约束装置——托卡马克装置(Tokamak)(见图3－3)，使聚变研究快速发展。其原理是沿环形磁场通电流，加以与之垂直的磁场，使高温等离子体在环形磁场约束下，不与器壁接触而做螺旋运动，并被加热、压缩成细柱状，使之按人们的需要进行核聚变反应。

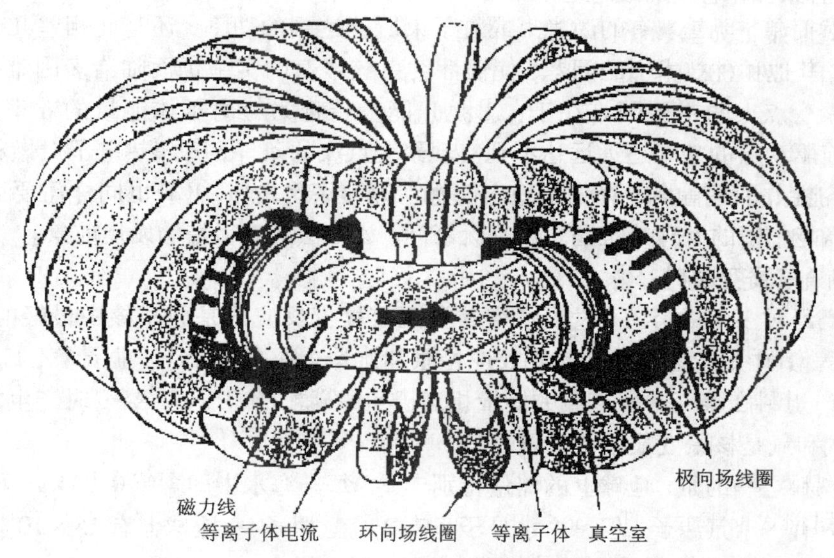

图3-3 托卡马克型核聚变装置

从1968年以来，全世界共建造了几十个大大小小的托卡马克装置。20世纪80年代初建造了4个接近聚变堆的大型托卡马克装置，每个装置的投资都是数亿美元。这4个装置是美国的TFTR、欧洲的JET、日本的JT-60和俄罗斯的T-15超导托卡马克。前三个装置达到的“里程碑”是基本上实现了非氘氚燃烧的科学可行性的各项指标，而T-15由于各种原因，一直未能投入正常运行。

磁约束聚变研究目前已达到验证科学可行性阶段，即可进行能量得失相当的实验(即 Q = 产生的能量/输入的能量 = 1)。近年来，以上大型托卡马克装置的 Q 值已达到0.3~0.6，获得了一些突破性进展的成果。1991年，JET取得温度约为3 000万度，$Q \approx 0.8$ 的重大成果。1993年，TFTR上获得温度(3~4)亿度，$Q \approx 0.28$ 的成果。1996，日本的JT-6C上得到了 $Q = 1.05$ 的结果，后来 Q 值达到了1.25。可行性验证之后要真正实现商业化还需要经过几个发展阶段：建造工程实验堆→商用堆验证。预计在21世纪中叶可能实现聚变堆的商业化。

虽然目前国际联合的托卡马克项目(INTEL)已经进入到点火试验阶段，但要实现磁约束核聚变反应堆，还有很长的路要走，因为核聚变反应堆的任务不仅是连续地实现可控的核聚变反应，还必须不断地把聚变能变为电能输出。这就需要解决一系列复杂的工程问题，如等离子加热和控制、燃料注入和聚变能的取出、利用聚变反应释放的中子就地生产氚燃料以及核辐射防护等。

为了克服托卡马克装置存在的问题，人们又提出了惯性约束概念(ICF)。惯性约束核聚变是利用高功率激光束(或粒子束)均匀辐照氘氚等热核燃料组成的微型靶丸，在极短的时间里靶丸表面在高功率激光的辐照下会发生电离和消融而形成包围靶芯的高温等离子体。等离子体膨胀向外爆炸的反作用力会产生极大的向心聚爆的压力，这个压力大约相当于大气压力的十亿倍。在这么巨大的压力的作用下，氘氚等离子体被压缩到极高的密度和极高的温度

(相当于恒星内部的条件),引起氘氚燃料的核聚变反应。

原理虽然简单,但是现有的激光束或粒子束所能达到的功率,还与此相差几十倍、甚至几百倍,加上其他种种技术上的问题,使惯性约束核聚变的实施仍面临诸多困难。目前,制约 ICF 实现聚变点火的主要困难在于:①激光能量转化为等离子体能量的效率太低(低于5%);②目前驱动器的功率还远远达不到实现聚变点火的条件;③超热电子对燃料的预热产生辐射不均匀性并引起等离子体的不稳定性扰动等。除此之外,ICF 也同样需要面对如何传热、排灰和高能中子的处理等难题。但毫无疑问,该方法具有很好的发展前景。

3.1.2.3 核聚变燃料

科学家们经过多年的努力,发现最容易实现核聚变反应的是原子核中最轻的核,如氢、氘、氚、锂等。其中最容易实现的热核反应是氘和氚聚合成氦的反应。据计算,1 g 重氢(氘)和超重氢(氚)燃料在聚变中所产生的能量相当于8 t 石油,比1 g U^{235}裂变时产生的能量要大4 倍。因此氘和氚是核聚变最重要的核燃料。

作为核燃料之一的氘,地球上的储量特别丰富,每升海水中即含氘0.034 g(虽然每6 000个氢原子里只有一个氘原子,但一个水分子里有2 个氢原子),地球上有 15×10^{14} t 海水,故海水中的氘含量即达 450×10^{8} t,因此几乎是取之不竭的。

作为另一种核燃料,氚就是另外一种情况。海水里的氚含量极少,因此不能像氘一样从海水里分离出来,而只能从地球上藏量很丰富的锂矿里分离出来。此外还有另一种获得氚的方法,即把含氘、锂、硼或氮原子的物质放到具有强大中子流的原子核反应堆中,或者用快速的氘原子核去轰击含有大量氘的化合物(如重水),也可以得到氚。需要指出的是,海水中也含有丰富的锂,每立方米海水中锂的含量多达0.17 g。

正由于核聚变的核燃料丰富,释放的能量大,聚变中的氢及聚变反应生成的氦都对环境无害,因此尽快实现可控的核聚变反应是21 世纪人类面临的共同任务。

3.1.3 核能的优点及用途

3.1.3.1 核能的优越性

核裂变能是一种经济、清洁和安全的能源,目前的民用领域主要用于核能发电。同火力发电相比,核裂变能发电有如下优点。

1)核电比火电安全

随着核能技术的不断进步,从原始的石墨水冷反应堆,发展到以普通水、重水、沸水为慢化剂的轻水堆、重水堆、沸水堆等,其安全性大大提高。核电能的事故率远远低于火电。自核电投入使用以来,仅有三次重大事故。1986 年苏联切尔诺贝利核电站事故,造成人员伤亡和放射性污染,主要由于该电站是早期建造的石墨堆,没有保护装置,技术也不够成熟,且由操作人员违规操作造成的。1979 年的美国三里岛核电站事故,仅仅导致电站停止运行,没有人员伤亡和放射性泄漏,原因是由于该电站是压水堆,技术较成熟。2011 年日本福岛核电站遭到地震和海啸的袭击而导致多台机组发生"氢爆"和放射性物质泄漏的重大事故,究其原因主要有两点:一是机组都是20 世纪60—70 年代建造的沸水堆,本身安全性能较差,而且已超期服役;二是厂方和日本政府初期应对失误。因此近年来,对核电国家已采取了一系列更为严格的安全措施,签署了《国际核安全公约》,使核安全达到很高的水平。

2)核电比火电经济

^{235}U分裂时产生的热量是同等质量煤的240万倍，是石油的160万倍。一座1 000 MW的核电站，每年仅补充30 t核材料，但同功率的火电站，每年需消耗300万t煤或200万t石油。核电虽然一次性投资大，建设周期长，但从长远看经济上还是合算的。美国十几年中100多座核电站使其减少原油进口30亿桶，仅此一项减少开支1 000多亿美元。可见核电的经济效益是非常明显的。此外，目前核电的建设成本比火电建设成本高50%～80%，而核电的运行成本只相当于火电的50%。随着科学技术的发展，建设成本和运行成本会逐渐下降，核能的利用将会显现出更大的经济优势。

3)核电比火电清洁，对环境污染小

气象学家的计算表明，全球以煤为主要能源释放出大量的二氧化碳，是产生温室效应引起全球气候变暖的主要原因，温室效应给全球生态环境带来一系列灾难性后果。核电对环境的污染远比煤电小。据测算，全世界的核电站同燃煤电厂相比，每年可为地球大气层减少1.5亿t CO_2、190万t NO_x和300万t SO_x。核电站不排放任何有害气体和其他金属废料，放射性物质对周围居民的影响也比煤电(尘烟中含有钍、镭)少。而且，核电站的建设只要合理规划布局，采取多层有效的防护就能减轻污染。如核发电最发达的法国，1980年核电比是20%，1986年上升到70%，在此期间发电总量增加了40%，而排放的二氧化硫减少了56%，氮氧化物减少了9%，尘埃减少了36%。可见核能是目前条件下的清洁能源。

应用核聚变能的优越性主要有以下几点：

(1)热核能源的主要原材料锂和重水取自海水，在地球上储量巨大，本身可以再生，海水中的锂可采年限为1 600万年，而利用D－D反应的重水的可采年限为60亿年，这相对地球生命年限来说，将成为人类取之不尽、用之不竭的新能源，可以一劳永逸地解决世界能源问题。海水中重氢资源足以供人类使用10亿年以上。此外，燃料成本也比核裂变燃料低。如1 kg氘的价格仅为1 kg浓缩铀的1/40。核聚变原料所释放出的能量比同质量的核裂变原料所释放的能量要大得多，如1 kg氘和氚混合进行核聚变反应可释放相当于9 000 t汽油燃烧时的能量，是同质量铀裂变反应时释放能量的4倍。可以预见，一旦核聚变能得到广泛的工业应用，将会从根本上解决能源紧张的问题。

(2)使用过程特别安全，也没有环境污染问题。聚变反应产物是氦，不产生放射性废物；聚变堆中只有少量核燃料，例如初期的聚变堆中使用氚，氚是放射性的，但毒性小；聚变反应是靠高温维持的，一旦系统失灵，高温不能维持，聚变反应就自动停止。这些因素使聚变装置具有固有的安全性，也比裂变堆干净得多，即使产生的中子会使物质活化，产生放射性物质，但放射性水平比裂变堆低得多。

(3)有可能实现能量的直接转换，热效率将可达到90%以上。目前主要是缺乏必要的控制手段，才未能被应用于工业实际。

正是由于核能所具有的众多优点，使其在可替代能源中占据了很重要的地位，已经成为不可缺少的替代能源。

3.1.3.2 核能的用途

核能用于军事上，可作为核武器，并用作航空母舰、核潜艇、原子发动机等的动力源；在经济领域，它的最重要、最广泛的用途就是替代化石燃料用于发电；此外，可作为放射源用于工业、农业、科研、医疗等领域。

1)核能的军事应用

自人类发现核能以来，它的首次应用是在军事方面。第二次世界大战期间，德国、美国、日本都在积极开展核武器的秘密研究。1940年德国即开始实施核计划，并于1943年建立了三座核装置。1943年前后，日本也以“二号研究”为代号开展了秘密核计划研究。第二次世界大战后期，为了抢在德国之前制造出原子弹，美国总统罗斯福批准了研制原子弹的计划——曼哈顿计划。经过一大批物理学家的研究设计，1945年7月6日，在美国新墨西哥州阿拉默多尔军事基地，第一颗原子弹的实验取得了成功。这颗原子弹具有两万吨TNT炸药的爆炸力。1945年8月6日和9日，美国把一颗命名为“小男孩”的铀弹和一颗命名为“胖子”的钚弹分别投掷在日本的广岛和长崎，使两个城市49万人丧生。从此原子弹的阴影一直笼罩着世界，而且这个阴影越来越大。继1949年9月22日，苏联成功地引爆了原子弹之后，英国、法国也相继有了自己的核武器。后来，美国、苏联、中国又分别爆炸了氢弹。目前宣布拥有或实际拥有核武器的国家有美国、俄罗斯、中国、英国、法国以及印度、巴基斯坦、以色列等国。为防止核武器扩散造成的潜在危险性，联合国做出了许多努力，从1969年的《核不扩散条约》，到后来的《全面禁止核试验条约》，终于取得了令原子能科学家们感到欣慰的结果。

2)核能技术的其他应用

核能主要用于发电，这部分内容将在第4章中进行介绍。在其他方面核能也有广泛的应用，例如核能供热、核动力等。

核能供热是20世纪80年代才发展起来的一项新技术，这是一种经济、安全、清洁的热源，因而在世界上受到广泛重视。核供热不仅可用于居民冬季采暖，也可用于工业供热。特别是高温气冷堆可以提供高温热源，能用于煤的气化、炼铁等大耗热行业。核供热的另一个潜在的大用途是海水淡化。在各种海水淡化方案中，采用核供热是经济性最好的一种。在中东、北非地区，由于缺乏淡水，海水淡化的需求很大。

核能又是一种具有独特优越性的动力。因为它不需要空气助燃，可作为地下、水中和太空缺乏空气环境下的特殊动力；又由于它燃料消耗少、能量密度大，因而是一种一次装料后可以长时间供能的特殊动力。例如，它可作为火箭、宇宙飞船、人造卫星、潜艇、航空母舰等的特殊动力。将来核动力可能会用于星际航行。现在人类进行的太空探索，还局限于太阳系，故飞行器所需要能量不大，用太阳能电池就可以了。如要到太阳系以外的其他星系探索，核动力恐怕是唯一的选择。美、俄等国一直在从事核动力卫星的研究开发，旨在把发电能力达上百千瓦的发电设备装在卫星上。由于有了大功率电源，卫星在通信、军事等方面的威力将大大增强。1997年10月15日美国宇航局发射了“卡西尼”号核动力空间探测飞船，它飞往土星，历时7年，行程长达35亿km。

核动力推进，目前主要用于核潜艇、核航空母舰和核破冰船。由于核能的能量密度大，只需要少量核燃料就能运行很长时间，所以在军事上有很大优越性。尤其是核裂变能的产生不需要氧气，故核潜艇可在水下长时间航行。正因为核动力推进有如此大的优越性，故几十年来全世界已制造的用于舰船推进的核反应堆数目已达数百座，超过了核电站中的反应堆数目。现在核航空母舰与核潜艇一起，形成了一支强大的海上核力量。

核能技术在农业上的应用已形成了一门边缘学科，即核农学。常用的技术有核辐射育种，即采用核辐射诱发植物突变以改变植物的遗传特性，从而产生出优劣兼有的新品种，从中选择，可以获得粮、棉、油的优良品种。

在医学研究、临床诊断和治疗上，放射性核元素及射线的应用已十分广泛，形成了现代医学的一个分支——核医学。常见的核医学诊断方法有体内脏器显像，以适当的同位素标记某些试剂，给病人口服或注射后，这些试剂就有选择性地聚集到人体的组织或器官，用适当的探测器就可从体外了解组织器官的形态和功能。这些仪器有XCT、γ照相机等。还有脏器功能测定，如甲状腺功能测定、骨密度测定等，精确度可达$10^{-9}\sim10^{-15}$ g。核技术在治疗方面主要是用于治疗肿瘤，其方法是利用γ射线杀死癌细胞。据统计，世界上70%的肿瘤患者接受放射性治疗。另外在放射治疗中，快中子治癌也取得了较好疗效。

3.1.4 核电

核能发电，在当前的技术条件下还只有核裂变能发电进入工业应用。世界核电的发展大致经历了三个阶段：1954—1960年为试验性阶段，只有苏联、美国、英国和法国建成了10座试验性核电站，机组容量3～210 MW，总容量859 MW；1961—1968年为实用阶段，除这四国外，德国、日本、加拿大、意大利、比利时、瑞士和瑞典等国也建成了核电站，总容量达到12 230 MW，最大机组容量608 MW；1969年以后为迅速发展阶段，全世界已有30多个国家和地区共建成投产了500多座核电站，总容量已超过420 GW，规模最大的为4 697 MW。世界各主要国家或地区核电产量及在总发电量中的比重见表3－2。在多数国家，核电站的经济性与火电相当，一些国家的核电成本已经低于火电，从而使发展核电更具吸引力。关于核能发电的原理与方法将在第4章介绍。

表3－2 世界各国或地区核电装机容量与发电量

国家或地区	1990		2000		2009		2011		2011年发电量占核电总发电量比例/%	2011年核电发电量占本国总发电比例/%
	装机容量/MW	发电量/(TW·h)	装机容量/MW	发电量/(TW·h)	装机容量/MW	发电量/(TW·h)	装机容量/MW	发电量/(TW·h)		
美国	99 644	604.6	97 860	790.2	101 004	845.7	101 119	828.1	31.4	19.4
法国	63 183	312.8	63 130	413.6	99 644	426.4	63 473	440.0	16.7	78.1
俄罗斯	—	117.9	21 730	129.8	23 742	169.4	21 743	172.5	6.5	15.9
日本	31 645	194.9	45 248	318.1	48 847	291.3	46 236	162.4	6.2	30.0
韩国	7 616	52.8	13 716	108.7	17 716	147.8	17 716	149.6	5.7	38.6
德国	23 150	151.8	22 396	169.0	20 480	139.9	20 339	107.4	4.1	31.8
加拿大	13 538	72.2	10 615	72.2	13 345	89.3	12 652	94.2	3.6	15.8
乌克兰	—	75.7	11 835	77.0	13 835	88.9	13 168	89.8	3.4	47.5
中国大陆	—	—	2 167	16.7	9 000	73.5	10 800	85.8	3.3	1.9
英国	11 353	65.6	12 490	84.9	10 858	62.0	11 035	68.6	2.6	18.4
瑞典	9 970	67.8	9 461	57.2	8 839	58.1	9 095	60.7	2.3	48.4
西班牙	6 973	54.1	7 503	62.0	7 365	61.6	7 448	57.2	2.2	19.8
比利时和卢森堡	8230	42.7	8080	48.0	7092	47.5	6 913	48.0	1.8	54.4
中国台湾	—	32.6	—	38.3	—	41.4	4 808	41.8	1.6	40.0
印度	1 565	6.2	2 860	15.8	4 560	22.9	3 779	32.1	1.2	2.6
世界总计	—	1 993.6	—	2 570.9	—	2 755.7	—	2 636.9	100	—

来源：BP Statistical Review of Word Energy, 2012.

全球核能发电增长迅速。据世界核协会(WNA)网站2012年提供的资料，全世界正在运行的核电站有433座，发电量占全世界的13.5%。另有63台核电机组在建设中，建成后将使核电在世界整个发电量中所占的比重提高7.5个百分点。还有160台核电机组已列入发展计划，投产后将会使这一比重再提高9.8个百分点。全球核电站相对集中于发达国家，其中美国最多，有104台机组，而且以每年新建3台的速度发展；法国有58台。其他拥有核电站数量较多的国家还有英国、德国、日本、加拿大、俄罗斯等。令人遗憾的是，发展中国家核电站的拥有量还很少，最不发达国家几乎是空白。世界核电站基本信息见表3-2。

我国能源资源虽然丰富，但分布极不平衡，在华东、华南等经济发达的地区，能源资源却很少，长期以来有“北煤南运，西电东输”之说，交通部门运力一半以上用于能源的长途运输。此外，上述经济发达地区，又是电力缺口最严重的地区。解决这些矛盾的最好途径就是在这些地区优先发展核电。

我国核能资源丰富，是世界主要核资源国之一。我国核燃料工业从铀矿勘查、采冶到铀同位素分离，近年来取得了长足进步，建成了满足300 MW、600 MW、1 000 MW级核电站要求的核燃料组件生产线。我国对核技术的掌握居世界先进水平，长期以来，已培养出一支技术力量很强的业务队伍；大亚湾两台600 MW进口核电机组也已成功运行20年，为发展我国核电事业提供了良好的经验。这都是我国发展核电的有利条件。

我国从20世纪70年代开始筹建核电站，1991年12月15日，我国第一座自行设计自主建设的核电站——秦山核电站并网发电成功。秦山核电站的建成使我国具备了独立设计建造小功率核电站的能力，并能出口核电站。目前，我国已经具备300 MW、600 MW压水堆核电站的自主设计能力，可以自主设计技术成熟、比较先进的百万千瓦级压水堆核电站。中国目前投入商业运行的核电站有秦山一期、二期、三期核电站，广东大亚湾核电站，广东岭澳核电站，江苏田湾核电站等6家核电站13台机组，拥有108 GW核电容量。

我国已经明确提出了发展核电的方针，中国政府对进一步推动核电发展作出了新的决策，批准了浙江三门、广东岭澳扩建项目，各建设两台百万千瓦级压水堆核电机组，广东阳江项目也已获批。为实现2020年建成36GW的目标，我国将建成27个百万级核电机组，装机容量将达到总电力装机容量的4%甚至更多。

目前，全球核电站采用的堆型都是裂变堆，由于核电站的安全隐患终归不能根除，核废料的处理也是一个很难解决的全球性问题，因此核电发展的方向是在继续对现有核电技术改进的同时，转向取之不尽、用之不竭、对环境没有污染、没有危害的核聚变反应堆。

科学家指出，利用核能的最终目标是要实现受控核聚变。目前，美、英、俄、德、法、日等国都在竞相开发核聚变发电厂，科学家们估计，到2030年以后，核聚变发电厂有可能投入商业运营，受控核聚变发电将广泛造福人类。

3.2 太阳能

太阳能是一种清洁、可再生的能源，取之不尽，用之不竭，而且太阳能遍布整个世界，是人类最终解决能源需求问题的重要途径之一。

由于地球上有限的矿物燃料日趋枯竭，而聚变核能作为能源达到商业化程度还需相当长时间，因此在由使用矿物燃料转为使用聚变核能的过渡阶段，太阳能将成为新能源家族中的重要成员。扩大太阳能的开发利用还可降低CO、CO_2及NO_x等污染物的排放，维护洁净的生态环境。太阳能工业作为一个专门的行业已在世界各国出现。随着太阳能装置效率的不断提高及价格逐步下降，太阳能利用的领域必定会继续扩大。

3.2.1 能流密度

太阳内部进行着剧烈的热核反应，表面温度达6 000℃，总辐射量为3.46×10^{23} kW。其中二十亿分之一到达地球大气层，到达地球表面的占47%，即81 000 TW，到达陆地的有17 000 TW。一年内地球接受到的太阳辐射能有10^{18} kW·h，相当于地球上全部化石燃料能的10倍，比目前全世界一年内利用的各种能源的总量还大一万多倍。换句话说，每年到达地球表面的太阳辐射能相当于173万亿吨标准煤，是目前全世界所消费的各种能源总和的2万倍左右。

图3-4是地球上的能流图。从图中可以看出，地球上的风能、水能、海洋温差能、波浪能和生物质能以及部分潮汐能都源于太阳能；地球上的化石燃料本质上也是远古储存的太阳能。

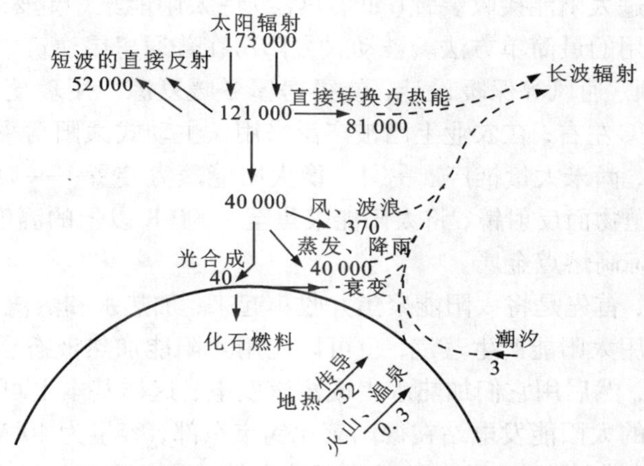

图3-4　地球上的能流图(单位：$\times10^6$MW)

太阳能之所以未能成为常规能源并被广泛利用，主要是由于它的能流密度低，在中午阳光直射时，也只有1 kW/m^2左右；而且随地区、季节、气候和昼夜的变化大。因此，要广泛利用太阳能，尚需解决一系列技术问题。例如，如何跟踪太阳光线，并有效地把它集中起来，以增加其能流密度；如何增大物体表面的吸收率，使更多的辐射能有效地转变为热能或电能；如何经济地利用多变的太阳能，解决太阳能的储存以及连续供给用户等问题。

3.2.2 中国太阳能资源分布

我国地域辽阔，太阳能资源丰富，每年陆地接收到的太阳能相当于1.7万亿吨标准煤，是我国2011年煤产量28亿t的600倍。

据气象部门的实测资料，中国约有2/3以上的国土面积年日照在2 000 h以上，年平均辐射量超过60×10^4 kJ/cm^2，各地太阳年辐射量大致在930~2 330 (kW·h)/m^2之间。我国的西藏和西北地区，太阳能辐射强度大，日照时间长，适合发展太阳能的利用。表3-3为我国太阳能资源的分布。

表 3-3 我国太阳能资源的分布

地　区	级　别	年总辐射量/(kW·h·m^{-2})	年日照时数/h
内蒙古、新疆塔里木、青藏高原	丰富区	>1 740	>3 300
新疆北部、东北西部、内蒙东部、华北、陕北 宁夏、甘肃部分	较丰富区	1 510 ~ 1 740 1 510 ~ 1 740	2 800 ~ 3 000 2 600 ~ 3 000
东北、内蒙古呼盟、黄河、长江中下游及东南沿海 云、藏、川的一部分	可利用区	1 200 ~ 1 500 1 280 ~ 1 510	~2 600 2 000 ~ 2 500
川、贵、桂、湘、赣部分地区	贫乏区	930 ~ 1 280	<180

3.2.3 太阳能的利用方式

太阳能的利用方式目前有四种，即光—热转换，光—热—电转换，光—电转换，光—化学能转换。

光—热转换是通过太阳能接收装置(如集热器)将太阳能集中起来利用。温室和太阳房就是光—热转换和利用的最简单方法。被动式太阳房在普通房屋建筑中早已普遍采用，主要是通过窗、门、墙、顶、通风等保暖设计，使得房屋冬暖夏凉。用玻璃或透明薄膜制成的温室，室温可维持在20℃左右，在农业上已被广泛采用。主动式太阳房采暖因造价较高，目前还只有一些样板工程，尚未大量推广。另外，像太阳能蒸煮装置——太阳灶，也已进入实用阶段，它是采用旋转抛物面反射镜，将太阳能聚焦至3 000 K以上的温度，不仅可以用来蒸煮海水，还可以用来熔炼高熔点金属。

光—热—电转换，首先是将太阳能聚焦并收集起来，加热水和蒸汽，然后利用蒸汽发电。转换过程中可以直接用太阳能产生蒸汽，也可以先用太阳能加热液态金属或熔盐，将太阳能储存在金属或熔盐中，然后用它们加热水生成蒸汽发电，这样基本上可以维持发电功率的稳定。目前世界上最大的太阳能发电站在德国莱比锡市东部，容量为40 MW，首期工程装机为24 MW。据测算，要建成一座1 000 MW的太阳能电站，需占地40 ~ 50 km^2，投资近百万亿美元，因此大型化的太阳能电站很难推广应用。目前很多国家都有一些500 ~ 2 000 kW的太阳能发电装置，发电效率大约在15%。

光—电转换是用硅、砷化镓等半导体材料直接将太阳能转换成电能，通常称太阳能电池。目前，硅太阳能电池的理论效率为22%，在实验室最高达到18%，大量生产时太阳能电池的效率只有10%左右。太阳能电池造价高昂，最初应用于空间技术，有90%的人造卫星和宇宙飞船都采用太阳能电池供电。在地面上，太阳能电池与蓄电池配合，已广泛用于灯塔、航标灯、科学观测站等场所；用太阳能电池驱动的电动汽车已设计成功；目前最大的太阳能电池发电设备为3 500 kW。今后主要是寻求效率更高、价格低的转换材料，这样才能从根本上扩大其应用范围。按照美国的发展计划，拟在地球同步轨道上布置两块5.92×4.93 km^{2}的太阳能电池阵列，将直流电转换成微波后发射到地球，在地面再转换成直流电或交流电，有效输出功率5 000 MW。

光—化学能转换，由植物光合作用完成。人工光合作用是生物工程的重大研究课题，不属于能源动力学科的范畴。

关于太阳能的转换与利用方法将在第4章介绍。

3.2.4　太阳能利用的进展

人类利用太阳能的历史长达3 000多年，而将太阳能作为能源和动力的历史只有300年，真正将太阳能作为补充能源和未来能源则是近几十年的事。太阳能利用主要包括太阳能热利用和光利用。太阳能热利用应用很广，如太阳能热水、供暖和制冷，太阳能干燥农副产品、药材和木材，太阳能淡化海水，太阳能热动力发电等。太阳能光利用主要是太阳能发电和太阳能制氢。由于常规能源的日渐短缺，在世界各国政府的大力支持下，作为可再生能源主力的太阳能将在全球能源供应中扮演越来越重要的角色。表3－4为2010年世界太阳能电池产量。表3－5为1999—2011年太阳能发电装机容量。由表3－5可见，日本、德国、美国三国太阳能发电装机容量占全球的85%。

表3－4　世界太阳能电池产量　　单位：MW

国家或地区	2005	2010	2005年占世界总量/%	2010年占世界总量/%
中国	150.7	10167.3	8.31	37.38
欧洲	515.3	7115.5	28.32	26.16
日本	824.3	4575.0	45.32	16.86
美国	154.8	1523.2	8.51	5.60
中国台湾	103.9	254.0	5.73	0.93
世界其他	68.7	127.0	3.81	0.47
世界总量	1817.7	27200	100	100

表3－5　1999—2011年世界主要国家太阳能发电装机容量　　单位：MW

国家	1999	2001	2003	2005	2007	2009	2011	
							数量	占比%
德国	70	195	388	1 508	3 811	9 800	24 800	35.94
意大利	18	20	26	34	87	1 142	10 142	14.70
西班牙	9	19	37	70	755	3 660	5 435	7.88
美国	605	459	681	881	1 439	2 086	5 286	7.66
日本	209	453	860	1 421	1 919	2 627	4 827	7.00
中国	—	—	—	—	95	100	3 000	4.35
法国	3	8	9	13	26	263	1 763	2.56
澳大利亚	25	34	46	61	85	187	285	0.41
瑞士	13	18	21	26	34	71	108	0.16
荷兰	9	21	46	51	53	68	89	0.12
奥地利	4	7	15	22	35	49	65	0.09
世界总计	1 139	1 916	2 998	5 213	9 248	30 953	69 000	100

资料来源：国际能源署太阳能发电系统计划部（本表仅包括成员单位）。

我国在太阳能利用方面已做出许多卓有成效的工作。全国已有各类太阳灶35万台以上；有200余台太阳能干燥设备，总集热面积超过20 000 m^2，工作温度70℃左右；有被动式太阳房2万多座；冬季平均室温12℃，晚间最低8℃；太阳能热水器的制造是我国很受重视的项目，其规模和技术居世界首位，已安装的太阳能热水器占全球的60%，目前总集热面积已超过1亿 m^2，热水温度最高为200℃，热效率达72%；太阳能电池也得到较广泛的应用，总功率在500 MW以上，单块功率最大的达到350 W，效率约为16%；其他还有太阳能泵、太阳能海水淡化装置、低沸点工质太阳能发电装置等产品问世。但现阶段我国在太阳能热力发电方面还比较落后，随着技术的进步预计今后将会有较快的发展。

3.3 地热能、风能、海洋能、潮汐能

3.3.1 地热能

地热能是地壳中蕴藏的热能的总称。地壳上平均温度梯度是25℃/km，某些异常区域远超此数。据估计，地表3 km内可供利用的热能资源约为8.3×10^{17} kJ，相当于全部煤储量的能量；地表10 km以内有10.5×10^{23} kJ，相当于3.57×10^{16}吨标准煤，超过世界可采煤储量含热量的70 000倍。因此地热能是一种巨大的能源资源。

地热能开发利用的物质基础是地热资源。地热资源是指地壳表层以下5 000 m深度内、15℃以上的岩石和热流体所含的总热量。地球内部蕴藏的巨大热能，通过大地的热传导、火山喷发、地震、深层水循环、温泉等途径不断地向地表散发，平均年流失的热量约达1×10^{21} kJ。但是，由于目前经济上可行的钻探深度仅在3 000 m以内，再加上热储空间地质条件的限制，因而只有当热能输运转移并在浅层局部富集时，才能形成可供开发利用的地热田。

3.3.1.1 地热资源

地热能有热水型、蒸汽型、地压型、干热岩型及熔岩型等。

目前被利用的主要是热水型，地热资源约占10%，其温度水平为20~400℃不等。低温地热水一般用于沐浴、孵化、供暖等；中温一般用于干燥、制冷和双循环发电等；高温主要用于发电。中、低温热水田分布广，储量大，我国已发现的地热田大多属这种类型。

蒸汽型地热田是最理想的地热资源，它是指以温度较高的饱和蒸汽或过热蒸汽形式存在的地下储热，一般可直接用来发电。这种地热田很少，仅占已探明地热资源的0.5%，而且地区的局限性大。到目前为止只发现两处具有一定规模的高质量饱和热蒸汽储藏处，一处位于意大利的拉德雷罗，另一个位于美国的盖瑟尔斯地热田。

地压型资源约占20%，主要是热水或蒸汽形态，温度在150~260℃之间，可直接用于发电。

干热岩型资源占30%，温度150~650℃，要经间接转换才能利用。熔岩型资源占40%，是温度为650~1 200℃的塑性流体状的熔岩，埋藏较深。这两类资源目前还没有很好的方法利用。干热岩型和地压型两大类尚处于试验阶段，开发利用很少。在各种地热资源中，从岩浆中提取能量是最困难的。

全球各地区的地热资源估计如表3-6所示。

表3-6　全球各地区的地热资源估计　　单位：Mtoe

地区＼温度/℃	<100	100~150	150~250	>250	总计
北美洲	160	23	5.9	0.4	189
拉丁美洲	130	27	28	0.5	186
东欧和独联体	160	5.8	1.5	0.11	167
撒哈拉以南非洲	110	7.4	2	0.1	119
中亚和南亚	88	5	0.6	0.04	93.6
太平洋地区(不包括中国)	71	6.2	4	0.2	81.2
中国	62	13	3.3	0.2	78.3
西欧	44	4.8	0.8	0.01	49.6
中东和北非	42	2.1	0.5	0.1	44.7
世界总计	870	95	47	1.7	1 000

中国地处欧亚板块的东南边缘，在东部和南部与太平洋板块和印度洋板块连接，是地热资源丰富的国家之一。据地矿部资料，地热资源的远景储量为 $1\ 353.5\times10^{8}$ t标煤，推测储量为 116.6×10^{8} t标煤，探明储量为 31.6×10^{8} t标煤。中国的高温地热主要分布在西藏南部、云南西部、福建、广东、台湾等地；中低温地热遍及全国各地。迄今中国已发现的温度最高的地热钻井为西藏羊八井2004号钻井，温度高达329.8℃，属世界少有的高温地热。台湾的高温地热达224℃。中国地热资源分布见图3-5。

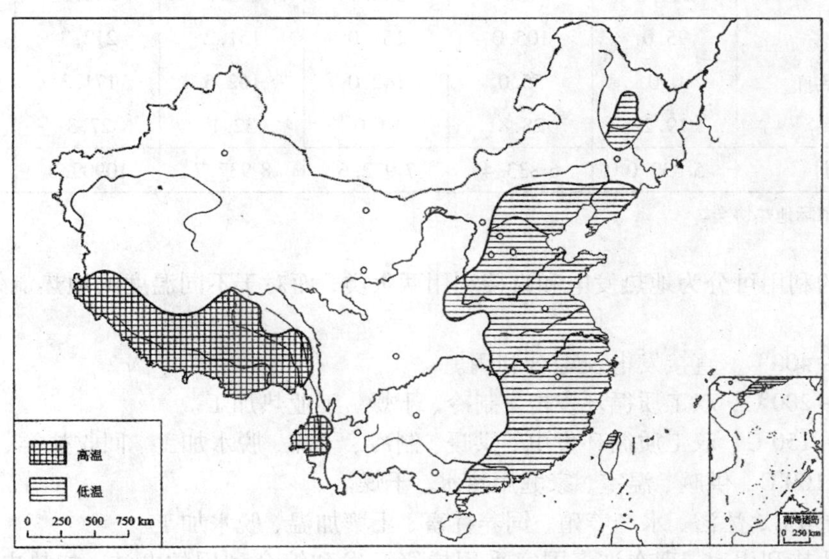

图3-5　我国地热资源分布图

3.3.1.2 地热能的利用

地热能源的利用，在全世界正以不太快但却稳定的速度增长。目前地热的利用主要有热利用和地热发电两种方式。地热发电主要集中在第四纪火山活动区，这些区域的地热能主要以浅层岩浆或热岩体状态存在(或二者皆有)，从而可使浅层地壳中的地下水升至较高温度(蒸汽或热水)。统计表明，目前全球地热发电装机容量超过9 000 MW。地热的直接热应用遍及所有大洲(南极洲除外)，直接热利用的项目(农业、矿泉疗养、建筑物供暖和供冷、渔业等)的总供热量估计在11 000 MW以上。在美国，这两种利用方式的数据分别约为2 600 MW(电力)和600 MW(热量)。1980年以来，世界地热电站发展较快，表3－7为1990—2011年世界各国地热发电装机容量。

表3－7 世界各国地热发电装机容量

单位：MW

国家	1990年	1995年	2000年	2005年	2011年	
					数量	%
美国	2 774.6	2 816.7	2 228.0	2 544.0	3 120.2	28.6
菲律宾	891.0	1 227.0	1 909.0	1 930.9	2 024.3	18.9
印度尼西亚	144.8	309.8	589.5	807.0	1 057.2	10.2
墨西哥	700.0	753.0	755.0	953.0	972.7	9.2
意大利	545.0	631.7	785.0	790.5	817.4	7.7
新西兰	283.2	286.0	437.0	435.0	612.2	5.6
冰岛	44.6	50.0	170.0	202.0	578.3	5.4
日本	214.6	413.7	546.9	535.3	542.5	5.1
萨尔瓦多	95.0	105.0	161.0	151.2	212.3	1.8
哥斯达黎加	0.0	55.0	142.0	162.5	171.3	1.6
中国	19.2	28.8	81.0	32.1	27.3	0.3%
世界总计	5 832.0	6 833.4	7 972.6	8 937.7	10909.8	100

资料来源：国际地热协会。

地热能的利用可分为地热发电和直接利用两大类，而对于不同温度的地热流体可能利用的范围如下：

(1)200~400℃，直接发电及综合利用。

(2)150~200℃，双工质循环发电、制冷、干燥、工业热加工。

(3)100~150℃，双工质循环发电、供暖、制冷、干燥、脱水加工、回收盐类、罐头食品。

(4)50~100℃，供暖、温室、家庭用热水、干燥。

(5)20~50℃，沐浴、水产养殖、饲养牲畜、土壤加温、脱水加工。

为提高地热利用率，现在许多国家采用梯级开发和综合利用的办法，如热电联产联供、热电冷三联产、先供暖后养殖等。如果地热资源的温度足够高，利用它的最好方式就是地热发电。地热电站的投资约比燃煤电站高1倍，但运行费用极低，故发电成本比煤电低。

目前，我国地热发电产业已具有一定基础，国内可以独立建造30 MW以上规模的地热电站，单机可以达到10 MW，如今我国地热发电装机容量为35 MW（其中高温地热发电装机容量达25 MW）。地热发电在我国某些地区发展很快，例如，在西藏有羊八井电站（装机容量25 180 kW）、朗久电站（装机容量1 000 kW）、那曲电站（装机容量1 000 kW），它们已成为西藏电力的主要供应者。我国地热发电2006—2010年新增25 ~ 50 MW，累计65 ~ 100 MW。

此外，我国已建立了一大批温泉疗养基地；利用地热供暖的面积已超过2 400万 m^2；已有单机容量300 MJ/h制冷量的制冷机组投入使用；地热能在农业生产、动物养殖、培育等方面也发挥出越来越大的作用。

3.3.2　风能

风是由太阳辐射热引起的。太阳照射地球表面，地球表面各处受热不同产生温差，从而形成大气的对流运动形成风，风所具有的能量就是风能。据估计，到达地球的太阳能中虽然只有大约2%转化为风能，但全球的风能约为 2.74×10^9 MW，其中可利用的风能为 2×10^7 MW，比地球上可开发利用的水能总量还要大10倍，但已利用的极少。

空气流动所具有的动能为：

$$E = \frac{1}{2}\rho \cdot v^2 \quad \mathrm{J/m^3} \tag{3-7}$$

所以风的能流密度为：

$$P = E \cdot v = \frac{1}{2}\rho \cdot v^3 \quad \mathrm{W/m^2} \tag{3-8}$$

P 是讨论风力做功能力大小的主要因素。显然，风速越高则可得到的风能越大。

风能的特点是变化无常，受地域、季节和气候的影响很大。风速越高则可得到的风能越大。但空气流经风力机后速度不能为零，因此风能中只有一部分可以转化为有用功。风速小于3 m/s的风速基本上是无利用价值，通常风力机都要求大于5 m/s的速度。

3.3.2.1　风能资源

1981年，世界气象组织（WMO）绘制了一份世界范围的风资源图。该图给出了不同区域的平均风速和平均风能密度。但由于风速会随季节、高度、地形等因素的不同而变化，因此风的资源量只是一个推算评估值。

根据世界范围的风能资源图估计，地球 1.07×10^8 km^2 的陆地面积中，有27%的地区年平均风速高于5 m/s（距地面10 m处）。表3－8为世界风能资源估计表，表中给出了地面风速高于5 m/s的陆地面积，该部分面积总共约为 3×10^7 km^2。

我国是季风盛行的国家，风能资源量大面广。据国家气象局估算，全国风能密度平均为100 W/m^2，风能理论总储量约 16×10^5 MW，可利用的风能资源约 2.5×10^5 MW。特别是东南沿海及附近岛屿、内蒙古和甘肃走廊、东北、西北、华北和青藏高原等部分地区，每年风速在3 m/s以上的时间近4 000 h，一些地区年平均风速可达6 ~ 7 m/s以上，具有很大的开发利用价值。中国风能资源分布见图3－6。

3.3.2.2　风能的开发与利用

风能的利用已有悠久的历史，最早可追溯到4 000多年前我国的风车和古巴比伦的风力灌溉。至9世纪，风车的应用达到高峰。风能还广泛应用古代的航行。近代风能的应用多采用翼式风力机。风能在很多缺水的地域被广泛用来抽水，或与备用柴油一起构成小型发电系统。大型风力机主要用于发电，与大电网联接，可以减少电站的燃料消耗。目前世界上还有100万台以上的风车，已有2 500 ~ 7 300 kW的大型风力机投入使用，每年能发电10万度以上。

表3－8 世界风能资源估计

地 区	陆地面积 $/10^3\ km^2$	风力为3～7级所占的面积和比例	
		面积$/10^3\ km^2$	比例/%
西欧	4 742	1 968	42
北美洲	19 339	7 876	41
中东和北非	8 142	2 566	32
撒哈拉以南美洲	7 255	2 209	30
东欧和独联体	23 047	6 783	29
太平洋地区	21 354	4 188	20
拉丁美洲和加勒比海地区	18 482	3 310	18
中亚和南亚	4 299	243	6
（中国）	9 597	1 056	11
总 计	106 660	29 143	27

注：根据地面风力情况将全球分为8个区域，中国不算作一个独立区域。3级风力代表地面10 m处的年平均风速5 ~ 5.4 m/s；4级代表风速在5.6 ~ 6.0 m/s；5 ~ 7级代表风速在6.0 ~ 8.8 m/s。

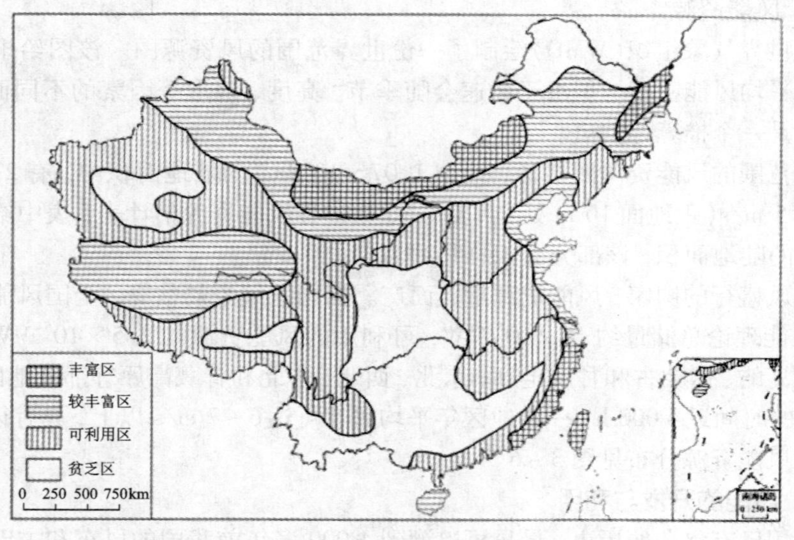

图3－6 中国风能资源分布

风能目前主要用于以下几个方面：风力提水，风力发电，风帆助航和风力制热。

21世纪是可再生能源的世纪，风电一直是世界上增长最快的能源。全球风能若全部利用每年可发电53万亿度，是目前世界电力需求量15万亿度的3.5倍。2011年，全球风力发电机容量达237.7 GW，风力发电的发展不断超越其预期的发展速度。在欧洲，风力所发电力已经能够满足4 000万人生活的需要。欧洲风能协会预计，2020年欧洲有将近2亿人会使用风能电力，这一人口数量将占到欧洲人口的一半。另一个机构将在近海岸地区开展风能利用，他们估计，到2020年欧洲居民的全部用电都将由风能来提供。中国是世界上利用风能最多的国家，约占全球风电的27%。2011年世界风力发电装机容量如表3－9所示。

表3－9 2011年世界风力发电装机容量

国家	2005年装机/MW	2010年装机/MW	2011年装机/MW	占世界总量%
中国	1 260	44 733	62 364	26.2
美国	9 149	40 298	46 919	19.7
德国	18 428	27 191	29 060	12.2
西班牙	10 027	20 623	21 647	9.1
印度	4 430	13 065	16 084	6.8
意大利	1 717	5 797	6 737	2.8
英国	1 353	5 248	6 540	2.7
丹麦	3 188	3 749	3 871	1.6
日本	1 231	2 334	2 501	1.1
荷兰	1 219	2 269	2 328	1
世界总计	59 322	197 639	237 669	100

我国可利用的风能年供电量可达4万亿度，约相当于2010年全年发电量。我国风力发电机以小型为主，规格从几十瓦到几千瓦不等，多用于风力提水和发电。

我国风力机的发展，在20世纪50年代末是各种木结构的布篷式风车，1959年仅江苏省就有木风车20多万台。到60年代中期主要是发展风力提水机。70年代中期以后风能开发利用得到迅速发展。近年来，我国政府把风力发电放在优先的位置。20世纪80年代中期以后，我国先后从丹麦、比利时、瑞典、美国、德国引进一批中、大型风力发电机组。在新疆、甘肃、宁夏、内蒙古的风口及山东、浙江、福建、广东的岛屿建立了示范性风力发电场。目前我国已研制出100多种不同型式、不同容量的风力发电机组，并初步形成了风力发电设备产业。但我国风能资源约为1 600 GW，目前已利用的仍占少部分。

大规模开发风能时仍需注意环境问题。风机在建造和运行中会产生一些污染问题，还有间接排放问题。在电站建造期间，要计算二氧化碳排放量。在整个运行期间风力发电所排放的二氧化碳总量很少，约为燃煤发电系统的1%。风力发电还将产生机械噪声和空气动力学噪声；风机的运转会对鸟类造成伤害；风机会成为一种妨碍电磁波传播的障碍物；风机对视觉景观也会有一定的影响。

3.3.3 海洋能

3.3.3.1 资源状况

地球表面被71%面积的海洋所覆盖，浩瀚的海洋蕴藏着巨大的能量，是巨大的能源资源。海洋能一般包括波浪能、潮汐能和海洋温差能。海洋能的蕴藏量虽大，但限于目前技术水平，尚处在小规模的研究和应用阶段。

波浪能蕴藏量很大。据估计，每平方千米海面，波浪的功率为100~200 MW。目前波浪能主要利用空气活塞原理来发电，用于海上灯塔和航标灯。它比太阳能电池更可靠，其功率一般在100 W以下。日本已研制出功率为100~150 kW的波浪发电船。

潮汐能主要是月球和太阳对地球海水的引潮力引起的海水周期性涨落时所具有的能量。潮汐现象每天都发生，白天涨落时为“潮”，晚上涨落时为“汐”，每个月有两次大潮和两次小潮。潮汐时海水涨落一般为0.8~1.0 m，但遇到特别的地理位置，如港湾河口与海洋交叉点，海水涨落就十分明显，有时可达15 m以上。世界潮汐动力资源的蕴藏量约为3000 GW，可供利用的约有64 GW。

海洋接受到的太阳辐射能有60000 TW，其中大部分用于升高海水的温度。赤道附近海水表层平均温度为25℃，而水深500~1 000 m处温度为4~7℃，因此海水上下层有15~20℃的有效温差，所蕴藏的温差热能达10 TW，是全球发电容量的数十倍，并且是取之不尽用之不竭的清洁能源。对这种温差能的利用主要可采用低沸点工质来发电。

3.3.3.2 海洋能发电

目前对海洋能的开发和利用主要是用来发电。海洋能发电主要有波浪能发电、潮汐能发电、温差能发电和盐差能发电四种方式。

1)波浪能发电

波浪发电的原理主要是将波力转换为压缩空气来驱动空气透平发电机发电。

20世纪80年代初，英国已成为世界波浪能研究中心，英国波力发电的开发目标是容量为2GW的设备，并使它与陆地电网并网，这个研究项目已经完成。目前英国的波浪发电技术仍居世界领先地位，并实现了商业化。日本的波浪能研究与开发也十分活跃，日本四季的平均波能约为13 kW·km^{-1}(近海)和6 kW·km^{-1}(沿岸)，其波能可满足国内能源总需求量的1/3。日本当前容量最大的设备是1996年9月投运的由日本东北电力公司在原町火电站南部防波堤上装设的130 kW波力发电设备。据报道，世界上第一台商业化的波力发电站位于以色列的岛屿上，其装机容量为500 kW，现仍在营运。据不完全统计，目前已有28个国家(地区)研究波浪能的开发，建设大小波力电站(装置、机组或船体)上千座(台)，总装机容量超过800 MW，其建站数和发电功率分别以每年2.5%和10%的速度上升。

2)潮汐能发电

初步统计，全世界潮汐电站的总装机容量为265 GW。目前世界上规模最大的潮汐电站是法国朗斯河电站，电站首台机组于1966年8月发电，最大潮差13.5 m，平均值为8.5 m，装有24台10 MW的双向惯流式机组，年发电量为5亿度。美国、俄国和加拿大等国也有一批潮汐电站在运行。

我国海岸线有18万km，潮汐能资源十分丰富，资源量约为190 GW，可供开发的约38.5 GW。浙江、福建省海岸线曲折，潮差较大，能量占全国沿海总量的80%，其中尤以浙江省潮汐能量最丰富，约有 10 GW，钱塘江口潮差高达 8.9 m，是建设潮汐电站的最佳河口。新中国成立以来，已先后在广东、上海、福建、浙江、山东、江苏的沿海建成了数十座潮汐电站，其中有居世界第二的浙江温岭县江夏潮汐电站，它的总装机容量为 3 200 kW，年发电量约为 21 GW · h。目前制约潮汐能发电的因素主要是成本。

3）温差能发电

温差发电的电力有多种途径：①采用海底电缆输送到地面；②电解海水，制备 H_2 和 O_2 送回地面；③提取海水中的铀和重水；④海上采油和采矿。目前世界上已有几十座试验性温差电站，总容量超过 10 MW，其中单座最大的为 1 MW。温差发电今后会受到应有的重视。

4）盐差能发电

盐差能发电利用的是海水中的盐分浓度和淡水间的化学电势差。理论计算表明，江河入海处的海水渗透压相当于 240 m 的水位落差。位于亚洲西部的死海，盐度高出一般海水 7 ~ 8 倍，渗透压可达 5×10^4 kPa，相当于 5 000 m 高的大坝水头。

目前正在研究的盐差能发电装置为渗透压式盐差能发电系统、蒸汽压式盐差能发电系统、机械 - 化学式盐差能发电系统和渗析式盐差能发电系统。但均处于研发阶段，要达到经济性开发目标尚需一定时间。

3.4　生物质能、氢能和天然气水合物

3.4.1　生物质能

3.4.1.1　资源状况

生物质能是包括柴草、秸秆、人工沼气、酒精、生物油等能源的通称。生物质能是由太阳能转化而来的。太阳能经过植物的光合作用，变成有机物，再经其他方式转变成可利用的形式，因此是可再生的能源。柴草、秸秆主要用作乡村的日常生活燃料及供暖。酒精由植物种子经发酵酿造而成，可用作燃料和化工原料。沼气是由人畜粪便、动植物遗体，工农业有机废渣、废液等有机物质，在一定温度、湿度、酸度及缺氧的条件下，经厌氧微生物的发酵作用所产生的可燃性气体。生物油是经过特殊工艺从木材、草本或植物种子提炼得到的，可作生活用途或燃料。

作为能源利用的生物质能主要有农作物、油料作物、林木、木材生产的废弃物、木材加工的残余物、动物粪便、农副产品加工的废渣、城市生活垃圾中的部分生物废弃物。生物质能主要分为：

城市垃圾：工业、生活和商业垃圾，全球每年排放约 100 亿 t；

有机废水：工业废水和生活污水，全球每年排放约 4 500 亿 t；

粪便类：牲畜、家禽、人的粪便等，全球每年排放数百亿吨；

林业生物质：薪柴、枝丫、树皮、树根、落叶、木屑、刨花等；

农业废弃物：秸秆、果壳、果核、玉米芯、甜菜渣、蔗渣等；

水生植物：藻类、海草、浮萍、水葫芦、芦苇、水风信子等；

能源植物：生产迅速，轮伐期短的乔木、灌木和草本植物，如棉籽、芝麻、花生、大豆等。

生物质分布十分分散，形态各异，能量密度低，必须采取一定的预处理措施或转化技术，

才能使其达到实用程度。生物质能源转换技术包括化学转换、物理转换和生物转换三种转换技术。与化石能源相比，生物质能目前尚缺乏商业竞争能力，但在生物质作为能源利用的过程中，生物质在整个生命周期中 CO_2、SO_2、NO_x 排放量与化石能源相比很低。

全球每年植物所固定的生物质能相当于10.2万亿吨标准煤，相当于2011年全世界耗能(174亿吨标准煤)的500倍。薪柴、农林作物残渣、动物粪便和生活垃圾等都是生物质能的好原料。

我国是一个农业大国，拥有丰富的生物质资源，仅农作物秸秆每年就有6亿t，其中一半可作为能源利用。据调查统计，全国生物质能的可再生能量按热当量计算为2.0亿t标准煤，相当于农村耗能量的70%。历年垃圾堆存量也高达60亿t，年产垃圾近1.4亿t。我国现有668个城市，其中有2/3被垃圾所包围，城市垃圾造成的损失每年高达250亿~300亿元。若采取新技术来利用生物质能，并提高它的利用率，不仅可以解决农民生活用能问题，还可用作各种动力和车辆的燃料。

3.4.1.2 生物质能的利用

生物质能的利用方式主要有：①直接用作燃料；②作为生物质发电厂燃料用于发电和供热；③经过化学转换生产燃油、天然气或其他化工原料；④经过生物转换生产酒精、燃油、天然气或其他化工原料。图3-7给出了生物质能转换技术及可能的产品。

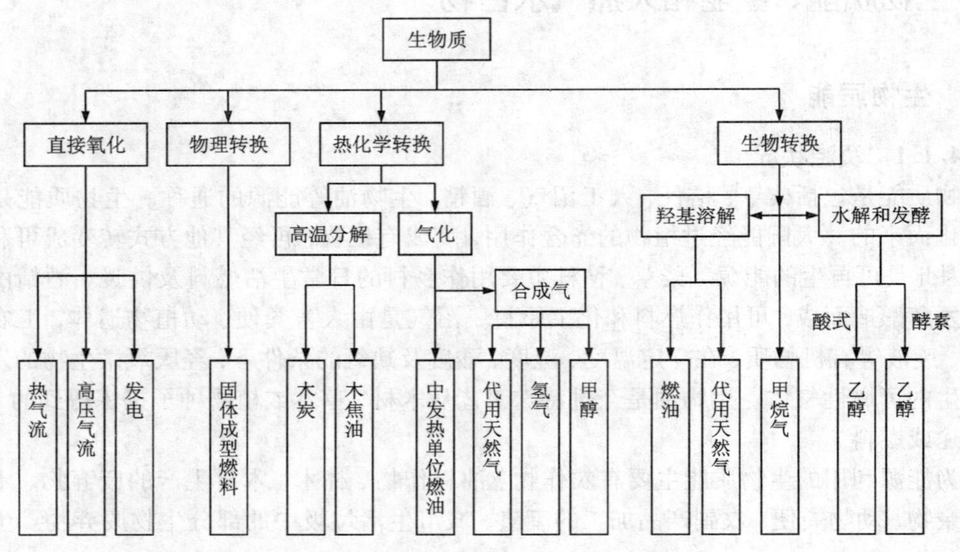

图3-7 生物质能转换技术及产品

1)人工沼气

人工沼气的主要成分是 CH_4 占60~70%，CO_2 占30~50%，并含有少量的 H_2、N_2、H_2S、CO、H_2O 及微量 H_3P。发酵是生产沼气的主要过程，一般在发酵池中进行。沼气池有水压式、浮动气罩式和塑料膜气袋式等几类。

沼气的用途主要有：①做家庭燃料，占目前沼气产量的90%以上，它可以点灯照明；②作为动力燃料，用来完成碾米、磨面、抽水和发电；③作为化工原料，有多种用途。使用沼气清洁、卫生、方便，特别适合农村地区，不仅可提供能源，还可以提供肥源，便于综合利用。

我国是人工沼气利用得最好的、规模最大的国家。全国拥有沼气池的居民达到700万户，现有沼气池超过2 000万个，提供了农村生活用能的5%。人工沼气作为解决农村能源问题的重要途径，今后还会不断发展。继我国之后，印度、菲律宾等东亚发展中国家以及非洲的部分国家，引进我国的技术和经验，沼气池及产量也在迅速增长。

2）生物质气化与生物燃油

中国生物质能的应用技术研究，从20世纪80年代以来一直受到政府和科技人员的重视，主要在汽化、固化、热解和液化等方面开展研究开发工作。北京农机院、浙江大学和大连环境科学研究所等单位先后开展了生物质气化技术的研究。目前全国已建立300余个秸秆气化集中供气系统，气体热值一般在5 000 $kJ \cdot m^{-3}$，气化转化率达70%以上。

生物质液化燃油简称生物燃油，它是一种以废弃生物质(如各种废弃农业秸秆、废弃木本植物、草本植物及城市有机垃圾等)为原料，经特殊的热化学液化工艺转化、分离所获得的新型、绿色可再生的生物质液体燃料。德国是第一个生产生物柴油的国家，目前欧洲许多国家已开始研制既可燃用石油燃料又可燃用生物燃油的内燃发动机，以应对未来的石油短缺。其中，英国、加拿大、荷兰在生物燃油推广和生产使用方面已取得了很大成功。

巴西是乙醇燃料开发应用最有特色的国家，以甘蔗为原料提取酒精，添加汽油后制成的乙醇汽油在工农业中广泛使用。目前乙醇燃料已占该国汽车燃料消费量的50%以上，巴西圣保罗市是全球首个使用纯酒精代替汽油的城市。美国已开发出利用纤维素废料生产酒精的技术，年产酒精2 500 t。

3）生物质发电

生物质能发电在国外已达到商业化应用程度，实现了规模化产业经营。以美国、瑞典和奥地利为例，生物质转化为高品位能源分别占国家一次能源消耗量的4%、16%和10%。美国生物质能发电的总装机容量已超过10 GW，单机容量达10～25 MW，并建立了1 MW的稻壳发电示范工程。在德国和丹麦，共建有20座牛粪发电厂。

在国内，截至2008年年底，我国生物质能发电累计装机容量达到3 000 MW。“十二五”能源规划提出，到2015年，生物质能装机容量将达到1 300 MW，2020年达到1 500 MW；2010年垃圾焚烧发电装机达到500 MW，至2020年焚烧发电的垃圾处理量将达到总量的30%，垃圾焚烧发电总装机将达至2 000 MW以上。20世纪90年代开始，我国一些高校和研究机构在生物质热解液化方面也开展了一系列研究工作。其中，山东理工大学开展了400 t生物油/年中试装置的研究，中国科技大学研制出每小时处理120 kg物料的自热式生物质热解液化试验装置，并用木屑、稻壳、玉米秆和棉花秆等多种原料试验成功，产油率达到50%～60%，累计运行时间已达到600 h。

表3－10为1990—2011年世界主要国家生物质燃料产量。从中可以看出，生物质能利用方面的增长非常迅速。

生物质作为可再生的洁净能源的开发利用工作，无论从废弃资源回收或能源结构转换，还是从环境的改善和保护等各方面均具有重大的意义。我国在生物质能转换技术的研究开发方面虽然做了许多工作，但与发达国家相比还有差距，还需要广大科技工作者继续努力。

表 3-10 1990—2011 年世界主要国家生物质燃料产量 单位: Mtoe

国家	1990	1995	2000	2005	2010	2011	占比/%
美国	1.382	2.510	2.991	7.478	25.467	28.251	48.0
巴西	5.624	6.143	5.212	7.835	15.575	13.196	22.4
德国	—	0.061	0.188	1.525	2.888	2.839	4.8
阿根廷	—	—	0.004	0.009	1.656	2.233	3.8
法国	—	0.155	0.315	0.439	2.008	1.720	2.9
中国	—	—	—	0.622	1.124	1.149	2.0
加拿大	—	—	0.105	0.133	0.746	0.961	1.6
泰国	—	—	—	0.052	0.661	0.915	1.6
西班牙	—	0.023	0.070	0.282	1.267	0.777	1.3
比利时	—	—	—	0.001	0.462	0.503	0.9
荷兰	—	—	—	0.003	0.385	0.470	0.8
意大利	—	0.023	0.070	0.340	0.670	0.456	0.8
澳大利亚	—	—	0.018	0.070	0.375	0.434	0.7
哥伦比亚	—	—	—	0.014	0.318	0.387	0.7
波兰	—	—	—	0.109	0.421	0.386	0.7
世界总计	7.094	8.969	9.151	19.701	58.457	58.868	100

3.4.2 氢能

氢能即氢气所具有的能量。氢是宇宙中分布最广泛的物质,它构成了宇宙质量的75%,被称为人类的终极能源。水就是氢的“大仓库”,如果把海水中的氢全部提取出来,将是地球上所有化石燃料热量的9 000 倍。氢的燃烧效率非常高,只要在汽油中加入4%的氢气,就可使内燃机节油 40%。目前,氢能技术在美国、日本、欧洲等国家和地区已进入系统实施阶段。

氢能的特点主要有:密度小,热值高(是汽油的两倍),易燃,燃烧速度快,便于储存和输送,转移形式多,来源广泛,使用过程无污染、无毒害作用,是一种清洁的二次能源。

制氢的方法很多,主要有:①从化石燃料中还原制氢,如煤气中的氢;②电解水制氢;③热化学分解水制氢;④核能制氢,包括热化学法和电解法;⑤太阳能热解水制氢。关于制氢方法在本书第 4 章中介绍。

氢的用途:目前主要用作液体火箭发动机的燃料,以及氢燃料电池发电。所谓燃料电池,是一种将物质的化学能直接转化为电能的装置,通常由燃料极、空气极和电解质组成。只要连续不断地给燃料极和空气极送入氢和空气,就可以在外电路获得稳定的电流。目前氢燃料电池转换效率高,因此发展很快。此外,氢还可以在燃氢汽车、航空运输、化工原料,以及燃气-蒸汽联合循环发电等方面大展身手,只是由于目前制氢的成本较高,还没有被广泛应用。

目前全世界每年约生产 5×10^{12} m^3 氢气，主要用于化学工业，尤以合成氨和石油加工工业的用量最大。90%以上的氢气是以石油、天然气和煤为原料制取的，北美95%的氢气产量来自天然气重整。氢气作为能源有两个问题需要解决：一是如何大量获得廉价的氢；二是因其易燃易爆，需要安全、高效的氢气储存与输送技术。随着科学技术的发展和进步，氢这种清洁能源必将得到更加广泛的研究和开发应用。

3.4.3 天然气水合物

天然气水合物是在一定条件(适宜的温度、压力、气体饱和度、水的盐度、pH等)下由水和天然气组成的类冰的、非化学计量的笼形结晶化合物，它遇火就可燃烧，所以又简称为可燃冰。

天然气水合物在自然界广泛分布，大约有27%的陆地是可以形成天然气水合物的潜在地区，而在世界大洋水域中约有90%的面积也属这样的潜在区域。储存在天然气水合物中的碳至少有 1×10^{13} t，约是当前已探明的所有化石燃料中碳含量总和的两倍。

中国海域适宜天然气水合物形成的地区主要包括南海西沙海槽、东沙群岛南坡、台西南盆地、笔架南盆地、南沙海域以及东海冲绳海槽南部。在陆地，我国青藏高原永久冻土带也可能蕴藏大量的天然气水合物。我国已探明在近海区域储有大量的天然气水合物，并已获得了天然气水合物的样品。

自20世纪90年代以来，世界各国对天然气水合物的研究做了大量投入，已经取得了重大进展。美国在1995年首次获得了天然气水合物样品，于1999年制定了《国家甲烷水合物多年研究和开发项目计划》，将于2015年投入试生产，2030年投入商业生产。1995年，日本专门成立了甲烷水合物开发促进委员会，对勘查天然气水合物的相关技术进行深入研究。1999年获得了天然气水合物样品，圈定了12块远景矿区，总面积达44 000 km^2，日本计划到2010年对其海域实施商业性开发。加拿大探明其近海区的天然气水合物储量约为 1.8×10^{11} t石油当量。印度也已分别在其东、西部近海海域发现可能储存天然气水合物的区域。韩国已在郁龙盆地东南部的大陆架区和西南部的斜坡区发现了可能储存天然气水合物的区域。

天然气水合物的主要用途可分为能源和化工原料两大类。只要能够对天然气水合物进行有效的开采、运输、储存和分解，就可以对其主要成分甲烷进行有效的利用。但天然气水合物的利用目前尚处于基础研究阶段，还没有十分有效的找矿方法和客观的评价预测模型，也尚未研制出经济、高效的开采技术。只有在能够进行大规模商业开采以后，才有望实现天然气水合物的商业化应用。天然气水合物研究仍需进一步加大资金投入以及国际间合作，以期在不远的将来取得突破性进展。

思考与练习

1. 什么是核裂变能？其产生的机制是什么？
2. 现阶段裂变核燃料主要有哪些？其资源特点如何？
3. 试述核聚变原理及其可能的利用方法。
4. 简述核能的优缺点。

5. 试分析当前世界核电发展的现状与趋势。

6. 我国为什么要大力发展核电?

7. 太阳能有何特点? 有哪些利用方式?

8. 简述地热资源的分类特点及其利用方式。

9. 试分析我国风能资源的特点及其发展前景。

10. 试述海洋能的特点及其发展前景。

11. 生物质能可以有哪些利用方式? 各有何特点?

12. 为什么当前世界各国都非常重视新能源的开发和利用? 其面临的主要问题有哪些?

第4章　能量转换与储存

物质和能量是构成客观世界的基础。科学史观认为，世界是由物质构成的，运动是物质存在的方式，是物质固有的属性。能量则是物质运动的度量。宇宙间一切运动着的物体，都具有能量，人类的一切活动都与能量及其使用紧密相关。所谓能量，也就是“产生某种效果(变化)的能力”。反过来说，产生某种效果(变化)，必然伴随能量的消耗和转换。

人类的一切生产和生活活动，都离不开能量的消耗、转化和利用。自然界中存在的各种能源，通常需要经过转换成所需要的形式后才能利用。能量转换过程遵守能量守恒定律，但一种形式的能量常常并不能完全转换成被有效利用的形式。转换过程伴随有各种“损失”。反映能量有效转换或有效利用程度的指标，即能量效率。我们的任务是探索各种能源和能量间的各种转换方式，提高能量转换系统的效率，使各种形式的能量尽可能多的转换成能有效利用的形式，这就是本章的学习宗旨。

4.1　能量的形式与性质

能量是物质运动所具有的做功能力。人类所认识的能量有6种形式：机械能、热能、电能、辐射能(光能)、化学能、核能。国际单位制中，能量的基本单位为焦耳(J)。

机械能是与物体宏观机械运动或空间状态相关的能量，前者称为动能，后者称为势能。具体包括以下几种形式：

(1) 物体的动能

$$E_K = \frac{1}{2}mv^2 \quad \text{J} \tag{4-1}$$

式中：m 是物体的质量，kg；v 是物体的运动速度，m/s。

(2) 重力势能

$$E_p = mgH \quad \text{J} \tag{4-2}$$

式中：g 是重力加速度，m/s^2；H 是物体的位置高度，m。

(3) 弹性势能

$$E_\tau = \frac{1}{2}kx^2 \quad \text{J} \tag{4-3}$$

式中：k 是倔强系数，N/m；x 是变形量，m。

(4) 表面势能

$$E_s = \sigma S \quad \text{J} \tag{4-4}$$

式中：σ 是表面张力系数，N/m；S 是变形所引起的表面积的变化量，m^2。

构成物质的微观分子运动的动能和势能的总和称为热能。这种能量的宏观表现是温度的高低，它反映了分子运动的激烈程度。通常热能 E_q 可表述成如下的形式：

$$E_q = \int T\mathrm{d}S \quad \mathrm{J} \tag{4-5}$$

式中：T 是绝对温度，K；S 是熵，J/K。

电能是和电子流动与积累有关的一种能量，通常由电池中的化学能转换而来，或是通过发电机由机械能转换得到；反之，电能也可以通过电动机转换为机械能，从而显示出电做功的能力。

$$E_e = U \cdot I \cdot t \quad \mathrm{J} \tag{4-6}$$

式中：U 是电位差，V；I 是电流强度，A；t 是工作时间，s。

单位面积辐射能是物体以电磁波形式发射的能量。物体的辐射能可由下式计算：

$$E_r = \varepsilon c_0 \left(\frac{T}{100}\right)^4 \quad \mathrm{J} \tag{4-7}$$

式中：ε 是物体表面黑度系数(发射率)；c_0 是玻尔兹曼常数；T 是物体的绝对温度，K。

化学能是物质结构能的一种，即原子核外进行化学变化时放出的能量。按化学热力学定义，物质或物系在化学反应过程中以热能形式释放的内能称为化学能。作为燃料使用的能源，其化学能通常取为燃料的低位热值。

核能是蕴藏在原子核内部的物质结构能。轻质量的原子核(氘、氚等)和重质量的原子核(铀等)核子之间的结合力比中等质量原子核的结合力小，这两类原子核在一定的条件下可以通过核聚变或核裂变转变为在自然界更稳定的中等质量原子核，同时释放出巨大的结合能。这种结合能就是核能。核能的计算可按爱因斯坦提出的质能关系进行，即 $E_n = \Delta M \cdot c^2$。

能量具有以下性质：

(1) 状态性：能量的大小通常与物质所处的热力学状态(温度、压力、成分、密度、运动速度等)有关。

(2) 可加性：能量是标量，可以直接叠加起来使用。

(3) 传递性：能量是运动的表述，因此能量可以伴随物质的运动进行传递。

(4) 转换性：各种形式的能量在一定条件下可以相互转换。

(5) 做功性：能量可以用来做功。

(6) 贬值性：能量在传递或各种形式间相互转化时，尽管能量的总量保持不变，但常常导致其做功能力的下降，这称为能量贬值。

4.2 能量转换方式与效率

能量的形式一般包括机械能、热能、化学能、电能、光能、原子能等。各种形式的能量在一定条件下可以相互转换。表 4-1 列出了几种主要形式的能量的转换过程。表 4-2 是几种主要能源与能量间的转换方式及典型装置示例。图 4-1 给出了各种能源与能量间的相互转换过程。

从能源的转换方式来看，绝大多数能源都首先转换成热能，再进一步转化为其他形式的能量。据测算，经过热能这个环节而被利用的能源，在我国占 90%，世界平均在 85% 以上。因此分析和研究热能转换特点对能源的有效利用具有重要意义。

表4-1 四种主要能量的相互转换过程

输入	输出			
	热能	化学能	机械能	电能
化学能	燃烧	化学反应	渗透压	电池
热能	传热	吸热反应	热机	热电偶
机械能	摩擦	—	机械传动	发电机
电能	电热	电解	电动机	变压器

表4-2 主要能源与能量间的转换方式

能源	转换形态	转换装置示例
煤、石油等化石燃料，氢、酒精等二次燃料	化学能→热能 化学能→热能→机械能 化学能→热能→机械能→电能 化学能→热能→电能	燃烧装置、锅炉 热力发动机 热力发电厂 磁流体发电机、热力发电、燃料电池
核能	核裂变→热能→机械能→电能 核裂变→热能→热能	核电站 磁流体发电、热力发电、热电子发电
水能、风能 潮汐、波浪	机械能→机械能 机械能→电能	水车、风车、水力透平 水力发电机、风力发电机
太阳能	光能→热能 光→热能→机械能 光→热→机械能→电能 光→热能→电能 光→电能	太阳能取暖、热水器 太阳能热机 热力发电装置 热电及热电子发电 太阳能电池、光化学电池
地热能	热能→热能→电能	蒸汽透平发电站

在实现能量转换时，转换系统和转换装置是必不可少的。对能量转换装置有如下几个基本要求：

(1)转换效率要高。能量转换效率一般定义为转换后得到的能量(收益)与转换前耗费的能量(支付)之比，即

$$\eta = \frac{\text{能量收益}}{\text{总支出能量}} \times 100\% \tag{4-8}$$

此处的“能量”，既可以是指数量，也可以指质量(㶲)。

(2)转换速度要快，能流密度要大。只有这样才能减少装置体积，节省投资。

(3)负荷调节性能要好。这样才能根据用户的需求，实现等额转换，达到节约用能的目的。

(4)满足环保要求。环境污染与能源问题同是人类面临的重大问题，环境污染又与能源的开采、运输、加工、转换和利用过程密不可分，因此能量转换装置应尽量减少对环境的污染，从而实现可持续发展。

(5)经济性要好。经济性通常是指装置或系统的投资与所得到的收益的比较而言的，经

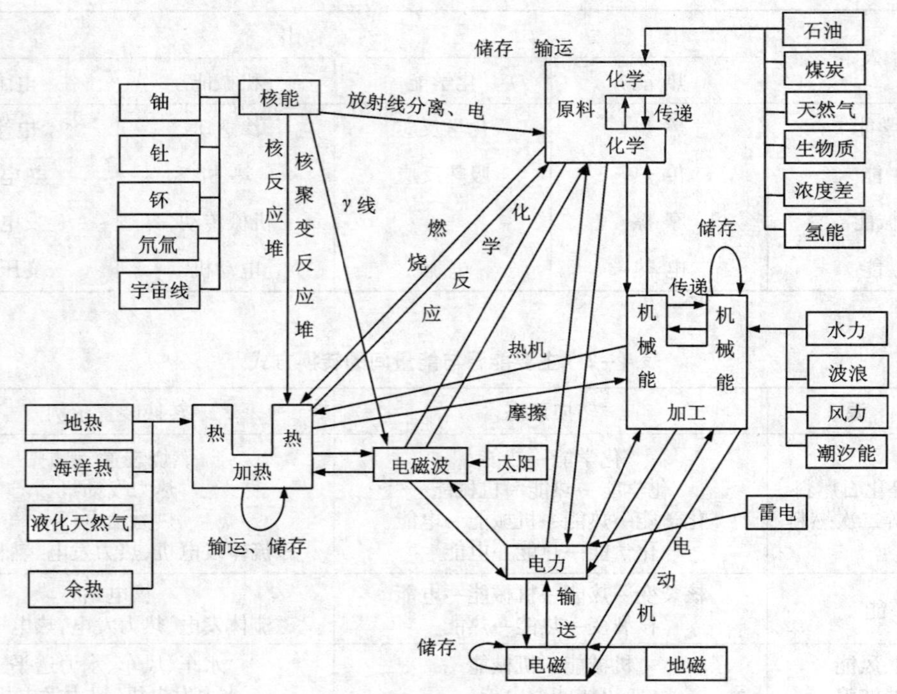

图 4-1 各种能源与能量间的相互转换

济性不好是不会有吸引力的，这是很多技术得不到推广的重要原因。经济性通常与装置规模联系在一起，规模越大往往经济性越好。

本章以下各节将重点介绍几种常用的能量转换过程与装置的工作原理。

4.3 化学能-热-功转换

化学能-热-功转换是最常用的能量转换方式，火力发电厂、内燃机都以此过程为基础。

4.3.1 基本热力循环

燃料的化学能转变成电能是通过复杂的热力循环实现的。复杂的热力循环是在简单的基本热力循环基础上不断改进而得到的，最常用的以水蒸气为工质的热力循环称为朗肯循环。

图 4-2 所示为朗肯循环热力系统图。朗肯循环的过程是：水在锅炉中定压吸热，汽化成饱和蒸汽，并由饱和蒸汽成为过热蒸汽，如图 4-3 中 4561 线所示。过热蒸汽流经汽轮机定熵膨胀，对外做功，如图 4-3 中 12 线所示。膨胀做功后排出的乏汽进入凝汽器并在其中定压放热凝结成水，如图 4-3 中 23 线所示。凝结水经水泵(在实际发电厂中包括凝结水泵和给水泵)绝热压缩后送入锅炉，如图 4-3 中 34 线所示。至此，工质便完成了一个循环。

通常采用循环的热效率来表示循环中热转变为功的有效程度。朗肯循环的热效率 η_t 为：

$$\eta_t = \frac{q_0 - q_{ct}}{q_0} = \frac{(h_0 - h_{fw}) - (h_{ct} - h_{cw})}{h_0 - h_{cw}} = \frac{(h_0 - h_{ct}) - (h_{fw} - h_{cw})}{h_0 - h_{cw}} = \frac{W_t - W_p}{q_0} \tag{4-9}$$

式中：q_0，q_{ct}——理想循环中，每 kg 工质从热源定压吸收的热量和向冷源定压放出的热量，kJ/kg；

h_0，h_{ct}——蒸汽在汽轮机中理想绝热膨胀过程中的入口焓和出口焓，kJ/kg；

h_{fw}、h_{cw}——锅炉给水焓和凝结水焓，kJ/kg；

W_t、W_p——每 kg 工质在汽轮机中理想膨胀功和在水泵中理想压缩时耗功，kJ/kg。

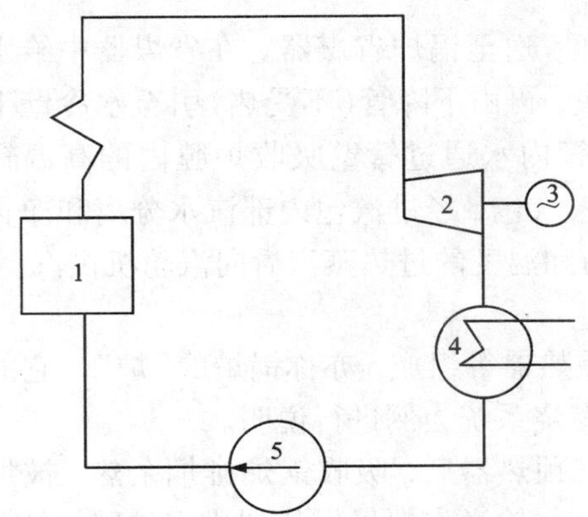

图 4-2　朗肯循环热力系统图

1—锅炉；2—汽轮机；
3—发电机；4—凝汽器；5—水泵

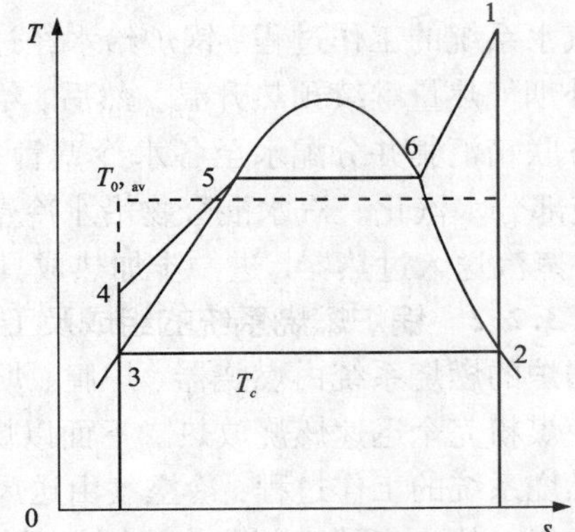

图 4-3　朗肯循环 $T-S$ 图及与卡诺循环的比较

由式(4-9)可知，朗肯循环热效率取决于各状态点蒸汽的焓和凝结水焓。在朗肯循环中，排汽的定压凝结放热也是一个等温放热过程。如果把定压下的吸热过程看成在吸热平均温度 $T_{0,av}$ 下的等温吸热过程(在吸热量相同的条件下)，就可以将朗肯循环看成按吸热平均温度 $T_{0,av}$ 和放热温度 T_c 工作的等效卡诺循环(图 4-3)。由热力学可知，提高 $T_{0,av}$ 和降低 T_c 都可使循环热效率提高。但是因为蒸汽初参数的提高受锅炉受热面材料耐压、耐温的限制，降低其终参数需付出代价外，还受到环境温度的限制，因此它们都不能无止境地提高或降低。根据热力学的原理，为了提高循环效率，所有大容量的凝汽式发电站的热力系统都采用更为复杂的回热和再热循环，其目的就是尽量使 $T_{0,av}$ 得到提高。目前先进的火力发电厂，热效率可达 40%。

4.3.2　化学能-热能转换设备

火力发电厂生产电能的过程是一系列能量转换过程。电能的生产过程是在三大主要设备：锅炉、汽轮机和发电机中完成的。在锅炉中，燃料的化学能转换成蒸汽的热能；在汽轮机中，蒸汽的热能转换为汽轮机转动轴所传递的机械能；发电机利用电磁感应原理，将旋转机械能转换为电能。

锅炉是主要的化学能-热能转换设备，它使燃料燃烧释放出热能，并将不断输入的水(称作给水)加热成具有一定压力和温度的过热蒸汽。过热蒸汽则为汽轮发电机生产电能提供动力。

现代火力发电厂的锅炉设备体积庞大、结构复杂。归总起来，锅炉设备是由锅炉本体设备、锅炉辅助设备、锅炉附件及管路系统组成。

锅炉本体是锅炉设备的主要组成部分。它是由“锅”——汽水系统和“炉”——燃烧系统两大部分及炉墙、构架等组成。

4.3.2.1 锅炉汽水系统的组成及工作过程

锅炉的汽水系统是由省煤器、汽包、下降管和水冷壁等组成的给水预热和蒸发器、再热器组成的蒸汽加热设备组成的。锅炉汽水系统的任务是使水吸热蒸发并过热，产出具有一定压力和温度的过热蒸汽。

汽水系统的工作过程：锅炉给水经过给水泵升压，送至锅炉省煤器。在省煤器中给水吸收管外烟气热量继续预热升温。然后，给水进入汽包，再由下降管(不受热)引至水冷壁下联箱。下联箱汇集并分配水至各水冷壁管，在水冷壁管内水通过管壁吸收炉膛内的高温辐射热，使部分水汽化。汽水混合物沿水冷壁管上升进入汽包，经过汽包内部汽水分离和净化装置后，蒸汽送入过热器，进一步加热成具有一定压力和温度的过热蒸汽后向汽轮机供汽。

4.3.2.2 锅炉燃烧系统的组成及工作过程

锅炉的燃烧系统由燃烧器、炉膛、烟道和空气预热器等组成，亦称锅炉的“炉”。它的任务是使煤粉完全迅速燃烧放热。下面以煤粉锅炉的燃烧系统为例进行说明。

燃烧系统的工作过程：冷空气由送风机送入空气预热器后，吸收锅炉排烟余热，被加热成热空气。热空气的一部分作为制粉系统的干燥剂，并输送煤粉经燃烧器进入炉膛；另一部分直接经燃烧器喷入炉膛，为煤粉燃烧提供空气。通常把输送煤粉进炉膛的空气称作一次风；直接经燃烧器喷入炉膛为煤粉助燃的空气，称作二次风。

4.3.2.3 炉墙和构架

炉墙用来构筑成一定形状的炉膛及烟道，使火焰或烟气与大气隔绝，起保温和密封作用。锅炉的构架在炉墙的外侧，它支承或悬吊锅炉的受热面、汽包、炉墙和平台走梯等锅炉的全部构件质量。

“锅”和“炉”的工作过程即是锅炉本体的工作过程，亦是热量的交换过程——燃料放热、水和蒸汽的吸热升温过程。图4-4是典型的煤粉锅炉及辅助设备示意图。

4.3.3 热机

将热能转化为机械能是目前获得机械能的最主要的方式。热能转化为机械能的装置称为热机。应用最广泛的热机有内燃机、蒸汽轮机、燃气轮机等。内燃机主要为各种运输车辆、工程机械提供动力，也可用于可移动的发电机组。蒸汽轮机主要用于发电厂中，用它带动发电机发电，也可作为大型船舶的动力。燃气轮机除用于发电外，还是飞机的主要动力。

4.3.3.1 蒸汽轮机

蒸汽轮机，简称汽轮机，是将蒸汽的热能转换为机械功的热机。汽轮机单机功率大、效率高、运行平稳，在现代火力发电厂和核电站中都用它驱动发电机。汽轮机发电机组所发的电量占总发电量的80%以上。此外，汽轮机还用来驱动大型鼓风机、水泵和气体压缩机，也可作为舰船的动力。

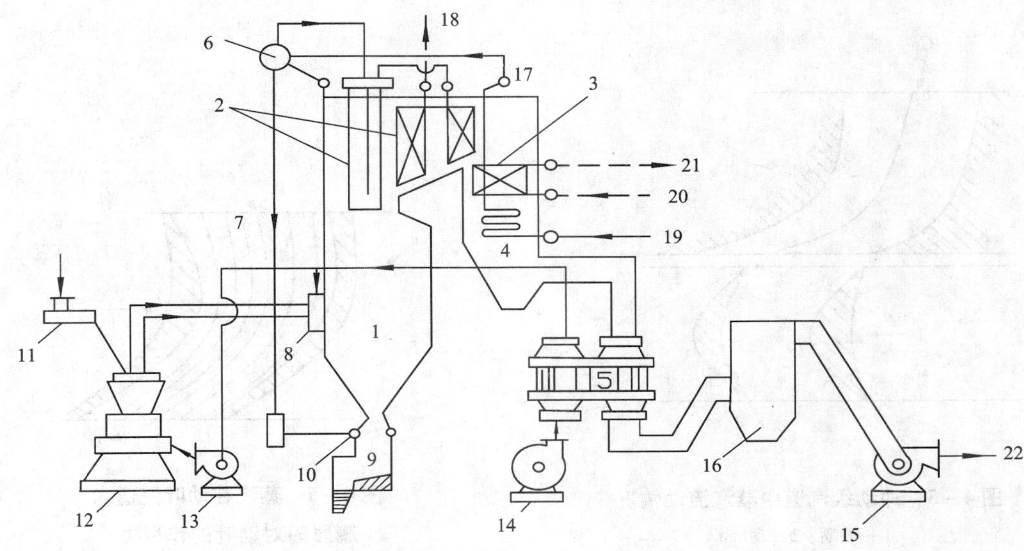

图4-4　煤粉锅炉及辅助设备示意图

1—炉膛水冷壁；2—过热器；3—再热器；4—省煤器；5—空气预热器；6—汽包；7—下降管；8—燃烧器；9—排渣装置；10—联箱；11—给煤机；12—磨煤机；13—排粉机；14—送风机；15—引风机；16—除尘器；17—省煤器出口联箱；18—过热蒸汽；19—给水；20—进口再热蒸汽；21—出口再热蒸汽；22—排烟

汽轮机的级由喷嘴叶栅和与它相配合的动叶栅所组成，是汽轮机做功的基本单元。汽轮机可由单级或若干级串联组合而成。当具有一定温度和压力的蒸汽通过汽轮机时，首先在喷嘴叶栅中将蒸汽所具有的热能转变成为动能，然后在动叶栅中将其动能转变为机械能，从而完成汽轮机利用蒸汽热能做功的任务。

蒸汽的动能转变为机械能，主要是利用蒸汽通过动叶栅时发生动量变化对该叶栅产生冲力，使动叶栅转动做功而实现的。因此得到的机械能的数量，将取决于工作蒸汽的质量流量和速度变化量，质量流量越大，速度变化量越大，作用力也越大。这种作用力一般可分为冲动力和反动力两种。当气流在动叶汽道内不膨胀加速，而只随汽道形状改变其流动方向时，对汽道所产生的离心力叫做冲动力，这时蒸汽所做的机械功等于它在动叶级中动能的变化量，这种级叫做冲动级，如图4-5所示。

蒸汽在动叶汽道内随汽道改变流动方向的同时仍继续膨胀、加速（见图4-6），即气流不仅改变方向，而且因膨胀使其速度也有较大的增加；加速的气流流出汽道时，对动叶栅将施加一个与气流流出方向相反的反作用力，这个作用力叫做反动力。依靠反动力推动的级叫做反动级。

但是一般的情况是，蒸汽在汽道中，一方面将其在静叶栅内所获得的动能转换为动叶栅上的机械功，在动叶栅上施加冲动力；另一方面，在动叶栅中继续膨胀，对动叶栅产生一个反作用力。这时动叶栅不仅受到气流的冲动力，同时也受到气流的反作用力的作用。所以它是在这两个力的合力作用下，使动叶栅旋转而产生机械功的。

按照工作原理的不同，汽轮机结构也就有所不同。通常有三种形式：①纯冲动式汽轮机；②带反动度的冲动式汽轮机；③复速级汽轮机。

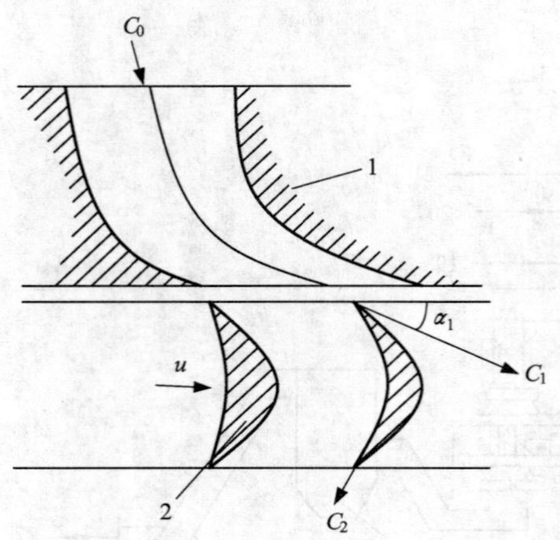

图 4-5 冲动级汽道中蒸汽流动情况

1—喷嘴；2—动叶

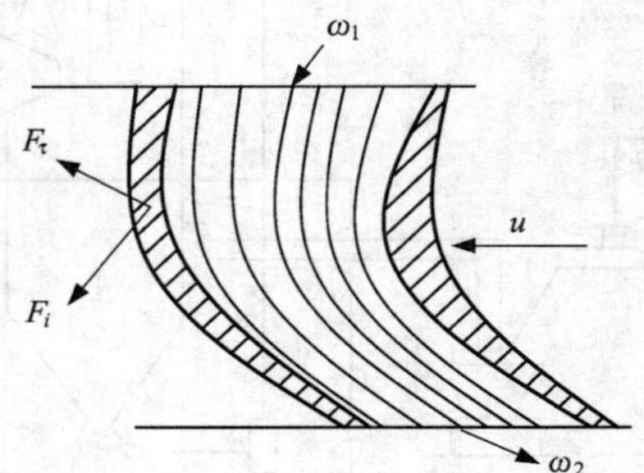

图 4-6 蒸汽在动叶汽道内膨胀时对动叶的作用力

汽轮机还可根据是否从中抽气，分为抽气式汽轮机和非抽气式汽轮机(包括凝汽式和背压式)。抽气式汽轮机抽出的蒸汽可供其他热用户使用，也可用来加热给水，提高整个电厂的循环效率。在大型火力发电厂中，汽轮机通常分为高压缸和低压缸，锅炉出来的新蒸汽在高压缸做功后，其排气前先被送到再热器，使蒸汽温度提高后，再进入汽轮机的低压气缸做功。这种汽轮机就称为再热式汽轮机。

4.3.3.2 燃气轮机

燃气轮机和蒸汽轮机最大的不同在于，它不是以水蒸气作工质而是以气体作工质。燃料燃烧时所产生的高温气体直接推动燃气轮机的叶轮对外做功，因此以燃气轮机作为热机的火力发电厂不需要锅炉。图 4-7(a)是简单的燃气轮机发电装置示意图。它包括三个主要部件：压气机、燃烧室和燃气轮机。空气进入压气机，被压缩升压后进入燃烧室，喷入燃油进行燃烧，燃烧所形成的高温燃气，与燃烧室中的剩余空气混合后，喷入燃气轮机的喷管，膨胀加速并冲击叶轮机对外做功。做功后的废气排入大气。燃气轮机所做的功一部分用于带动压气机，其余部分对外输出，用于带动发电机或其他负载。和汽轮机相比，燃气轮机具有以下优点：

(1) 质量轻、体积小、投资省。

(2) 启动快、操作方便。

(3) 水、电、润滑油消耗少。只需少量的冷却水或不用水，因此可以在缺水的地区运行；辅助设备用电少，润滑油消耗少，通常只占燃料费的1%左右，而汽轮机要占6%左右。

引入空气标准假设，燃气轮机装置工作循环可以简化成由四个可逆过程组成的理想循环，如图 4-7 所示。其中，1—2 是绝热压缩过程；2—3 是定压加热过程；3—4 是绝热膨胀过程；4—1 是定压放热过程。这个循环成为定压加热理想循环，又称为布雷顿循环。

布雷顿循环的热效率为：

$$\eta_t = 1 - \frac{1}{\pi^{\frac{\kappa-1}{\kappa}}} \qquad (4-10)$$

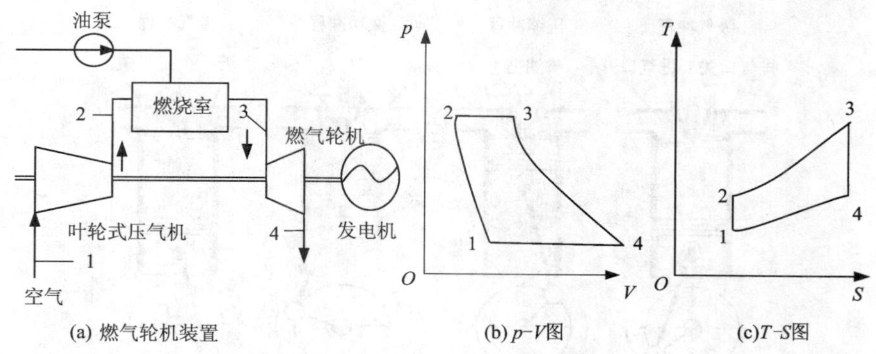

(a) 燃气轮机装置　(b) p-V图　(c)T-S图

图4-7　燃气轮机装置理想循环

其中，π 为循环增压比；κ 为工质的绝热指数。

燃气轮机装置实际循环的各个过程存在不可逆因素，主要是考虑压缩过程和膨胀过程的不可逆性。考虑到这些因素后，实际的燃气轮机装置热效率在25%~50%范围内。

鉴于燃气轮机的上述优点，以燃气轮机做热机的火力发电厂主要用于尖端负荷，对电网起调峰作用。但燃气轮机在航空和舰船领域却是最主要的动力机械。

4.3.3.3　内燃机

凡是燃料在气缸内燃烧而工作的动力机都叫做内燃机。内燃机是将燃料和空气引入机体内部燃烧，利用燃气膨胀输出机械功的热力发动机。广义地说，内燃机包括活塞式内燃机、回转式燃气轮机、复合式发动机和喷气推进机，这些热机统称为内燃动力装置；而"内燃机"这一名词，习惯上专指活塞式内燃机。

内燃机包括汽油机和柴油机，是应用最广泛的热机。大多数内燃机是往复式，有气缸和活塞。内燃机有很多分类方法，但常用的是根据点火顺序分类或根据气缸排列方式分类。按点火或着火顺序，可将内燃机分为四冲程发动机和二冲程发动机。

活塞往复四个行程完成一个工作循环的内燃机，称为四冲程内燃机，图4-8为这种内燃机的工作原理示意图。

四冲程发动机的工作过程：

(1)进气冲程：活塞下行，进气门打开，空气被吸入而充满气缸。

(2)压缩冲程：所有气门关闭，活塞上行压缩空气，在接近压缩冲程终点时，开始喷射燃油。

(3)膨胀冲程(即下行冲程)：所有气门关闭，燃烧的混合气膨胀，推动活塞下行，此冲程是四个冲程唯一做功的冲程。

(4)排气冲程：排气门打开，活塞上行将燃烧后的废气排出气缸，开始下一个循环。

工质在内燃机气缸中的实际工作情况，通常用气体压力 p 随气缸容积 V 而变化的图形来表示，称为示功图。示功图可用示功器直接测绘出来，图4-9(a)中的1—2—3—4—5—6—1为四冲程点燃式内燃机的实际示功图。图4-9(b)中的1—2—3—4—5—6—7—1为四冲程压燃式内燃机的实际示功图。压燃式内燃机与点燃式内燃机的主要区别在于，它的可燃混合气是在气缸内部形成的，在吸气行程中吸入气缸的纯净的空气而不是可燃混合气；在压缩行

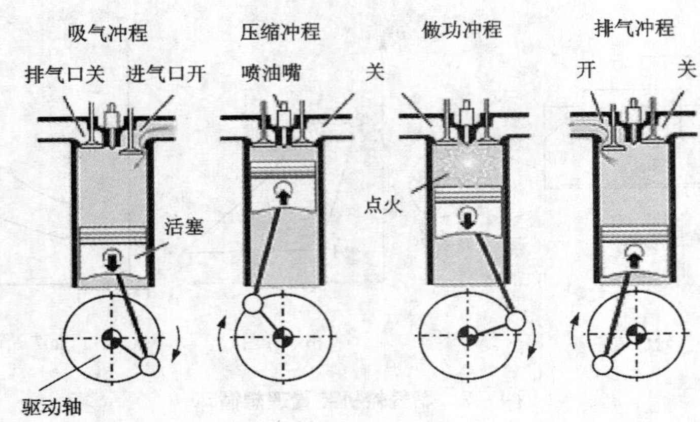

图 4-8　四冲程内燃机工作原理示意图

程中被压缩的也是空气；当压缩过程接近终了时，不是火花塞点火而是依靠喷油器喷出的油雾遇被压缩后的高温空气而自燃。

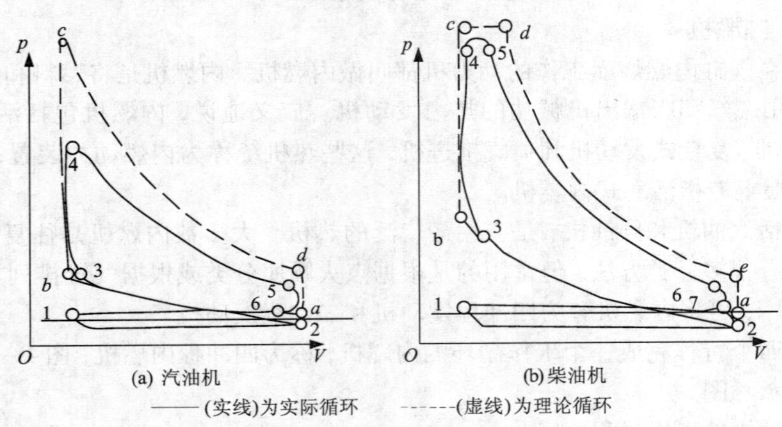

图 4-9　四冲程内燃机示功图

衡量发动机经济性能的重要指标是有效热效率 η_{et} 和有效燃油消耗率 b_e[$g/(kW \cdot h)$]。

$$\eta_{et} = \frac{3.6 \times 10^3}{BH_u} P_L V_S i \tag{4-11}$$

$$b_e = \frac{3.6 \times 10^3}{\eta_{et} H_u} \tag{4-12}$$

式中：B 为燃油消耗量(kg/h)；H_u 为燃料低热值(J/kg)；V_S 为单个气缸工作容积(L)；P_L 为发动机升功率(kW/L)；i 为气缸数。

目前，四冲程汽油机的有效热效率范围为 0.25 ~ 0.30，有效燃油消耗率范围为 280 ~ 340 g(kW · h)。而柴油机的热效率通常要比汽油机高 10 个百分点左右。

内燃机与汽轮机相比，有如下优点：内燃机的工质(燃气)在循环中的平均吸热温度远高于蒸汽发动机中蒸汽的平均吸热温度，因此内燃机的热效率通常高于蒸汽发动机，一般达到40%，甚至更高；内燃机不需要笨重的锅炉设备，所以结构紧凑、单位功率的重量(比重量)要轻得多、应用也更为灵活，特别适用于中小型动力需求的场合。

内燃机的主要缺点是：对燃料要求高，不能直接燃用劣质燃料和固体燃料；由于间隙换气以及制造上的困难，单机功率的提高受到限制。现代内燃机的最大功率一般小于4万kW，而蒸汽轮机的单机功率可以高达百万千瓦。

4.3.4　发电机

将蒸汽轮机或燃气轮机的机械能转换成电能是通过同步发电机实现的。同步发电机由定子(铁芯和绕组)、转子(钢芯和绕组)、机座等组成。转子绕组中通入直流电并在汽轮机的带动下高速旋转。此时转子磁场的磁力线被定子三相绕组切割，定子绕组因感应会产生电动势。当定子三相绕组与外电路连接时，则会有三相电流产生。这一电流又会同步产生一个顺转子转动方向的旋转磁场，带有电流的转子绕组在该旋转磁场的作用下，将产生一个与转子旋转方向相反的力矩，这一力矩将阻止汽轮机旋转，因此为了维持转子在额定转速下旋转，汽轮机就要克服力矩而做功，也就是说汽轮机的机械能，是通过同步发电机中的电磁相互作用而转变为定子绕组中的电能。图4－10给出了发电机的结构原理图。

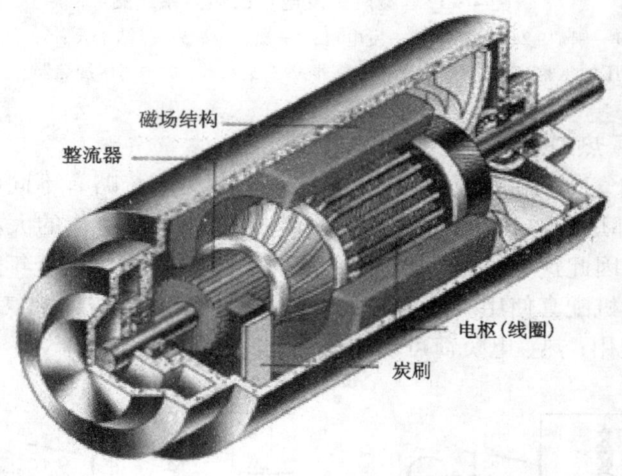

图4－10　发电机结构原理图

4.3.5　热力系统

从燃料化学能转化为热能，再转化为机械能，最后转化为电能，这一过程在火力发电厂中是由热力系统来实现的。火力发电厂有两种类型：只承担电能生产任务的凝汽式电厂和既能生产电能又提供热能的热电厂。因此其热力系统构造上也就有所不同，从能源利用的角度讲，热电联产是公认的节能手段。

4.3.5.1 凝汽式电厂热力系统

现代燃用化石燃料的大容量的凝汽式发电厂，为了提高发电效率和热经济性，首先采取的措施是提高蒸汽的初参数和降低其终参数。但局限于朗肯循环的范围内，以调整蒸汽参数来提高循环的热效率，其潜力有限，因此应在朗肯循环基础上发展更为复杂的循环，如回热循环、再热循环等，以达到有效提高蒸汽循环热效率的目的。图 4 - 11 给出的是典型的凝汽式电厂的热力系统图。

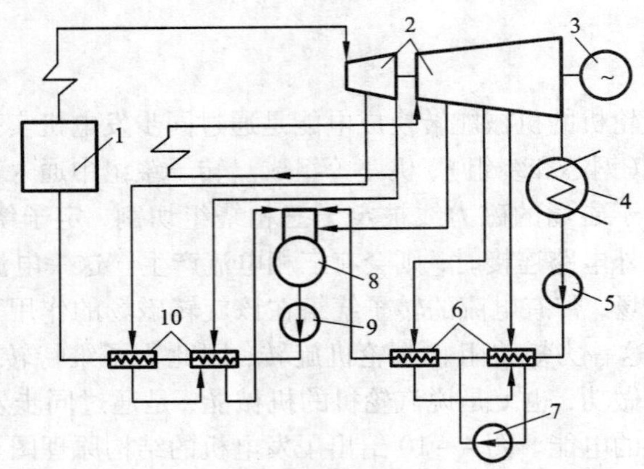

图 4 - 11 凝汽式发电厂的热力系统图

1—锅炉；2—汽轮机；3—发电机；4—凝汽器；5—凝结水泵；6—低压加热器；7—疏水泵；8—除氧器；9—给水泵；10—高压加热器

4.3.5.2 热电厂热力系统

热电厂视采用抽气式汽轮机或背压式汽轮机，其热力系统略有不同(见图 4 - 12)。背压汽轮机的全部排气都用于供热，因此其发电的电能取决于热负荷的大小，当热负荷等于零时，其电功率最大。因此这类机组的电负荷是不自由的，只能用于全年热负荷比较稳定的情况，或与凝器式汽轮机配套使用。而抽气式汽轮机的供热依靠级间抽气，它实际上相当于背压式机和凝汽机的连用，热、电负荷可以在一定范围内调节。

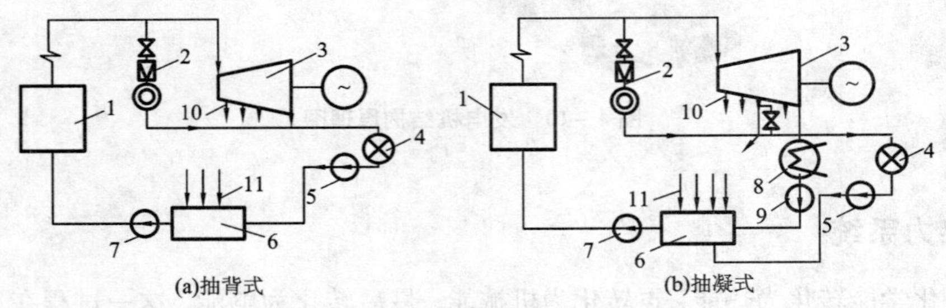

图 4 - 12 热电厂热力系统图

1—锅炉；2—减温减压器；3—汽轮发电机组；4—热用户；5—返回水泵；6—回热加热器；7—给水泵；8—凝汽器；9—凝结水泵；10—用于回热的抽气；11—抽气

4.3.5.3 燃气－蒸汽联合循环

按照热力循环理论的分析，在蒸汽朗肯循环之上叠加一个燃气动力循环，是有利于提高从燃料化学能最终转换为电能的总效率的。人们把这种覆叠式循环，称为燃气－蒸汽联合循环，其热力系统的基本构成如图4－13所示，热力循环如图4－14所示。由图中曲线围成面积可见，燃气－蒸汽联合循环的效率将大于单一蒸汽循环。

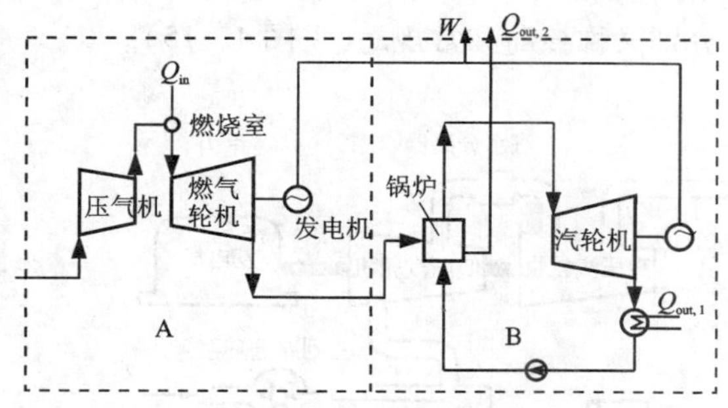

图4－13 燃气－蒸汽联合循环热力系统图

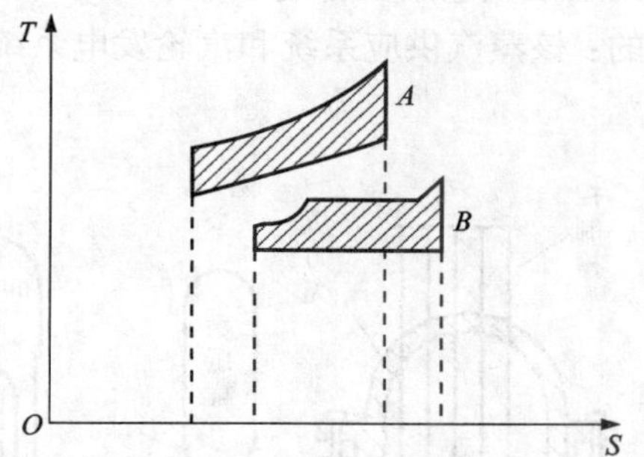

图4－14 燃气－蒸汽联合循环热力循环图

4.4 核能发电

核能除了应用于核武器外，工业上主要用来发电——核电站发电。核电以其清洁、安全、高效受到世界各国的普遍重视，成为能源发展的趋势。随着煤、石油等常规能源的日益匮乏，太阳能、风能、地热、海洋能等新能源开发的局限或能量品位的限制，核能特别是核电将是未来世界的主要能源。

核电站是利用原子核裂变产生的巨大能量进行发电的发电厂。^{235}U 是自然界存在的唯一易发生裂变的物质，所以核电站通常用它作为燃料。

4.4.1 核电站分类

对于不同类型的核反应堆，相应的核电站系统和设备有较大差别。核电站的分类大多按照其核心部件——反应堆的中子能量、冷却剂、慢化剂及核燃料等来划分。

1）按引起核燃料裂变的中子平均能量分类

（1）快中子反应堆核裂变反应主要由100 keV或更高能量的中子引起。

（2）中能中子反应堆核裂变反应主要由1 eV～100 keV的中能中子引起。

（3）热中子反应堆核裂变反应主要由热中子（小于1 eV）引起。

三者在结构上的一个主要差别是堆芯内核燃料和慢化剂的核数比不同。在快中子反应堆内，根本没有慢化剂，而且在选择冷却剂时，也要避免选用会使中子慢化的介质。

2）按所使用的慢化剂和冷却剂分类

（1）轻水反应堆：采用轻水作慢化剂和冷却剂。根据水在反应堆内的工作状态又可分为压水堆和沸水堆两类。

（2）石墨气冷或水冷堆：采用石墨作慢化剂，气体（如二氧化碳、氦气等）或水作冷却剂。

(3)重水堆：采用重水作慢化剂，重水(也有采用沸腾轻水)作冷却剂。

在这些不同的核反应堆中，压水堆是目前最为成熟、安全的堆型。我国的秦山核电站和大亚湾核电站都采用了这种堆型。下面以压水反应堆核电站为例进行介绍。

4.4.2 压水堆核电站

压水堆核电站以普通加压水为冷却剂和慢化剂，低浓度^{235}U为核燃料。它是由两大系统组成的：核蒸汽供应系统和汽轮发电系统，它们分别又称核岛和常规岛(见图4－15)。

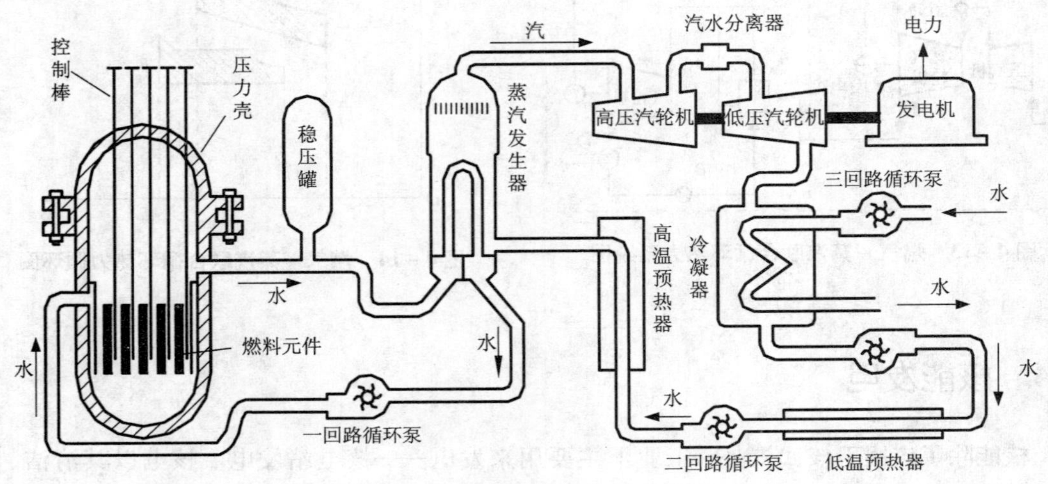

图4－15 压水堆核电站流程图

核蒸汽供应系统(又称一回路系统)相当于常规火电厂的锅炉系统，是把核能转变为热能的装置。该系统主要由反应堆、稳压罐、蒸汽发生器、循环泵组成。含有硼的高压水流作为冷却剂，由循环泵驱动流经反应堆堆芯，带走堆芯因核裂变发生的热量后，进入堆外的蒸汽发生器。冷却剂通过蒸汽发生器的上千根热交换管，把热传递给二回路中的水，然后又由主泵送回反应堆内加热。如此循环往复，把核裂变产生的大量热能不断地传递给二回路系统。为了防止一回路中的水沸腾汽化，该回路的压力应维持高达150～160 atm，这个压力由稳压器控制。

反应堆的核心部件是燃料元件。现代压水堆用烧结的二氧化铀小圆柱体芯块作燃料，装入耐腐蚀、抗照射的锆合金包壳管内，两端加以密封，成为燃料棒。集数十根或数百根燃料棒组合成易于搬运、储存的单元，这样的单元成为燃料元件。一座反应堆，可以包含几百个至几千个燃料元件，并随着核能的释放交替更换，以保证核能释放的连续稳定。

燃料元件的动作由控制棒实现。控制棒采用铪或银铟镉合金等吸收中子能力较强的材料外包不锈钢包壳制成。若干根棒连接成一束，插入堆芯，由堆顶上的传动机构上、下抽插，通过控制和调节反应堆堆芯的中子数目以控制链式裂变反应速率，调节反应堆输出功率或在紧急情况发生时快速中止核反应，保障反应堆的安全。图4－16给出的是核反应堆堆芯的结构原理图。

提到核电站，人们马上会联想到原子弹爆炸。其实由于反应堆中核裂变物质的浓度

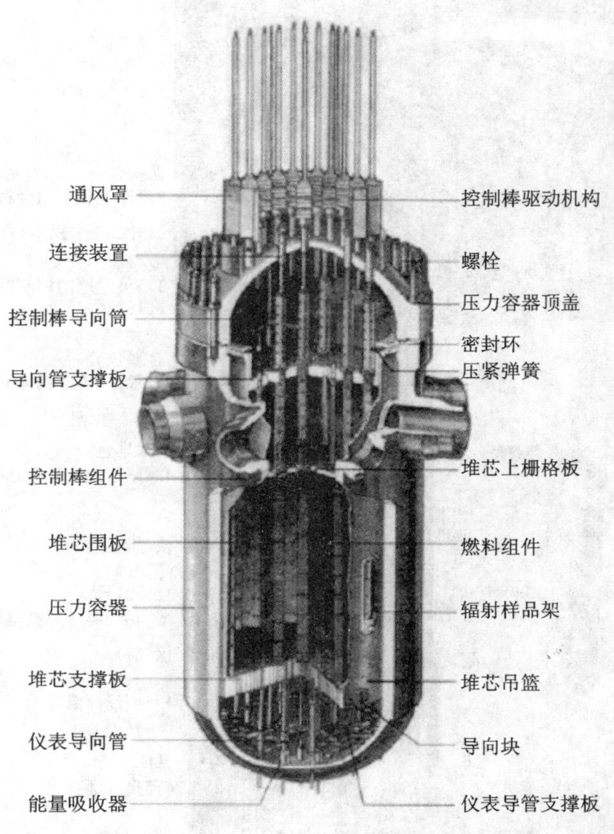

图4－16　核反应堆堆芯的结构示意图

（<4%）远达不到核爆炸的浓度（>90%），所以，核电站是绝对不会像原子弹那样爆炸的，但它有其特殊的安全问题。由于核裂变过程中会附带产生大量的放射性物质，如碘、铯、α射线、β射线等等。这些放射性物质一旦逸出，会污染环境，危害周围群众的身体健康，所以核电站的安全系统显然十分重要。实际上压水堆有三道保护屏障（见图4－17），是一个很安全的系统。

第一道：燃料包壳。将核燃料芯块叠装在锆合金管中，把管子密封起来，组成燃料棒。锆管即为燃料包壳。这种包壳耐高温，耐腐蚀，不溶于水，性能稳定，它可把核裂变产生的98%的放射性物质密封住。

第二道：压力壳。密封的一回路系统主要包括壁厚为200 mm左右的压力壳和不锈钢管。这样一旦燃料包壳破坏，放射性物质漏入水中，但仍在封闭的一回路系统中。主泵和蒸汽发生器也都各有特殊措施防止一回路水泄漏。

第三道：安全壳。安全壳是一个顶部为球形的圆柱形预应力混凝土建筑物。以装机容量为300 MW的秦山核电站为例，其安全壳内径约37 m，高约60 m，壁厚0.9 m，内衬一层6 mm厚的钢板，一回路系统都安装在里面。一旦一回路系统发生泄漏，安全壳可将放射性物质封闭在安全壳里。安全壳里有最主要的安全设施——堆芯应急冷却系统，一旦反应堆发生

图 4－17　核反应堆的安全屏障

断管事故，堆内水外漏，该系统可立即把水注入反应堆，使其重新淹没在水中，不致过热而熔化。即使在措施失效，堆芯熔化，并烧穿压力壳而落到安全壳底部的最坏情况下，安全壳仍能把产生的放射性物质封闭在安全壳内，并立即采取处理措施。在安全壳顶部有一排喷水管，一旦情况紧急，水就像下雨似的喷出，使安全壳内温度降低，蒸汽冷凝，压力减少，同时把悬浮在壳内的放射性物质都冲下来，一场可能污染环境的灾害就会被消灭。安全壳除具有良好的密封性外，还必须能承受地震、海啸、龙卷风等恶劣自然环境的袭击，甚至大型客机坠毁的撞击。

除此之外，为保护核电站工作人员和周围居民的身体健康，核电站的设计、建造和运行均采用纵深防御的原则，从设备、技术、措施上提供多等级重叠保护，以确保其安全运行。首先，必须提高核电站的设计质量、制造质量和运行质量，建立健全可靠的质量保证体系和操作规范，实现核电站的长期安全稳定。第二，核电站对各种可能出现的事故都设置了一套安全保护系统。如紧急停堆系统、独立的两套或三套紧急堆芯冷却系统、停堆后的长期多重冷却系统、厂独立用电系统等，这些保护系统能对不正常的运行瞬态进行控制直至停堆，避免事故扩大。第三，为了防止安全保护系统部分失效，以致出现最大的假想事故，核电站另外配备了一套附加安全设施。如安全壳隔离和保障系统、安全壳喷淋系统、壳内空气循环过滤系统、消氢系统等。

由于有了上述安全设施，压水堆核电站运行时，即使发生如美国三哩岛那样的事故，向环境释放的放射性仍低于规定标准，对环境和人体是没有危害的。

4.4.3　其他堆型核电站

图4－18给出的是另一种轻水堆—沸水堆的基本构造图。沸腾水作为中子慢化剂和冷却剂并在反应堆压力容器内直接产生饱和蒸汽。来自汽轮机系统的给水进入反应堆压力容器后，沿堆芯围筒与容器内壁之间的环形空间下降，在再循环泵作用下进入堆下腔室，再折流向上流过堆芯，受热并部分汽化。汽水混合物经汽水分离后，水沿环形空间下降，与给水混合；蒸汽则经干燥器后出堆，通往汽轮发电机做功发电。汽轮机乏汽冷凝后经净化、加热，被再循环泵送回堆芯，形成闭式循环，堆内装有数台内装式再循环泵。汽水分离器和汽轮机凝汽器流回的给水由泵送回堆芯。

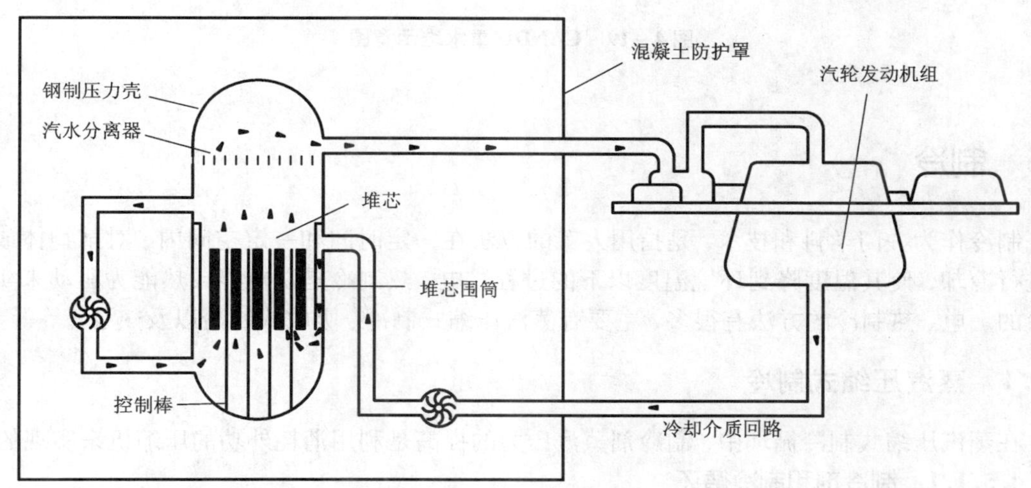

图4－18　沸水堆核电站示意图

图4－19给出的是一种重水堆的基本构造图。重水是慢化剂也是冷却剂。一回路中重水冷却剂在重水循环泵压送下流入压力管，冷却堆芯燃料棒。重水被加热升温后从反应堆流出，进入循环回路，在蒸汽发生器中将热量传递给二回路的水，然后流回压力管冷却燃料棒。如此循环往复将核裂变热能带至蒸汽发生器，通过传热管加热二次回路侧的给水，产生蒸汽送汽轮机做功。

上述三种堆型是目前常用的堆型(称第二代～第三代反应堆技术)。除此之外，早期还有石墨反应堆(第一代反应堆)。目前正在研发第四代反应堆，它们包括高温气冷堆、超临界水冷堆、钠冷快堆、铅冷快堆、熔盐堆等，这些堆型是未来发展方向，因篇幅所限，这里不予介绍。

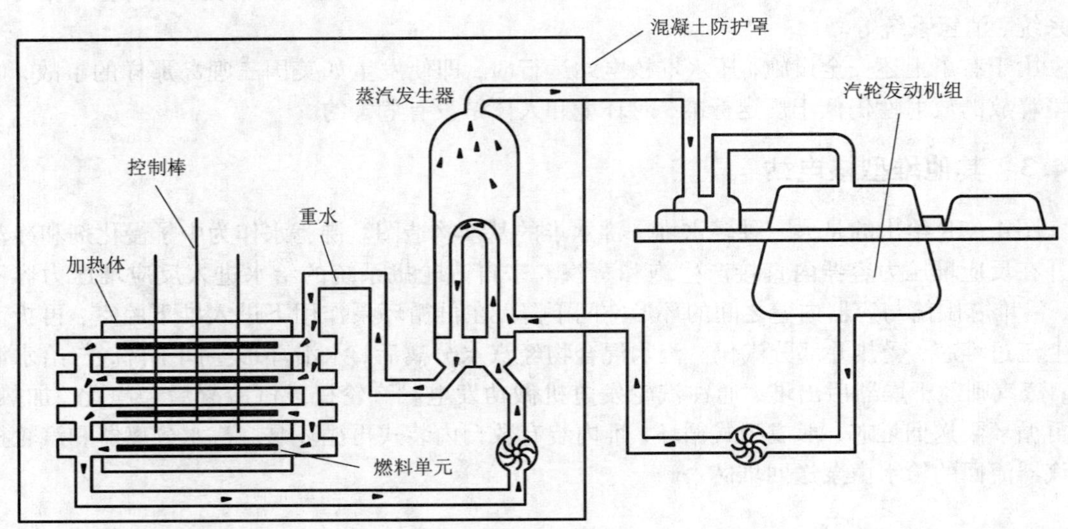

图 4-19 CANDU 重水堆示意图

4.5 制冷

制冷作为一门学科和技术，是指用人工的方法在一定时间和一定空间内，对某物体或对象进行冷却，使其温度降到环境温度以下的过程。电、热制冷是以电能或热能为驱动来实现制冷的。电、热制冷的方法有很多，主要有蒸汽压缩式制冷、吸收式制冷以及热泵，等等。

4.5.1 蒸汽压缩式制冷

在蒸汽压缩式制冷循环中，制冷剂蒸汽压力的提高是利用消耗外功的压缩机来实现的。

4.5.1.1 制冷剂和制冷循环

1) 制冷剂

制冷剂是制冷系统中的工作介质，是制冷机中赖以进行能量转换与传递的物质。制冷机的结构、工作参数、运行参数、运行经济性与可靠性，很大程度上与制冷剂的性质有关，所以制冷剂是制冷技术研究的一个重要方面。

制冷剂必须同时满足制冷与环境保护两方面的要求。制冷方面，考察其热力性质(保证制冷循环有效、经济)、理化性质(稳定与材料相容)和安全性(毒性、可燃性)；环境方面，考察其臭氧破坏影响与温室效应影响。臭氧破坏的评价指标为 ODP(臭氧破坏指数)；温室影响现用 TEWI(总当量温室效应指数)来评价。

2) 制冷循环

制冷循环是通过一定的能量补偿，从低温热源吸热，向高温热源排热。热源的温度决定制冷剂吸热与排热的温度与压力，相应地决定了制冷循环中的高压与低压侧的压力比。当高、低温热源的温度差不太大时，压力比不太大，采用单级压缩制冷循环；如果热源温差大到使压力比超过压缩机单级压缩允许的极限值，则采用压缩过程分级进行的多级压缩制冷循环，或者采用分段制冷的复迭式压缩制冷循环(视热源温差大小程度而定)。

单级蒸汽压缩制冷的典型循环有逆朗肯循环、劳伦茨循环和跨临界循环。

逆朗肯循环是空调、制冷、食品冷藏温度范围大量使用的循环，又分基本逆朗肯循环与有回热的逆朗肯循环。其中基本逆朗肯循环系统和原理如图 4－20 所示。

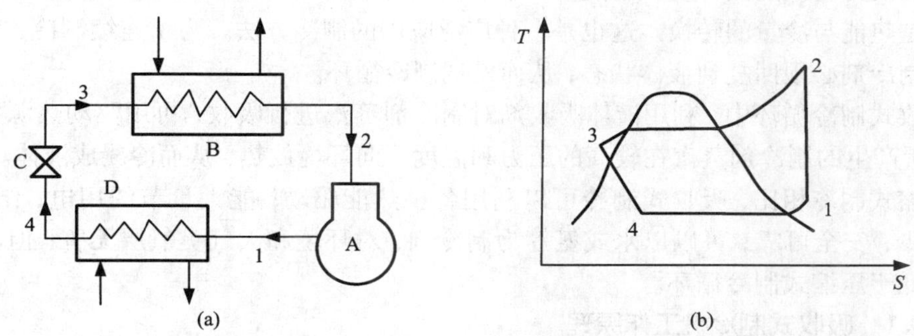

图 4－20 压缩式制冷基本逆朗肯循环

A—压缩机；B—冷凝器；C—节流机构；D—蒸发器；

1—2—压缩过程；2—3—冷却冷凝过程；3—4—节流过程；4—1—蒸发吸热过程

单级蒸汽压缩的制冷系数为

$$\varepsilon = \frac{q_c}{w_{net}} \tag{4-13}$$

式中：q_c 为工质自冷库吸收的热量；w_{net} 为压缩机耗功即循环净功。一般制冷系数 ε 在3.5 左右。

单级压缩制冷当蒸发温度比较低时，采用有回热的逆朗肯循环，以利提高循环效率和运行的稳定性，如冰箱、冷柜、低温商业冷库和食品冷冻柜等。

在多级蒸汽压缩制冷系统中，往复式压缩机常为两级压缩；离心式压缩机由于级压比小，故压缩级数分得更多。在两级压缩制冷中，制冷剂蒸汽从蒸发压力提高到冷凝压力分两次完成，即由低压级将其从蒸发压力压缩到中间压力，经过中间冷却后，再由高压级将其从中间压力压缩到高压(冷凝压力)。

4.5.1.2 蒸汽压缩式制冷系统

蒸汽压缩式制冷系统的构成包括压缩机、热交换设备、节流机构、管道、各种控制阀及一些辅助部件。

压缩机是压缩式制冷系统的“主机”，有用能的输入以及制冷剂在系统中的循环流动都靠它来实现。压缩机按压缩原理有两大类：容积式和离心式。

制冷系统的热交换设备主要是冷凝器和蒸发器，它们是制冷剂与外部热源介质之间发生热交换的设备。

节流机构位于冷凝器与蒸发器之间，对制冷剂的流动起扼制作用，使来自冷凝器的高压液态制冷剂压力降低后，流入蒸发器，同时控制进入蒸发器的制冷剂质量流率。

管道可将制冷机各组成部件连接成一个完整的制冷系统，使制冷剂在封闭的系统中循环。

此外，还有一些附加部件，可以根据具体系统的需要配置。它们主要是一些净化、贮集和分离设备，有过滤器、干燥器、贮液器、集油器、油分离器，以及空气分离器等。

4.5.2 吸收式制冷

液体蒸发时要从周围环境吸收热量。吸收式制冷就是利用液体的这种特性制冷的。其过程的实质是热能与冷量的转换。这也是一种广泛应用的制冷方法。为了连续制冷，已经蒸发成气体的制冷剂必须回复到液体状态，从而实现制冷循环。

在吸收式制冷循环中，利用液体吸收剂对制冷剂蒸汽进行吸收，再用驱动热源加热吸收工质对，所产生的制冷剂蒸汽在较高的压力和温度下向环境放热，从而冷凝成液体。

与压缩式制冷相比，吸收式制冷可以利用各种热能驱动；能大量节约用电；结构简单，运动部件少，安全可靠；可以以水或氨等为制冷剂，对环境和大气臭氧层无害；但其热力系数(COP)低于压缩式制冷循环。

4.5.2.1 吸收式制冷机工作原理

压缩式制冷循环通常采用单一组分的工质。吸收式制冷循环采用制冷剂和吸收剂组成的工质对，通常为双组分的液－液或固－液工质对。目前吸收式制冷机主要应用的工质对有氨－水(氨为制冷剂，水为吸收剂)、水－溴化锂。

吸收式制冷机的经济性是采用蒸发器中的制冷量 Q_0 与发生器的耗热量 Q_1 之比来衡量的，称之为吸收式制冷机的热力系数，表示为：

$$\xi = \frac{Q_0}{Q_1} \tag{4-14}$$

以氨水吸收式制冷循环为例。在氨水吸收式制冷机中，以氨为制冷剂，以氨水溶液为吸收剂，可以制取冷水供冷却工艺或空气调节过程使用，也可以制取低达－60℃的冷量供冷冻工艺过程使用。当氨的蒸发温度大于－34℃时，机组的压力保持在大气压力之上。

氨水吸收式制冷循环如图4－21所示。在吸收器中，氨水溶液吸收来自蒸发器的氨蒸气成为浓溶液。溶液泵将浓溶液从吸收器经溶液热交换器提升到发生器，溶液的压力相应地提高。在发生器中，溶液被加热释放出蒸汽。发生器流出的稀溶液，经溶液热交换器回到吸收器。来自发生器的蒸汽，在精馏器中被提纯为氨蒸气。氨蒸气在冷凝器中冷凝成氨液。氨液经预冷器、再经节流元件降压后，进入蒸发器制冷，产生氨蒸气。氨蒸气经预冷器进入吸收器。这样就完成了氨水吸收式制冷循环。上述吸收、发生、精馏、冷凝、预冷、蒸发和回热过程构成了单级氨水吸收式制冷循环。

4.5.2.2 吸收式制冷循环系统

吸收式机组的应用系统通常由驱动热源回路、制冷剂回路和溶液回路、冷却水回路、冷水(或热水、热源水)回路以及抽气装置、自动控制装置和安全保护装置等组成。由于热源回路中采用的驱动热源不同，而有蒸汽型、直燃型、热水型和余热型等不同类型之分。由制冷剂回路和溶液回路构成了多效和多级等不同功能的循环流程。

4.5.2.3 吸收式制冷的应用

吸收式制冷多用于空调系统。另一个有发展前途的应用是太阳能空调热水系统。它在现有的太阳能热水系统基础上，配以热水型两级溴化锂吸收式制冷机(关于溴化锂吸收式制冷机可具体参见本书第6.3.5节)。该系统利用太阳能全年提供大量的生活用热水，还能以太

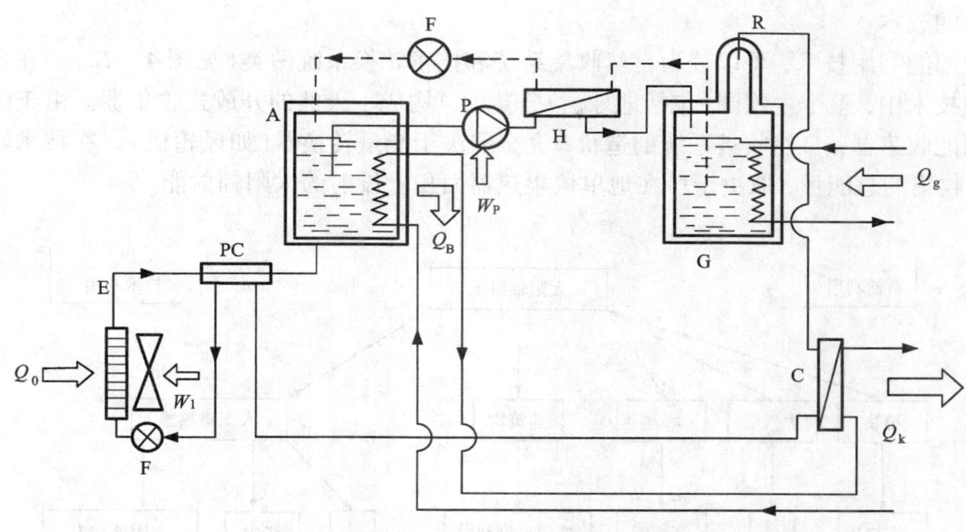

图4－21　氨水吸收式制冷系统

A—吸收器；C—冷凝器；E—蒸发器；F—节流阀；
G—发生器；H—溶液热交换器；P—溶液泵；PC—预冷器；R—精馏器

阳能热水制冷，做空调使用，有效地节省常规能源，且无污染。

4.6　太阳能的转换与利用

太阳能因其方便宜得，早就为人类所利用。这里主要介绍太阳能的现代利用技术。

4.6.1　太阳能的特点及其利用方式

所谓太阳能资源有两种不同的含义，一种是从广义上讲，太阳能资源不仅包括直接投射到地球表面上的太阳辐射能，而且包括水能、风能、海洋能、潮汐能等间接的太阳能资源，还应包括通过绿色植物光合作用所固定下来的能量即生物质能等，严格地讲，除了地热能和原子核能以外，地球上的所有其他能源都来自太阳；从狭义上讲，太阳能资源仅包括直接投射到地球表面的太阳辐射能。本书所讲的太阳能资源就是取后一种含义。

与常规能源相比，太阳能具有许多无可比拟的优点，同时也有一些问题需要认真对待。其优点概括起来有以下几个方面：

(1)太阳能数量巨大，每年到达地球表面的太阳能是目前全球总能耗的20 000倍。

(2)太阳能是一种取之不尽用之不竭的能源。太阳已经存在了150亿年，还可再存在1 000亿年，而地球还可能生存50多亿年，所以太阳能是一种持久的能源。

(3)太阳能无处不在，只要技术适当，任何人任何地方都可利用。

(4)太阳能清洁安全，它不会像化石能源那样产生环境污染，也不会像核能那样存在潜在的危险。

太阳能的缺点是其能流密度低和供能的不连续性，这个缺点导致太阳能利用设备的转换效率低和设备投资高。因此当前的一个研究重点，就是提高大阳能利用效率和降低太阳能利用设备的成本。

太阳能利用技术，可以分为自然收集系统和技术转换系统两类(见图4-22)。在自然收集利用技术中，整个生物圈(包括地球、大气和水)构成了天然的开放式收集器。由于无须建造太阳能收集器，自然收集系统的造价，完全取决于能量转换器(如风轮机)。在技术转换系统中，收集的总能量，取决于所在地单位集热器面积上投射的太阳辐射能。

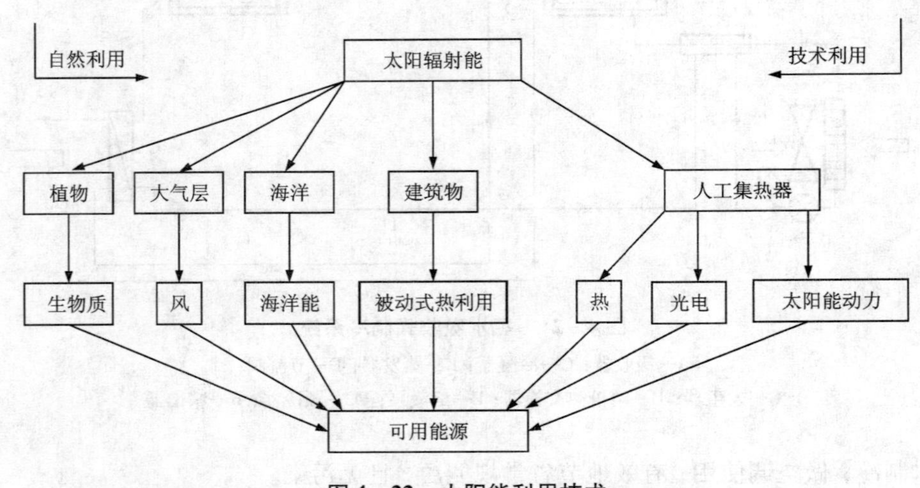

图4-22 太阳能利用技术

太阳能的技术转换利用，主要有光热、光电和光化学利用三种方式。太阳能光热利用在我们的日常生活中无处不在。例如我们在太阳底下晾衣服，又如我们利用塑料大棚进行种植和养殖，利用热水器供应热水，利用太阳房在冬季采暖和在夏季降温等等。太阳能光热转换效率最高，一般大于40%。太阳能的光电转换，主要应用在太阳能光电池、航天器、航标灯和牧区的太阳能电围栏等方面，光电转换效率在10%左右。太阳能光化学转换效率最低，一般小于4%，但也有一些绿色植物的光合作用效率可以达到10%。

4.6.2 太阳能光-热转换

如前所述，太阳能有三种最基本的利用方式，其中最实用也是目前和将来一段时间内最常用的是太阳能的热利用。太阳能的热利用大体上可以分为高温、中温和低温利用三种方式。要将太阳辐射能转化为可以利用的热能必须依靠太阳能集热器。

所谓太阳能集热器，是一种利用太阳辐射能加热工质流体(一般是液体或空气)的热交换器，其形式按集热温度的高低可以分为高、中、低温集热器，通常分别对应着聚光集热器、非成像聚光集热器和平板集热器。

聚光集热器，可以把平行的太阳光线，经聚光曲面的反射聚集到一个光斑区域内而获得高温热能，因此聚光集热器只能利用太阳直接辐射，而且采光面必须随时对准太阳，即集热器必须跟踪太阳。利用聚光集热器可获得3 000℃以上的高温，因此可用于太阳灶、焊接等场合。

平板集热器则可以收集太阳辐射的各个分量，这是它的一个优点。此外，平板集热器的结构和制造工艺简单，不要求跟踪太阳和几乎不需要维修，因此平板集热器是太阳能利用设备中最简单实用的。但是由于太阳辐射能的能流密度较低，所以平板集热器只能提供低温热量，一般的供热温度不会超过 100℃，主要用于供暖、供热水和空调等场合。

介于聚光集热器和平板集热器之间的，是非成像聚光集热器，主要用于海水蒸馏和太阳能动力系统。

由于太阳能的利用中最多的是低温热利用，因此平板集热器显得相当重要。平板集热器是太阳能低温热利用系统中的关键部件，它是一种特殊的热交换器。所谓平板型，并不一定是平的表面，而是指集热器采集太阳辐射能的表面(采光面)面积，与其吸收太阳能的表面面积相等，实际的集热器的吸热表面并不一定是平板。目前平板集热器已广泛应用于太阳能热水系统和建筑物的采暖空调，成为新兴的太阳能工业中的一个主要产品。

如图 4－23 所示，一台典型平板型集热器的重要部分是“黑色”太阳能吸收表面，可以把所吸收的能量传给管内流体；第二个部分是对太阳辐射透明的、在太阳能吸收器表面上方的覆盖层，可减小对大气的对流和辐射损失；集热器的另一个重要部分是背部隔热部分，用以减少传导损失。

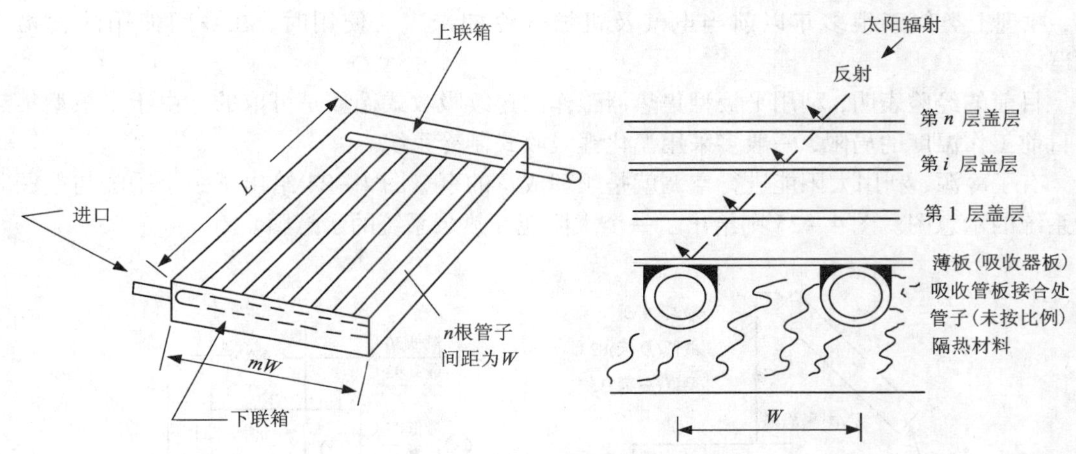

图 4－23　管板式太阳集热器

平板型集热器通常是装在固定的位置(例如，在太阳房采暖时作为墙壁或屋顶结构的主要部分)，而其方位对于所处的特定地点及一年中太阳能装置想要工作的时间内是最佳的。平板型集热器的最普通的形式是空气或水加热器或低压蒸汽发生器。

太阳集热器的性能可用能量平衡方程来描述，该方程表示投射太阳能分配为有用的能量收益和各种损失。整个集热器的能量平衡方程可写为：

$$A_c\{[HR(\tau\alpha)]_b+[HR(\tau\alpha)]_d\}=Q_U+Q_L+Q_S \qquad (4-15)$$

式中：H——投射在任何方位的单位表面积上的直射或漫射辐射；

R——直射或漫射辐射转换到集热器平面上的因子；

$\tau\alpha$——覆盖层系统对于直射或漫射辐射的透过率与吸收率的乘积；

A_c——集热器面积；

Q_U——供给太阳换热器中工作流体的有用传热率；

Q_L——辐射、对流和通过吸收器板支架的传导等引起的从集热器到环境的能量损失率；

Q_S——在集热器内的贮能率。

集热效率是衡量集热器性能的重要参数，它定义为在任一段时间内的有用收益与该段时间内投射太阳能之比。即

$$\eta = \int \frac{Q_U}{A_c} d\tau / \int HR d\tau \tag{4-16}$$

4.6.3 太阳能制冷与空调系统

讨论利用太阳能驱动制冷循环是为了两个不同但有联系的目的。第一个目的是为保存食物提供冷冻，第二个目的是为舒适而进行空调。下面简要介绍其原理。

为使连续式制冷器能利用太阳能工作，有两种途径：第一种使用连续式制冷机，其结构和工作方式，类似于常规的用煤气或蒸汽加热的吸收式制冷机。当建筑物内部需要冷却，就给发生器供应来自太阳集热器—蓄热器—辅助系统的能量。第二种途径是使用间断式制冷机，原理上类似于很多年以前当电气及机械式冷冻未广泛使用时，在乡间使用的食物冷藏器。

目前的经验表明，利用平板型集热器工作的连续吸收式循环是可取的。由于平板型集热器目前工作温度的局限，一般多采用溴化锂吸收式制冷系统。

有了冷源，利用太阳能进行空调就是顺理成章的事。图 4－24 给出了一个采暖与空调联合系统的示意图。图 4－25 则给出了一个太阳能－热泵系统的示意图。

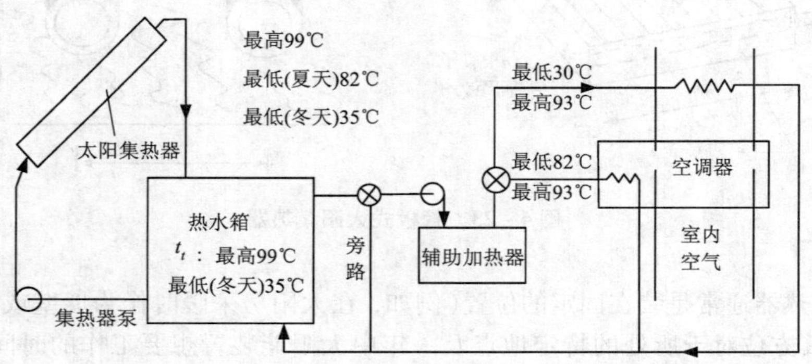

图 4－24 Lof 和 Tybout 提出的采暖－空调联合系统示意图

4.6.4 太阳能电池

在太阳能利用技术的开发研究应用中，除了最成功的太阳能热利用方式外，太阳能发电和太阳能制氢，是一些非常有前途的研究领域。

太阳能发电有两大类：一类是太阳能直接转化为电能，称为光电转换；一类是太阳能转化为热能，再由热能来发电。下面介绍光电转换。

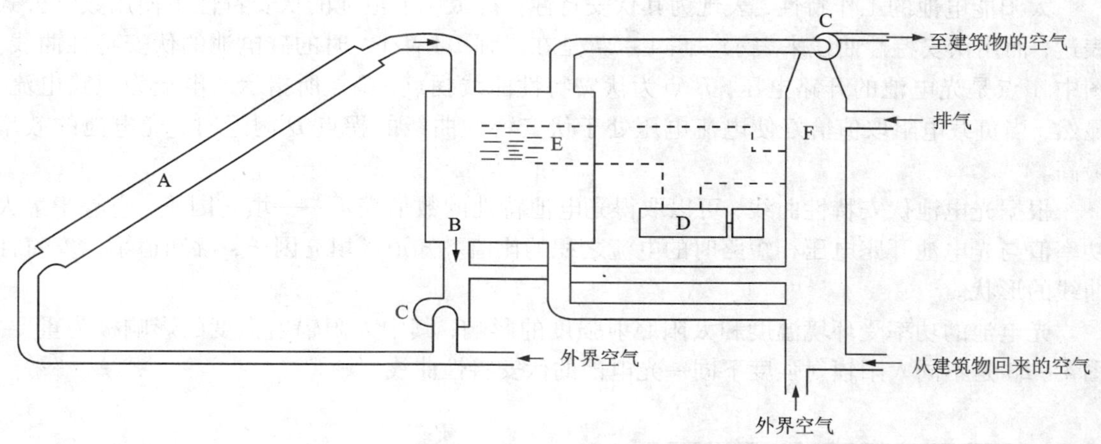

图4－25　用作采暖和空调的太阳能－热泵系统示意图

所示调节风门的位置相当于集热器在运行和利用热泵采暖

A—集热器；B—蓄热器；C—风扇；D—压缩机；E—蒸发器；F—凝结器

太阳能的光电转换现象是1839年发现的，但直到20世纪50年代，才研究出具有实际效果的太阳能电池。太阳能电池以太阳能为能源，构造紧凑，重量轻，且与太阳能集热器一样，具有使用寿命长和基本不需维护的特点，但也同样具有一次性投资高、需额外的贮能设备，以及单位面积上获得能流密度较低等缺点。20世纪50年代以来，航天飞行器的发展迅速，其能源供应装置得到了较好的研究和发展。太阳能电池板因此得到迅速开发和应用。可以说，是航天的需要而不是能源危机，促进了太阳能电池的开发。

太阳能电池的主要材料是硅半导体，另外还有锗等多种化合物半导体。下面以硅PN结光电池（图4－26）为例说明其工作原理。

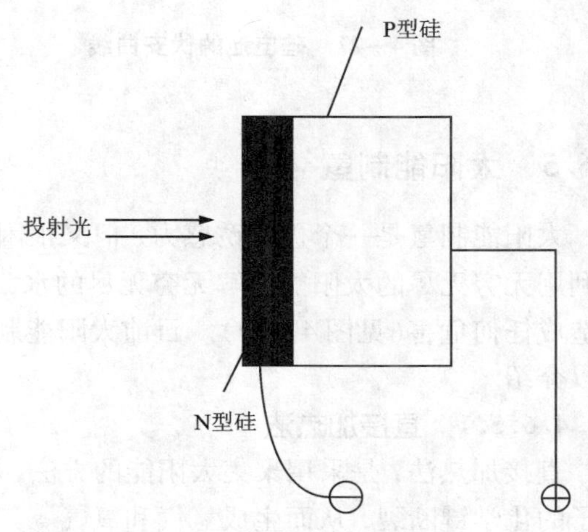

图4－26　硅光电池示意图

在图4－26中，N型硅是单晶硅中加入极微量的磷形成的，N型硅中会产生一部分自由电子。P型硅是单晶硅掺入极微量的硼形成的，它的内部存在一些空穴。这些空穴会很容易地被一些非自由电子填充，而后这些电子所离开的位置又形成了空穴，这就是所谓的空穴移动。空穴带正电。需要指出的是，P型、N型材料本身总体性能自然是中性的，只是它们比较容易导电。

当太阳光照射到光电池表面后，光线穿入N型硅，并穿过PN结，到达P型硅内部。一个光子可以激发一对电子－空穴对，光子迫使晶体结构中的电子离位。电子－空穴对中的电子向PN结的N侧漂移，而空穴电子向P侧漂移。在PN结两侧形成了正、负电势。此时，如果半导体两侧与外部回路连接，便会在回路中形成电流。这就是光电池的基本工作原理。

太阳能电池的工作特性，表现为其伏安特性。硅太阳能电池的伏安特性不使用数学公式表达，而用伏安特性曲线来表示。图 4－27 是在光强 1 kW/m^2 时的硅电池的伏安特性曲线。图中 A 点是光电池的开路电压，B 点为伏安特性曲线拐点，C 点所指示的电流为短路电流。显然，当负载电阻取值恰好使电流电压处于伏安特性曲线的拐点 D 附近时，光电池的效率最高。

根据光电池伏安特性曲线，可以取得光电池特性的数值表示——填充因子，它等于最大功率值与光电池开路电压相短路时的电流之积的比值。知道了填充因子，就知道了伏安特性曲线的形状。

光电池的功率受环境温度和太阳照射强度的影响，其中太阳辐射强度的影响极为重要。图 4－28 是不同太阳辐射强度下同一光电池的伏安特性曲线。

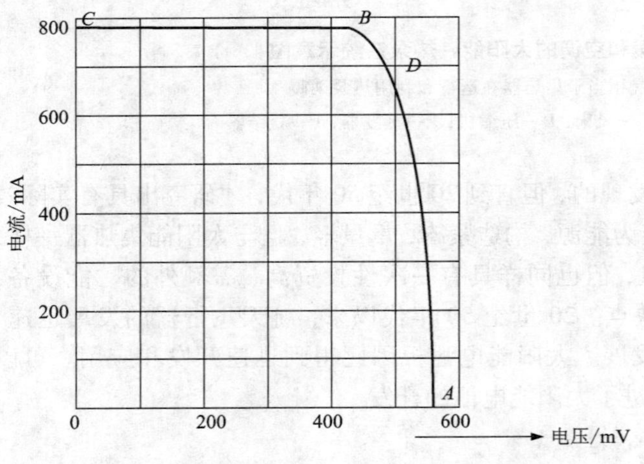

图 4－27　硅电池的伏安曲线

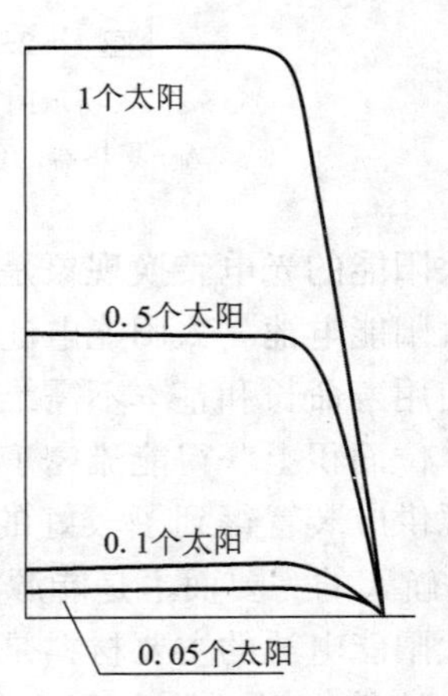

图 4－28　不同光线下硅电池的输出

4.6.5　太阳能制氢

太阳能制氢是一个极具诱惑力，但又很困难的研究领域。如果太阳能制氢成为现实，那么利用无穷无尽的太阳能分解无穷无尽的水，就可以获得高品位的能源 H_2，而不会对人类环境造成任何危害(见图 4－29)。目前太阳能制氢的方法有直接加热法、电解法等。下面分别予以介绍。

4.6.5.1　直接加热法

直接加热法，是采用聚集太阳能的方法，在低压条件下将水加热到 3 000 K 以上，部分水分子的化学键断裂，从而生成氢气和氧气。其反应式为：

$$H_2O \xrightarrow{3\,000\text{ K 高温}} K_1H_2O + K_2H_2 + K_3O_2 \tag{4-17}$$

4.6.5.2　热化学法

科学家为解决降低水热分解的高温问题，提出了在热分解过程中加入催化剂，分几步完成制氢和催化剂还原过程的热化学方法。下面仅举一例。

两步循环法：

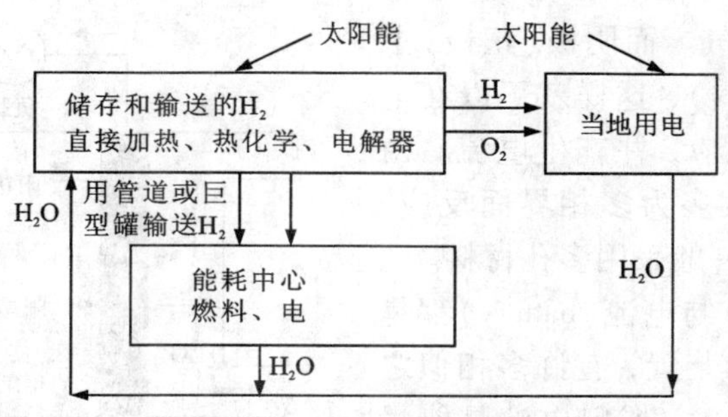

图4－29　太阳能－氢能系统

（1）

$$H_2O + CH_4 \longrightarrow CO + 3H_2$$

$$CO + 2H_2 \longrightarrow CH_4 + \frac{1}{2}O_2$$

$$H_2O \longrightarrow H_2 + \frac{1}{2}O_2 \tag{4-18}$$

（2）

$$H_2O + 3FeO \xrightarrow{150K} Fe_3O_4 + H_2$$

$$Fe_3O_4 \xrightarrow{2\ 500K} 3FeO + \frac{1}{2}O_2$$

$$H_2O \longrightarrow H_2 + \frac{1}{2}O_2 \tag{4-19}$$

4.6.5.3　电解法

直流电电解制氢是一种成功和成熟的方法，其关键问题是直流电的制取。通过太阳能电池产生直流电，但涉及光电池的效率和成本问题。太阳能电解制氢的优点在于不用对光电能进行储存，而是储存和输送其产生的氢气。

4.6.5.4　光分解法

在一定条件下，光子被水分子吸收并将水分子分解为氢气和氧气，这种方法称为光分解法。虽然这一方法很有吸引力，但其实际效率较低，还不到1%。比这种方式效率更低的是太阳能生物制氢。

综上所述，太阳能制氢方法中，直接分解法技术简单，但工程要求复杂（主要是耐受高温高真空度的容器），其太阳能利用效率最高。按照实现的难易程度，电解法最简单，其次是热化学法和直接加热法。

4.7　燃料电池

燃料电池是把化学反应的化学能直接转化为电能的装置。与火力发电相比，关键的区别在于燃料电池的化学能－电能转变过程是直接方式。

与一般电池一样，燃料电池也是由阴极、阳极和电解质构成。图4－30给出了典型的

(单个)燃料电池的构造。在阳极(负极)上连续吹充气态燃料，如氢气。而阴极(正极)上则连续吹充氧气(或空气)，这样就可以在电极上连续发生电化学反应，并产生电流。由于电极上发生的反应大多为多相界面反应，为提高反应速率，电极一般采用多孔材料。

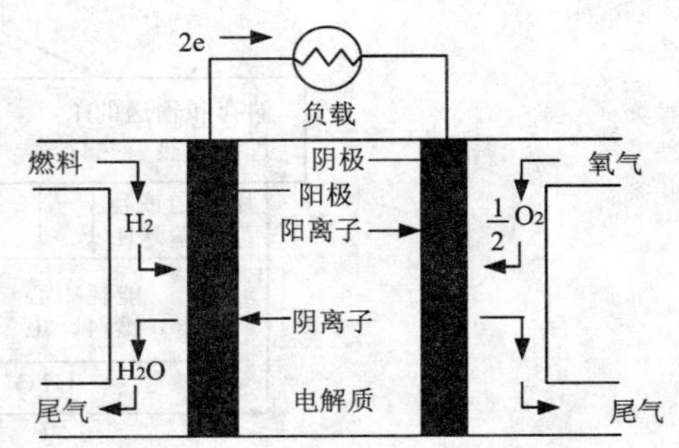

图 4-30 燃料电池的构造示意图

燃料电池(fuel cell)与电池(battery)都是将化学能转变为电能的装置，有许多相似之处。它们的不同之处在于，燃料电池是能量转换装置，电池是能量储存装置。在原电池中，化学能被储存在电池物质中。

在日常生活中，除使用上述原电池(也称为一次电池)外，还有一种充电电池，也称二次电池。它是利用外部供给的电能，使电池反应向逆方向进行，再生成电化学反应物质。从能量角度看，就是将外部能量充给电池，使其再发电，实现反复使用的功能。

燃料电池，从理论上讲，只要不断向其供给燃料(阳极反应物质，如 H_2)，及氧化剂(阴极反应物质，如 O_2)，就可以连续不断地发电。但实际上，由于元件老化和故障等原因，燃料电池有一定的寿命。严格地讲，燃料电池是电化学能量发生器，是以化学反应发电；原电池是电化学能量生产装置，可一次性将化学能转变成电能；充电电池是电化学能量的储存装置，可将化学反应能与电能可逆转换。

4.7.1 燃料电池的工作原理

燃料电池的工作涉及电化学的基本理论，如有关电极、电池及电池热力学、动力学等。这里对燃料电池基本工作原理加以介绍。

在燃料电池中，参与电化学反应的物质主要是燃料和氧化剂。分别将气态燃料(如 H_2)导入阳极，气态氧化剂(O_2 或空气)导入阴极，两极之间是电解质。在阳极上发生氧化反应产生电子，通过外部电路到达阴极，使阴极发生还原反应。在电池内部的电解质中是由离子完成两极之间的导电任务，外部电路则输出电流。

H_2-O_2 燃料电池在酸性和碱性介质中的电化学反应及其电动势如下：

在酸性介质中：

阴极 $O_2+4H^+ \longrightarrow 2H_2O$ $\varphi^{\ominus}=1.229\ V$

阳极 $H_2 \longrightarrow 2H^+ +2e$ $\varphi^{\ominus}=0.000\ V$

电池反应 $2H_2+O_2 \longrightarrow 2H_2O$ $E^{\ominus}=1.229\ V$

在碱性介质中：

阴极 $O_2+2H_2O+4e \longrightarrow 4OH^-$ $\varphi^{\ominus}=0.401\ V$

阳极 $H_2+2OH^- \longrightarrow 2H_2O+2e$ $\varphi^{\ominus}=-0.828\ V$

电池反应 $2H_2+O_2 \longrightarrow 2H_2O$ $E^{\ominus}=1.229\ V$

式中：φ 为过电位；E 为电动势。

由此可见，无论在何种介质中，H_2-O_2 燃料电池的标准电动势为 1.229 V。

由电池热力学知，电池电动势 E 与电池反应的吉布斯自由能变化 ΔG 有关，而吉布斯自由能变化是系统温度的函数，因而电池电动势值是随温度变化的。对于电池反应 $2H_2 + O_2 = 2H_2O$ 而言，$\left(\frac{\partial E}{\partial T}\right)_P < 0$，即电动势的温度系数小于零，意味着该电池电动势随温度的增加而下降。

主要燃料电池的阴阳极电极反应、电池反应及相应的能斯特（Nernst）关系式见表 4－3。由表 4－3 可知，燃料电池中用作燃料的是在阳极上被氧化的反应物质，如 H_2、CO、CH_4。但与 H_2 相比，CO 和 CH_4 的反应活性很低。熔融碳酸盐燃料电池（MCFC）的温度和催化剂，可使 CO 和 H_2O 蒸汽转化为 H_2 和 CO_2。MCFC 中只有 H_2 和 CO 参与的反应称为外部重整。若把重整催化剂放在阳极附近，则可由 CH_4 和 H_2O 在燃料电池内发生重整反应生成 H_2 和 CO_2，称为内部重整。固体氧化物燃料电池（SOFC）是在高温下操作，因而在无催化剂时，也可将 CO 和 CH_4 直接氧化，但直接氧化的效果不如重整后的反应。

表 4－3　燃料电池的化学反应及相关能斯特方程式

燃料电池	阳极反应	阴极反应
AFC	$H_2 + 2OH^- \longrightarrow 2H_2O + 2e$	$\frac{1}{2}O_2 + H_2O + 2e \longrightarrow 2OH^-$
PEMFC	$H_2 \longrightarrow 2H^+ + 2e$	$\frac{1}{2}O_2 + 2H^+ + 2e \longrightarrow H_2O$
PAFC	$H_2 \longrightarrow 2H^+ + 2e$	$\frac{1}{2}O_2 + 2H^+ + 2e \longrightarrow H_2O$
MCFC	$H_2 + CO_3^{2-} \longrightarrow H_2O + CO_2 + 2e$	$\frac{1}{2}O_2 + CO_2 + 2e \longrightarrow CO_3^{2-}$
SOFC	$H_2 + O^{2-} \longrightarrow H_2O + 2e$ $CO + O^{2-} \longrightarrow CO_2 + 2e$ $CH_4 + 4O^{2-} \longrightarrow 2H_2O + CO_2 + 8e$	$\frac{1}{2}O_2 + 2e \longrightarrow O^{2-}$
燃料电池	**电池反应**	**能斯特方程①**
AFC	$H_2 + \frac{1}{2}O_2 \longrightarrow H_2O$	$E = E^{\ominus} + \frac{RT}{2F}\ln\left(\frac{p_{H_2}}{p_{H_2O}}\right) + \frac{RT}{2F}\ln(p_{O_2}^{1/2})_c$
PEMFC	$H_2 + \frac{1}{2}O_2 \longrightarrow H_2O$	$E = E^{\ominus} + \frac{RT}{2F}\ln\left(\frac{p_{H_2}}{p_{H_2O}p_{CO_2}}\right)_a + \frac{RT}{2F}\ln(p_{O_2}^{1/2}p_{CO_2})_c$
PAFC	$H_2 + \frac{1}{2}O_2 \longrightarrow H_2O$	
MCFC	$H_2 + \frac{1}{2}O_2 + CO_2(c) \longrightarrow H_2O + CO_2(a)$	$E = E^{\ominus} + \frac{RT}{2F}\ln\left(\frac{p_{CO}}{p_{CO_2}}\right)_a + \frac{RT}{2F}\ln(p_{O_2}^{1/2})_c$
SOFC	$H_2 + \frac{1}{2}O_2 \longrightarrow H_2O$ $CO + \frac{1}{2}O_2 \longrightarrow CO_2$ $CH_4 + 2O_2 \longrightarrow 2H_2O + CO_2$	$E = E^{\ominus} + \frac{RT}{8F}\ln\left(\frac{p_{CH_4}}{p_{H_2O}^2 p_{CO_2}}\right)_a + \frac{RT}{8F}\ln(p_{O_2}^2)_c$

①表中标注（a）为阴极；（c）为阳极。

无电流、无过电位时的理想电池电动势，实际上是开路电动势。燃料电池工作时，当然不能处在这样的理想(极限)状态，而是在有一定的电流、过电位的实际状态下工作。

对于实际燃料电池，影响其工作性能的因素很多，有温度、压力、气体组成、电极及电解质材料、反应效率、电流密度、杂质、电池寿命等。这里不作介绍，读者可参阅相关文献。

4.7.2 燃料电池的效率

燃料电池的效率由下列几部分构成。

1) 热力学效率

当电化学能量转换装置处于理想工作状态时，反应的吉布斯自由能变化将全部转化为电能。因而燃料电池的热力学效率为：

$$\eta_{th} = \frac{\Delta G}{\Delta H} = 1 - \frac{T\Delta S}{\Delta H} \tag{4-20}$$

计算得到的燃料电池热力学效率通常都大于90%。

2) 电化学效率

电化学效率也称为电压效率，其定义为：

$$\eta_{el} = \frac{-nF \cdot E_K}{\Delta G} = \frac{E_K}{E_0} \tag{4-21}$$

式中：F——法拉第常数($F = 96\ 493$ C)；

E_K——燃料电池的工作电压，V；

E_0——燃料电池的可逆电压，V。

3) 电流效率

电流效率也称法拉第效率，其定义为：

$$\eta_F = \frac{I}{I_m} \tag{4-22}$$

式中：I——燃料电池的实际电流；

I_m——以反应物反应消耗的量计算的理论期望电流。

4) 实际效率

实际效率主要用于有负载、电极不可逆工作的情况。其定义为：

$$\eta_p = \frac{E_K}{\Delta G \cdot E_0 - T\left(\frac{dE_0}{dT}\right)} = \frac{-nF \cdot E_K}{\Delta H} \tag{4-23}$$

5) 总效率

对于完整的燃料电池系统来说，它包括燃料和氧化气体的输送、加热、冷却电极所需的能量，及电解质管路、电池的组装、电池的设计等诸多要素，这部分效率综合起来称为系统效率。

燃料电池总效率可看作是热力学效率、电压效率、电流效率及系统效率综合作用的结果。因而，总效率为：

$$\eta_t = \eta_{th} \cdot \eta_{el} \cdot \eta_F \cdot \eta_p \tag{4-24}$$

4.7.3 燃料电池分类及特性

最常用的分类方法是根据电解质的性质，将燃料电池划分为五大类：碱性燃料电池

(AFC, alkaline fuel cell)、磷酸燃料电池(PAFC, phosphorous acid fuel cell)、熔融碳酸盐燃料电池(MCFC, molten carbonate fuel cell)、固体氧化物燃料电池(SOFC, solid oxide fuel cell)、质子交换膜燃料电池(PEMFC, proton exchange membrane fuel cell)。这五类燃料电池的特性见表4-4。

表4-4 主要燃料电池及其特性

电池类型	碱性燃料电池	质子交换膜燃料电池,直接甲醇燃料电池	磷酸燃料电池	熔融碳酸盐燃料电池	固体氧化物燃料电池
简称	AFC	PEMFC,DMFC	PAFC	MCFC	SOFC
电解质	KOH	PEM①	H_3PO_4	$Li_2CO_3-K_2CO_3$	YSZ②
电解质形态	液体	固体	液体	液体	固体
电解质浓度/%	30~85	—	约100	1:1	—
阳极燃料	H_2	H_2,甲醇	H_2+CO_2	H_2,天然气	H_2+CO
阴极氧化剂	空气,O_2,H_2O_2	O_2,空气	空气	空气$+CO_2$	空气
阳极	Pt/Ni	Pt/C	Pt/C	Ni/Ai,Ni/Cr	Ni/YSZ
阴极	Pt/Ag	Pt/C	Pt/C	Li/NiO	$Sr/LaMnO_3$
单元理论电动势/V	1.18	1.17	1.14	1.03	0.91
阴极过电位/V	0.1~0.25	0.25	0.4	<0.1	—
电流密度/($mA\cdot cm^{-2}$)	100~800	300~3 000	150~350	100~200	100~160
单元输出电压/mV	600~800	500~900	600~800	750~900	700~800
工作温度/℃	50~200	60~80	150~220	600~650	900~1 050
工作压力	常压~5 MPa	常压~0.5 MPa	常压~0.5 MPa	常压~1 MPa	常压~1.5 MPa
催化剂	Pt,C,Ag,Ni	Pt	C载体Pt	Ni	—
冷却方式	气冷	—	气冷、油冷、水冷	—	—
发电效率/%	30~50	30~50	40~50	~50	40~60
燃料利用率/%	约80	约80	70~80	~75	70~85
寿命/h	~8 000	2 500~40 000	~40 000	~25 000	~15 000
应用领域	空间技术,机动车	电站,机动车,便携式电源	供发电,机动车,轻便电源	区域性供发电	区域性供发电

① 目前主要使用杜邦公司生产的Naflon膜和道尔公司生产的Dow膜;② 氧化钇稳定的氧化锆。

五类燃料电池各自处在不同的发展阶段。AFC是最成熟的燃料电池技术,其应用领域主要是在空间技术方面。在SOFC系统研究和应用上,美国和日本处于世界领先地位。西屋电气成功开发了25 kW和100 kW管型SOFC系统,能量利用率高达75%。近期又有两座250 kW SOFC示范电厂在挪威和多伦多附近建成。华南理工大学将天然气制氢与燃料电池系统结合起来,建设了全球最大的300 kW PEMFC示范电站,可以实现24 h运转。质子交换膜燃料电池技术也得到了迅速发展，相继开发出60 kW、75 kW等多种规格的质子交换膜燃料电池组。在过去的20多年中，磷酸燃料电池已有许多发电能力为0.2～20 MW的工作装置被安装在世界各地，为医院、学校和小型电站提供动力。容量在10～20 MW之间，安装在配电站；中心电站型发电厂，容量在100 MW以上，可以作为中等规模热电厂。MCFC的主要研制者集中在美国、日本和西欧等国家。现已基本接近商品化生产，但由于其制备成本高而未能广泛应用。

4.7.4 燃料电池的特点

燃料电池之所以受人注目，是因为它具有其他能量发生装置不可比拟的优越性，主要表现在以下几个方面。

1）高的转换效率

从理论上讲，燃料电池可将燃料能量的90%转化为可利用的电和热。磷酸燃料电池目前的发电效率已接近46%。据估计，熔融碳酸盐燃料电池的发电效率可超过60%；固体氧化物燃料电池的效率更高。这样的高效率是史无前例的。而且，燃料电池的效率与其规模无关，因而在保持高效率时，燃料电池可在低功率下运行。

燃料电池发电厂可设在用户附近，这样也可大大减少传输费用及传输损失。

燃料电池的另一特点是在其发电的同时可产生热水及蒸汽。其电—热输出比约为1.0，而汽轮机为0.5。这表明在相同电负荷下，燃料电池的热载荷为火力发电机的2倍。

2）可靠性高

与涡轮机循环系统或内燃机相比，燃料电池的转动部件很少，因而系统更加安全可靠。燃料电池从未发生过像涡轮机或内燃机因转动部件失灵时发生的恶性事故。燃料电池系统发生的唯一事故就是效率降低。

3）良好的环境效益

当今世界的环境问题已到了威胁人类生存和发展的程度，这并非危言耸听。据统计，20世纪经历了两次世界大战，但因环境污染造成的死亡人数却超过了战争的死亡人数。而环境污染的发生，多数是由于燃料的使用，尤其是大气污染物绝大多数来自于各种燃料的燃烧过程。因此，解决环境问题的关键是要从根本上解决能源结构问题，研究开发清洁能源技术，而燃料电池正是符合这一环境需求的高效洁净能源。

普通火力发电厂排放的废弃物有颗粒物(粉尘)、硫氧化物(SO_x)、氮氧化物(NO_x)、碳氢化合物(HC)以及废水、废渣等。

燃料电池发电厂排放的气体污染物，仅相当于严格的环境标准的十分之一，温室气体CO_2的排放量也远小于火力发电厂。燃料电池中，燃料的电化学反应副产物是水，且其量很少，与大型蒸汽发电厂所用大量的冷却水相比明显少得多，而且比一般火力发电厂排放的废水清洁得多。因而，燃料电池不仅消除或减少了水污染问题，也无须设置废气控制系统。

由于没有像火力发电厂那样的噪声源，燃料电池发电厂的工作环境非常安静。又由于不产生大量废弃物(如废水、废气、废渣)，燃料电池发电厂的占地面积也少。

燃料电池是各种能量转换装置中危险性最小的。这是因为它的规模小，无燃烧循环系统，污染物排放量极少。燃料电池的环境友好性，是使其具有极强生命力和长远发展潜力的主要原因。

4）良好的操作性能

燃料电池具有其他技术无可比拟的优良操作性能，这也节省了运行费用。动态操作性能包括对负荷的响应性、发电参数的可调性、突发性停电时的快速响应能力、线电压分布及质量控制。燃料电池发电厂的电力控制系统，可以分别独立地控制有效电力和无效电力。控制了发电参数，就可以使线电压及频率的输送损失最小化，并减少储备电量及电容、变压器等辅助设备的数量。燃料电池还可轻易地校正由频率引起的各种偏差。这一特点提高了系统的稳定性。燃料电池系统具有良好的部分载荷性能，可对输出负荷快速响应。

5）灵活性好

灵活性是指发电厂计划与容量调节的灵活性。这对电力公司及用户来说是关键的因素及经济利益所在。燃料电池发电厂可在两年内建成投产，其效率与其规模无关，可根据用户需求而增减发电容量，能较好地与电力需求的增长相匹配，但须避免长时间的过载，并降低平均电价。

尽管燃料电池有许多优点，人们对其将成为未来主要能源持肯定态度。但就目前来看，燃料电池仍有很多不足之处，使其尚不能进入大规模的商业化应用。主要归纳为以下几个方面：

(1)市场价格昂贵。

(2)高温时寿命及稳定性不理想。

(3)燃料电池技术不够普及。

(4)没有完善的燃料供应体系。

尽管如此，燃料电池技术仍具有巨大的发展潜力。燃料电池在效率上的突破，使其可与所有的传统发电技术竞争。作为正在发展中的技术，磷酸燃料电池已有了令人鼓舞的进展。熔融碳酸盐燃料电池和固体氧化物燃料电池，将在未来15~20年内产生飞跃性进步。相比之下，其他传统的发电技术，如汽轮机、内燃机等，由于能源成本及污染等问题，其技术发展似乎已到了尽头。

4.8　能量储存

在工业和日常生活中，为了保证能量在一段时间内的稳定供给，常常要求对能量进行储存。不同形式的能量，其储存的方法也不相同。一般而言，机械能可以以动能、势能形式储存；热能则以潜热、显热形式储存；电能用感应场能或静电场能储存；化学能、核能主要以自身存在方式储能。下面简要介绍几种能量储存方法。

4.8.1　机械能的储存

机械能可以以动能和势能形式储存。旋转的飞轮是储存动能的基本方式。势能的储存方法主要有以下几种。

(1)弹簧、扭力杆和重力装置。通常适用于较小规模的能量储存。

(2)抽水蓄能电站。在非用电高峰时，使用电力将低位水抽至高位水库，然后在用电高峰时，由高位水库的水进行水力发电，这就是所谓的抽水蓄能电站；主要有纯抽水蓄能电站和混合式抽水蓄能电站两种类型。

(3)压缩空气储能。其原理是：在非用电高峰时，使用电力或动力机械通过制冷压缩机将空气压缩冷凝为液态空气，然后在用电高峰时，由液态空气“闪蒸”后通过气体透平做功或发电。图4－31是这种系统的原理图。

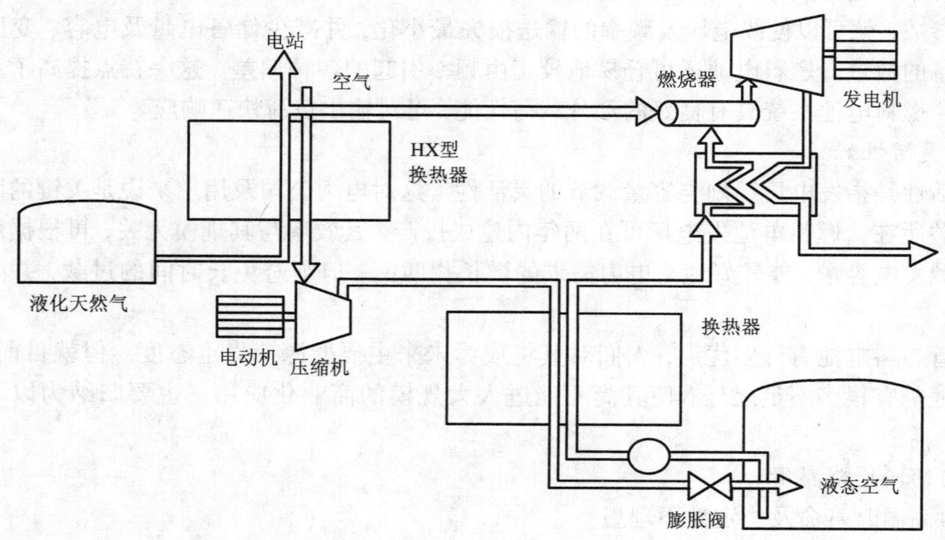

图4－31　液态空气能量储存系统

4.8.2　电能的储存

电能的储存方式主要有以下几种。

(1)蓄电池。蓄电池是最常用的储存电能的装置，其原理是：当外接电路对蓄电池充电时，输入的电能改变电解液的性质，从而使电能变为化学能储存于蓄电池中。

(2)静电场和感应电场储存电能。这主要有三种方式：①电容器在直流电路中广泛用作储能装置，在交流电路中则用于提高电力系统或负荷的功率因数，调整电压；②高电压技术、高能核物理、激光技术、地震勘探等方面采用的直流高压电容器；③使用超导磁铁蓄电。

4.8.3　热能的储存

热能的储存主要有显热储存、潜热储存、化学储存和地下含水层储存几种方式。

显热式蓄热是利用热能加热某种介质(如空气、水、蒸汽、盐水等)，提高介质的显热能，从而实现热能的储存。其特点是装置设计、运行和管理简单方便，但装置体积庞大，热损失也较大。

潜热储存则是利用蓄热材料或工质发生相变而储热，其特点是：储能密度高，装置体积小，热损失小；过程等温或近似等温，易与运行系统匹配。

化学能储存是利用某些物质在可逆化学反应中的吸热和放热过程，来达到热能的储存和提取，是一种高能量密度的储存方法，但技术上困难，目前尚难实际应用。

地下含水层储热：夏季将高温水或工厂余热水经净化后用管井灌入含水层里储存，到冬季时抽取使用，这叫“夏灌冬用”，冬季将净化过的冷水用管井灌入含水层里储存，到夏季抽取使用，叫“冬灌夏用”（实际应叫做含水层储冷）。

目前工业上最常用的是蒸汽蓄热系统，下面予以介绍。

蒸汽是最常用的携带和传递热能的介质，叫载热体。不论是生产工业用汽，还是生活用汽，蒸汽的需求量不可能是固定不变的。作为提供蒸汽的锅炉，由于它的热惰性大，加热速度跟不上蒸汽需求量的变化而迅速变化。利用余热锅炉供汽时，由于它的产汽量是随主体设备的负荷变化而变化，供汽也不稳定。

为了使蒸汽的供求关系能基本保持平衡，对负荷变动较大的系统，应考虑设置储存蒸汽的设备，叫蓄热器。当生产的蒸汽有富余时，可在蓄热器中储存一部分蒸汽；当锅炉负荷跟不上需要时，则由蓄热器闪蒸一部分蒸汽供给用户，从而适应负荷变化的需要。采用蓄热系统就可以减少锅炉的安装容量，同时可以使锅炉维护在稳定的、高效的负荷下运行，从而达到节约燃料的目的。对蒸汽发生量变化大的余热锅炉，例如转炉余热锅炉，则需要采用蓄热器来保证供汽的均衡。

蓄热器是一个用来蓄放蒸汽的大容器。由于蒸汽的比容大，直接蓄贮蒸汽需要庞大的压力容器。因此，实用的蓄热器是以热水作为载热体，将热能存于高压饱和热水中，然后利用降压闪蒸产生蒸汽。这种蓄热器的蓄热量可为干汽包的数十倍。一般蓄热器作为圆筒形，工作压力在0.5～2.0 MPa之间。圆管的直径与长方之比为1∶4到1∶6之间，两头为椭圆形封头或球形封头（对较大的设备）。

蓄热器用锅炉钢板制成，对一定的工作压力，有一极限容积。例如，量大且工作压力为2 MPa时，容器的容积一般限制在500 m^3 以下。当压力增高时，比值还要减少一些。这时，如果要增大蓄积容积，只能采用多个容器。

在蓄热器内部沿长度方向有均匀分布的充汽喷嘴，由直径约为10 mm的小孔构成。蒸汽向上喷入水中，在外部还设有压力调节器、阀门和水位计、压力表等附件。

蓄热器在200～300℃的温度范围内工作，因此，蓄热器外部需要进行绝热保温。

图4－32是两种实用的蓄热器的供汽系统。它的特点是有高、低压蒸汽两类用户。图4－32(a)是高压蒸汽负荷稳定，而低压蒸气负荷有变动。蓄热器连接在高、低压蒸汽母管之间。它的充气过程，是高压蒸汽通过控制阀进入蓄热器内集水空间。由于汽温高于水温，蒸汽迅速凝结、放热，使水温提高。同时水位升高，水位面上的蒸汽空间减少，压力也相应有所增加，直至蓄热器内压力达到容器规定压力时，充汽蓄热过程才算完结。

在排放供汽时，蒸汽通过开启的阀门从蓄热器的蒸汽空间排出，同时压力降低。这时，水的温度略高于蒸汽空间最终压力相应的饱和温度，将自行沸腾，并依靠闪蒸蒸发来补充放走的蒸汽。这一过程将持续到空间压力降到蒸汽用户所需的最小压力为止。

实际上，蓄热器的充汽蓄热和排汽放热，两个过程是同时进行的。当低压蒸汽负荷波动低于平均值时，把多余的蒸汽热量储存起来；当低压蒸汽负荷波动高于平均值时，蓄热器的热储备就发挥作用，以满足负荷增长的要求。

在充汽（充蓄）期间，进入水空间的蒸汽都被凝结成水，于是水位面上升。在放汽（排放）期间，水又蒸发成蒸汽，水位下降。因此，水位将随着蓄放情况而变化。如果充入的蒸汽是饱和的，一部分水则将永远留在蓄热器中。因为蓄热器的热损失将使凝结水贮留下来。反之，如果充入的蒸汽是过热的，则在排放蒸汽始终为干饱和蒸汽的条件下，将会出现一部分

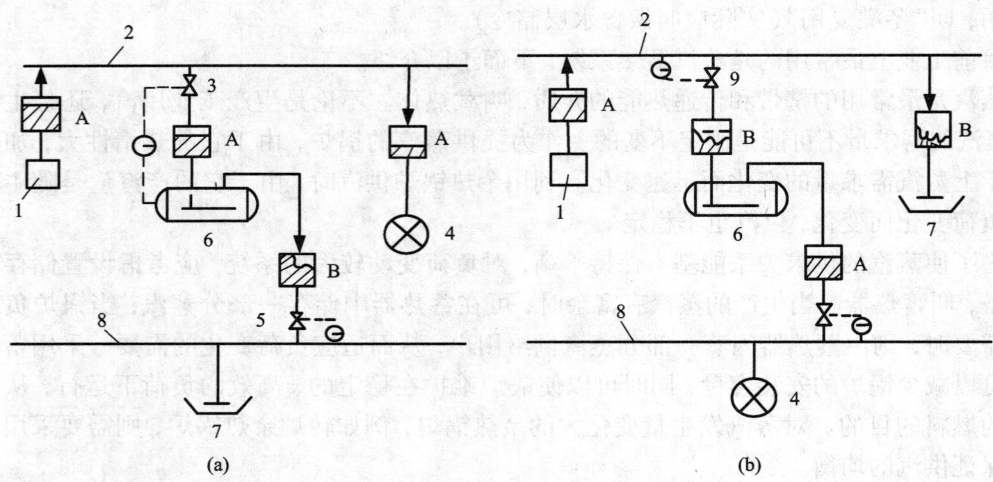

图 4-32 蓄热器供汽系统

A—稳定热流；B—波动热流；1—锅炉；2—高压管路；3—充蓄调节器；
4—稳定负荷热用户；5—减压调节器；6—蓄热器；7—波动负荷；8—低压管路；9—溢流调节阀

多余的热量，它将使水空间中有更多的水蒸发掉。这时，每隔一定时期必须向蓄热器补充一部分水。

蒸汽蓄热器的布置系统应该按已有的设备及其用途确定。按其操作原理来看，它的充汽压力应高于排汽压力。因此，在布置蓄热器时，应使它能在压力较高的供汽管路中获得充汽，并能把充蓄的蒸汽排入压力较低的管路中去。

图 4-32(b)的系统叫间接平衡方式。它的特点是高压蒸汽负荷有波动，而低压蒸汽负荷无变化。它利用一个溢流调节阀 9(也称旁流阀)来维持高压管路的压力，使它保持不变。当高压负荷下降时，就把阀门开得大一些，让多余的高压蒸汽通过阀 9 进入蓄热器内储存起来；当高压蒸汽负荷高于平均值时，尽管进入蓄热器的蒸汽减少，但蓄热器中贮备的蒸汽仍足以保障低压蒸汽负荷的需要。

从上述工业锅炉蓄热供汽系统可以看出，采用蒸汽蓄热器既可增加适应负荷变动的灵活性，又可使锅炉经常保持在最经济负荷下运行，从而可以节约燃料。

思考与练习

1. 能量的形式有哪些？其性质是什么？
2. 各种能源是如何转换成热能和电能的？
3. 对能量转换装置的基本要求有哪些？
4. 什么叫朗肯循环？其热效率如何表达？
5. 锅炉通常由哪几部分构成？其作用分别是什么？
6. 热机有哪几种类型？其特点分别是什么？
7. 汽轮机有哪几种类型？其工作原理有何不同？

8. 内燃机有哪几种类型？其工作原理有何异同？

9. 热力发电厂的热力系统有哪几种形式？各有何特点？

10. 核电厂与火电厂的构造有何异同？

11. 核电厂采用了哪些措施以确保其运行安全？

12. 到目前为止，核裂变反应堆有哪几种类型？各有何特点？

13. 常用的制冷循环有哪几种类型？各有何特点？

14. 举例说明吸收式制冷机的工作原理和过程特点。

15. 太阳能热利用装置主要有哪些类型？各有何特点？

16. 简述太阳能电池的结构特点和工作原理。

17. 简要评述太阳能制氢的方法及发展前景。

18. 何谓燃料电池？其有哪些种类？各自的应用特性是什么？

19. 举例说明燃料电池的工作原理及特点。

20. 燃料电池的开发应用方面还面临哪些问题？

第5章 能量系统分析

由能量转换、传递和利用过程所构成的物质体系称为能量系统。热力学第一定律告诉我们，一个体系(可大至整个宇宙)的能量的总量是不变的，且在体系内能量可以进行转换和传递。正是这种转换和传递，满足了工业生产工艺的用能需求。热力学第二定律又告诉我们，能量的转化和传递具有方向性，有的能量可以全部转化为有效能量，而有的能量只能部分转化为有效能量。能源工作者的任务就是要设法提高能量转换和利用系统的效率，这不仅体现在能量的数量上，而且还应体现在能量的品位上。因此我们需要根据热力学第一和第二定律，从数量和品质两方面对能量系统进行深入的分析，以便更有效地利用各种形式的能量，并正确指导节能工作的开展。

5.1 能量平衡与热效率

热力学第一定律表达了能量守恒这一自然规律，具体描述为：能量既不能产生也不能消灭，但可以从一种形式转化为另一种形式，从一个物体传递给另外一个物体，在转化和传递过程中，能量的总量保持不变。

对于任何能量系统，热力学第一定律的文字表达式为：

输入体系的能量 - 输出体系的能量 = 体系储存能量的变化

对于闭口系统，热力学第一定律的数学表达式为：

$$Q = \Delta E + W \tag{5-1}$$

即输入体系的热量等于体系能量的增加与体系对外所做的功之和。

对于稳定流动的开口体系，热力学第一定律可写成：

$$Q_i - Q_e = (H_e - H_i) + (W_e - W_i) \tag{5-2}$$

这里下标“i”表示“输入”，“e”表示“输出”，H 表示体系的焓。对于单纯加热设备，则可写成：

$$Q_i + H_i = Q_e + H_e \tag{5-3}$$

或写成

$$Q_i + H_i = (Q_e + H_e)_x + (Q_e + H_e)_s \tag{5-4}$$

这里下标“x”表示“有效”，“s”表示“损失”。这是热设备进行热平衡测算的基础和依据。于是设备热效率表示成：

正平衡效率

$$\eta_+ = \frac{(Q_e + H_e)_x}{Q_i + H_i} \times 100\% \tag{5-5}$$

反平衡效率

$$\eta_{-}=\left[1-\frac{(Q_{e}+H_{e})_{s}}{Q_{i}+H_{i}}\right]\times 100\% \tag{5-6}$$

理论上，正平衡和反平衡效率结果是一致的，但实际中对设备进行热平衡测算时，总是有一些误差，其结果就不尽一致。一般两个效率都要计算，但以正平衡为主，只有在有效热难以准确测算时，才重点考虑反平衡。

对于多台设备构成的能量复合系统的总效率，可以对各台设备的供给能量和支出能量项进行测算后得到总供给能量和总支出能量，然后计算能量系统总效率：

$$\eta=\frac{\text{总支出能量}}{\text{总供给能量}}\times 100\% \tag{5-7}$$

对于简单的串联系统，有：

$$\eta=\eta_{1}\cdot\eta_{2}\cdot\eta_{3}\cdots=\prod_{k}\eta_{k} \tag{5-8}$$

对于简单的并联系统，有：

$$\eta=\frac{\sum_{k}\eta_{k}\cdot(Q_{e}+H_{e})_{k}}{\sum_{k}(Q_{i}+H_{i})_{k}} \tag{5-9}$$

5.2 热平衡测定与热平衡分析

热平衡测定与热平衡分析，是衡量热工设备技术水平和经济性，了解其能量利用率的重要方法，对改进生产工艺、提高设备制造水平、改善管理和操作制度，以及节能降耗工作都有十分重要的指导作用。因此国家政策规定，对重要的热工设备必须定期(一般为两年)进行热平衡测算。

5.2.1 热平衡测算

热工设备热平衡测定的项目，因设备的不同而异，一般包括下列项目：

1)供给热(热收入项)

包括：

(1)燃料化学热、物理热；

(2)空气物理热；

(3)物料物理热、化学热；

(4)物料反应热；

(5)蒸汽物理热；

(6)电能和机械功；

(7)外界传入热量；

(8)载能体带入能量(蒸汽、热风、烟气、燃气等)。

2)支出热(热支出项)

包括：

(1)有效热，通常为有效传热量、有效功量和电量等。

(2)热损失，通常包括：

① 烟气物理热、化学热;

② 设备散热损失;

③ 不完全燃烧损失;

④ 冷却介质带走热;

⑤ 烟尘、灰渣、废液等的化学热、物理热;

⑥ 漏风损失;

⑦ 辐射热损失。

在进行设备热平衡测算时,有如下几个问题需要注意:

(1)热平衡区域的划分。

热平衡区域一般根据设备对象的侧重点按需要划分。例如,对工业炉而言,通常有炉体区域、换热器区域或整个炉子系统等划分方法。热平衡区域划分好后,进入体系的能量为收入项,离开体系的能量为支出项,体系内循环利用的能量为循环项。

(2)能量的表示方法。

热平衡过程中,有关能量的表示有如下几种方法:

① 按单位时间内体系收、支的能量计算,单位为 kJ/h 或 kW 等;

② 按单位产品计算体系收、支的能量,单位为 kJ/kg 或 kJ/t 等;

③ 按单位燃料或单位物料计算体系收、支的能量,单位为 kJ/kg;

④ 对周期性作业的设备,一般按一个周期内体系收、支的能量计算;

⑤ 特殊情况下,也可按最大负荷时,单位时间内体系收、支的能量计算。

(3)物理热(显热)的计算起点。

物理热的计算起点,一般取0℃、101.3 kPa 时物质焓值为0;相应化学反应热效应规定为0℃、101.3 kPa 时的热效应。但有时温度起点也取为室温(25℃),所以至今还没有统一起来,操作时应注意计算起点的一致性,特别是在水分物理热的处理时应当注意基准状态。

在热平衡体系划分好后,为了进行热平衡计算和分析,需要对有关物理量进行测试,即热平衡测试。热平衡测试时要注意设备的运转特点,尽可能保证所采集数据的同时性和代表性,尽量选定特征位置作为采样点采集数据。测试项目也因设备不同而异,一般包括以下一些项目:

① 燃料用量、成分、热值、温度、压力等;

② 空气流量、温度、压力、湿度;

③ 雾化剂用量、温度、压力等;

④ 物料进口处流量、温度、压力、成分等;

⑤ 外界输入的电、功和热量;

⑥ 燃烧产物流量、温度、成分等;

⑦ 排烟温度、流量、成分等;

⑧ 排烟中烟尘含量及成分;

⑨ 灰渣或废液的流量和温度、压力、成分;

⑩ 被加热物料的数量及温度,有化学反应时还应测定产物成分及产量;

⑪ 产品数量或流量及温度、压力;

⑫ 冷却介质流量及进、出口的温度和压力;

⑬ 体系输出的电、功和热量；

⑭ 设备表面温度及相应面积或热流量，炉门孔口面积、开启时间，必要时测定漏风量和辐射热流量；

⑮ 环境大气温度、压力、风速、湿度。

对连续作业的设备，应在有代表性的稳定工况下测定；对周期作业的设备，至少连续监测一个周期。

热平衡计算结合实测数据和有关图表所列出的物性数据进行，一般涉及显热、潜热、反应热、电、功、传热量的计算。计算结果一般用热平衡表列出，表中包括热收入项和热支出项与循环项，及各项的能量值、比例及误差等。根据热平衡表可以做出设备能流图。能流图能让人对设备的各种能量的流向及数目一目了然。根据热平衡表可以很容易得到设备的热效率，也可以从中分析各项损失的大小和产生的原因，为改进工艺制度和管理制度、操作制度，选择节能降耗措施，提高设备热效率等方面指明方向。

5.2.2　热平衡测算实例

下面以一个例子来说明热平衡计算和分析的全过程。

[例5.1]　一台年处理量5万t的铜精炼炉，每炉作业时间14.5 h，年工作天数300 d，每炉装料量100 t，装料温度25℃，出料温度1 200℃，其他数据如下：

燃料：重油

重油成分(%)	C_{ar}	H_{ar}	$O_{ar}+N_{ar}$	S_{ar}	A_{ar}	W_{ar}
	84.5	12.4	0.6	0.4	0.1	2.0

重油热值　$Q_{DW}=41358$ kJ/kg

预热温度　$t_r=110$℃

平均比热　$C_{pr}=1.96$ kJ/(kg·℃)

助燃空气：热风，由尾部烟道换热器提供。

换热器进口空气温度　$t'_k=25$℃

换热器出口空气温度　$t''_k=250$℃

平均比热　$C_{pk}=1.34$ kJ/(m³·℃)

空气过剩系数　$\alpha=1.10$

雾化蒸汽：由炉门和炉尾烟道气化冷却器提供的饱和蒸汽。

入口表压400 kPa(4 bar)，用量0.5 kg/kg(油)

出炉烟气：排烟量　$V_n=14.41$ m³/(kg·油)(标)

排烟温度　$t_y=1300$℃

烟气密度　$\rho_y=1.235$ kg/m³(标)

平均比热　$C_y=1.59$ kg/(m³·℃)(标)

烟气成分(%)	CO_2	H_2O	SO_2	O_2	N_2
	10.96	22.19	0.02	1.58	65.25

炉温系数　$\eta=0.85$

不完全燃烧：设机械不完全燃烧热损失为1%，化学不完全燃烧损失：CO＝0.5%

炉料：熔点　$t_m=1\ 083$℃

比热　$C_{固}=0.4324\ kJ/(kg\cdot ℃)$，$C_{液}=0.422\ 8\ kJ/(kg\cdot ℃)$

熔化热 $q_m=213.5\ kJ/kg$

氧化量 2%

氧化物生成热 1 300 kJ/kg ($2Cu+O_2 \longrightarrow Cu_2O+1\ 300\ kJ/kg$)

加热平均温度 $t_1=1\ 170℃$

炉体散热：总面积 $84m^2$，平均温度 225℃

平均放热系数 $17W/(m^2\cdot ℃)$

炉门尺寸：2 m×1.04 m

气化冷却：蒸发量 700 kg/h，表压 500 kPa(5 bar)饱和蒸汽

空气预热器：表面散热损失为总换热量的 5%

环境大气 25℃，101.3 kPa(1 atm)

试计算确定：(1)熔化期燃料用量；(2)换热器出口烟气温度；(3)做出系统热平衡表；(4)绘能流图；(5)热效率；(6)对计算结果进行分析与讨论。

[解]　根据加热工艺，精炼过程加料和熔化期 8.5 h，要求大量供热；后 6 h 为保温浇铸阶段，燃料消耗量很小。故热平衡计算时，只考虑熔化期，各项热量均取熔化期每小时平均值。另外，计算基准取 25℃、101.3 kPa(1 atm)。设熔化期燃料耗量为 x，则

热收入项：

(1)燃料化学热 Q_1

$$Q_1=x\times Q_{DW}=41\ 358x$$

(2)燃料物理热 Q_2

$$Q_2=x\cdot C_{pr}\cdot(t_r-25)=167x$$

(3)空气物理热 Q_3

理论干空气量　$L_0^g=0.088\ 9C_{ar}+0.2667H_{ar}+0.0333(S_{ar}-O_{ar})$

$=0.0889\times84.5+0.2667\times12.4+0.0333(0.4-0.3)$

$=10.82\ m^3/(kg\cdot 油)(标)$

理论湿空气量　$L_0^S=L_0^g(1+0.00124\times g_{H_2O})$

$=10.82\times(1+0.001\ 24\times26)=11.17\ m^3/(kg\cdot 油)(标)$

实际空气量　$L_n=\alpha\times L_0^S=1.10\times11.17=12.29\ m^3/(kg\cdot 油)(标)$

空气物理热　$Q_3=x\cdot L_n\cdot C_{pk}\cdot(t''_k-25)=x\times12.29\times1.34\times(250-25)=3\ 705x$

(4)雾化剂物理热 Q_4

查得表压 400 kPa(4 bar)饱和蒸汽焓 $h''=2\ 748\ kJ/kg$，饱和温度 $t_b=151℃$，汽化潜热 $r=2\ 109\ kJ/kg$，则

$$Q_4=x\cdot G_W\cdot(h''-r)=x\times0.5\times(2\ 748-2\ 109)=320x$$

(5)炉料氧化热 Q_5

$$Q_5=100\times10^3\times0.02\times1\ 300\times\frac{1}{8.5}=305\ 882\ kJ/h$$

热支出项：

(1)炉料吸热 Q_1'

$$Q_1' = [C_{固} \times (t_m - t_\lambda) + q_m + C_{液} \cdot (t_{出} - t_m)] \cdot \frac{G}{8.5}$$

$$= [0.432\,4 \times (1\,083 - 25) + 213.5 + 0.422\,8 \times (1\,200 - 1\,083) \times \frac{100 \times 10^3}{8.5}$$

$$= 8\,475\,845 \text{ kJ/h}$$

(2)排烟物理热 Q_2'

$$Q_2' = x \cdot V_n \cdot C_{py}(t_{出} - 25) = x \times 14.41 \times 1.59 \times (1\,300 - 25) = 29\,213x$$

(3)不完全燃烧热损失 Q_3'

$$Q_3' = 0.01Q_1 + CO' \times 126 \times V_n \times x = 1\,321x$$

(4)汽化冷却热 Q_4'

查表500 kPa(5 bar)饱和蒸汽 $h'' = 2757$ kJ/kg, $h' = 671$ kJ/kg

$$Q_4' = D \cdot (h'' - h') = 700 \times (2\,757 - 671) = 1\,460\,200 \text{ kJ/h}$$

(5)炉体散热 Q_5'

$$Q_5' = A \cdot h \cdot \Delta t = 84 \times 17 \times (225 - 25) = 285\,600 \text{ kJ/h}$$

(6)炉门辐射和漏风热损失 Q_6'

逸气量 $V = \frac{2}{3}\mu \cdot L \cdot H\sqrt{\frac{2gH(\rho' - \rho)}{\rho}} \cdot \frac{1}{1 + \beta t}$

$$= \frac{2}{3} \times 0.7 \times 2 \times 1.04 \times \sqrt{\frac{2 \times 9.8 \times 1.04 \times (1.20 - 1.235 \times \frac{273}{1\,573})}{1.235 \times \frac{273}{1\,573}}} \times \frac{273}{1\,573}$$

$$= 1.631 \text{ m}^3/\text{s(标)} = 5\,872 \text{ m}^3/\text{h(标)}$$

炉门开启率取为0.117，关闭时漏气量约为开启时的10%，则

$Q'_{逸气} = 1.59 \times 5\,872 \times (1\,573 - 25) \times [0.177 + 0.1 \times (1 - 0.177)] = 3\,747\,629$ kJ/h

理论燃烧温度 $t_{理} = \frac{Q_{DW} + Q_r + Q_k + Q_q}{V_n \times C_{py}}$

其中：

$$Q_{DW} = 41\,358 \text{ kJ/kg}$$

$$Q_r = 1.96 \times 110 = 216 \text{ kJ/kg}$$

$$Q_k = 12.29 \times 1.34 \times 250 = 4\,117 \text{ kJ/kg}$$

$$Q_q = 0.5 \times (2\,748 - 2\,109) = 320 \text{ kJ/kg}$$

因为 $t_{理} = \frac{41\,358 + 216 + 4\,117 + 320}{14.41 \times 1.59} = 2\,008$ ℃

所以，实际燃烧温度 $t = 0.85 \times 2\,008 = 1\,707$℃

炉门辐射热：取遮蔽系数 $\varphi = 0.6$

$$Q'_{辐} = 20.41\left(\frac{T}{100}\right)^4 \cdot \varphi \cdot K \cdot A$$

$$= 20.41 \times \left(\frac{1\,707 + 273}{100}\right)^4 \times 0.6 \times 0.177 \times 2 \times 1.04$$

$$= 692\,934 \text{ kJ/h}$$

因此　$Q_6' = 3\ 747\ 629 + 692\ 934 = 4\ 440\ 563\ \text{kJ/h}$

取炉体为热平衡区域，则热平衡式为：

$$Q_1 + Q_2 + Q_3 + Q_4 + Q_5 = Q_1' + Q_2' + Q_3' + Q_4' + Q_5' + Q_6'$$

代入以上结果后，可以解得：

$$x = 956\ \text{kg/h}$$

则熔化期总的燃料量为　$956 \times 8.5 = 8\ 126\ \text{kg}$

另外，空气预热器换热量

$$Q_y = x \cdot L_n \cdot C_{pk} \cdot (t_k'' - t_k') = 956 \times 12.29 \times 1.34 \times (250 - 25) = 3\ 542\ 396\ \text{kJ/h}$$

空气预热器的散热损失　$Q_y' = 0.05 Q_y = 177\ 120\ \text{kJ/h}$

雾化蒸汽循环热　$Q_q = x \times 0.5 \times (2\ 748 - 2\ 109) = 305\ 442\ \text{kJ/h}$

代入有关数据后，可得炉体区热平衡表(见表5－1)。

换热器出口烟气温度t_y''为：

$$956 \times 1.59 \times 14.41 \times (t_y' - t_y'') = 3\ 542\ 396 + 177\ 120$$

所以　$t_y'' = 1\ 300 - 170 = 1\ 130℃$

表5－1　铜精炼炉炉体系统热平衡表

热收入项				热支出项			
序号	项目	热量/(MJ·h^{-1})	%	序号	项目	热量/(MJ·h^{-1})	%
1	燃料化学热Q_1	39 538	90.8	1	炉料吸热Q_1'	8 476	19.5
2	燃料物理热Q_2	160	0.4	2	烟气物理热Q_2'	27 928	64.1
3	空气物理热Q_3	3 542	8.1	3	不完全燃烧热损失Q_3'	1 263	2.9
4	炉料氧化热Q_4	306	0.7	4	汽化冷却热Q_4'	1 115	2.7
				5	炉体散热Q_5'	286	0.7
				6	炉门热损失Q_6'	4 441	10.2
				误差		－3	－0.1
总计		43 546	100	总计		43 546	100
循环项	雾化剂热量	305	0.7				
	空气预热器热量	3 542	8.1		预热器损失	177	0.4

注：①由于汽化冷却主要在炉门处，热平衡时，炉体与炉门均在体系内，故雾化剂带入的热量应算作循环项，汽化冷却器向外输出的热量$Q_4' = Q_4' - Q_q = 1\ 460\ 200 - 305\ 442 = 1\ 154\ 758\ \text{kJ/h}$。

②由于此表所取体系不包括空气预热器，预热器的热量本不应列出，此处只是为了看起来方便，将其列在循环项中。如果将预热器包含在体系中，则应将热收入项的第3项去掉，而将其只列入循环项中。当然，此时各项所占百分比和总计热量也相应有所变化。有兴趣的读者可另做一个热平衡表。

• 热效率：从热平衡表中，可以看出，炉体区加热效率$\eta = 19.5\%$。由于汽化冷却器排出的蒸汽一般可做其他用途，也应算作有效热，则炉体系统热效率$\eta' = 19.5\% + 2.7\% = 22.2\%$。另外，如将预热器包含在体系内，则整个体系的热效率为：

$$\eta' = \frac{8\ 476 + 1\ 155}{43\ 546 - 3\ 542} \times 100\% = 24.1\%$$

由此可见，采用汽化冷却和预热器，使系统热效率有明显的提高，可视为节能的重要途径。整个系统的能流图见图5－1。

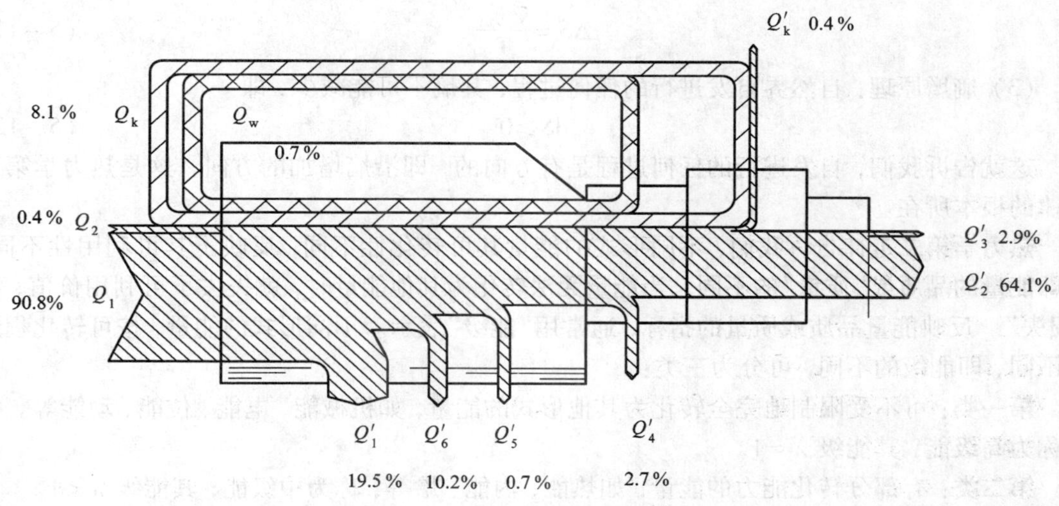

图5－1 铜精炼炉的能流图

分析与讨论：

(1)本例题实际是根据热平衡结果反算燃料用量，并不是根据热平衡的实测数据进行计算，故热收入和支出项没有什么误差(这里的误差纯属计算舍入误差)。如果依据实测数据进行计算，一般会有可观的误差(主要由测试方法和数据造成)。

(2)通过采用汽化冷却器和空气预热器，可以明显提高系统热效率，这是直接节能的重要措施。

(3)从表中可见，主要热损失是排烟热损失(达64.1%)和炉门热损失(达10.2%)。尽管采取措施回收了部分热量，但最终排烟温度仍高达1 130℃，完全还有回收利用的价值，可采用其他方法回收利用。如果能使烟气降至200℃排出，则可回收热量$1.59\times956\times14.41\times(1\,130-200)\approx20\,370$ MJ/h，此时系统热效率将可达到75%。另外，炉门漏气量大，所以热损失大，应尽量减少炉门开启的时间和次数。当然，此例计算时，以炉门底平面为零压面，所以炉内空间大部分是正压，这与实际操作时不尽符合。实际上此项损失一般不超过5%，这样炉体热效率实际应比此处计算结果要高一些，经验值是21%～23%。

5.3 热力学第二定律与熵、能级、㶲

热力学第二定律有很多说法，其中有代表性的有下列两种：

(1) 布劳修斯说法：热量不可能自发地从低温热源向高温热源传递，而不发生其他变化。

(2) 开尔文说法：不可能从单一热源取出热量全部转化为功，而不带来其他变化。

可逆过程中，热量与温度之比，称为熵(entropy)，通常用“S”表示，即

$$dS = \frac{dQ_{可逆}}{T} \tag{5-10}$$

对于等温过程，其过程熵变为：

$$\Delta S = \frac{Q_{可逆}}{\mathrm{T}} \tag{5-11}$$

(3) 熵增原理：自然界自发进行的任何过程，其熵不可能减少，即

$$dS \geqslant 0 \tag{5-12}$$

这就告诉我们，自发进行的任何过程是有方向的，即沿熵增加的方向。这是热力学第二定律的根本所在。

热力学第二定律告诉我们，不同形式的能量其可转化性不同，反映了其可利用性不同，也即能量的品质或“质量”的不同。当能量无法转化为其他能量时，就失去了可利用价值，称“损失”。反映能量品质或质量的指标，通常用“能级”表示。不同形式的能量，按可转化程度的不同，即能级的不同，可分为三类：

第一类：可不受限制地完全转化为其他形式的能量，如机械能、电能、位能、动能等。它们称为高级能，其能级 $\lambda = 1$。

第二类：有部分转化能力的能量，如热能、内能、焓等，称为中级能，其能级 $\lambda < 1$。

第三类：完全没有转化能力的能量，如处于环境状态的大气、海洋、岩石等所具有的能量，称为低级能，其能级 $\lambda = 0$。

能量中可以可逆地转化为功的最大数值，称为有效能或称为㶲(exergy)，也称最大可用功。而不能可逆地转化为功的部分，称为炁(anergy)。则能量

$$E = E_x + A_n \tag{5-13}$$

能级定义为：$\lambda = \frac{E_x}{E}$，即能量中㶲所占的比例。

因处于环境状态的能量，㶲为零，而任何偏离环境状态的能量，都具有做功能力，即具有㶲，所以㶲的计算与所取环境基准状态紧密相关。

5.4 㶲的计算

在应用热力学第二定律对能量系统进行分析时，涉及各种㶲值的计算，下面一一进行介绍。

5.4.1 热量㶲

如图 5-2 所示，热量㶲可以由假定在温度为 T 的热源与环境(温度 T_0)之间工作的可逆热机，当输入热量 Q 时所输出的功 W(因是可逆热机，故 W 是最大可用功)来得到：

$$Q = T \cdot \Delta S$$

$$Q_0 = T_0 \cdot \Delta S$$

所以 $$W = Q - Q_0 = (T - T_0) \cdot \Delta S = (T - T_0) \cdot \frac{Q}{T} = Q\left(1 - \frac{T_0}{T}\right)$$

如取 $\eta_c = 1 - \frac{T_0}{T}$，即卡诺效率，则

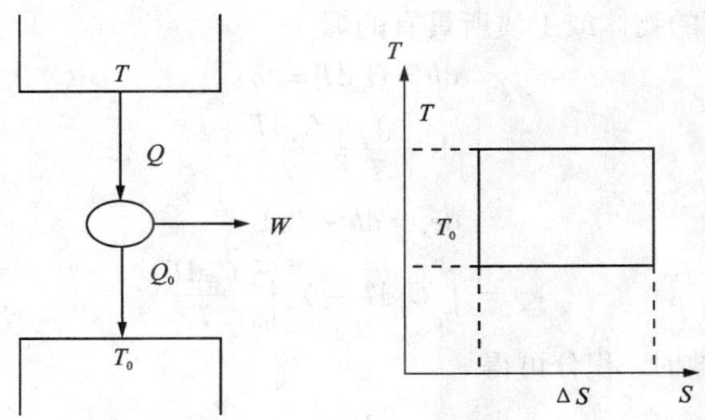

图 5-2　热量㶲计算示意图

$$E_x = Q(1 - \frac{T_0}{T}) = \eta_c \cdot Q \tag{5-14}$$

$$A_n = Q - W = Q \cdot \frac{T_0}{T} = (1 - \eta_c) \cdot Q \tag{5-15}$$

$$\lambda = \frac{E_x}{Q} = 1 - \frac{T_0}{T} = \eta_c \tag{5-16}$$

即热量㶲的能级就是卡诺效率。

5.4.2　开口体系㶲(焓㶲)

如图 5-3 所示，在不计宏观动能和位能时，对稳定流动开口体系，通过类似的处理，有

$$W_{\max} = W_1 + W_2 = E_x$$

而
$$H = H_0 + W_1 + W_2 + Q_0$$

即
$$E_x = H - H_0 - Q_0$$

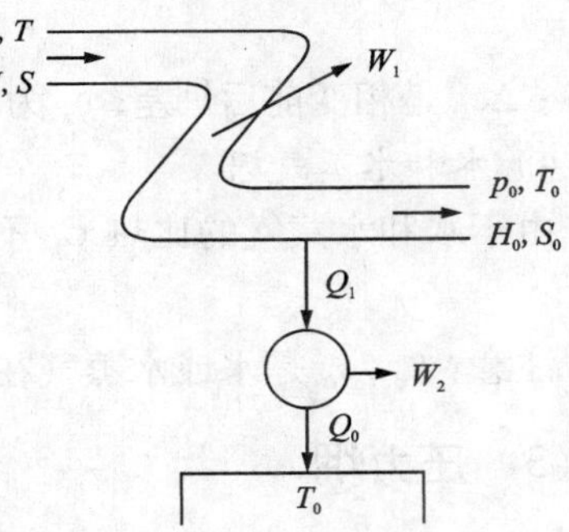

图 5-3　开口体系㶲计算示意图

由于是可逆热机，所以过程总熵变为 0：

$$(S_0 - S) + \frac{Q_0}{T_0} = 0$$

所以
$$Q_0 = T_0(S - S_0)$$

又
$$E_x = (H - H_0) - T_0(S - S_0) \tag{5-17}$$

对于单位质量的工质，写成

$$e_x = (h - h_0) - T_0(s - s_0) \tag{5-18}$$

其微分形式为

$$\mathrm{d}e_x = \mathrm{d}h - T_0 \mathrm{d}s$$

$$a_n = T_0(s - s_0) \tag{5-19}$$

能级

$$\lambda = \frac{e_x}{h - h_0} = 1 - \frac{T_0(s - s_0)}{h - h_0} < 1 \tag{5-20}$$

不计宏观动能和位能时，稳定流动体系工质的㶲，称焓㶲。下面是几种焓㶲的计算。

1)温度㶲

温度高于环境温度的物体或工质所具有的㶲:

$$\mathrm{d}h = C_p \mathrm{d}T = \mathrm{d}q$$

$$\mathrm{d}s = \frac{\mathrm{d}q}{T} = \frac{C_p \mathrm{d}T}{T}$$

$$\mathrm{d}e_x = \mathrm{d}h - T_0 \mathrm{d}s$$

所以

$$e_x = \int_{T_0}^{T} C_p \mathrm{d}T - T_0 \int_{T_0}^{T} \frac{C_p \mathrm{d}T}{T}$$

当比热 C_p 视为常数时，积分可得

$$e_x = C_p\left[(T - T_0) - T_0 \ln \frac{T}{T_0}\right] = (h - h_0)\left(1 - \frac{T_0}{T - T_0} \ln \frac{T}{T_0}\right) \tag{5-21}$$

$$\lambda = \frac{e_x}{h - h_0} = 1 - \frac{T}{T - T_0} \ln \frac{T}{T_0} < 1 \tag{5-22}$$

2)低温㶲

工质 $T < T_0$，$h - h_0 < 0$，上述推导完全适用，所以结果完全一样，但应注意，此时 $\lambda = 1 - \frac{T}{T - T_0} \ln \frac{T}{T_0} < 0$；并且当 $T \to 0$ K 时，$\lambda \to -\infty$。

3)相变潜热㶲

$$\Delta e_x = q_r \cdot \left(1 - \frac{T_0}{T}\right) \tag{5-23}$$

式中：Δe_x 是相变前后㶲差；q_r 为相变潜热，吸热取“+”，放热取“-”。

4)水和水蒸气㶲

由于水和水蒸气的比热 C_p 不是常数，因此只能利用水蒸气图表计算：

$$e_x = (h - h_0) - T_0(s - s_0) \tag{5-24}$$

注意：h_0、s_0 是水或水蒸气在处于环境参数时的值。

5.4.3 压力㶲

压力㶲定义为工质温度 $T = T_0$，但压力 $p \neq p_0$(101.3 kPa)时的㶲：

$$\mathrm{d}s = C_p \frac{\mathrm{d}T}{T} - R \cdot \frac{\mathrm{d}p}{p}$$

$$\mathrm{d}e_x = \mathrm{d}h - T_0 \mathrm{d}s = C_p \mathrm{d}T - \frac{C_p T_0}{T} \mathrm{d}T + RT_0 \frac{\mathrm{d}p}{p}$$

式中右边前两项为焓㶲，最后一项为压力㶲。

假设 $\mathrm{d}T = 0$，得

$$e_x = \int_{p_0}^{p} RT_0 \frac{\mathrm{d}p}{p} = RT_0 \ln \frac{p}{p_0} \tag{5-25}$$

该结果相当于膨胀所做的技术功，当 $p > p_0$ 时，$e_x > 0$；当 $p < p_0$ 时，$e_x < 0$，而压力㶲的能级 $\lambda = 1$，属高级能。

但 $p < p_0$ 时，工质反抗大气压所做的功，不能算作有效功，因此对单位真空所具有的㶲值(推导从略)为

$$e_p = p\ln\frac{p}{p_0} - (p - p_0)\text{, kJ/m}^3 \tag{5-26}$$

则 $e_p > 0$。

当工质的温度和压力都偏离环境时，其㶲值由焓㶲和压力㶲两部分构成，即

$$e_x = (h - h_0)\left(1 - \frac{T_0}{T - T_0}\ln\frac{T}{T_0}\right) + RT_0\ln\frac{p}{p_0} \tag{5-27}$$

5.4.4　气体混合物的㶲(扩散㶲)

气体混合物的㶲，即气体工质的成分偏离大气环境时所具有的㶲：

$$e_x = \sum_i x_i e_{xi} - T_0\mathrm{d}s = \sum_i x_i e_{xi} + RT_0\sum_i x_i\ln x_i \tag{5-28}$$

式中：x_i是气体摩尔成分；Δs 是气体混合过程的熵增。一般把标准空气在25℃、101.3 kPa 时的㶲值取为0(即环境㶲值=0)。

环境标准空气的摩尔成分取为：

	O_2	N_2	H_2O	CO_2	Ar
x_{i0}	0.2034	0.7557	0.0316	0.0030	0.0090

但应注意，处于环境状态下，单一气体(纯气体)的㶲值不为0。实际上，

$$e_{x0} = \sum x_{i0}e_{xi} + RT_0\sum x_{i0}\ln x_{i0} = 0$$

所以

$$\sum x_{i0}e_{xi0} = \sum x_{i0}\cdot RT_0\ln\frac{1}{x_{i0}}$$

故

$$e_{xi0} = RT_0\ln\frac{1}{x_{i0}} \neq 0$$

于是

$$e_{xO_2} = RT_0\ln\frac{1}{0.2034} = 8.3144\times 298.15\ln\frac{1}{0.2034} = 3\ 948\ \text{J/mol}$$

同理

$$e_{xN_2} = 694\ \text{J/mol}$$

$$e_{xH_2O} = 8\ 563\ \text{J/mol}$$

$$e_{xCO_2} = 20\ 108\ \text{J/mol}$$

$$e_{xAr} = 11\ 677\ \text{J/mol}$$

利用纯气体的㶲值，则混合气体㶲最终可写成：

$$e_x = RT_0\sum_i x_i\ln\frac{x_i}{x_{i0}} \tag{5-29}$$

5.4.5　化学㶲

当工质与环境存在温度、压力的不同时，所具有的㶲称物理㶲；当工质与环境存在化学不平衡时，所具有的㶲称为化学㶲，实际上扩散㶲就是化学㶲的一种。要确定化学㶲，除了规定标准空气外，还需规定环境基准物质的种类和组成。在地壳、海洋中存在的稳定化合物(如 SiO_2、Fe_2O_3等)及元素(如 Au、Pt 等)都可作为基准物。凡是与环境所规定的基准物未达到化学平衡的物质，都具有化学㶲。化学㶲中重要的有两类。

1)*反应㶲*

对于具有可逆定温反应过程的稳定流动体系，其最大可用功等于系统自由焓的减少，即

$$W_{max}=-\Delta G=-[(H_2+TS_2)-(H_1-TS_1)]=-[(H_2-H_1)-T(S_2-S_1)] \quad (5-30)$$

(反应焓)　(反应熵)

如反应在化学标准状态下(101.3 kPa, 25℃)进行，则标准生成焓：

$$-\Delta G^{\ominus}=-(\Delta H^{\ominus}-T_0\Delta S^{\ominus}) \quad (5-31)$$

即称为反应㶲。

根据一些基准物的㶲值和标准生成焓，可以通过反应过程㶲平衡，求出另一些物质的化学㶲。一些物质的化学㶲见书末附表2～附表4。

[例5.2] 已知 Fe 与 O_2反应生成稳定化合物 Fe_2O_3的反应㶲 $-\Delta G^{\ominus}=742.6$ kJ/mol，试确定单质 Fe、化合物 Fe_3O_4被 C 还原成 Fe 的反应㶲。

[解] $2Fe+\frac{3}{2}O_2 \longrightarrow Fe_2O_3$

已知 $-\Delta G^{\ominus}=742.6$ kJ/mol，O_2的化学㶲 $e_{xO_2}=3.948$ kJ/mol，Fe_2O_3是基准物质，㶲值为0。则 Fe 的化学㶲为：

$$2e_{xFe}+\frac{3}{2}e_{xO_2}=e_{xFe_2O_3}-\Delta G^{\ominus}$$

所以 $$e_{xFe}=\frac{1}{2}(0+742.6-\frac{3}{2}\times3.948)=368.3 \text{ kJ/mol}$$

$$3Fe+2O_2 \longrightarrow Fe_3O_4$$

可查得反应㶲 $-\Delta G^{\ominus}=1\ 014.7$ kJ/mol

所以 $$e_{xFe_3O_4}-3e_{xFe}+2e_{xO_2}+\Delta G^{\ominus}=3\times368.3+2\times3.948-1\ 014.7=98.2 \text{ kJ/mol}$$

$$Fe_3O_4+4C \longrightarrow 3Fe+4CO$$

查得 $$e_{xC}=414.9 \text{ kJ/mol},\ e_{xCO}=279.7 \text{ kJ/mol}$$

所以 $$-\Delta G^{\ominus}=(98.2+4\times414.9)-(3\times368.4+4\times279.7)=-465.7 \text{ kJ/mol}$$

式中反应㶲为负值表示为吸热反应。

实际上很多物质的化学㶲及反应㶲都是这样计算出来的，得到的结果也就成了基本数据。因此，实际上只需规定为数不多的单质和稳定化合物的化学㶲。

2)燃料的化学㶲

燃料在氧化燃烧过程中释放出热量，它的化学㶲的定义是：在 p_0、T_0下，燃料与氧气一起稳定地流经化学反应系统时，以可逆方式转变到与环境状态完全平衡时所能做出的最大功。它包括氧化反应过程的反应㶲和燃烧产物在标准空气中的扩散㶲，只是其扩散㶲实际上难以利用，所以习惯上不考虑扩散㶲。这样，燃料的化学㶲定义为：

$$e_x=-(\Delta h^{\ominus}-T_0\Delta S^{\ominus})=Q_{DW}+T_0\Delta S^{\ominus} \quad (5-32)$$

式中：Q_{DW}为燃料低位热值；$\Delta S^{\ominus}$为反应熵。生成系熵中，H_2O 应按气态计算。如果燃料成分精确已知，则可查表计算 e_x。当燃料成分未知时，可由实验测定发热量，但 $\Delta S^{\ominus}$难以测定，故实际工作中多采用如下近似公式计算。

气体燃料：$e_x=0.95Q_{GW}$(此式只适合 2 个 C 原子以上的 C_nH_m型气体燃料，对 H_2、CO、CH_4不适用)

液体燃料：$e_x=0.975Q_{GW}$

固体燃料：$e_x=Q_{DW}+r\cdot W_{ar}$(式中 $r=2\ 438$ kJ/mol，为25℃、101.3 kPa 时水的汽化潜

热）

式中：Q_{GW}为燃料的高位发热量，Q_{DW}为燃料的低位发热值。

已知燃料的元素成分时，也可用下列经验公式计算：

液体燃料：

$$e_x = Q_{DW}\left(1.0038 + 0.1365\frac{H^g}{C^g} + 0.0308\frac{O^g}{C^g} + 0.0104\frac{S^g}{C^g}\right) \tag{5-33}$$

固体燃料：

$$e_x = Q_{DW}\left(1.0064 + 0.1519\frac{H^g}{C^g} + 0.0616\frac{O^g}{C^g} + 0.0429\frac{N^g}{C^g}\right) \tag{5-34}$$

式中上标“g”表示干燥基。

对于纯气体组成的燃料，可由纯气体（或元素）的标准㶲值（扣除了扩散㶲）来计算：

$$e_x = \sum_i x_i e^0_{x_i} + R' \cdot T_0 \sum_i x_i \ln x_i,\ \mathrm{kJ/m^3}(标) \tag{5-35}$$

式中：$e^0_{x_i}$为可燃成分的标准化学㶲，可由表 5－2 查得；x_i为第 i 种组分的容积成分；R'为气体常数，$R' = 0.371\ \mathrm{kJ/(m^3 \cdot K)}$（标）。

式中第二项为混合时熵增修正项，通常可忽略。

表 5－2　单一成分燃料的标准㶲 e^0_x

气体			固体、液体		
物质	e^0_x		物质	e^0_x	
（分子式）	kcal/m³（标）	kJ/m³（标）	（分子式）	kcal/kg	kJ/kg
H_2	2 480	10 380	C	7 990	33 450
CO	2 740	11 470	S	2 235	93 560
CH_4	8 520	35 665	C_5H_{10}	10 970	45 920
C_2H_2	13 120	54 920	C_5H_{12}	11 140	46 630
C_2H_4	14 050	58 814	C_6H_6	9 830	41 110
C_2H_6	15 510	64 925	C_6H_{12}	10 850	45 420
C_3H_6	20 730	86 780	C_6H_{14}	11 140	46 630
C_3H_8	22 300	93 350	$C_6H_5CH_3$	9 940	41 610
C_4H_{10}	29 070	121 690	C_7H_{16}	11 150	46 670
H_2S	2 590	22 144	C_8H_{18}	11 460	47 970
NH_3	3 500	14 650	CH_3OH	5 020	21 010
			C_2H_5OH	6 800	28 800

当燃料不完全燃烧时，产物中含有 C′等可燃成分，则燃烧产物的化学㶲为：

$$e_x = 33.45C' + \sum_i x_i e^0_{x_i}\quad \mathrm{kJ/m^3}(标) \tag{5-36}$$

式中：C′是 1 m^3(标)烟气中游离 C 的含量，g/m^3(标)。

[例 5.3] 已知发生炉煤气的成分(%)为：

CO	H_2	CH_4	C_2H_4	H_2S	CO_2	N_2	O_2	H_2O
24.0	12.9	2.3	0.3	1.0	6.7	48.4	0.2	4.2

试计算其化学㶲。

[解] CO_2、N_2、O_2、H_2O 为基准物质，其化学㶲是 0(不计扩散㶲)。根据所给湿成分，可计算得到可燃组分中各气体的容积成分：

$$CO^r = 24.0 \times \frac{100}{100-(6.7+48.4+0.2+4.2)} = 24.0 \times 2.469 = 59.26(\%)$$

$H_2^r = 12.9 \times 2.469 = 31.85\%$

$CH_4^r = 2.3 \times 2.469 = 5.68\%$

$C_2H_4^r = 0.3 \times 2.469 = 0.74\%$

$H_2S^r = 1.0 \times 12.469 = 2.47\%$

由表 5-2 的数据，有：

$$e_x = 0.5926 \times 11\ 470 + 0.3185 \times 10\ 380 + 0.0568 \times 35\ 665 + 0.0074 \times 58\ 814 + 0.0247 \times 22\ 144 + 0.371 \times 298.15 \times (0.5926 \times \ln 0.5926 + 0.3185 \times \ln 0.3185 + 0.0568 \times \ln 0.0568 + 0.0074 \times \ln 0.0074 + 0.0247 \times \ln 0.0247) = 13\ 111 - 107 = 13\ 004\ \mathrm{kJ/m^3}(\text{标})$$

可见，对于粗略计算，后一项即扩散㶲，是可以忽略的。

5.5 㶲损失

在能量转化过程中，所消耗的能量通常不能全部转变为有用能，我们称存在能量损失——㶲损失，一般包括：

(1)散热㶲损失。经装置表面散失于环境中的能量，如炉体表面的散热等。这类能量虽然具有㶲值，但一般难以利用或不利用，因而称为外部㶲损失。

(2)出口㶲损失。流经装置的排出物所携带的能量，如随烟气、灰渣、冷却介质等带走的热量。这类能量如直接排到环境中，则构成外部㶲损失，但其中一部分能量一般是可以回收利用的，这时就不能当成损失。

(3)过程㶲损失。在不可逆过程中，能量的一部分将转化成炕，因而造成可用能的损失。自然界中的实际过程都是不可逆过程，因而都存在过程㶲损失。比较典型的有节流过程㶲损失、传热过程㶲损失和燃烧过程㶲损失等。这类能量损失，由热力学第一定律是得不到的，只能由热力学第二定律得到，因而称为第二种能量损失，也称内部㶲损失。此类㶲损失造成能量贬值，使体系的能级下降，做功能力降低，是容易被忽视而又不能忽视的一种能量损失。

5.5.1 绝热节流过程㶲损失

绝热节流过程是等焓过程(见图 5-4)。节流前后，能量的数量(焓)不变，但质量降低。

由
$$e_x = (h - h_0) - T_0(s - s_0)$$

得
$$\Delta e_x = e_{x_2} - e_{x_1} = [(h_2 - h_0) - T_0(s_2 - s_0)] - [(h_1 - h_0) - T_0(s_1 - s_0)]$$

$$= (h_2 - h_1) - T_0(s_2 - s_1) = -T_0(s_2 - s_1) \tag{5-37}$$

因为 $s_2 > s_1$　（熵增原理）

所以 $\Delta e_x < 0$

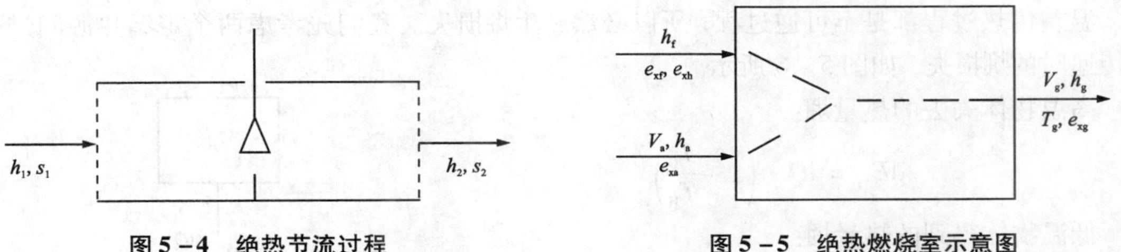

图 5－4　绝热节流过程　　　图 5－5　绝热燃烧室示意图

5.5.2　绝热燃烧过程㶲损失

由图 5－5 所示的定压绝热燃烧模型，燃烧过程的能量平衡式为：

$$Q_{DW} + h_f + v_a \cdot h_a = v_g \cdot \bar{C}_{pg} \cdot (t_g - t_0)$$

所以 $t_g = t_0 + \dfrac{h_f + Q_{DW} + v_a \cdot h_a}{v_g \cdot \bar{C}_{pg}}$，称为绝热燃烧温度。

式中：下标"f"表示燃料，"a"表示空气，"g"表示燃料产物；v_a、v_g表示对单位燃料所供给的空气量和所产生的产物量。但燃料和空气不预热时（即温度 $=t_0$），其焓和焓㶲均为 0，即

$$h_f = 0,\ h_a = 0,\ e_{xh} = 0,\ e_{xa} = 0$$

从而

$$t_g = t_0 + \frac{Q_{DW}}{v_g \cdot C_{pg}}$$

过程㶲差：

$$\Delta e_x = v_g \cdot e_{xg} - (e_{xf} + e_{xh} + v_a \cdot e_{xa}) = v_g \cdot e_{xg} - e_{xf}$$

而产物的㶲（高温㶲）：

$$e_{xg} = \bar{C}_{pg}(T_g - T_0)\left(1 - \frac{T_0}{T_g - T_0}\ln\frac{T_g}{T_0}\right) = Q_{DW}\left(1 - \frac{T_0}{T_g - T_0}\ln\frac{T_g}{T_0}\right)$$

燃料化学㶲：

$$e_{xf} = Q_{DW} + T_0 \cdot \Delta s^{\ominus}$$

所以

$$\Delta e_x = Q_{DW}\left(1 - \frac{T_0}{T_g - T_0}\ln\frac{T_g}{T_0}\right) - (Q_{DW} + T_0\Delta s^{\ominus}) = -\left(T_0\Delta s^{\ominus} + Q_{DW}\frac{T_0}{T_g - T_0}\ln\frac{T_g}{T_0}\right) < 0 \tag{5-38}$$

则燃烧过程㶲损失率为：

$$1 - \eta_e = \frac{-\Delta e_x}{e_{xf} + e_{xh} + v_a \cdot e_{xa}} \times 100\% \tag{5-39}$$

一般而言，$1 - \eta_e = 20\% \sim 30\%$，或燃烧过程㶲效率 $\eta_e = 70\% \sim 80\%$。显然，这样大的损失是不可忽视的。由上面的结果可以看出，燃烧过程㶲损失的大小，与燃烧温度有直接关系，T_g越高则㶲损失越小；另外，也与空气过剩系数间接相关，α 越大则㶲损失越大。实际燃烧过程是非绝热的，而且还存在不完全燃烧损失，所以㶲损失更大。减少燃烧过程㶲损失的途径

主要有：采用较低的过剩空气系数、对燃料和空气预热、加强燃烧室保温，从而提高燃烧温度；加强燃料与空气的混合，从而减少不完全燃烧㶲损失等。

5.5.3 传热过程㶲损失

温差传热过程都是不可逆过程，所以必然产生㶲损失。我们先考虑两个定温热源间进行热传递时的㶲损失，如图 5－6 所示。

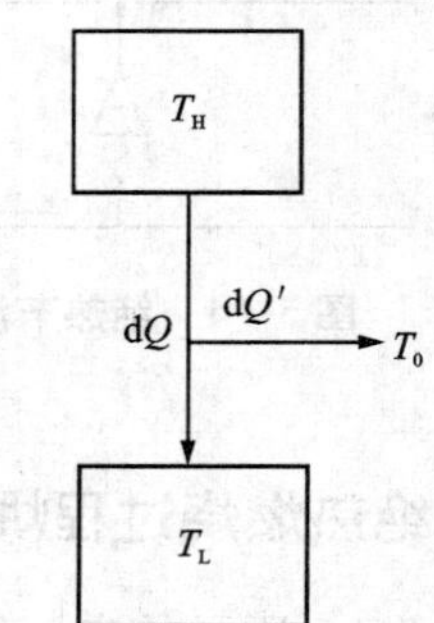

图 5－6 定温物体间的传热

高温物体失去的热量㶲：

$$dE_{x_1} = dQ \cdot \left(1 - \frac{T_0}{T_H}\right)$$

低温物体得到的热量㶲：

$$dE_{x_2} = dQ \cdot \left(1 - \frac{T_0}{T_L}\right)$$

传热㶲损失：

$$dE_x = dE_{x_2} - dE_{x_1} = T_0 \cdot \left(\frac{1}{T_H} - \frac{1}{T_L}\right) \cdot dQ < 0$$

当传热过程中还有向外界(环境)的传热时，

$$dE_x = T_0 \cdot \left(\frac{1}{T_H} - \frac{1}{T_L}\right) dQ + T_0 \cdot \left(\frac{1}{T_H} - \frac{1}{T_0}\right) dQ' \tag{5-40}$$

因此，减少传热过程㶲损失的途径主要有减少传热温差和热损失量。

1) 变温物体间传热㶲损失

对于更一般的情况，考虑到热源物体热容量有限，则随着热量的传递，两个物体温度将发生变化，当没有外界干扰作用时，传热过程将一直进行到两物体温度相等为止。

热平衡关系： $dQ = -m_H \cdot C_H \cdot dT_H = m_L \cdot C_L \cdot dT_L$

这里 m 为物体质量，C 为比热。则

$$\begin{aligned} dE_x &= T_0\left(\frac{1}{T_H} - \frac{1}{T_L}\right) dQ = T_0\left(-\frac{m_H \cdot C_H \cdot dT_H}{T_H} + \frac{m_L \cdot C_L \cdot dT_L}{T_L}\right) \\ &= -T_0(m_H \cdot dS_H + m_L \cdot dS_L) \end{aligned}$$

积分：$\Delta E_x = -T_0(m_H \cdot \Delta S_H + m_L \cdot \Delta S_L) = -T_0(\Delta S_H + \Delta S_L) = -T_0 \cdot \Delta S_{体系} < 0$

当物体比热为常数时，对温度积分，则可得：

$$\Delta E_x = T_0\left(\frac{1}{\overline{T}_H} - \frac{1}{\overline{T}_L}\right) \cdot Q \tag{5-41}$$

式中：$\overline{T}_H = \dfrac{T_L - T_{L0}}{\ln \dfrac{T_H}{T_{H0}}}$，$\overline{T}_L = \dfrac{T_L - T_{L0}}{\ln \dfrac{T_L}{T_{L0}}}$。(下标“0”代表初始温度)

当物体比热不为常数，或传热过程中有相变时，可采用下式：

$$\Delta E_x = -T_0(m_H \cdot \Delta S_H + m_L \cdot \Delta S_L) = T_0 \cdot \left(\frac{\Delta S_H}{\Delta h_H} - \frac{\Delta S_L}{\Delta h_L}\right) \cdot Q \tag{5-42}$$

2) 热交换器传热㶲损失

热交换器的传热属于不等温传热过程。由图 5－7 所示的传热模型，利用上述结果，有：

$$\Delta E_x = T_0 \cdot Q\left(\frac{1}{\bar{T}_H} - \frac{1}{\bar{T}_L}\right) \tag{5-43}$$

式中，$\bar{T}_H = \dfrac{T_{H1} - T_{H2}}{\ln \dfrac{T_{H1}}{T_{H2}}}$，$\bar{T}_L = \dfrac{T_{L1} - T_{L2}}{\ln \dfrac{T_{L1}}{T_{L2}}}$，即为热流体和冷流体的对数平均温度。

利用 $\eta_c - Q$ 图，可以很方便地显示热交换器传热过程㶲损失。

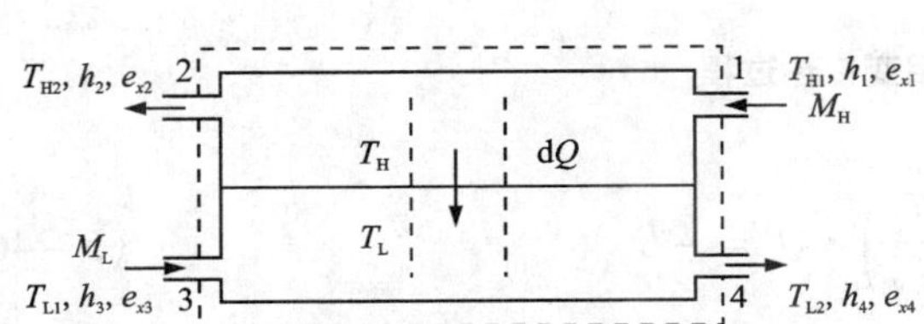

图5-7　换热器中的传热过程

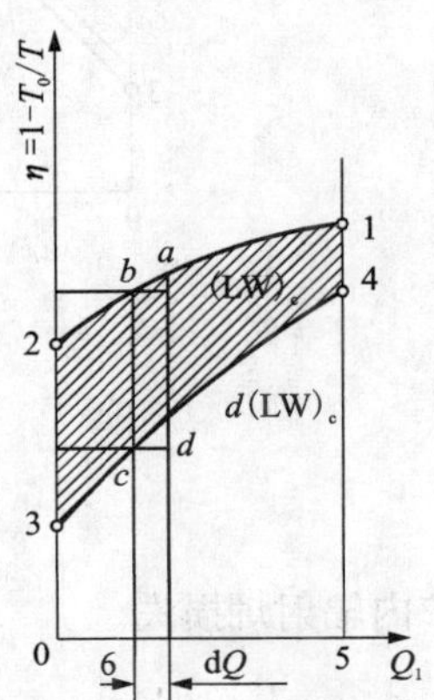

图5-8　传热过程的 $\eta_c - Q$ 图

如图5-8，则

热流体线下面积为：　$\mathrm{d}E_{xH} = \left(1 - \dfrac{T_0}{T_H}\right) \cdot \mathrm{d}Q = \eta_{CH} \cdot \mathrm{d}Q$

冷流体线下面积为：　$\mathrm{d}E_{xL} = \left(1 - \dfrac{T_0}{T_L}\right) \cdot \mathrm{d}Q = \eta_{CL} \cdot \mathrm{d}Q$

图中阴影部分的面积就是传热㶲损失：

$$\mathrm{d}E_x = \mathrm{d}E_{xL} - \mathrm{d}E_{xH}$$

热交换器传热的特例是一侧流体有相变的情形[见图5-9(a)]，这时只需以相变温度取代上述的对数平均温度即可。即

$$\Delta E_x = T_0 \cdot Q\left(\frac{1}{T_H} - \frac{1}{\bar{T}_L}\right) \tag{5-44}$$

但对于有分段相变的过程[见图5-9(b)]，则应分段计算：

$$\Delta E_x = T_0 \cdot \left(\frac{Q_1}{T_{H1}} + \frac{Q_2}{T_{H2}} - \frac{Q}{\bar{T}_L}\right) \tag{5-45}$$

5.5.4　散热㶲损失

散热㶲损失属于外部㶲损失，一般包括：①设备表面的散热损失；②炉内孔口逸气热损失和辐射热损失；③辅助设备如链条、台车等带出的热；④冷却介质带走的热，等等。这些种类的热量虽然具有㶲值，但一般没有利用价值，或根本无法利用，因此其㶲值就构成了㶲损失。

(1)表面散热㶲损失

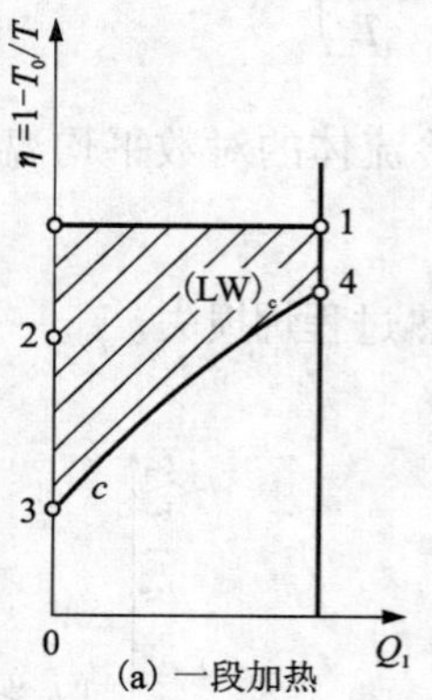

(a) 一段加热

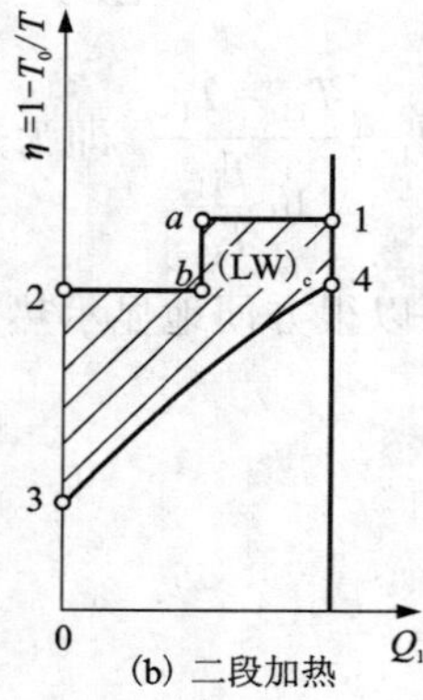

(b) 二段加热

图 5－9　相变传热过程

$$\Delta E_x = -\left(1-\frac{T_0}{T_W}\right)\cdot Q_s = -E_{xs} \tag{5-46}$$

(2)炉内辐射㶲损失

$$\Delta E_x = -\left(1-\frac{T_0}{T_1}\right)\cdot Q_r = -E_{xr} \tag{5-47}$$

这里 T_1 为炉内温度。辐射热量为:

$$Q_r = \varepsilon\cdot C_0\cdot A\cdot\left[\left(\frac{T_1}{100}\right)^4-\left(\frac{T_0}{100}\right)^4\right] \tag{5-48}$$

式中:$\varepsilon\approx1$, $C_0=5.67\ \mathrm{W/(m^2\cdot K^4)}$

(3)设备冷却㶲损失

$$\Delta E_x = -\left(1-\frac{T_0}{T}\right)\cdot\dot{m}\cdot(h_2-h_1) \tag{5-49}$$

式中:$\dot{m}$、h_1、h_2是冷却介质的质量流率和进、出口焓值。由于冷却介质是由炉内带出的热量,因而温度 T 应取炉内温度比较合理。此外应注意,如果采用汽化冷却,产出的蒸汽可以利用时,就不应算作损失。

5.5.5　燃烧产物㶲损失

燃烧产物㶲损失有两种情况:一是通过炉门孔口的逸气损失;二是排烟损失。前者是无法利用的,但后者则可根据温度水平的不同,采用合适的途径部分加以利用。燃烧产物㶲损失也属于外部㶲损失,其值等于产物所具有的㶲。即

$$\Delta E_x = -E_{xy} = -T_0\cdot\left(1-\frac{T_0}{T_y}\right)\cdot Q_y \tag{5-50}$$

式中

$$Q_y = C_{py}\cdot(T_y-T_0)\cdot V_y$$

注意,一般不考虑扩散㶲,但有可燃性成分存在时,其化学㶲是需要考虑的。这时,

$$\Delta E_x = -T_0\cdot\left(1-\frac{T_0}{T}\right)Q_y-\left(33.45C'+\sum_i x_i e_{xi}^0+R'\cdot T_0\cdot\sum_i x_i\cdot\ln x_i\right)V_y \tag{5-51}$$

［例5.4］ 将1 kg、－10℃的冰投入9 kg、20℃的水中，直至达到平衡。试计算整个传热过程的㶲损失（不计散热，水的平均比热取 $C_{pl}=4.187$ kJ/(kg·K)，冰的平均比热取 $C_{ps}=2.0$ kJ/(kg·K)，熔解热 $r_m=332$ kJ/kg。

［解］ 达到平衡状态时，混合物（水）的温度可由下式解出：

$$m_s\cdot C_{ps}[0-(-10)]+m_x\cdot q_s+m_s\cdot C_{pl}\cdot(t-0)=m_1\cdot C_{pl}(20-t)$$

代入数据后得到

$$t=9.6℃$$

20℃→9.6℃水的㶲增：

$$\Delta e_{x1}=C_{pl}[(T_2-T_1)-T_0\ln\frac{T_2}{T_1}]=4.187\times[(9.6-20)-298\ln\frac{282.6}{293}]=1.5482\ \text{kJ/kg}$$

同理，－10℃→0℃时冰的㶲增：

$$\Delta e_{xs}=2.0\times[(0+10)-298\ln\frac{273}{263}]=-2.2414\ \text{kJ/kg}$$

0℃冰熔解㶲增：

$$\Delta e_{xm}=r_m\cdot(1-\frac{T_0}{T})=332\times(1-\frac{298}{273})=-30.4029\ \text{kJ/kg}$$

0℃→9.6℃时水的㶲增：

$$\Delta e'_{x1}=4.187\times[(9.6-0)-298\ln\frac{282.6}{273}]=-2.9271\ \text{kJ/kg}$$

所以，过程㶲损失：

$$\begin{aligned}\Delta E_x&=m_1\cdot\Delta e_{x1}+m_s\cdot(\Delta e_{xs}+\Delta e_{xm}+\Delta e'_{x1})\\&=9\times1.5482+1\times(-2.2414-30.4029-2.9271)\\&=-21.64\ \text{kJ}\end{aligned}$$

5.6 㶲效率

5.6.1 㶲效率的定义

㶲效率是反映能量转化装置热力学完善程度的指标。一般定义为：装置所输出的㶲（收益㶲）占供给装置的㶲（供给㶲）的比值。即

$$\eta_e=\frac{E_{xgain}}{E_{xpay}}=1-\frac{\Delta E_x}{E_{xpay}} \tag{5-52}$$

当只考虑内部㶲损失（过程㶲损失）时，所得到的㶲效率将大于包括外部㶲损失的㶲效率。这种㶲效率更能反映装置的热力学完善程度。此时，㶲损失转化为𤆬，并反映为系统的㶲增。

$$\eta'_e=1-\frac{A_n}{E_{xpay}}=1-\frac{T_0\Delta S}{E_{xpay}} \tag{5-53}$$

㶲效率与热效率有着本质的不同。热效率计算的能量是等价的，不论其品位的高低，而㶲效率计算的能量是不等价的。热效率不可能反映出过程损失这种能量损失，因此也就不能反映出装置的热力学完善程度。但两者之间有一定的关系，以动力循环为例：

循环热效率：

$$\eta = \frac{W}{Q} \tag{5-54}$$

㶲效率:

$$\eta_e' = \frac{W}{E_{xQ}} \tag{5-55}$$

而
$$E_{xQ} = (1 - \frac{T_0}{T}) \cdot Q = \eta_c \cdot Q$$

所以

$$\eta = \frac{E_{xQ}}{Q} \cdot \frac{W}{E_{xQ}} = \eta_c \cdot \eta_e' \tag{5-56}$$

当循环过程都可逆时,内部㶲损失为0,即 $\eta_e' = 100\%$。此时 $\eta = \eta_c$,即为卡诺效率。过程不可逆时,存在㶲损失,则 $\eta_e' < 1$,所以 $\eta < \eta_c$,即热效率低于卡诺效率。

5.6.2　各种热工设备的㶲效率

对于各种热工设备,由于收益㶲与耗费㶲的区分方法不同,所得到的㶲效率的表达也不相同,这是㶲效率与热效率的又一区别之处。

1)热交换器㶲效率

利用如图5-10所示的简化模型,当热流体出口㶲 E_{xH} 不再回收利用,成为外部㶲损失时,

$$E_{xH}^+ = (E_{xL}^- - E_{xL}^+) + (E_{xH}^- - \sum \Delta E_x) \tag{5-57}$$

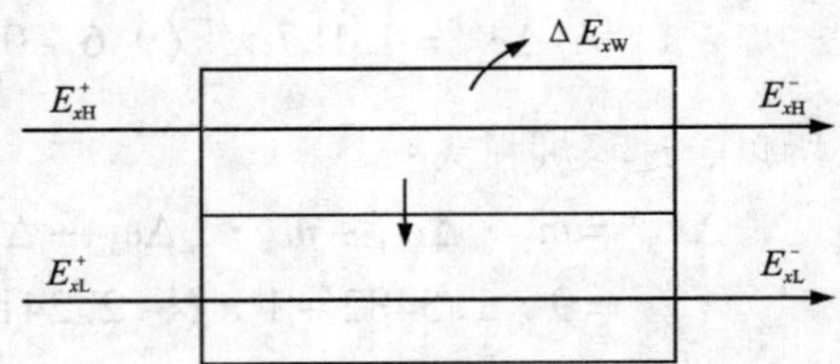

图5-10　热交换原理图

式中:$\sum \Delta E_x = \Delta E_x + \Delta E_{xW}$;

ΔE_x——传热过程㶲损失;

ΔE_{xW}——表面散热㶲损失。

当出口㶲按目的㶲考虑时:

$$(E_{xH}^+ - E_{xH}^+) = (E_{xL}^- - E_{xL}^-) - \sum \Delta E_x \tag{5-58}$$

当出口㶲按传递㶲考虑时:

$$(E_{xH}^+ + E_{xL}^+) = (E_{xH}^- + E_{xL}^-) - \sum \Delta E_x \tag{5-59}$$

将等式左边视为付出㶲,右边第一项为收益㶲,则得下列三种㶲效率:

一般定义

$$\eta_{e_1} = \frac{E_{xL}^- - E_{xL}^+}{E_{xH}^+} = 1 - \frac{E_{xH}^- - \sum \Delta E_x}{E_{xH}^+} \tag{5-60}$$

目的㶲效率

$$\eta_{e_2} = \frac{E_{xL}^- - E_{xL}^+}{E_{xH}^+ - E_{xH}^-} = 1 - \frac{-\sum \Delta E_x}{E_{xH}^+ - E_{xH}^-} \tag{5-61}$$

传递㶲效率

$$\eta_{e_3} = \frac{E_{xH}^- + E_{xL}^-}{E_{xH}^+ + E_{xL}^+} = 1 - \frac{-\sum \Delta E_x}{E_{xH}^+ + E_{xL}^+} \tag{5-62}$$

式中:η_{e_2} 在出口㶲作为下道工序的入口㶲时较为合理;η_{e_3} 在评价换热器本身热力学完善性时

较合理。

三种定义所得数值不相等，一般有 $\eta_{e_1} < \eta_{e_2} < \eta_{e_3}$。

2) 锅炉㶲效率

锅炉的付出㶲为燃料㶲，收益㶲为水及蒸汽的㶲增：

$$\eta_e = \frac{D \cdot (e_{xq} - e_{xs})}{B \cdot e_{x_f}} \tag{5-63}$$

式中：D 是锅炉蒸发量，kg/h；B 为燃料耗量，kg/h。

在进行锅炉㶲平衡计算时，燃烧和传热过程㶲损失为内部㶲损失，而散热和排烟㶲损失为外部㶲损失。当对整个系统做㶲平衡计算时，风机、水泵的功率应计入付出㶲中。

3) 加热炉的㶲效率

加热炉的付出㶲为燃料㶲，收益㶲为被加热物料得到的㶲：

$$\eta_e = \frac{G \cdot (e_{x2} - e_{x1})}{B \cdot e_{xf}} \tag{5-64}$$

当采用汽化冷却时，蒸汽㶲归入收益㶲，而风机、泵的功耗归入付出㶲。

4) 多台设备串、并联体系

由多台设备串联构成的用能系统，总的㶲效率等于各台设备㶲效率的乘积。如由锅炉→汽轮机→传动装置→发电机→送电设备构成的发电系统，其总的㶲效率为：

$$\eta_3 = \frac{\text{输出的电力㶲}}{\text{耗费的燃料㶲}} = \eta_{eg} \cdot \eta_{eq} \cdot \eta_j \cdot \eta_d \cdot \eta_{sd} \tag{5-65}$$

由多台设备并联的用能系统，总的㶲效率等于各台设备㶲效率之和。如热电联产系统或燃气 - 蒸汽联合循环发电系统等。

$$\eta_e = \frac{E_{x1} + E_{x2} + \cdots}{E_{xpay}} = \eta_{e1} + \eta_{e2} + \cdots = \sum \eta_i \tag{5-66}$$

这一点也与热效率不同。

表 5 - 3 给出了一些常用热工设备的㶲效率的定义方法。

表 5 - 3　常用热工设备或装置的㶲效率

序号	热工设备	耗费㶲	收益㶲	㶲效率
1	锅炉	B_{eF}	$D(e_{x_2} - e_{x_1})$	$D(e_{x_2} - e_{x_1})/B_{eF}$
2	燃烧室	B_{eF}	$V_{GexG} - V_{AexA}$	$(V_{GexG} - V_{AexA})/B_{eF}$
3	透平	$D \cdot (e_{x_1} - e_{x_2})$	W	$W/D(e_{x_1} - e_{x_2})$
4	压缩机或泵	W	$M \cdot (e_{x_2} - e_{x_1})$	$M \cdot (e_{x_2} - e_{x_1})/W$
5	节流阀	$M \cdot e_{x_1}$	$M \cdot e_{x_2}$	e_{x_2}/e_{x_1}
6	闭口蒸汽动力循环	$\int_1^2 (1 - \frac{T_0}{T}) dQ$	W	$W/\int_1^2 (1 - \frac{T_0}{T}) dQ$
7	燃气轮机	B_{eF}	W	W/B_{eF}
8	压缩式制冷机	W	$(1 - \frac{T_0}{T}) Q_2$	$(1 - \frac{T_0}{T}) Q_2/W$

续表 5-3

序号	热工设备	耗费㶲	收益㶲	㶲效率
9	吸收式制冷机	$\int_1^2 (1-\frac{T_0}{T_1})\mathrm{d}Q$	$(1-\frac{T_0}{T_2})Q_2$	$(1-\frac{T_0}{T_2})Q_2/\int_1^2 (1-\frac{T_0}{T_1})\mathrm{d}Q$
10	压缩式热泵	W	$(1-\frac{T_0}{T_1})Q_1$	$(1-\frac{T_0}{T_1})Q_1/W$
11	表面式换热器	$M_1(e_{x1^+}-e_{x1^-})$	$m_2(e_{x2^-}-e_{x2^+})$	$M_2(e_{x2^-}-e_{x2^+})/[M_1(e_{x1^+}-e_{x1^-})]$
12	暖气取暖	$M\cdot(e_{x_1}-e_{x_2})$	$(1-\frac{T_0}{T_1})Q$	$(1-\frac{T_0}{T_1})Q/[M(e_{x_1}-e_{x_2})]$
13	电取暖	$W=Q$	$(1-\frac{T_0}{T_1})Q$	$1-\frac{T_0}{T_1}$

5.7 㶲平衡分析

㶲平衡分析是掌握能量转换系统和用能设备的有效能的流向、分析可用能的损失情况，以及了解设备热力学完善程度的重要方法。它以物料平衡和热平衡为基础，并加以深化，不仅可以反映设备各项能量在数量上的转化，而且可以反映能量在质量上的变化。因此，它比热平衡分析更加完善，且对节能工作的开展更具实际意义。

要进行㶲平衡分析，一般要先进行热平衡测试和热平衡计算，因为很多㶲值的计算都要用到热量值，这是第一步。第二步是利用热平衡结果计算各项能量的㶲值，然后像热平衡分析一样列出㶲平衡表。第三步是作出㶲流图，以便使人对㶲流情况一目了然。最后是给予必要的分析和讨论，提出建议。

5.7.1 㶲平衡分析实例

下面以蒸汽动力循环为例，说明㶲平衡分析的全过程。

[例 5.5] 已知朗肯循环(见图 5-11)各点状态参数:

$p_1 = 10$ MPa　$t_1 = 530$℃

$p_1' = 9$ MPa　$t_1' = 520$℃

$p_2 = 0.004$ MPa　$t_2 = 28.98$℃

燃料(重油)热值　$Q_{DW} = 40\ 500$ kJ/kg

燃料㶲值(化学㶲+热量㶲)　$e_{xf} = 43\ 000$ kJ/kg

锅炉效率　$\eta_g = 0.90$

汽机内效率　$\eta_{tn} = 0.80$

水泵效率　$\eta_b = 0.75$

环境温度　$t_0 = 12$℃

试对系统进行㶲平衡分析。

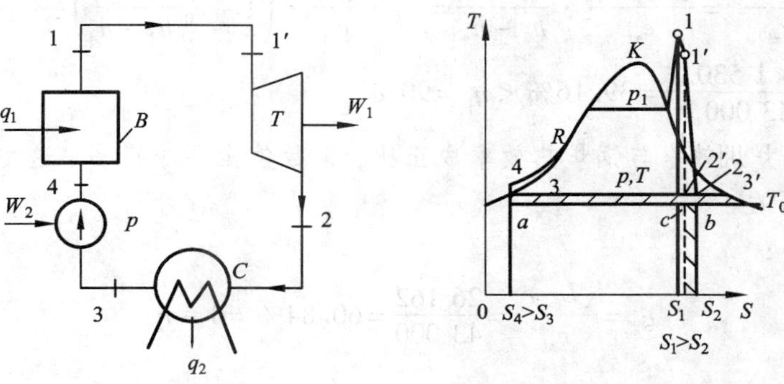

图 5-11　朗肯循环图

[**解**]　(1)根据已知参数及效率，利用蒸汽图表可查得或计算出各点的参数及㶲值，如表 5-4 所示。

表 5-4　朗肯循环各点状态参数及㶲值

状态点	p/MPa	t/℃	h/[kJ/(kg·K)]	s/[kJ/(kg·K)]	e_x/[kJ·kg^{-1}]
1	10	530	3 450	6.695	1 542
1′	9	520	3 386	6.723	1 470
2	0.004	0.894(干度)	2 296	7.622	123
3	0.004	28.98	121.4	0.423	1.75
4	10	30	134.9	0.434	12.1
环境蒸汽	0.0014(分压)	12	2 522	8.848	0
环境水	—	12	50.4	0.180	0

其中各状态点工质㶲值 $e_x=(h-h_0)-T_0(s-s_0)$，h_0 和 s_0 为环境状态(12℃，101.3 kPa)下蒸汽或水的焓、熵。

每 kg 燃料的蒸发量　$d=\dfrac{Q_{DW}\cdot\eta_g}{h_1-h_4}=\dfrac{40\ 500\times0.90}{3\ 450-134.9}=11.0$ kg/(kg·燃料)

(2)锅炉

1 kg 蒸汽在锅炉中吸热量 $q_1=(h_1-h_4)=3\ 315.1$ kJ/kg

1 kg 蒸汽在锅炉中得到的㶲值：

$$\Delta e_{xg}=e_{x1}-e_{x4}=(h_1-h_4)-T_0(s_1-s_4)$$
$$=(3\ 450-135)-285\times(6.695-0.434)=1\ 530.7\ \text{kJ/kg}$$

锅炉中的㶲损失，包括燃烧、传热过程㶲损失，以及排烟、散热、不完全燃烧等外部㶲损失，其总和应为锅炉耗费㶲与收益㶲之差，即

$$(Le_x)_g=e_{xf}-d\cdot\Delta e_{xg}=43\ 000-11\times1\ 530.7=26\ 162\ \text{kJ/(kg·燃料)}$$

锅炉㶲效率：

$$\eta_{eg}=\frac{d\cdot\Delta e_{xg}}{e_{xf}}=\frac{Q_{DW}\cdot\eta_g}{e_{xf}}\cdot\frac{e_{x1}-e_{x4}}{h_1-h_4}=\eta_g\cdot\frac{Q_{DW}}{e_{xf}}\cdot\left(1-T_0\frac{s_1-s_4}{h_1-h_4}\right)$$

$$=\frac{11\times 1\ 530.7}{43\ 000}=39.16\%<\eta_g=90\%$$

由此可见，锅炉炯效率与锅炉热效率成正比，但数值上要小得多。这主要由燃烧和传热过程炯损失大造成的。

锅炉炯损失率：

$$\xi_g=\frac{(L_{ex})_g}{e_{xf}}=\frac{26\ 162}{43\ 000}=60.84\%=1-\eta_{eg}$$

(3)蒸汽管路

由于管路的阻力及散热，蒸汽炯值将由锅炉出口 e_{x1} 降至汽机进口的 e'_{x1}：

$$(Le_x)_p=d\cdot(e_{x1}-e'_{x1})=d[(h_1-h'_1)-T_0(s_1-s'_1)]$$

$$=11\times[(3\ 450-3\ 386)-285\times(6.695-6.723)]=792\ \text{kJ/(kg}\cdot\text{燃料)}$$

管路炯效率：

$$\eta_{eg}=\frac{e'_{x1}}{e_{x1}}=\frac{(h'_1-h_0)-T_0(s'_1-s_0)}{(h_1-h_0)-T_0(s_1-s_0)}$$

$$=\frac{(3\ 386-2\ 522)-285\times(6.723-8.848)}{(3\ 450-2\ 522)-285\times(6.695-8.848)}=95.33\%$$

另外，管路炯损失率占燃料炯的百分数：

$$\xi_p=\frac{(L_{ex})_p}{e_{xf}}=\frac{d\cdot(e_{x1}-e'_{x1})}{e_{xf}}=\frac{792}{43\ 000}=1.84\%$$

(4)汽轮机

汽轮机进出口蒸汽炯差：

$$\Delta e_{xt}=e'_{x1}-e_{x2}=(h'_1-h_2)-T_0(s'_1-s_2)$$

$$=(3\ 386-2\ 296)-285\times(6.723-7.622)=1\ 346.2\ \text{kJ/kg}$$

汽轮机输出功：

$$W_t=h'_1-h_2=3\ 386-2\ 296=1\ 090\ \text{kJ/kg}$$

汽轮机炯损失：

$$(Le_x)_t=d\cdot(e_{xt}-W_t)=dT_0(s_2-s'_1)$$

$$=11\times 285\times(7.622-6.723)=2\ 818\ \text{kJ/(kg}\cdot\text{燃料)}$$

这里，汽轮机的炯损失是由内部摩擦、涡流等不可逆损失引起的(机壳散热一般可以忽略)。炯效率：

$$\eta_{et}=\frac{W_t}{\Delta e_{x_i}}=1-\frac{(Le_x)_t}{d\cdot\Delta e_{x_i}}=\frac{1\ 090}{1\ 346}=80.98>\eta_{tn}=80\%$$

汽轮机的炯效率比内效率略高，这可以由下式得到验证：

$$\eta_{et}=\frac{h'_1-h_2}{e'_{x1}-e_{x2}}=\frac{h'_1-h_2}{h'_1-h_{2s}}\frac{h'_1-h_{2s}}{e'_{x1}-e_{x2}}=\eta_{tn}\frac{h'-h_2}{e'_{x1}-e_{x2}}$$

由于摩擦等原因将造成出口温度升高，所以出口炯值将比无损失时略高，因此右边分式将大于1。

汽轮机的炯损失率：

$$\xi_t = \frac{(Le_x)_t}{e_{xf}} = \frac{d \cdot T_0(s_2 - s_1')}{e_{xf}} = \frac{2\ 818}{43\ 000} = 6.55\%$$

(5) 冷凝器

蒸汽在冷凝器中冷凝时，放给冷却水的热量 $q_2 = h_2 - h_3$，这项热量再经冷却塔排入环境，因此未被利用，全部构成烟损失：

$$\begin{aligned}(Le_x)_n &= d(e_{x2} - e_{x3}) = d[(h_2 - h_3) - T_0(s_2 - s_3)] \\ &= 11 \times [(2\ 296 - 121.4) - 285 \times (7.622 - 0.423)] = 1\ 356\ \text{kJ/(kg·燃料)}\end{aligned}$$

烟效率：

$$\begin{aligned}\eta_{en} &= \frac{e_{x_3}}{e_{x_2}} = \frac{(h_3 - h_0') - T_0(s_3 - s_0')}{(h_2 - h_0) - T_0(s_2 - s_0)} \\ &= \frac{121.4 - 50.4) - 285 \times (0.423 - 0.180)}{(2\ 296 - 2\ 522) - 285 \times (7.622 - 8.848)} = 1.41\%\end{aligned}$$

这里烟效率如此之低，主要是因为冷却水带走的烟值大，另外还有本身的传热过程不可逆形成的损失造成的。当评价冷凝器热力学完善性时，不应当用上述定义，而应采用前述的传递烟效率计算。这里因未给出冷却水的进出口温度及流量，故不便进行计算。

烟损失率：

$$\xi_n = \frac{(Le_w)_n}{e_{xf}} = \frac{d(e_{x_2} - e_{x_3})}{e_{xf}} = \frac{1\ 356}{43\ 000} = 3.15\%$$

(6) 水泵

水在水泵中的增压过程可看成绝热压缩过程，消耗的功 $W_b = h_4 - h_3$。水的烟增 $\Delta e_{x_b} = e_{x4} - e_{x_3}$，所以烟损失：

$$\begin{aligned}(Le_x)_b &= d \cdot (W_b - \Delta e_{x_b}) = d \cdot \{(h_4 - h_3) - [(h_4 - h_3) - T_0(s_4 - s_3)]\} \\ &= d \cdot T_0(s_4 - s_3) \\ &= 11 \times 285 \times (0.434 - 0.423) = 34\ \text{kJ/(kg·燃料)}\end{aligned}$$

烟效率：

$$\begin{aligned}\eta_{eb} &= \frac{e_{x_4} - e_{x_3}}{W_b} = \frac{(h_4 - h_3) - T_0(s_4 - s_3)}{h_4 - h_3} \\ &= \frac{(134.9 - 121.4) - 285 \times (0.434 - 0.423)}{134.9 - 121.4} = 76.78\% > \eta_b = 75\%\end{aligned}$$

其损失是由摩擦和涡流等不可逆过程造成的，同样也有烟效率略大于内效率的结论。烟损失率：$\xi_b = \frac{(Le_w)_b}{e_{xf}} = \frac{34}{43\ 000} = 0.08\%$，很小，故是可以忽略的。

(7) 循环系统

整个循环系统的损失：

$$\begin{aligned}Le_x &= (Le_x)_g + (Le_x)_p + (Le_x)_t + (Le_x)_n + (Le_x)_b \\ &= 26\ 162 + 792 + 2\ 818 + 1\ 356 + 34 = 31\ 162\ \text{kJ/(kg·燃料)}\end{aligned}$$

向外界输出的功：

$$\begin{aligned}W &= W_t - W_b = d \cdot [(h_1' - h_2) - (h_4 - h_3)] \\ &= 11 \times [(3\ 386 - 2\ 296) - (134.9 - 121.4)] = 11\ 836\ \text{kJ/(kg·燃料)}\end{aligned}$$

另一方面，系统输出的功：

$$W' = e_{xf} - Le_x = 43\ 000 - 31\ 162 = 11\ 838\ \text{kJ/(kg·燃料)}$$

所以

$$W \approx W'$$

系统㶲效率：

$$\eta_e = \frac{W}{e_{xf}} = \frac{11\ 836}{43\ 000} = 27.53\%$$

系统㶲平衡结果如表 5－5 所示。

表 5－5 朗肯循环㶲平衡表

设备 名称	进口㶲 kJ/(kg·燃料)	出口㶲 kJ/(kg·燃料)	㶲损失 kJ/(kg·燃料)	㶲平衡误差 kJ/(kg·燃料)	㶲效率 /%	㶲损失率 /%
锅 炉	43 000	16 958	26 162	−120	39.16	60.84
管 路	16 958	16 166	792	0	95.33	1.84
汽轮机	16 166	1358 + 11 990	2 818	0	80.98	6.55
冷凝器	1 358	19	1 356	−17	—	3.15
水 泵	19 + 149	133	34	+1	76.78	0.08
总 计	输入㶲 43 149	输出功 11 990	31 162	−3	—	72.46 + 27.53 = 99.99

注：由于状态参数在查图表时有误差，使得㶲平衡时产生误差，但应注意串联系统的误差不是累加的关系。

(8) 热平衡结果(见表 5－6)。

系统热效率

$$\eta = \frac{W}{Q_{DW}} = \frac{11\ 836}{40\ 500} = 29.23\%$$

表 5－6 朗肯循环热平衡表

项 目	符号	公 式 及 计 算	结 果 kJ/(kg·燃料)	%
锅 炉	Q_g	$Q_{DW}(1-\eta_g) = 40\ 500 \times (1-0.9)$	4 050	10.00
管 路	Q_p	$d \cdot (h_1 - h_1') = 11 \times (3\ 450 - 3\ 386)$	704	1.74
冷凝器	Q_n	$d \cdot (h_2 - h_3) = 11 \times (2\ 296 - 121.4)$	2 392	59.06
总热损失	$\sum Q$	$Q_g + Q_p + Q_n$	28 674	70.80
输出净功	W	$Q_{DW} - \sum Q$	11 826	29.20
校 核	W'	$d \cdot [(h_1 - h_1') - (h_4 - h_3)]$ $= 11 \times [(3\ 386 - 2\ 296) - (134.9 - 121.4)]$	11 836	29.22
误 差	Δ	$Q_{DW} - \sum Q - W'$	−10	−0.02
总 计			40 500	100.0

(9) 系统㶲流图(见图 5－12)

(10) 分析与讨论

①对蒸汽动力循环系统，虽然热效率与㶲效率相差不多，但两者内涵有本质的不同。热

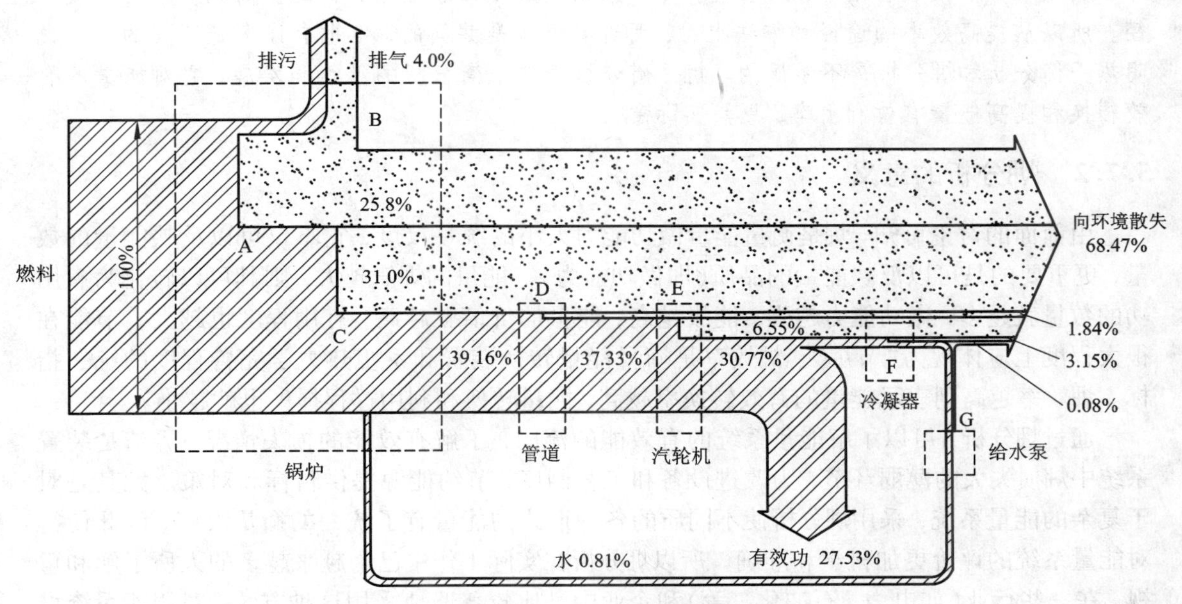

图5-12 蒸汽动力循环㶲流图

各项㶲损失：A—给水传热；B—排气；C—燃烧；D—管道；E—汽轮机；F—冷凝器；G—给水泵

损失表现为：锅炉表面散热及排烟损失，占10%；管道散热损失，占1.74%；冷凝器损失，高达59.07%；所以主要的热损失是冷却水带走的热量。㶲损失表现为：锅炉的燃烧、传热、排烟及表面散热等损失，分别占31.0%、25.8%、4.0%，共计达60.8%，是最主要的㶲损失项，其中又以燃烧和传热过程的不可逆损失为主(由于篇幅所限，这里未给出详细计算过程)；而冷凝器由于工质参数很接近环境状态，所以㶲损失很少，只占3.2%。这两处是与热平衡有显著区别的地方。另外，对汽轮机和水泵，从热平衡角度而言几乎没有损失，但从㶲平衡角度来说，由于存在内部摩擦、涡流等不可逆过程，所以㶲损失达到了不可忽视的程度(为6.7%)。这个结果是热平衡得不到的。此外，管道损失虽从数量上看差不多，但内涵也不相同。热平衡只考虑管道表面的散热损失，而㶲损失则包括散热损失和节流损失，事实上管道和阀门的节流损失在㶲损失中更为主要。

②从系统热平衡分析的角度看，提高热效率的途径主要是想办法利用冷却水的热量，如将这些低温冷却水(只有30℃左右)用于直接采暖，则系统热效率可大幅度提高，仅此一项可使热效率提高到80%以上；其次是设法利用烟气余热，如设置省煤器、空气预热器等；再次就是加强炉体和管道的保温。从循环角度来看，采取提高蒸发压力和温度、采用回热和再热循环以及采用燃气—蒸汽联合循环等措施，也是提高系统热效率的行之有效的方法。这时系统热效率可高达40%~50%。

③从㶲平衡分析的角度来看，提高系统㶲效率的方法，主要是设法减少锅炉的燃烧和传热过程不可逆损失，具体有采用高热值燃料、采用低的空气过剩系统(甚至采用富氧空气)、改进燃烧器和炉膛结构以便强化燃料与空气的混合、加强炉体保温等提高燃烧温度的方法，和提高蒸发温度和压力、合理布置受热面等减少传热温差的方法。当然，采用回热和再热循

环以及燃气-蒸汽联合循环，对烟气和冷却水余热加以回收利用，也是提高㶲效率的有效途径。所以从提高效率的途径和方法上看，两者有很多是共同的，但也有许多是不同的。这说明热平衡分析和㶲分析是不矛盾的。㶲平衡分析是热平衡分析的继续和发展，它对能量的有效转换和提高能量有效利用率，更具实际意义。

5.7.2 㶲分析的意义

由前面的讨论可知，㶲是衡量能量做功能力大小的统一尺度，它不仅可以反映能量的数量，更重要的是可以反映能量的品质(即做功能力)。能量的㶲值越大，则其可以转化为有用功的数量就越多，做功能力越强；能级越高，能量的价值就越高，有用程度也越大。节能在很大程度上应体现为"节㶲"。㶲效率是衡量能量转换装置和系统热力学完善程度的统一指标。㶲效率越高则表示能量的有效转换率越高，能量转换和利用过程损失也就越小。

通过㶲分析，可以了解能量系统的有效能的流向，了解有效能的损失情况，弄清楚装置系统中㶲损失大的薄弱环节，为改进设备和工艺制度，节约能源提供目标和对策。尤其是对于复杂的能量系统，采用㶲分析使不同质的各种形式的能量有了统一的衡量尺度，因此使得对能量系统的评价更加科学和准确。所以㶲分析在实际工作中已为越来越多的人所了解和重视，在一些行业(如电力、石油化工等)和企业中已比较普遍地采用这种方法，对用能系统设备进行分析，以便掌握设备工作状况和指导节能工作的开展。此外，㶲分析在以下几方面具有特殊的意义。

1)指导合理地按质使用能量

从前面讨论中可知，电能、机械能是高级能，其能级为1，即可以百分之百地转化为有用功，而热能、化学能等是中级能，能级小于1，只能有一部分能量可以转化为可用功，其可转化的比例的多少取决于温度和压力水平。当它们的状态参数偏离环境状态越远，则㶲值越大，可转化为功的比例就越多；状态参数越是接近于环境，则㶲值越低，可转化为功的比例就越小，其利用价值也就越低。所以在使用能量时，应尽量使它们的能级相互匹配，高级能做高级的用途，如直接用于做功，而不应使高级能转化成低级能使用。

如用电取暖，就是把电能转化成热能，能级降低了许多。从上述意义上讲，这种做法是不合理的。同样地，在中级能的利用过程中，也要考虑能级的匹配。比如，同样是采暖，用高参数蒸汽供暖要比用温度较低的热水供暖的㶲损失大得多，所以像供暖这种只需较低能级能量的场合，应优先考虑采用能级较低的热水；而能级较高的蒸汽，则应优先考虑发电或做功，使其中一部分能量转化为高级能，将余下的乏汽的能量传给冷却水，用冷却水去采暖。从能量的有效利用来看，这样做更为合理。此外，对高压介质的节流降压使用，也会造成较大的㶲损失，在流量较大时应考虑发电或做功。在对燃料的选取时，也存在能级的匹配问题。热值高的燃料能级较高(如重油 $\lambda=0.706$，发生炉煤气 $\lambda=0.656$，高炉煤气 $\lambda=0.636$)，燃烧时温度也较高。当不需要那么高的温度时，就不应采用高热值的燃料。

2)可以正确地评价和利用余热资源

物流离开工艺装置时所具有的能量称为余热。以前对余热资源的统计和利用，都只考虑其数量，而不考虑其品质，这是不合理的。有了㶲的概念，可以使人们对余热资源的评价和利用更加科学。例如，在凝汽式发电厂，冷凝器排出的冷却水，其热量的数量虽然占系统总耗热量的60%左右，数量很大，但由于接近环境状态，㶲值很小，品位很低，利用价值就不大。又如我国工业企业中冷却介质与高温物料的余热资源的数量比约为 2∶1，但其㶲资源之比约为 1∶20，所以开发利用高温物料的余热意义更大。

用㶲分析方法指导余热资源的评价和利用，重要的是根据余热源的温度和压力水平，按能级的不同进行统计，并依据能级匹配的原则，采用合适的方法加以回收和利用。比如，有余压能时，应优先利用余压发电或做功；对高温烟气这样的余热资源，应采用“梯级利用”的方法，即分级进行回收利用，一般可按燃气发电→余热锅炉蒸汽发电→预热空气→预热或干燥物料→预热燃料→预热锅炉给水→排烟的次序进行最有效的回收利用。

3) 避免和减少不可逆过程损失

凡是有热现象发生的实际过程，都是不可逆过程，如燃料燃烧、化学反应、温差传热、节流、摩擦、涡流、混合与分离等等，都是典型的不可逆过程，因此都存在㶲损失，从而造成能量的贬值。热能工作者的责任就是不要轻易让能量贬值。

如设法减少工艺过程的环节，就是减少系统㶲损失的有效措施；尽量让燃烧和化学反应过程在高温下进行，减少加热、冷却等传热过程中的温差，避免节流、涡流和摩擦，加强隔热和保温，等等，都是减少㶲损失、防止能量贬值的有效途径。

4) 技术经济与环保的合理性

应当指出，正确评价和使用能量是一项复杂的工作，有许多因素需要综合考虑。本章只是从纯技术的角度提供一些原则，这是减少能量转换和利用过程中能量损失，提高能量利用率的理论依据。

事实上，节能也好，节㶲也好，归根结底是要“节资”——省钱。也就是说，技术的实现取决于经济因素，同时还取决于环保因素。节能或节㶲措施的实施，一般需要增加投资。投资与收益比较是否合理，这是重要的“热经济学”问题。这首先需要解决的是价格，特别是能源价格问题。从㶲的意义上而言，能源价格以使用“㶲单价”比较合理，但事实上，能源的定价是个很复杂的问题，影响因素极多，所以至今还没有一种能源真正使用“㶲单价”，影响到技术的进步和节能工作的开展。比如，内燃机车㶲效率高于蒸汽机车，但由于燃料价格高，在我国曾一度被误认为是不经济的，结果很长时间未得到推广使用。另外，节能措施不应当以损害环境为代价，这也是值得注意的问题。

思考与练习

1. 什么叫能量系统？对能量系统进行分析的目的和意义是什么？
2. 简要说明能量平衡分析方法所依据的原理及其步骤。
3. 正平衡效率和反平衡效率有何区别和联系？分别适用于什么场合？
4. 热平衡测定通常包括哪些项目？在测试计算时需注意哪些问题？
5. 阅读热平衡计算实例(例 5.1)，你有什么体会？
6. 何谓有效能或㶲？为什么要定义能级？
7. 稳定流动体系的㶲有哪几种形式？其能级如何计算？
8. 燃料的化学㶲是如何定义和计算的？
9. 㶲损失包括哪几种类型？分别如何计算？
10. 㶲效率和热效率有什么区别和联系？

11. 多台设备串联或并联时，整个系统的热效率和㶲效率各自呈什么关系？

12. 请总结㶲平衡分析的方法和过程。

13. 对能量系统进行㶲分析有何意义？

14. 某混合式供热站使用6 at/350℃过热蒸汽与50℃(采暖回水温度)水混合，并向用户提供65℃热水供暖，已知蒸汽流量为5 t/h，试计算供水流量及混合加热过程的㶲损失率(不计加热过程热损失)。

15. 设煤粉锅炉炉膛出口烟气流量200 000 m^3/h(标)，烟气温度1 100℃，经过过热器、省煤器和空气预热器后温度降为150℃。试求整个过程的㶲差(不考虑烟道漏气)，并讨论烟气的㶲差是否可以作为锅炉的循环㶲收入项，为什么？

16. 某热媒炉采用天然气加热导热油。天然气(主要成分为甲烷)流量180 m^3/h；导热油流量150 t/h，入口温度260℃；测得烟气流量8 200 m^3/h，排烟温度350℃，烟气成分(体积含量)为CO_2 8.75%、O_2 6.71%、N_2 78.14%、H_2O 6.40%，体系总散热量230 MJ/h(体系表面温度平均按200℃计算)，环境温度按20℃。

(1)计算导热油出口温度；

(2)画出系统能量平衡表；

(3)画出系统㶲流图。

第 6 章　工业过程节能

节约与开发并重，是我国的基本能源政策。物质流和能量流是工业过程基本组成部分，各种工业过程的能源消耗是整个社会能耗的主要组成部分，也是节能潜力最大的领域之一。因此工业过程节能对提高社会能源利用率，更有效地利用有限的能源资源，降低企业生产成本，提高经济效益，都有十分重要的意义。

节能是一个内涵十分丰富的词汇，它包括对各种能源的合理调配使用，也包括对能源利用过程中所采取的各种节约措施，如对各种"跑、冒、滴、漏"现象的控制，节约用电、节约用水、节约用气等，就属此类；当然还包括一些深层次的措施，如生产工艺过程的优化与节能改造，燃烧过程的节能，工业余热的综合利用等方面，这都是工业过程节能的重要方向。本章要讨论的重点是燃烧过程节能和工业余热综合利用两个方面。

6.1　燃烧过程节能

现代工业所用能源，80% 以上来自燃料的化学能。因此，在燃料和燃烧方法、燃烧装置的选择，燃烧过程的组织与控制，燃烧排烟余热回收利用等方面，有意识地开展节能，对提高燃料能源的利用率，降低产品和产值能耗，提高企业经济效益，都有十分重要的意义，而且效果往往十分明显。比如，利用高温废气预热助燃空气，预热温度每提高 100℃，可节油 8% ~10%；又如将空气过剩系数每减少 10%，可节油 5% 左右；再加由烧油改为烧煤，由于相同热值的油、煤比价通常在 2∶1 以上，所以会产生明显的经济效益。由此可见，燃烧过程节能是节能工作中非常重要的环节。

6.1.1　燃料与燃烧方法、燃烧装置的优化选择

在新上工业项目的设计阶段，常常有煤、油、煤气、电等多种能源可以选择。一般来讲，要对其经济性和可行性进行全面论证后，才能做出决定。可行性论证包括：本地能源资源状况、开采能力、运输能力、生产能力，各种能源的市场比价与上涨趋势，国家能源政策，能源发展趋势，工艺条件与要求，环保政策与要求，企业用能的协调，余能的可能利用途径和方法，企业管理水平和技术，操作人员的素质，等等。一般而言，油价及其涨幅要比煤价高，优质煤价格也比劣质煤高，所以工业炉窑供热的趋势是"以煤代油"，对供热要求不高的场合尽量采用劣质煤，这样可降低燃料成本，提高经济效益。

选择燃料的目的是为了保证工艺过程所需要的加热温度和加热量。不同的工艺装置需要不同的温度。而选用不同的燃料供热，能够达到的温度也不相同。燃料的燃烧温度与燃料的发热量、燃料和空气的预热温度、炉内加热量和炉体散热状况、空气过剩系数等因素有关，其计算式为：

$$t_y = \frac{Q_{DW} + Q_r + Q_k - Q_c - Q_s - Q_f}{V_0 \cdot C_y + (\alpha - 1) L_0 \cdot C_k} \tag{6-1}$$

式中：Q_{DW}、Q_r、Q_k 分别为燃料低位热值、燃料和空气的预热热量；Q_c 和 Q_s 是炉内加热量和炉体散热量；Q_f 是燃烧产物的分解热，分母第一项是理论燃烧产物热焓；第二项是过剩的空气热焓；V_0 是理论燃烧烟气量；L_0 理论空气量；C_y 和 C_k 分别是烟气和空气比热；α 是空气过剩系数。一般情况下，影响燃烧温度的最重要因素是 Q_{DW} 和 V_0。

实际燃烧温度很难准确计算，而主要是根据理论燃烧温度和炉温系数来计算。理论燃烧温度为：

$$t_{理} = \frac{Q_{DW} + Q_y + Q_k - Q_f}{V_0 \cdot C_y + (\alpha - 1) L_0 C_k} \tag{6-2}$$

这样，

$$t_y = \eta_{炉} \cdot t_{理} \tag{6-3}$$

$\eta_{炉}$ 是炉温系数。它是与炉型结构和加热制度有关的经验系数，一般在 0.65 ~ 0.95 之间。

值得说明的是，燃烧温度的计算公式中，烟气比热和空气比热是随温度和压力变化的，烟气比热还与其成分有关，一般可从有关手册中查取；在实际计算时，需要采用试算法获得燃烧温度。

燃料的选择还应结合生产工艺的要求和特点，有的工艺过程要求不能有对原料或产品的污染，就应采用燃烧清洁的燃料，如煤气；有的对负荷调节性能要求高，就应选取升温快、燃烧强度大、易于控制的燃料，如油或高热值煤气等。

燃料选定后，进一步可选择燃烧方法和装置。对于不同的燃料，其燃烧方法和对应的装置不同。对气体燃料的燃烧，有有焰燃烧和无焰燃烧方法，所用燃烧器也不相同；对油的燃烧，有低压雾化、高压雾化、蒸气雾化、复合式燃烧等方法，燃烧器的种类和规格更多；对煤的燃烧，有层状燃烧、沸腾燃烧、旋风燃烧、粉煤悬浮燃烧等方法，相应的设备多种多样。不同的燃烧方法和装置，适用的场合各不相同，其燃烧效率和能量利用效率也有差别，应认真对待。

总之，燃料及燃烧方法和装置的选择，应根据生产工艺的特点和要求，以及环保要求和技术条件与水平等方面因素，进行综合考虑，尽量做到技术水平先进、能量利用率高、满足工艺要求和环保要求，经济上合理、效益好。

6.1.2 富氧、低空气比和最佳炉膛压力燃烧

6.1.2.1 富氧空气燃烧

在助燃空气中，O_2 含量大于 21%，称富氧空气。采用富氧空气助燃，燃烧产物量将减少，同时燃烧温度将提高，燃烧反应速度加快，燃烧强度提高。因此可以减少排烟热损失，提高炉内热强度，从而提高炉子的产能和能量利用率，降低燃料消耗量，达到节能的目的。

采用富氧空气助燃，燃烧时富氧空气需要量为：

$$L_n' = \frac{21}{C_{O_2}} \cdot \alpha L_0 (1 + 0.00124 g_{H_2O}) \ [\mathrm{m^3(标)/单位燃料}] \tag{6-4}$$

式中：C_{O_2} 为富氧空气中 O_2 的体积百分含量；g_{H_2O} 是干空气中的饱和水蒸气含量，g/m^3(标)；L_0 是理论空气需要量；α 是空气过剩系数。与空气助燃相比，可少供入的体积为：

$$L_n - L'_n = (1 - \frac{21}{C_{O_2}} \cdot \alpha L_0 (1 + 0.00124 g_{H_2O}) \qquad (6-5)$$

实际燃烧产物量：

$$V'_n = V_0 + (\frac{21}{C_{O_2}}(\alpha - 1) L_0 + \frac{21}{C_{O_2}} \cdot \alpha L_0 \times 0.00124 g_{H_2O}) \qquad (6-6)$$

减少的烟气量：

$$V_n - V'_n = (1 - \frac{21}{C_{O_2}}) \cdot \alpha L_0 \cdot (1 + 0.00124 g_{H_2O}) \qquad (6-7)$$

在实际工作中，采用富氧空气燃烧，节能效果是比较显著的。比如，某些加热炉采用23.5%的富氧空气燃烧，加热速度可提高24%，产量提高6%。有资料表明，将富氧浓度提高到35%时，其节能效果相当于将助燃空气预热到530℃的效果。实践表明，每用3.77 kg氧混入助燃空气中，燃烧时可节油1 kg。而生产3.77 kg氧气，只需相当于0.3 kg油的能量，故总的节油量是0.7 kg，效果是显著的。在有色冶金企业的生产实践中，应用富氧鼓风可降低燃料消耗10% ~35%。事实上，有色金属的冶炼反应大多是放热反应，提高冶炼风量中的氧气浓度，实现所谓的"自热熔炼"，理论上可以不用燃料，因此燃料节约率理论上可达到100%。

6.1.2.2 低空气比燃烧

适当地减少过剩空气系数，可以提高燃烧温度和减少燃烧产物量，从而减少排烟热损失，提高反应强度，达到节能降耗的效果。

另外，空气过剩系数下降时，炉内三原子气体浓度增加，再加上炉膛温度的提高，使得炉气辐射能力增强，传热效率提高，因此热效率提高；因排烟温度的提高，还使得烟气余热的能级提高，可利用价值增大。

下面看一个例子：

[例6.1] 据测试，某工业炉的燃烧条件为：燃料(重油)热值39 650 kJ/kg，$L_0 = 10.44$ m³/kg，$V_0 = 11.05$ m³/kg，$\alpha = 1.4$，排烟温度为907℃。现将空气过剩系数降为1.1，试计算排烟温度、烟气量和排烟热损失的变化(设供热负荷不变，环境为25℃)。

[解] 原排烟量 $V_n = V_0 + (\alpha - 1) L_0 = 11.05 + (1.4 - 1) \times 10.44 = 15.226$ m³/kg。

设理论燃烧温度为1 700℃，则查得重油理论烟气的比热 $C_y = 1.62$ kJ/(m³·℃)，空气比热 $C_k = 1.47$ kJ/(m³·℃)。燃料和空气不预热，则

理论燃烧温度：

$$t_{理} = \frac{Q_{DW}}{V_0 \cdot C_y + (\alpha - 1) L_0 \cdot C_k} = \frac{39\ 650}{11.05 \times 1.62 + 0.4 \times 10.44 \times 1.47} = 1\ 649℃$$

炉温系数

$$\eta_{炉} = \frac{t_y}{t_{理}} = \frac{907}{1\ 649} = 0.55$$

当 α 降为1.1时，烟气量：

$$V'_n = V_0 + (\alpha - 1) L_0 = 11.05 + 0.1 \times 10.44 = 12.094 \text{ m}^3/\text{kg}$$

设理论燃烧温度为2 000℃，可查得 $C_y = 1.66$，$C_k = 1.50$ kJ/(m³·℃)，于是

$$t'_{理} = \frac{39\ 650}{11.05 \times 1.66 + 0.1 \times 10.44 \times 1.5} = 1\ 992℃$$

实际燃烧温度：

$$t'_y = 0.55 \times 1\,992℃$$

又在 900℃ 时，$C_y = 1.50$，$C_k = 1.37$；1 100℃ 时，$C_y = 1.53$，$C_k = 1.40\ kJ/(m^3 \cdot ℃)$

所以排烟热损失：

$$\begin{aligned} Q_y &= [V_0 \cdot C_y + (\alpha - 1) L_0 C_k] \times (t_y - t_0) \\ &= [11.05 \times 1.50 + 0.4 \times 10.44 \times 1.37] \times (907 - 25) \\ &= 19\,665\ kJ/kg \end{aligned}$$

$$\begin{aligned} Q'_y &= [11.05 \times 1.53 + 0.1 \times 10.44 \times 1.4] \times (1\,095 - 25) \\ &= 19\,654\ kJ/kg \end{aligned}$$

可见，降低空气过剩系数，使烟气量减少了$\frac{15.226 - 12.094}{15.226} = 20.6\%$，使燃烧温度提高了(1 095 − 907) = 188℃；虽然排烟损失下降得不多，但这是因为燃烧温度提高的缘故。如果实际不需要提高燃烧温度，则可以通过加大投料量，使物料的吸热量增加，即使得产能加大，产品燃料耗量下降，这相当于把

$$Q'_y - Q''_y = 19\,654 - (11.05 \times 1.5 + 0.1 \times 10.44 \times 1.37) \times (907 - 25) = 3\,773\ kJ/kg$$

的热量回收利用。其节油率达$\frac{3\,773}{39\,650} = 9.52\%$，效果很明显。所以如果维持温度不变，则排烟热损失为：

$$Q''_y = (11.05 \times 1.5 + 0.1 \times 10.44 \times 1.37) \times (907 - 25) = 15\,881\ kJ/kg$$

排烟热损失的下降率：

$$\delta_{Qy} = \frac{Q_y - Q''_y}{Q_y} = 19.2\%$$

排烟的㶲值：

$$e_{xy} = Q_y \cdot (1 - \frac{T_0}{T_y}) = 19\,665 \times (1 - \frac{298}{907 + 273}) = 14\,700\ kJ/(kg \cdot 燃料)$$

$$e'_{xy} = 19\,654 \times (1 - \frac{298}{1\,095 + 273}) = 15\,373\ kJ/(kg \cdot 燃料)$$

㶲的变化：

$$\Delta e_{xy} = e'_{xy} - e_{xy} = 673\ kJ/(kg \cdot 燃料)$$

排烟㶲的增加率：

$$\delta_{ex} = \frac{15\,373 - 14\,700}{14\,700} = 4.58\%$$

6.1.2.3 最佳炉膛压力燃烧

燃料在炉内燃烧时，炉膛内静压力称为炉膛压力。炉膛压力大于环境压力时，称正压运行；小于环境压力时，称负压运行。当炉子正压运行时，将有高温炉气向环境渗漏，因而造成漏气热损失；而炉子在负压运行时，会有环境冷空气向炉内渗透，这相当于增大了空气过剩系数，会导致炉内温度的降低和排烟热损失的增大，因而也是不利的。所以最佳炉膛压力是零压。图 6 − 1 给出了炉子热损失与炉膛压力的关系。

但是，根据流体力学原理，炉膛压力是随空间高度变化的，选择和控制什么位置为零压面就成了问题的关键。实践中有多种方案，在装置运行控制中，有的采用炉内物料面为零压面，有的以炉门底面为零压面，也有的选炉膛或炉门中位面为零压面，甚至也有选炉顶平面

为零压面的。实际上应视炉型和工艺制度的要求而定。除了合理地选择零压面之外，加强炉体的密封性能和尽量减少炉门孔口的开启次数时间，也是不可忽视的问题。实际中有很多炉子的漏风量都在 15% 以上，因此造成了较高的漏气损失，这是很值得注意的问题。

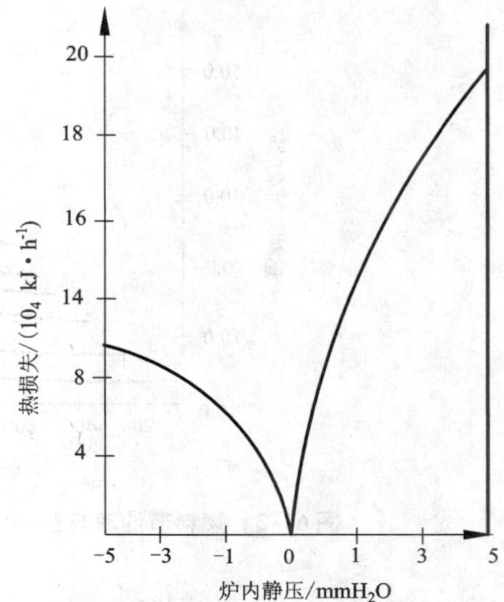

图 6－1　炉膛压力与漏气和排烟热损失的关系

6.1.3　助燃空气的预热

理论和实践证明，利用排烟的余热来预热助燃空气(有时也预热煤气或炉料)，是提高设备效率，减少燃料消耗的简单而有效的途径。其效果首先是相当于把预热所提供的热量代替了一部分燃料的化学能送入炉内，从而直接节省了燃料的供给量；其次，因为这部分热量没有进入随烟气等带走的能量损失，所以实际上它的价值比相同热量的燃料能更高，也就是说，由于它的返回利用，减少的燃料量比同它的热量相当的燃料量大。反映这个关系的指标是所谓的“燃料转换率”；第三，由于预热量的输入，炉内燃烧温度将提高，燃烧强度和传热强度将增大，同时由于燃料量的减少，空气量也减少，排烟热损失也会减少，从而使设备热效率得到提高。因此这是至今应用最广泛，也是最重要的节能措施。

6.1.3.1　预热器的燃料节约率

设工业炉没有设预热器时燃料用量为 B_0(kg/h 或 m^3/h)，燃料低位热值为 Q_{DW}，有效热为 Q_x，散热等损失为 Q_s，单位燃料烟气量为 V_n，排烟温度为 t_y，比热为 C_y，则由热平衡可得：

$$B_0=\frac{Q_x+Q_s}{Q_{DW}-V_n\cdot C_y\cdot t_y} \tag{6-8}$$

设置预热器后，回收热量为 Q_h(kJ/单位燃料)，燃料用量为 B，则

$$B=\frac{Q_x+Q_s}{Q_{DW}+Q_h-V_n\cdot C_y\cdot t_y} \tag{6-9}$$

所以

$$\Delta B=B_0-B=\frac{Q_h}{Q_{DW}+Q_h-V_n\cdot C_y\cdot t_y}\cdot B_0 \tag{6-10}$$

燃料的节能效率：

$$\pi_h=\frac{\Delta B}{B_0}\times 100\%=\frac{Q_h}{Q_{DW}+Q_h-V_n\cdot C_y\cdot t_y}\times 100\% \tag{6-11}$$

可见，燃料节约率不仅与回收热量的多少有关，还与燃料热值和燃料组成以及排烟温度、成分和空气过剩系数等因素有关。图 6－2 和图 6－3 为两种燃料的 π_h-t_y 关系曲线图。

由图中可见，燃料节约率随排烟温度和预热温度的提高而增大，随燃料热值的增大而降低。因此，对热值低的燃料，节能效果更显著。另外，空气过剩系数增大，节能效果也更好。

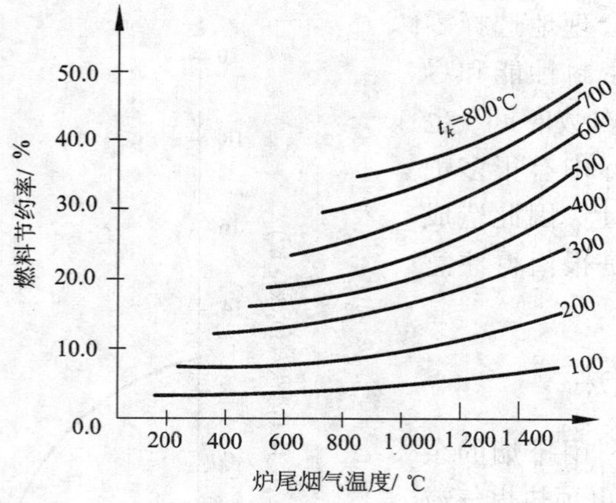

图 6-2 燃料节约率与预热温度及烟气温度的关系(重油)

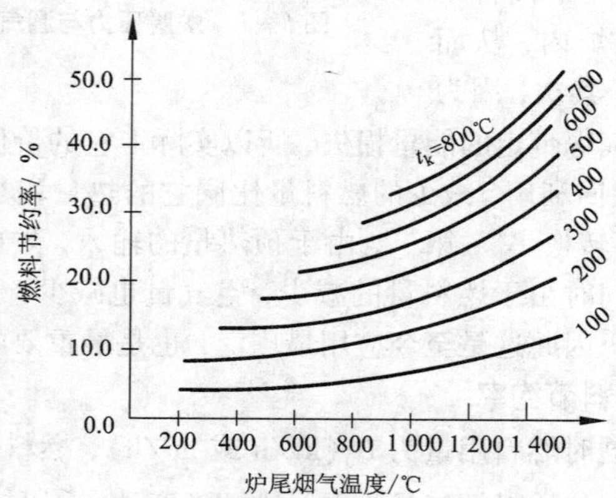

图 6-3 燃料节约率与预热温度及烟气温度的关系(混合煤气)

6.1.3.2 燃料转换率

采用预热器节约的燃料量将超过与回收热量相当的燃料量。这是因为预热空气或煤气返回炉内的热量，可在炉内得到充分有效的利用，没有再变成废气的显热从炉内排出。而向炉内投入同样热量的燃料时，随着燃料量的增加，烟气量也相应增加，燃料燃烧所放出的热量一部分将被烟气带走，只有一部分在炉内被有效利用。这种关系可以用燃料转换率来表示，其定义为预热器节约的燃料的热量与回收热量之比，即

$$\varphi = \frac{(B_0 - B) \cdot Q_{DW}}{B \cdot Q_h} \tag{6-12}$$

利用前面的关系简单变换，有

$$\varphi = \frac{B_0 \cdot Q_{DW}}{Q_x + Q_s} \tag{6-13}$$

或
$$\varphi = \frac{Q_{DW}}{Q_{DW} - V_n \cdot C_y \cdot t_y} > 1 \tag{6-14}$$

正如我们所料，燃料转换率大于1。通过后面的例题我们将知道，这是有条件的。

另外，燃料转换率与燃料节约率的关系：

$$\pi_h = \frac{\varphi \cdot Q_h}{\varphi \cdot Q_h + Q_{DW}} < 1 \tag{6-15}$$

或
$$\varphi = \frac{\pi_h}{1 - \pi_h} \cdot \frac{Q_{DW}}{Q_h} \tag{6-16}$$

图6-4是两种燃料的$\varphi - t_y$图。由图中可见，随着排烟温度的提高，燃料转换率增大，特别是在排烟温度大到一定数值(对重油是1 000℃，对煤气是800℃)时，φ随着t_y的增大而迅速增大，空气过剩系数的影响同时也更为明显。因此在排烟温度高时采用较大的空气过剩系数，可以取得更加显著的节能效果。

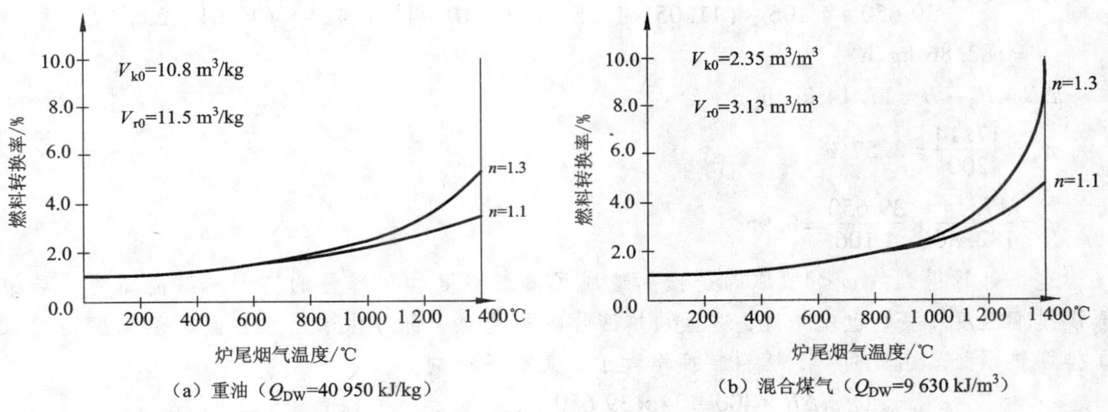

(a) 重油(Q_{DW}=40 950 kJ/kg)　(b) 混合煤气(Q_{DW}=9 630 kJ/m³)

图6-4 燃料转换率与炉尾温度及空气系数的关系

[**例6.2**] 利用例6.1的数据，炉子燃料耗量为200 kg/h。设利用排烟通过空气预热器将空气预热至300℃($\alpha = 1$)，炉子产量不变。试计算燃料节约率和燃料转换率。如果该炉年运行时间为300天，则这项措施一年可节约的重油相当于多少吨标准煤？

[**解**] 根据题意，可设炉子有效热和散热损失不变，即

$$\begin{aligned} Q_x + Q_s &= B_0 \cdot [Q_{DW} - V_n \cdot C_y \cdot (t_y - t_0)] \\ &= B_0 \cdot [Q_{DW} + Q_h - V_n \cdot C'_y \cdot (t'_y - t_0)] \end{aligned}$$

即
$$B = B_0 \cdot \frac{Q_{DW} - V_n C_y (t_y - t_0)}{Q_{DW} + Q_h - V_n C'_y (t'_y - t_0)}$$

$$\Delta B = B_0 - B = B_0 \frac{Q_h + V_n C_y (t_y - t_0) - V_n C'_y (t_y - t_0)}{Q_{DW} + Q_h - V_n C'_y (t_y - t_0)}$$

$$\pi_h = \frac{\Delta B}{B_0} = \frac{Q_h + V_n C_y (t_y - t_0) - V_n C'_y (t_y - t_0)}{Q_{DW} + Q_h - V_n C'_y (t_y - t_0)}$$

$$\varphi = \frac{\Delta B}{B} \cdot \frac{Q_{DW}}{Q_h} = \frac{Q_{DW}}{Q_h} \frac{Q_h + V_n C_y (t_y - t_0) - V_n C'_y (t_y - t_0)}{Q_{DW} - V_n C'_y (t_y - t_0)}$$

又 $$Q_k = B \cdot \alpha L_0 \cdot C_k \cdot (t_k - t_0)$$

所以 $$Q_h = \frac{Q_k}{B} = \alpha L_0 \cdot C_k \cdot (t_k - t_0) = 1.1 \times 10.44 \times 1.30 \times (300 - 25) = 4\ 106\ \text{kJ/kg}$$

但 $$t'_y = \frac{Q_{DW} + Q_h}{V_0 C_y + (\alpha - 1) L_0 \cdot C_k} \cdot \eta_{炉}$$

设理论燃烧温度为2 100℃，并忽略产物分解热，查得

$$C_y = 1.67,\ C_k = 1.51\ \text{kJ/(m}^3 \cdot ℃)$$

于是 $$t_{理} = \frac{39\ 650 + 4\ 106}{11.05 \times 1.67 + 0.1 \times 10.44 \times 1.51} = 2\ 185℃$$

所以 $$t'_y = 2\ 185 \times 0.55 = 1\ 201\ ℃$$

查得 $$C'_y = 1.55,\ C'_k = 1.42\ \text{kJ/(m}^3 \cdot ℃)$$

将 C'_y、t'_y及 Q_h 代入以上各式，注意：$V_n C_y \approx V_0 C_y + (\alpha - 1) L_0 \cdot C_k$，可得

$$B = 200 \times \frac{39\ 650 - (11.05 \times 1.53 + 0.1 \times 10.44 \times 1.4) \times (1\ 095 - 25)}{39\ 650 + 4\ 106 - (11.05 \times 1.55 + 0.1 \times 10.44 \times 1.42) \times (1\ 201 - 25)}$$

$$= 182.86\ \text{kg/h}$$

$$\Delta B = B_0 - B = 17.14\ \text{kg/h}$$

$$\pi_h = \frac{17.14}{200} = 8.57\%$$

$$\varphi = \frac{17.14}{182.86} \times \frac{39\ 650}{4\ 106} = 0.95$$

这里计算得到的 $\varphi < 1$，原因是预热造成了排烟温度和热容量的增大。而前面的推导中假设排烟温度不变，也就是说，这里预热回收的热量有一部分由于用于提高排烟温度而进入了排烟热损失。由此可知，燃料转换率大于1是有条件的。

$$年节能量 = \frac{\Delta B \times 300 - 24 \times 39\ 650}{7\ 000 \times 4.1868} = 166\ 977\ \text{kg 标准煤} \approx 167\ \text{t 标煤}$$

类似地，如果维持907℃的排烟温度，则可计算得到(过程从略)：

$$\Delta B' = 29.46\ \text{kg/h}$$

$$\pi_h = 14.73\%$$

$$\varphi = 1.668$$

$$年节煤量 = 287\ \text{t 标煤}$$

6.1.4 乳化燃烧与磁化燃烧

为了节能和减少燃烧污染，近年来燃油掺水乳化燃烧技术和燃油磁化燃烧技术已得到了广泛应用。据资料介绍，车用燃油最高掺水率可达3%，并且由于加入了乳化剂，使得发动机功率可提高10%，一般可节油20%左右；燃烧产物中的 NO_x 也大幅度减少；目前一些锅炉和工业炉窑使用重油的掺水率一般为5%～30%，节油率为5%～20%，排烟中CO减少约50%，NO_x 减少约为80%，SO_x 减少约90%；另外，还有减少渣量，减轻结垢的效果，因此有明显的社会经济效益。

乳化燃烧之所以能节油，主要是油水混合物进入高温区后，因水的沸点比油低，水先蒸发膨胀形成“微爆”，使油滴迅速分散成更细的雾滴，即强化了油的雾化和与空气的混合，因

而燃烧反应加快，燃烧强度和传热强度增大，燃烧效率因此得到提高。此外还可以从水煤气反应理论得到一些解释。

乳化油的制备，一般是将一定量的水和微量稳定剂(一般为1‰~3‰)加入油中，再通过搅拌器或其他乳化装置对其进行乳化，形成W/O(油包水)型或O/W(水包油)型的乳化油。理论和实践都说明，前者的节油效果更好。显然，要形成W/O型乳化油，其掺水率就不宜太高，目前均不超过30%。常用的乳化装置有：旋转式机械搅拌器，利用流体冲击振动原理的簧片哨乳化器，多层滤网(滤孔)或静压混合器，和利用电超声原理的超声波乳化器等，目前以后两种应用较广。因为油水之间没有亲合作用，时间稍长很易分层，达不到乳化燃烧的目的，所以乳化时需要加入稳定剂。稳定剂一般采用亲水性的有机化合物，不仅可以促进乳化过程，稳定乳化状态，而且本身可以燃烧。

与乳化燃烧相比，燃油的磁化燃烧技术应用就没有那么广泛。其原因是，作用机理还不很清楚，有的效果也不很明显。但作用机理下列几点是公认的：燃油被磁场作用后，其黏度、表面张力、燃点和沸点都有不同程度的降低，并且这种影响能够保持一段时间，这是有利于雾化和燃烧的。实践证明，要使磁化作用达到良好的节能效果，油的性质和状态，油在磁场中的流速与磁化时间，磁场强度，油管的材质、壁厚、形状和尺寸，磁化位置距燃烧器的距离，等等，是一些主要的影响因素，需加以仔细地选择和控制。从已有的报道来看，多数可取得3%~10%的节油效果，并且排烟中CO和NO_x有明显的下降；但也有些报道证实效果不明显，这可能是因为上述参数和条件选择不当的原因引起的。不管怎样，因磁化燃烧很易实施，且投资极少，又不增加其他消耗，生产和工作实际中是很值得一试的。

6.1.5 水煤浆燃烧技术

顾名思义，水煤浆(CWM)即水和煤(准确地说是煤粉)做成的浆状燃料，应属于二次能源。自20世纪70年代相继发生了两次石油危机以后，石油价格暴涨，使原来以石油为主要能源的企业和国家的经济发生了严重危机，迫使一些国家开始着力寻求代油的途径，水煤浆因此应运而生。20世纪80年代成为研究热点，90年代以来已开始进入工业实用阶段，预计今后其应用会越来越普遍。

水煤浆之所以会得到广泛重视，这是与它的诸多优点分不开的：①水煤浆制备工艺简单，方法也很多，特别是可以与煤的清洗实现一体化生产，具有较好的综合效益。②水煤浆易于输送和贮存，它可以像石油和天然气一样用管道长距离输送，从而减轻交通部门的压力。③可以像油一样燃烧，将原有烧油设备改为烧水煤浆，只需做很少的改动，改造费用较少，因而是“以煤代油”的最佳途径。④燃烧过程容易控制和调节，而这恰恰克服了现有燃煤方法的主要缺点。⑤燃烧成本比烧油低得多，也比烧粉煤低，经济效益好。⑥燃烧温度低于烧油，NO_x的排放量比烧油低得多；而煤浆中杂质少，燃烧效率较高，使它比燃煤时的烟尘排放量小得多，因此燃烧污染较低。

水煤浆生产工艺很简单，将原煤经过磨煤机磨成煤粉，再加水和少量稳定剂混合，即成水煤浆，贮存于罐体即可连续使用。磨煤时有干磨和湿磨两种方式，也可以结合起来使用。另外，将洗煤水经过滤浓缩，也可以得到合适的水煤浆。经研究，水煤浆的配比，以煤粉的质量百分数为77%左右比较合适，添加剂含量为0.3%~1.3%，其余为水分。煤粉粒度一般取30~50 μm，但为了减少其黏度，以采用双峰或多峰值分布为宜。

水煤浆燃烧可以节能和减少污染排放的原理，与油的乳化燃烧机理接近。在水煤浆中，水渗透到煤粒中，受热时水分被强烈蒸发，形成多孔碳粒，反应的比表面积增大；同时水分的蒸发，还改善了煤粒表面的传热和传质条件，水和添加剂还可以部分地参与煤的燃烧反应。因此促进了煤粒与空气的混合和反应，燃烧速度和燃烧强度增大，燃烧效率提高。当然，水煤浆的雾化是影响燃烧效率的至关重要的因素，必须妥善解决。水煤浆的燃烧毕竟与油的燃烧不同，它的着火性能要差得多，而且往往会造成对燃烧器的磨蚀，使其使用寿命缩短，这个问题至今也还没有很好地解决，而成为阻碍水煤浆燃烧技术推广应用的主要原因之一。总的来看，这项技术还处于研究探索阶段，其应用刚开始起步，要普遍地推广应用尚需时日，但无疑它将有着广阔的前景。

6.1.6 高风温低氧弥散燃烧技术

高风温低氧弥散燃烧技术，是20世纪90年代中期提出的新型燃烧技术，因其具有高的节能率，低的污染排放，近年来发展十分迅猛，已在钢铁冶金行业得以迅速推广应用，被誉为是21世纪的新型燃烧技术。

高风温低氧弥散燃烧技术的主要思想，是采用蜂窝体陶瓷材料做成的蓄热式热交换器，通过其周期性切换工作，在回收工业炉排出的高温烟气余热的同时，将助燃空气预热到较高的温度(800～1 200℃)，再送入炉内燃烧，因此习惯上称高温空气燃烧(high temperature air combustion，简称HTAC)。

研究表明，高温空气燃烧之所以能节能减排，其主要原因是：

一方面，通过一种高效的蓄热和换热装置，最大限度地回收废气的余热，将助燃空气预热到较高的温度，达到燃料自燃点以上，扩大了燃料的可燃范围；另一方面是利用燃烧烟气回流等措施有效地降低燃烧区的含氧体积浓度，使燃料在低氧气氛下仍可保证稳定燃烧，改变了氮氧化物生成动力学条件，使氮氧化物的生成受到抑制。

高温空气燃烧技术的关键部件主要有燃烧装置、蓄热体和换向控制系统。燃烧装置的结构直接关系到NO_x生成和排放量，是高温空气燃烧技术的核心。蓄热体是高温空气燃烧技术中的最关键部件之一，也是最具技术含量和体现工业制造水平的部件。蓄热介质材料的选择直接影响装置的小型化、换热效率和经济效益。其性能指标要求：①蓄热量大；②换热速度快；③高温结构强度好，可承受巨大温差、压强和高频变换，无脆裂、剥落和变形等；④抗氧化和腐蚀；⑤经济。可选材料主要有陶瓷类(碳化硅及其他非金属耐火材料)、耐热耐腐蚀钢类(不锈钢、耐热钢和耐热铸铁)和碳素钢类。目前高温空气燃烧系统普遍使用的是陶瓷球蓄热体和蜂巢状蓄热体，主要材料为氧化铝。由于必须在一定的时间间隔内实现空气与烟气的频繁切换，切换阀已成为与余热回收率密切相关的关键部件。尽管经换热后的烟气温度很低，对切换阀无材料上的特殊要求，但必须考虑切换阀的工作寿命和可靠性，如较好的气密性、换向动作灵活快捷、密封材料更换方便、耐压、耐腐蚀性能好，等等。

工业炉窑组织高温空气燃烧时，使用成对的蓄热式烧嘴。烧嘴对称布置或集中布置，结构相同。高温空气燃烧的余热回收形式和蓄热式烧嘴工作原理如图6－5所示。当烧嘴A工作时，所产生的大量高温烟气经由烧嘴B排出，与蓄热体换热后，可将排烟温度降低到200℃以下甚至更低，这主要取决于蓄热容量和蓄热速率。一定的时间间隔后，切换阀使助燃空气通过烧嘴B的蓄热体，空气将立即预热到炉窑温度的80%～90%以上。烧嘴B启动的同时，烧嘴A停止燃烧功能，起排烟和蓄热作用。通过这种交替运行方式，实现所谓"极限余热回收"和助燃空气的高温预热。

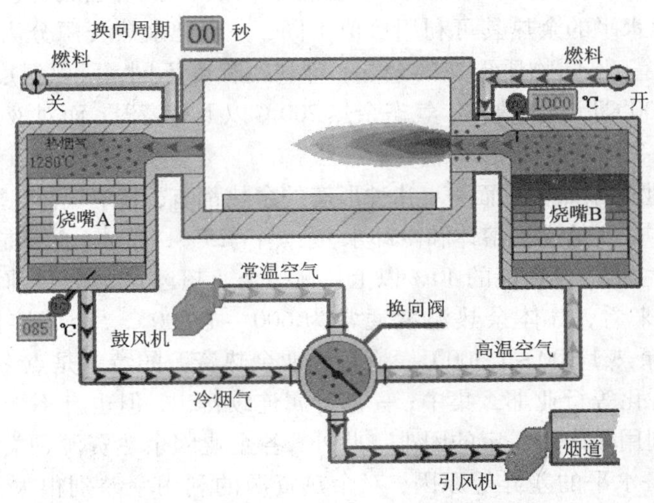

图6-5 高温空气燃烧系统的工作原理图

空气预热后的温度达到800～1 000℃以上，将带来一系列的结果：①燃烧温度大大提高，有利于实现炉窑的工艺要求；②火焰稳定，传统扩散火焰的稳定是依赖火焰传播速度与气流速度的平衡以及高温热源的传热保证的，而在高温预热空气条件下，只要燃烧混合物进入可燃范围，就可以保证稳定燃烧；③燃料蒸发过程、裂解、自燃等燃烧的全过程都得以加速进行；④助燃空气温度接近炉内温度，大大改善全场温度分布，使之趋于均匀；⑤可利用的燃料热值范围的适应性扩大，使得低热值燃料可得到有效利用；⑥化学反应速率和燃烧效率提高，炉内辐射换热得到强化，使单位面积热强度增加，装置尺寸可以缩小。

6.2 工业余热利用的基本原理

所谓工业余热，是指工业设备或装置出口废气、废液、物料和废渣所具有的能量的总称。一般包括出口烟气废气的物理热、化学热和压力能，冷却水和工艺废液的热能、化学能和机械能，高温物料和废渣的热能和化学能，等等。从能量形式来看，一般有热能、化学能、机械能（压力能、动能），其中以热能形式最多。广义来讲，只要工质或物料的温度、压力、组分偏离环境状态，则具有可用能，即㶲，这部分可用能就具有再利用的价值。热能工作者有责任研究这些可用能的回收利用方法、途径及设备，最大限度地让它们发挥效益，从而达到提高装置效率、降低能量消耗的目的。但是，并不是所有的工业余热都能得到充分利用，有的在技术上难以实现，有的在经济上不合理，所以我们要对各种余热资源认真加以分析，找到其最佳利用途径和方法。

6.2.1 工业余热资源概况

工业生产离不开能量的使用，特别是热能的使用，而只要使用热能，就不可能百分之百地转化为有效能，所以就必然产生工业余热。工业生产过程千变万化，所以工业余热的形态和种类很多，它们都是以各种载能体体现出来的。工业余热的载能体，在物质形态上有固体、液体、气体或蒸汽，在能量形式上有物理显热和潜热、化学能和机械能(包括压力能和动能)。由于不同温度水平的余热其可利用价值不同，一般把余热资源分为高温余热、中温余热和低温余热。但由于不同物质形态的余热，可利用程度不同，所以温度的划分也有差别。一般对固态余热，500℃以上为高温；气态余热200℃以上算高温；而对液态余热80℃以上就算高温。表6－1是我国各类工业余热资源概况。

就我国有色企业的余热资源而言，几种形态的余热都有，其中气体(主要是高温烟气)余热约占60%，液体(主要是高温熔体和冷却水)余热占25%，固体(主要是高温炉渣和灰渣)余热占15%。余热总量占燃料能的40%以上，有些企业超过60%。目前被利用的主要是第一种。从温度水平来看，气体余热温度通常为600～1 300℃，金属熔体余热温度400～1 200℃，高温固体余热1 100～1 300℃。有色企业余热资源的特点是点多面广，很分散，远不如钢铁、电力、石化等行业那么集中；一部分属连续排出，但也有不少是间断或周期性排出的，这都给余热利用带来了一定的困难。此外，各企业因余热资源种类和形态不同，以及重视程度和技术装备水平的差异等原因，对余热资源的利用率差别很大，高的已达75%以上，低的还不到5%，平均只有30%左右，这与钢铁、电力、石化等行业相比还存在很大差距。这些行业的企业中余热回收利用率一般都在60%～90%，好的在95%以上，平均也已达到80%。

表6－1　我国各类工业余热资源概况

余热源	百分比/%
工业排烟	约50
可燃废气、废液、废料	约8
高温产品和炉渣	6～14
冷却介质	15～23
化学反应	5～9
废汽和废水	10～16

6.2.2 余热利用的基本原理

6.2.2.1 余热利用的一般程序

工业企业余热利用的一般程序或步骤，归纳起来有如下几条：

(1)认真做好单个设备或装置、工序、车间和企业整个能量系统的能量平衡测算，搞清能量流向和用能状况，寻求耗能大户、余热大户作为突破口。

(2)接下来做好㶲平衡分析，寻找节能潜力大的地方，并以此为突破口。

(3)对选定的突破口，针对余热的形态、温度、压力水平，研究或选择余热利用方案，特别是要考虑“梯级利用”。

(4)对余热利用方案进行技术经济分析，以其中的最佳方案为最终实施方案。

(5)方案实施，包括余热回收装置的选型、设计、制作与安装，同时要注意环保等配套措施的落实。

(6)方案实施后，注意跟踪监视运行情况，做到定期检测或鉴定，对其节能效果和经济性等方面做出全面评价。

(7)对不尽合理之处进行改造和完善。

6.2.2.2 余热回收量

余热回收量受目前技术水平、经济条件和环保要求等因素的影响和制约。

从能量平衡角度计算的最大回收量为：

$$\Delta E_{max} = E_y - E_0 \tag{6-17}$$

式中：E_y——余热资源所具有的能量；

E_0——满足最低环境排放标准时工质所具有的能量。

从㶲平衡的角度计算的最大回收㶲值——：

$$\Delta E_{xmax} = E_{xy} - E_{x0} \tag{6-18}$$

式中：E_{xy}——余热资源的㶲值；

E_{x0}——满足最低环境排放标准时工质㶲值，它不等于0。

余热利用率(最大)：

$$\Omega_E = 1 - \frac{E_0}{E_y} \quad 或 \quad \Omega_{Ex} = 1 - \frac{E_{x0}}{E_{xy}} \tag{6-19}$$

节能率(最大)：

$$\pi_E = \frac{\Delta E_{max}}{E_{pay}} \quad 或 \quad \pi_{Ex} = \frac{\Delta E_{emax}}{E_{xmax}} \tag{6-20}$$

一般限于技术和经济因素，上述指标很难达到最大值，所以有实际回收量(或㶲)、实际利用率及实际节能率的概念，读者可仿照上述做法对它们进行定义和计算。另外，余热回收利用时，往往还有其他功耗(如水泵、风机等)，因此在进行节能量和节能率的计算时，应考虑在内。

6.2.2.3 余热资源的梯级利用

工业余热资源种类繁多，状态参数差别很大，其能级也各不相同。如果只采用单一的方法(如只用热交换器预热空气)，往往会造成很大的㶲损失，使余热资源得不到充分的利用。所以在有条件的场合应尽量多采用一些方案，依余热资源的参数水平分级加以回收利用，这就是所谓的“梯级利用”原则。

举例来说，如某工业炉排出1 300℃的高温废气，压力为303.9 kPa(3 atm)(绝对压力)，温度㶲值为100 GJ/h。如果采用换热器预热空气，预热温度400℃，收益㶲25 GJ/h，则

$$E_{xy} = V \cdot C_y \cdot (T_y - T_0) \cdot \left[1 - \frac{T_0}{T - T_0}\ln\frac{T}{T_0}\right] = 100\ \text{GJ/h}$$

所以 $$Q_y = V \cdot C_y \cdot (T - T_0) = \frac{E_{xy}}{1 - \frac{T_0}{T - T_0}\ln\frac{T}{T_0}} = \frac{100}{1 - \frac{298}{1\,573 - 298}\ln\frac{1\,573}{298}}$$

$$= 163.6\ \text{GJ/h}$$

式中 V 是烟气体积流量。设烟气热容 $V_n C_y$ 不变，则

$$Q_h = \frac{25}{1 - \frac{298}{673 - 298}\ln\frac{673}{298}} = 70.9\ \text{GJ/h}$$

$$= Q_y - Q'_y = V_n \cdot C_y \cdot [(t_y - 25) - (t'_y - 25)] = V_n \cdot C_y \cdot (t_y - t'_y)$$

$$= \frac{Q_y}{t_y - 25} \cdot (t_y - t'_y)$$

所以 $t'_y = 1\ 300 - \frac{70.9}{163.6} \times (1\ 300 - 25) = 748℃ = 1\ 021\ \text{K}$

$$T_H = \frac{1\ 300 - 748}{\ln\frac{1\ 573}{1\ 021}} = 1\ 279\ \text{K} = 1\ 006℃$$

$$T_L = \frac{400 - 25}{\ln\frac{637}{298}} = 460\ \text{K} = 187℃$$

换热器㶲损失：

$$\Delta E_h = T_0 \cdot Q_h \cdot (\frac{1}{T_H} - \frac{1}{T_L}) = 29.4\ \text{GJ/h}$$

换热器出口烟气温度㶲：

$$E'_{xy} = E_{xy} - E_{xh} - (-\Delta E_h) = 45.6\ \text{GJ/h}$$

另一方面

$$E'_{xy} = V \cdot C_y \cdot (T'_y - T_0) \cdot \left(1 - \frac{T_0}{T'_y - T_0}\ln\frac{T'_y}{T_0}\right)$$

$$= \frac{Q_y \cdot (T'_y - T_0)}{T_y - T_0} \cdot \left(1 - \frac{T_0}{T'_y - T_0} \ln\frac{T'_y}{T_0}\right)$$

$$= 45.7\ \text{GJ/h}$$

说明两者是一致的。进一步设烟气比热 $C_y = 1.54\ \text{kJ/(m}^3 \cdot ℃)$，则压力㶲：

$$E_{xp} = V \cdot RT_0 \ln\frac{p}{p_0} = \frac{Q_y}{C_y \cdot (T_y - T_0)} \cdot RT_0 \ln\frac{p}{p_0}$$

$$= \frac{163.6}{1.54 \times (1\ 573 - 298)} \times 0.371 \times 298 \ln(\frac{3}{1})$$

$$= 10\ \text{GJ/h}$$

由此可见，如果烟气余热只经过这一步回收利用即排入环境，则余热回收率：

$$\Omega_E = \frac{70.9}{163.6} = 43.3\%$$

或

$$\Omega_{Ex} = \frac{25}{100 + 10} = 22.7\%$$

如果改变方案，先利用烟气余压推动燃气透平发电($\eta = 95\%$)，压力降为常压，再进入余热锅炉加热蒸汽后经过蒸汽透平发电(设余热锅炉热效率 $\eta = 90\%$)，收益㶲值 25 GJ/h，然后再加热空气至 400℃，回收㶲值 10 GJ/h，再预热锅炉给水，收益㶲值 8 GJ/h，另外将蒸汽发电系统的冷却水用于采暖，回收热能 4 GJ/h(㶲值 0.2 GJ/h)，最后排烟温度降至 117 ℃左

右排放(㶲值3.73 GJ/h，热值19.5 GJ/h)，其流程如图6-6所示。

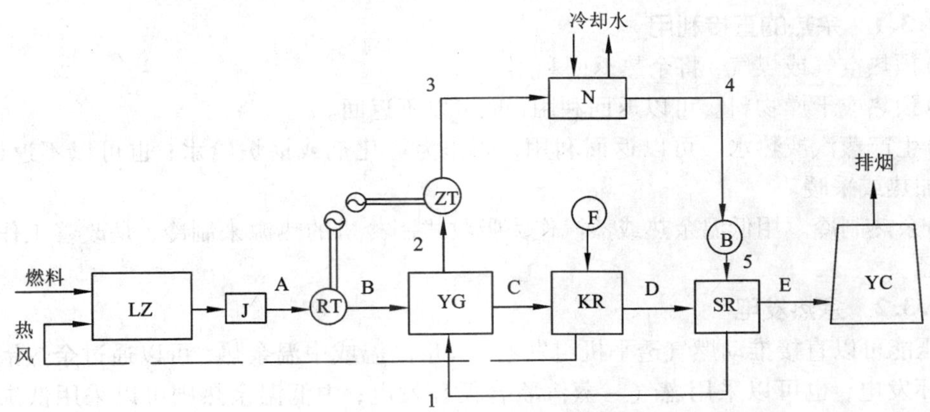

图6-6 工业炉余热梯级利用流程示意图

LZ—工业炉；J—净化器；RT—燃气透平；YG—余热锅炉；ZT—蒸汽透平；N—冷凝器；KR—空气预热器，F—风机；SR—给水加热器；B—泵；YC—烟囱

烟气各点参数(计算过程从略)：

A：1 300℃，303.9 kPa；B：1 236℃，101.3 kPa；C：684℃，101.3 kPa；D：463℃，101.3 kPa；E：177℃，101.3 kPa

总回收㶲值：

$$\Delta E_x = 10 + 25 + 10 + 10 + 8 + 0.2 = 53.2\ \text{GJ/h}$$

总回收的热量：

$$\Delta Q = 70.9 + 28.4 + 36.7 = 140\ \text{GJ/h}$$

总发电功率：

$$W = 10 + 25 + 8 = 43\ \text{GJ/h} = 1.19 \times 10^4\ \text{kW}$$

余热回收率： $\Omega_{\text{E}} = \dfrac{140}{163.6} = 85.6\%$ $\Omega_{\text{Ex}} = \dfrac{50}{100 + 10} = 48.4\%$

可见，采用多级利用后，余热回收率及㶲回收率都大幅度提高了。特别是根据烟气的温度水平，分级安排回收，减少了传热温差，这是㶲效率得以提高的重要原因；另外，余压能也得到充分利用。由此例我们得到余热梯级利用的一般原则：

(1)根据余热的形态和量的大小，采用不同的方法回收利用；

(2)根据余热温度水平分级安排，尽量减少传热温差；

(3)有余压能时应优先利用，可采用做功或燃气透平发电。

6.2.3 余热利用的一般方法

工业余热回收的目的，是为了有效利用能源，所以余热利用的第一步是分析工艺设备的工作状况，注意挖掘装置本身的节能潜力，提高其能量利用率。往往这一步比通过余热回收装置利用余热更为经济和有效，因此应优先考虑；第二步考虑是否能将余热返回工艺装置本身加以利用，比如预热助燃空气、燃料或炉料，根据第6.1节，采用这种方法，节省燃料的效果很显著，比其他利用方法得到的效果更好；第三步才是研究其他利用方案，这时，根据余热的温度水平，其利用方法有三大类：动力回收、直接利用和热泵回收。

6.2.3.1　余热的直接利用

(1)预热空气或煤气，将余热返回利用。

(2)预热或干燥物料。可以返回利用，也可以不返回。

(3)生产蒸汽或热水。可以返回利用，如作为雾化剂或锅炉给水；也可以不返回利用，如用于加热或采暖。

(4)余热制冷。用低温余热或蒸汽作为吸收式制冷机的热源来制冷，是改善工作环境的有效途径。

6.2.3.2　余热发电

余压能可以直接推动燃气透平机组发电，大量高温或中温余热，可以通过余热锅炉采用蒸汽循环发电，也可以采用燃气－蒸汽联合循环发电；中低温余热则可以采用低沸点工质发电。

6.2.3.3　热泵回收

难以直接回收利用的低温余热，可以采用热泵提高其温度水平后再加以利用。

图6－7给出了工业余热利用的一般方法，图6－8则是各种形态余热的回收利用途径。

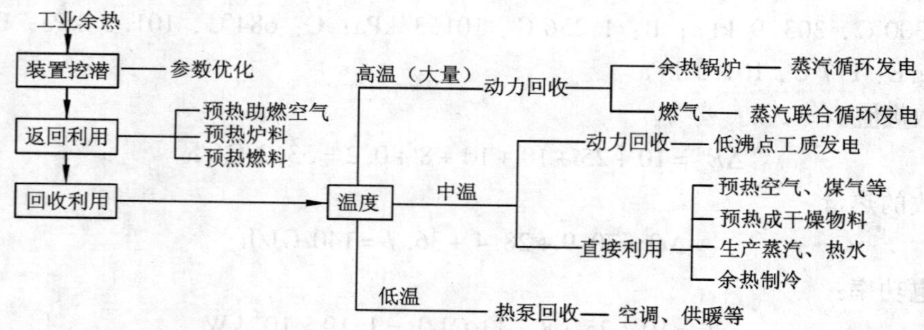

图6－7　余热利用的一般方法

总之，工业余热回收利用的途径和方法很多，应根据余热资源的状态、数量和品位以及用户需求，在满足技术经济合理和环保要求的条件下，选择适宜的系统和设备，使余热发挥出最大的效益。应当注意的是，各种形态的余热，其利用的难易程度有很大差别，应根据先易后难、收效大和效益好的优先的原则进行利用，对具有多种余热资源的企业，一般可按图6－9所示的次序进行。这里对“高温”的定义一般为：对气体余热200℃以上算高温，对液体余热为80℃，对固体余热为500℃。另外，对余热回收方案进行比较时，其基本原则是：①回收率要高；②成本低或投资回收期短；③适应负荷变化的能力强。

下一节将对各种余热利用系统进行分析和讨论。

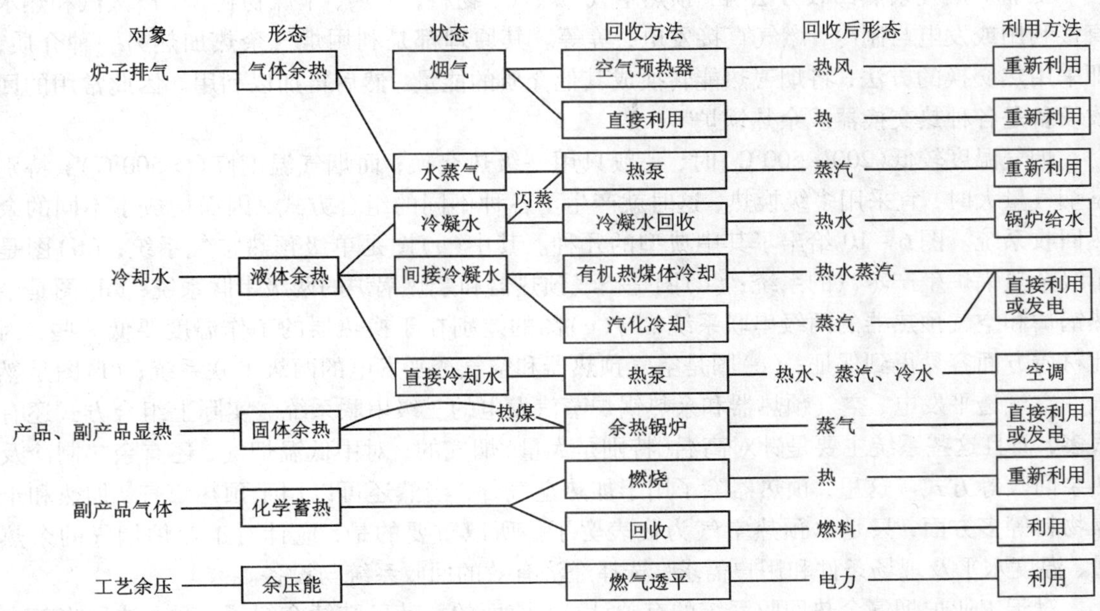

图6-8 各种余热回收的基本途径

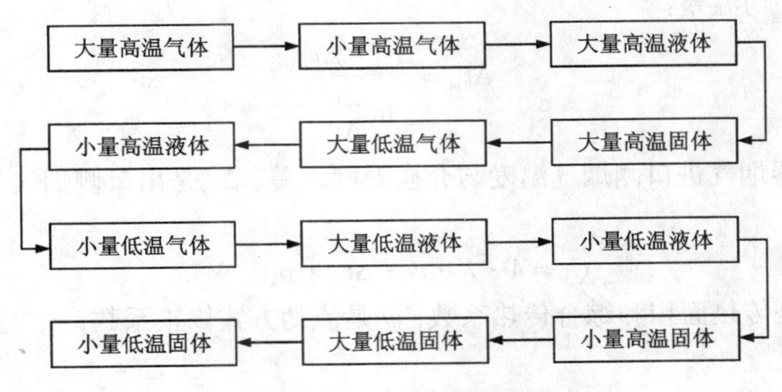

图6-9 工业余热利用先后次序

6.3 工业余热回收系统

由上面的讨论可知，根据余热资源的种类和数量大小，需采用不同方法对其进行回收利用。下面介绍几种常用的余热回收方法和系统。

6.3.1 工业炉烟气余热回收系统

工业炉烟气余热是量最大、面最广，也是较容易利用的一种余热资源，因此研究合适的系统和装置对其进行回收利用，对工业余热的回收利用，提高总体能量利用率，都具有重要的意义。

工业炉烟气余热回收方法有：预热空气、煤气、物料，加热、干燥物料，生产蒸汽和热水直接利用或发电与制冷，燃气直接发电，等等。其原理都是利用烟气余热加热另一种介质，即采用热交换的方法，将烟气热能转换成其他介质的能量，然后再加以利用。因此常用的回收设备是各种热交换器或余热锅炉。

烟气温度较低(200~500℃)时，一般只用一级热交换；而烟气温度高(>500℃)，特别是烟气量大时，宜采用多级换热，这时就产生了各种不同的组合方式，因而构成了不同的余热回收系统。图6-10给出了其中典型的几种。其中(a)图是单级预热空气系统；(b)图是单级余热锅炉生产蒸汽的系统；(c)图是空气预热器和余热锅炉的两级串联系统；(d)图是余热锅炉和空气预热器的两级串联系统，与(c)图的差别在于换热器的工作温度要低一些，因此材质方面容易得到保证；(e)图是空气预热器和空气透平发电的两级串联系统；(f)图是燃气-空气透平发电、空气预热器和余热锅炉蒸汽发电的三级串联系统。实际上组合方式还有很多，而且这些系统主要是针对高温(特别是大量)烟气的，对中低温烟气，还有余热制冷及热泵回收等方式。这里，预热器除了用于加热空气外，当然还可以用于预热煤气、加热和干燥物料等多方面，只是以预热空气为代表罢了。所以重要的是，应针对工业炉烟气的余热量、温度水平及现场条件和用户需求，选择经济有效的回收系统与设备。

对于工业炉烟气余热回收系统的有关计算，前面的章节已陆续介绍了一些，这里将其主要的计算公式罗列出来。

1)预热器系统的计算

换热器对数平均温差：

$$\Delta t_{\mathrm{m}}=\frac{\Delta t_{\mathrm{y}}'-\Delta t_{\mathrm{y}}'}{\ln\dfrac{\Delta t'}{\Delta t_{\mathrm{y}}''}} \tag{6-21}$$

式中：$\Delta t_{\mathrm{y}}'$指换热器烟气进口侧烟气温度与介质温度之差；$\Delta t_{\mathrm{y}}''$是出口侧烟气与介质温差。

回收热量：

$$Q_{\mathrm{k}}=A\cdot K\cdot\psi\cdot\Delta t_{\mathrm{m}}\cdot\eta_{\mathrm{k}}\quad \mathrm{W} \tag{6-22}$$

式中：A、K分别是传热面积和综合传热系数；ψ是流动方式修正系数；η_{k}是预热器热效率。

出口烟气温度：

$$t_{\mathrm{y}}'=t_0+\frac{V_{\mathrm{y}}\cdot C_{\mathrm{y}}'\cdot(t_{\mathrm{y}}'-t_0)-Q_{\mathrm{k}}/\eta_{\mathrm{k}}}{V_{\mathrm{y}}\cdot C_{\mathrm{y}}''} \tag{6-23}$$

式中：V_{y}是烟气流量；C_{y}是比热；t_0是环境温度。

出口介质温度：

$$t_{\mathrm{k}}'=t_0+\frac{Q_{\mathrm{k}}}{V_{\mathrm{k}}\cdot C_{\mathrm{k}}'} \tag{6-24}$$

式中：V_{k}是介质流量；C_{k}是比热。

余热回收率：

$$\Omega_{\mathrm{E}}=\frac{Q_{\mathrm{k}}}{Q_{\mathrm{y}}}=\frac{Q_{\mathrm{k}}}{V_{\mathrm{y}}C_{\mathrm{y}}(t_{\mathrm{y}}-t_0)} \tag{6-25}$$

烟回收量：

$$E_{\mathrm{xk}}=Q_{\mathrm{k}}\cdot\lambda_{\mathrm{k}}'' \tag{6-26}$$

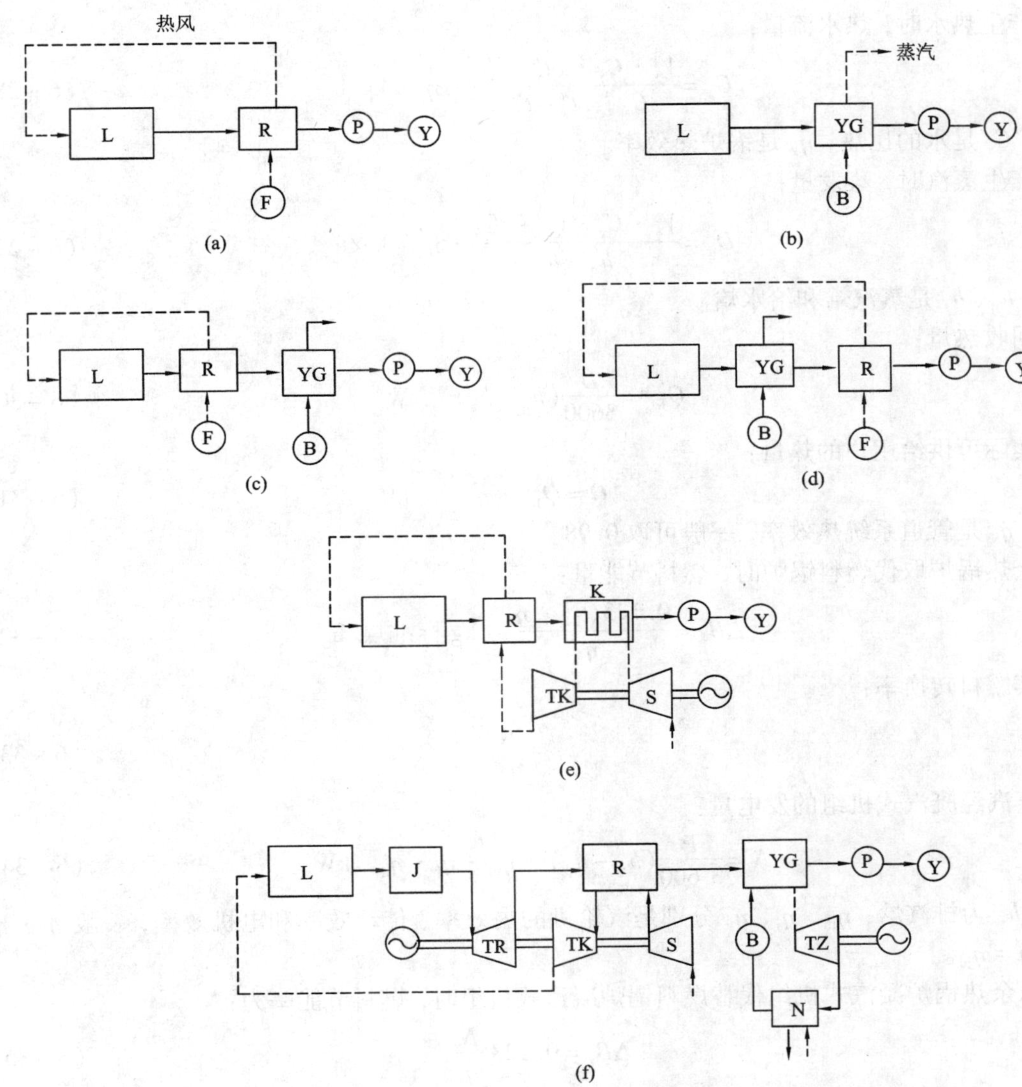

图6-10　工业炉烟气余热回收系统基本形式

L—工业炉；R—空气加热器；P—排烟机；Y—烟囱；YG—余热锅炉；F—风机；B—水泵；J—净化器；TK—空气透平；TR—燃气透平；TZ—蒸汽透平；S—压缩机；N—冷凝器

式中：$\lambda_k = 1 - \frac{T_0}{T_k'' - T_0} \cdot \ln \frac{T_k''}{T_0}$，是介质出口处的能级。

㶲回收率：

$$\Omega_{Ex} = \frac{E_{xk}}{E_{xy}} = \frac{Q_k \cdot \lambda_k''}{Q_y \cdot \lambda_y} \tag{6-27}$$

式中：$\lambda_y = 1 - \frac{T_0}{T_y - T_0} \cdot \ln \frac{T_y}{T_0}$，是余热的能级。

(2)余热锅炉系统

产生热水时,热水流量:

$$G_{g}=\frac{V_{y}\cdot C_{y}\cdot(t_{y}'-t_{y}'')}{C_{s}\cdot(t_{s}''-t_{s}')}\cdot\eta_{g}\quad \text{kg/h} \tag{6-28}$$

式中:C_s 是水的比热;η_g 是锅炉热效率。

产生蒸汽时,蒸发量:

$$D_{g}=\frac{V_{y}\cdot C_{y}\cdot(t_{y}'-t_{y}'')}{h_{q}-h_{s}}\cdot\eta_{g}\quad \text{kg/h} \tag{6-29}$$

式中:h_q、h_s 是蒸汽焓和给水焓。

回收热量:

$$Q_{KL}=\frac{D}{3600}(h_{q}-h_{s})\quad \text{kW} \tag{6-30}$$

实际可供给用户的热量:

$$Q=Q_{KL}\cdot\eta_{x} \tag{6-31}$$

式中:η_x 是管道系统热效率,一般可取0.98。

余热锅炉取代燃料锅炉时,燃料节能量:

$$\Delta B_{1}=\frac{0.123Q_{KL}\cdot\eta_{x}}{\eta_{g}}\quad \text{kg 标准煤/h} \tag{6-32}$$

其燃料转换率:

$$\varphi_{1}=\frac{\eta_{x}}{\eta_{g}} \tag{6-33}$$

余热蒸汽经凝汽式机组的发电量:

$$N=\frac{P}{3\,600}(h_{q}-h_{p})\cdot\eta_{tn}\cdot\eta_{j}\cdot\eta_{d}\quad \text{kW} \tag{6-34}$$

式中:h_p 为排汽焓;η_{tn}、η_j、η_d 分别是汽轮机的内效率、传动效率和电机效率,一般 $\eta_j\cdot\eta_d\approx 0.95=\eta_{jd}$。

以余热锅炉凝汽式机组代替燃料锅炉凝汽式机组时,燃料节能率为:

$$\Delta B_{z}=0.123\,\frac{N}{\eta_{z}} \tag{6-35}$$

式中:η_z 为凝汽式机组总效率,目前平均在0.35左右。

其燃料转换率为:

$$\varphi_{2}=\frac{N}{Q_{KL}\cdot\eta_{z}} \tag{6-36}$$

以余热锅炉背压式热电机组代替燃料锅炉背压式热电机组时,设热化发电率 $\omega=\frac{N}{Q}$,则燃料节约量为:

$$\Delta B_{3}=\Delta B_{1}+\Delta B_{2}=0.123\left(\frac{Q}{\eta_{g}}+\frac{N}{\eta_{z}}\right)=0.123\left(\frac{1}{\eta_{g}}+\frac{\omega}{\eta_{z}}\right)\cdot Q\quad \text{kg 标准煤/h} \tag{6-37}$$

其中余热锅炉回收热量:

$$Q_{KL}=\frac{N}{\eta_{jd}}+\frac{Q}{\eta_{x}}=Q\left(\frac{\omega}{\eta_{jd}}+\frac{1}{\eta_{x}}\right)\quad \text{kW} \tag{6-38}$$

此时燃料转换率：

$$\varphi_3 = \left(\frac{1}{\eta_g} + \frac{\omega}{\eta_z}\right) \bigg/ \left(\frac{1}{\eta_x} + \frac{\omega}{\eta_{jd}}\right) \tag{6-39}$$

[例6.3] 某厂有两台工业炉的尾气余热未回收利用，厂内热负荷由燃煤锅炉供给，现计划安置两台余热锅炉，产生的蒸汽供给背压式热电机组，既发电又取代原燃料锅炉供热。参数如下(每台)：额定蒸发量 15 t/h，$P_q = 1.8$ MPa，$t_q = 360$℃，$P_b = 0.6$ MPa，锅炉效率 $\eta_g = 0.80$，最大蒸汽负荷 12 t/h，平均负荷 9 t/h。试计算确定汽轮机额定功率、平均负荷下的出力、余热锅炉回收热量、燃料节约量及燃料转换率。

[解] 由已给参数查表得 $h_q = 3\ 156$ kJ/kg，$h_b = 2\ 957$ kJ/kg，取 $h_s = 418$ kJ/kg(给水温度 100℃)

额定蒸发量：

$$D_{max} = 2 \times 15 = 30\ \text{t/h}$$

额定功率：

$$N_{max} = \frac{N_{max} \cdot (h_q - h_b)}{3\ 600} \cdot \eta_{jd} \cdot \psi = \frac{30 \times 10^3 \times (3\ 156 - 2\ 957) \times 0.95 \times 0.95}{3\ 600} = 1\ 498.6\ \text{kW}$$

(其中 ψ 为机组自用电系数)

因此可选一台 1 500 kW 的发电机组。

平均负荷下出力：

$$N = \frac{2 \times 9 \times 10^3 \times (3\ 156 - 2\ 957) \times 0.95 \times 0.95}{3\ 600} = 900\ \text{kW}$$

回收热量：

$$Q_{KL} = \frac{2 \times 9 \times 10^3 \times (3\ 156 - 418)}{3\ 600} = 13\ 690\ \text{kW}$$

供热量：

$$Q = \frac{2 \times 9 \times 10^3 \times (3\ 156 - 418)}{3\ 600} \times 0.98 = 12\ 441\ \text{kW}$$

热化系数：

$$\omega = \frac{N}{Q} = \frac{900}{12\ 441} = 0.0723$$

燃料节能量：

$$\Delta B_3 = \frac{Q \times 3\ 600}{7\ 000 \times 4.187 \times \eta_g} = \frac{12\ 441 \times 3\ 600}{7\ 000 \times 4.187 \times 0.8} = 1\ 910\ \text{kg/h}$$

燃料转换率：

$$\varphi_3 = \frac{\Delta B_3 \times 7\ 000 \times 4.187}{Q_{KL} \times 3\ 600 \times \eta_g} = \frac{Q}{Q_{KL} \cdot \eta_g} = 1.136 > 1$$

6.3.2 冷却介质余热回收系统

工业生产过程，经常需要冷却，如冶金生产过程，因多在高温下进行，冶炼过程和出炉的高温工件或物料就经常需要冷却。最常用的冷却介质是水。此外，也有需要用空气或惰性气体(N_2)以及有机介质(油)冷却的。这些冷却介质带出的热量可以采用适当的方法加以回收利用。

6.3.2.1 汽化冷却系统

工业炉金属构件的冷却一般采用水冷。由于溶解于水中的碳酸盐，在40℃以上就开始析出，在金属壁上形成水垢，而水垢的导热系数很小，这样就会使冷却表面温度升高以致烧坏金属构件。再考虑到与受热面接触的部位可能产生局部沸腾使表面超温，因此通常规定冷却水出口温度不得超过50~60℃，这样冷却效果就较差，而且需要耗费大量的冷却水，这在用水紧张的今天是不利的。此外，由于冷却水带走的是高温㶲，而它本身的温度低，㶲值也小，很难加以利用，因此构成了较大的能量损失。

一种应用已很普遍的替代方法是采用汽化冷却。所谓汽化冷却，也叫蒸发冷却，是对水进行适当软化后进入冷却系统，控制温度使之在冷却受热面或冷却管排内沸腾汽化，最后以饱和蒸汽的形式排出。与水冷相比，它具有如下优点：

(1)充分利用了水的汽化潜热大的特点，使单位质量的水的吸热能力提高了几十倍，因此耗水量大幅度下降，同时还可以减少泵的功耗，甚至可以不用泵(自然循环)。

(2)蒸汽参数比水高得多，因此能级提高，利用价值提高；蒸汽的热量或㶲一般是可以加以利用的。

(3)避免了受热面结垢，因此冷却构件寿命延长；同时，因高位汽包存有水，在遇到突然停电断水情况时，可以保证冷却构件中仍有水通过，因而不至于因干烧而烧坏设备。

(4)产生的蒸汽利用途径多，如提供动力(蒸汽锤)、发电、供热(加热、干燥、采暖)、制冷，等等。

汽化冷却装置的水循环方式与锅炉相同，分自然循环和强制循环两种。一般多采用自然循环，但自然循环受汽包的高度影响很大，当汽包安装高度和位置受到限制时，就应采用强制循环。汽化冷却的蒸汽压力可以根据实际需要设置，目前常用的0.5 MPa、0.8 MPa、1.3 MPa和2.5 MPa四个系列。汽化冷却本身产生的是饱和蒸汽(因要保证冷却构件充满水)，必要时可安置过热器得到过热蒸汽。过热器通常可安装在炉尾烟道，这样也可以起到回收烟气余热的作用。“循环倍率”是汽化冷却的重要性能指标，其定义是：循环水量与蒸发量之比：

$$K=\frac{G}{D}=\frac{1}{x} \tag{6-40}$$

式中：x是质量含汽率，即干度。

循环倍率与回路热负荷、系统阻力及回路的布置等因素有关。循环倍率过大，蒸汽含量小，自然循环压头小，容易发生循环的不稳定；但循环倍率过小会导致蒸汽量大，流速高，因而流动阻力增加，一般K值在15~40的范围内。

6.3.2.2 热媒式余热回收系统

在对炉体设备、工作或物料进行冷却时，除了采用水冷或汽化冷却外，还可以采用油作为冷却介质，让油在冷却构件中吸收热量，然后在循环过程中再将热量传给其他可方便利用其热量的介质如蒸汽、空气、煤气等，从而构成所谓的热媒式冷却系统，其中的油称为热媒油。图6-11是这种系统的简单原理图。

采用这种系统的优点是：

(1)可以强化传热，特别是在进行热交换的两种流体都是气体时，由于气体的换热系数小，传热强度低，常需很大的传热面积，但如果在这两种流体间增加热媒式系统，则可将两种气体都安排在管外流动，容易采取措施来强化传热。

(2)安装布置很灵活，特别是场地狭窄，难以布置其他冷却系统或余热利用系统的情况下，就有独到的优势。

(3)可以很方便地同时加热多股流体，如同时预热空气和煤气。

(4)可以自由控制和调节冷却量或加热量，这时只需调节热媒油的循环流量即可实现。

(5)由于热媒油可以工作至300～350℃而不气化，比水的工作温度高得多，而且可以常压运行，因此不受压力容器规范限制，运行安全可靠。

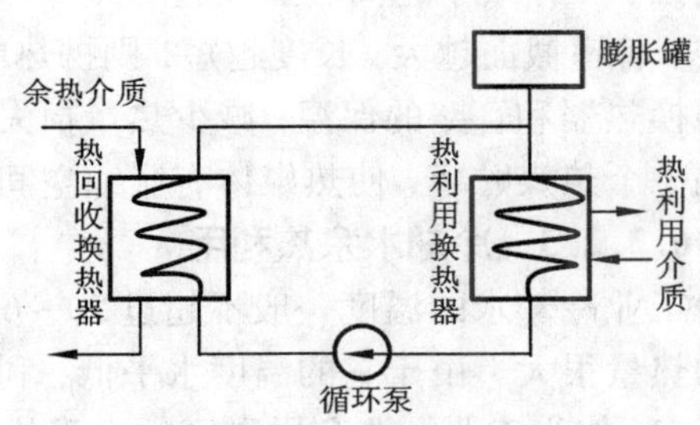

图6－11　热媒式余热利用系统

(6)除了应用于冷却，也可以应用于其他余热的回收利用，特别是像高温熔体、高温物料、液态炉渣，这些采用其他方法难以进行余热回收的场合，它具有独到的优越性。

因此，热媒式余热回收系统作为一项新技术，受到了越来越多的研究和推广应用。应用这种系统的关键在于选用合适的热媒体。作为载热介质的热媒体，通常要满足下列要求：①导热性能好，黏度低，热容量大，即要求导热系数λ、比热C_p和密度ρ大，黏性系数μ小；②化学性能稳定，长期使用不老化变质；③无腐蚀性和毒性；④沸点较高，凝固点低，即在较高的温度下不气化，在冬天气温低时不凝固，仍具有良好的流动性；⑤价格便宜，容易得到，等等。目前使用较多的物质，主要是矿物油、多元醇、联苯类和硅酸脂类有机物。

衡量热媒体特性的综合指标，可以用携热能力与流动功耗之比来表示。

热媒携带的热量：

$$Q=\rho\cdot A\cdot U\cdot C_{\mathrm{p}}\cdot\Delta t\quad \mathrm{kW} \tag{6-41}$$

式中：ρ——热媒密度，kg/m^3；

A——管路截面积，m^2；

U——管道断面流速，m/s；

C_p——热媒比热，kJ/(kg·℃)；

Δt——热媒流经换热器的温升，℃。

输送热媒消耗的功率：

$$N=A\cdot U\cdot\Delta P\quad \mathrm{kW} \tag{6-42}$$

其中流动阻力损失可按下式计算：

$$\Delta P=0.158\times\frac{L}{d^{1.25}\cdot\mu\cdot^{0.25}\cdot\rho^{0.75}\cdot U^{1.75}} \tag{6-43}$$

式中：L，d——管长和管径，M；

μ——热媒动力黏度，Pa·s。

消去流速项，取$Q/N^{\frac{1}{2.75}}$为性能指标：

$$\frac{Q}{N^{\frac{1}{2.75}}}=K\cdot C_p\cdot\left(\frac{\rho^2}{\mu^{0.25}}\right)^{\frac{1}{2.75}} \tag{6-44}$$

式中：$K=\left(\frac{A^{1.75}\cdot d^{125}}{0.158L}\right)^{\frac{1}{2.75}}\cdot\Delta t$ 是与物性无关的量。比值$\frac{Q}{N^{\frac{1}{2.75}}}$越大，表示热媒体输送热量的能

力越强,工作效率越高。显然它与热媒体物性和管路特性都有关系。密度和比热越大,黏度越小,管道截面越大,长度越短,则携热能力越强。另外,还有两个不容忽视的问题,一是应加强换热器和管路的保温,减少热量损失;二是注意解决热媒体受热膨胀问题,其方法就是增加一个热媒贮罐,使热媒体有胀缩空间。

6.3.2.3 冷却水余热利用

工业冷却水的温度一般不超过50~60℃,只有极少数可高至80~90℃。但因流量大,带走的热量很大。由于它的温度水平低,利用受到限制,一般可用于以下几个方面:

(1)作为工业企业和居民区的供暖热源,或应用于农业生产;

(2)作为热电站或锅炉房的给水或用于加热锅炉给水;

(3)作为热泵的低温热源,转化为高温工质的能量后再加以利用;

(4)作为低沸点工质发电系统的热源,转化为电能。

在这几种利用途径中,第一种最为简便,效果也最好,但受季节和地区的限制,南方地区和炎热的季节就利用不上。直接作为锅炉的给水必须经过软化和脱氧处理,要求较高,用水量也很难匹配,因此实际使用很少,一般都只采用加热给水的方法。第三种有较好的前途,如把热泵和制冷系统联合起来,可实现冷却水制冷以满足空调用途,这样再与第一种方法结合,则可以使冷却余热在全年3/4的季节里得到利用。第四种方法尚处在研制阶段,进入实用阶段还需一段时间。

6.3.3 中低温余热动力回收系统

工业余热中有大量温度低于300~400℃的中低温烟气、废蒸汽、废热水等余热资源。地热资源的热水温度一般也在300℃以下,更多的是低于90℃的低温热水,其利用方式与余热利用基本相同,因此可以一起讨论。

中低温余热的利用方式大致有两种:一是热利用,二是动力利用。直接利用其热能供给生产或生活的需要,是最为简单、经济的利用方式,但由于受供需平衡等条件的限制,往往难以得到充分利用。如果余热的品位(能级)较高,量也较大,则将它转换为使用方便、输运灵活的电能后,其利用途径可大为增加。

中低温余热发电装置一般采用朗肯循环。携带余热的介质首先通过热交换器将热传给工质,然后经朗肯循环发电。当热源温度较高时,以水作为工质最为方便,但当热源温度较低时,如低于100℃,则需选用其他低沸点的物质(如氟利昂等)作为工质。

中低温余热的动力回收装置由于经济上的原因,尚处于试验探索阶段,但也有一些成功的例子,甚至连海水温差(15~28℃)这样小的温度下,采用低沸点工质发电的试验电站也已成功运转。下面介绍几个成功的发电系统。

6.3.3.1 闪蒸发电系统

高压热水经突然扩容降压,一部分水可以汽化成蒸汽,这种过程称为闪蒸。如果以水为工质,在余热回收换热器内,高压水吸热后不汽化,而是让它再扩容降压,产生一定压力的蒸汽,再让蒸汽通过汽轮机膨胀做功,产生电能,就是闪蒸发电。图6-12是闪蒸发电系统的构成原理图。

由于换热器产生的高压热水,不需要一般余热锅炉所必需的汽包,使得换热器结构大为简化,而且热水输送管径小,适宜长距离输送,这样便于将分散的余热集中起来使用;它的

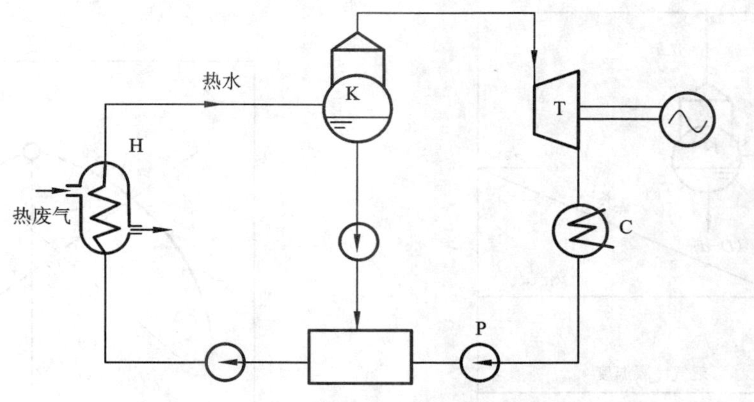

图6-12 闪蒸发电系统构成原理图

另一个优点是，与余热锅炉相比，热回收率高。

闪蒸法的缺点是，在扩容器中只有一部分水可以闪蒸成为蒸汽，并且闪蒸时压力降低，从而造成可用能损失。因此，就循环本身来说，它的热效率要比一般的蒸汽循环低。扩容器的工作及其运行参数对热能的利用率有着直接的影响。下面以单级闪蒸过程为例进行讨论。

如图6-13，设每小时有D kg，温度为t_{R1}的高压热水进入扩容器，由于压力降低至p，热水温度降至p对应的饱和温度t_{R2}，且放出热量，使一部分热水(d kg)吸热汽化成对应温度t_{R2}的饱和蒸汽。如忽略散热损失，则

$$D \cdot C_p \cdot t_{R1} = d \cdot h + (D - d) \cdot C_p \cdot t_{R2}$$

所以

$$d = \frac{D \cdot C_p \cdot (t_{R1} - t_{R2})}{h - C_p \cdot t_{R2}} \ \text{kg/h} \tag{4-45}$$

式中：h是闪蒸蒸汽的焓，即温度t_{R2}下饱和蒸汽焓值，kJ/kg；C_p是水的比热，一般可以取$C_p \approx 4.186$ kJ/(kg·℃)。

热水的蒸发率：

$$\alpha = \frac{d}{D} = \frac{C_p \cdot (t_{R1} - t_{R2})}{h - C_p \cdot t_{R2}} \tag{4-46}$$

式中：分母实际上是对应温度t_{R2}下的汽化潜热Δh。

乘积$d \cdot \Delta h$直接反映出热水的利用程度，与t_{R2}有直接的关系，图6-14是其关系图。从图中可见，t_{R2}变化时$d \cdot \Delta h$有最大值，称该最大值对应的温度为最佳闪蒸温度。为了得到最大回收率，通常要求扩容器在最佳温度附近工作。

为了充分利用高温热水，减少闪蒸不可逆造成的能量损失，提高循环效率，可采用多级闪蒸系统。在多级闪蒸系统中，可以分析得到，以各级温差相等时效率最高。

闪蒸发电系统已经成功地用于地热发电，以及钢铁厂大型烧结机中烧结矿冷却机的废气余热回收。实践证明，它是一种有效的回收方式。

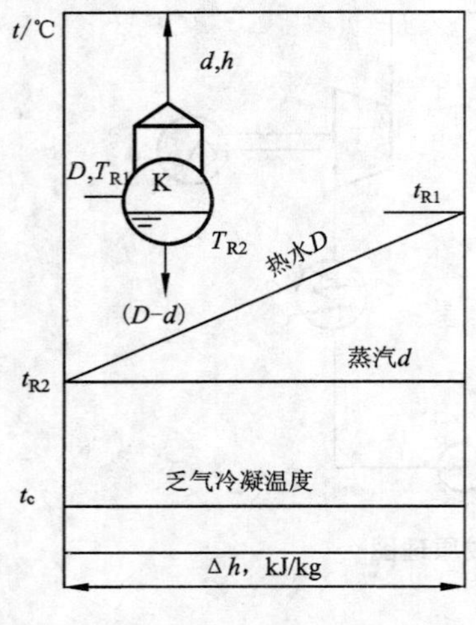

图6-13 闪蒸过程

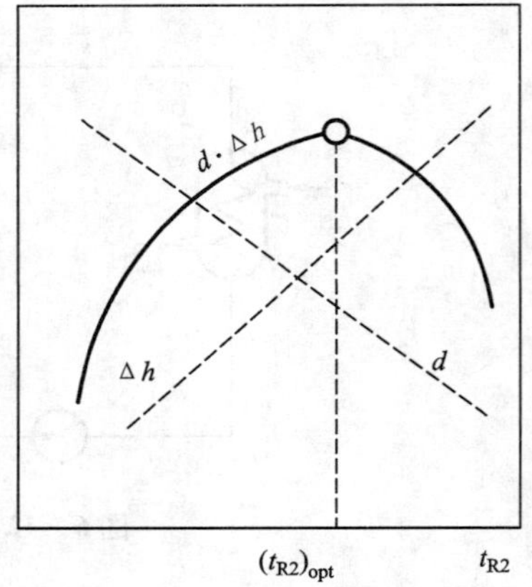

图6-14 最佳闪蒸温度关系图示

6.3.3.2 低沸点工质发电系统

当余热源温度在200~300℃时，已不宜以水为工质，特别是对150℃以下的低温余热的动力回收，实际已不可能以水为工质，这时需要考虑采用低沸点工质的动力循环。

对低沸点工质的选择，一般应考虑以下几个因素：①有适当的沸点；②汽化潜热要小；③比热、导热系数、密度大；④热稳定性好；⑤无毒性、无腐蚀性、不易燃烧；⑥黏度小，运输方便，易于保存；⑦价格便宜。实际上要全部满足这些要求的工质并不存在，只能通过综合比较，选择恰当的工质。常用的低沸点工质有R_{11}、R_{12}、丙烷、正丁烷、氨等，它们的基本性质见表6-2。选择工质时，首先根据热源的温度，选择与对应的蒸汽压力范围适当的工质，然后再对其他性能进行综合比较。

表6-2 低沸点工质基本性质

名 称	分子式	分子量	沸 点/℃	临界压力/$\times 10^5$ Pa	临界温度/℃
氟利昂 R 11	CCl_3F	137.4	23.7	43.74	198
R 12	CCl_2F_2	120.9	-29.8	40.12	111.6
R 22	$CHClF_2$	86.5	-40.8	49.33	96
R113	$C_2Cl_3F_3$	187.4	47.7	34.13	214.1
R114	$C_2Cl_2F_4$	170.9	3.6	32.56	145.7
甲 烷	CH_4	16	-161.3	46.4	-83
丙 烷	C_3H_8	44	-42	42.66	97
正丁烷	$n-C_4H_{10}$	58	-0.4	38	152.2
氨	NH_3	17	-33.3	112.78	132.4

一般的有机工质在150℃以上会发生热分解，故最高工作温度受到限制。近年来，美国

开发出一种新工质 R85，它由 85% 的 CF_3CH_2OH 与 15% 的 H_2O 混合而成，沸点 75.4℃，工作温度可达 300℃以上，在 200～500℃范围内，性能比水蒸气优越，它已成功用于烧结机 350℃左右烟气余热的动力回收。

低沸点工质动力循环与水蒸气朗肯循环相似，它由蒸发器、透平、冷凝器和泵四个主要设备组成（见图 6－15），所不同之处是用蒸发器代替锅炉。蒸发器一般产生的是饱和蒸汽。下面以 R_{11} 为例进行讨论。

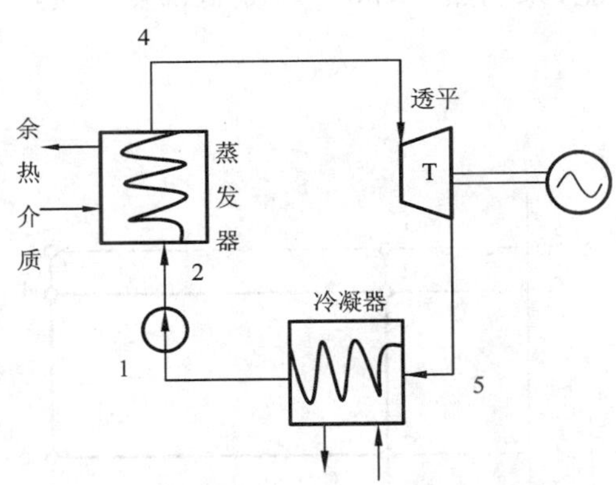

图 6－15　低沸点工质发电系统

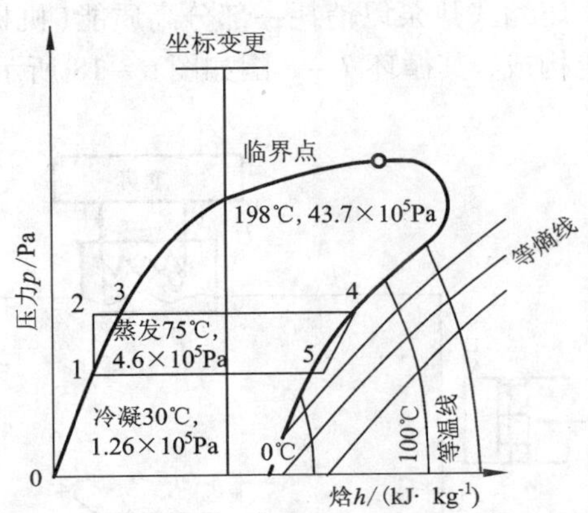

图 6－16　低沸点工质 R_{11} 的 $p-h$ 图

图 6－16 是 R_{11} 的 p—h 图，1—2—3—4—5—1 是循环过程。1—2 为泵内升压过程（等熵过程），所消耗的功为 $W_2 = h_2 - h_1$。2—3—4 为蒸发器吸热汽化过程（等压加热），所吸收的热量 $q_1 = h_4 - h_2$。4—5 为透平内膨胀做功过程（等熵），所做的功 $W_1 = h_4 - h_5$。5—1 是冷凝器中冷凝过程，放出热量 $q_2 = h_5 - h_1$。

循环的理论热效率为：

$$\eta = \frac{W_1 - W_2}{q_1} = \frac{(h_4 - h_5) - (h_2 - h_1)}{h_4 - h_2} \tag{6-47}$$

实际需要考虑汽轮机的内效率 η_m，水泵效率 η_b，以及电机效率 η_{jd}，所以实际循环效率为：

$$\eta' = \frac{\eta_{tn} \cdot (h_4 - h_5) - (h_2 - h_1)/\eta_b}{(h_4 - h_1) - (h_2 - h_1)/\eta_b} \cdot \eta_{jd} \tag{6-48}$$

低沸点工质发电系统已经成功用于地热发电、海水温差发电，以及烧结机、转炉、水泥窑等中低温余热的利用。如某转炉烟罩冷却水余热回收装置，发电量 2 600 kW，自耗电占 36.5%，约 3 年可以收回投资成本。这说明低沸点工质用于低温余热动力回收，在今后是很有发展前途的。

6.3.4　热泵系统

热泵是一种能使热量从低温物体转移到高温物体的能量利用装置。恰当地运用热泵，可以把那些不能直接利用的低温热能转变为有用的热能，即提高热能的能级，从而提高热能利用率，节约燃料。不仅如此，借助热泵，还可以把大气、海洋、大地所蕴藏的取之不尽的低品位能源利用起来。热泵本身虽然不是自然能源，但从它可以输出可用能这个角度来说，它的确起了能源的作用，所以人们称它为特种能源。目前热泵技术已得到推广应用，并且不断发展，在节能和环境保护中起着越来越重要的作用。

热泵的工作原理与制冷机相似，但其使用目的不是制冷而是制热，即工作温度的范围不同。它也有两种形式：压缩式和吸收式。

6.3.4.1　压缩式热泵

压缩式热泵以消耗一部分高质能（机械能或电能）来制热。图 6－17 是低沸点工质热泵系统构成，其循环 $T-S$ 图如图 6－18 所示。

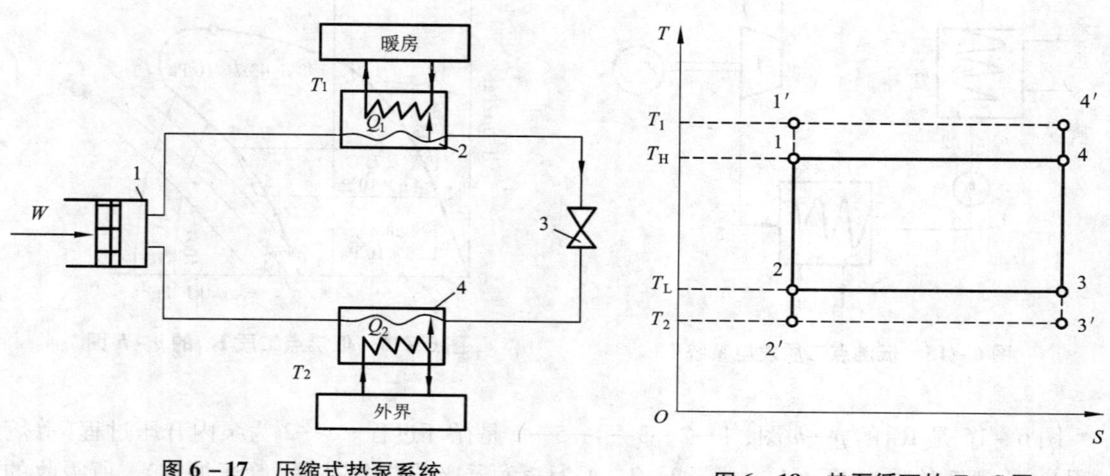

图 6－17　压缩式热泵系统

1—压缩机；2—冷凝器；3—膨胀阀；4—蒸发器

图 6－18　热泵循环的 $T-S$ 图

循环从外界吸热：

$$Q_2 = T_L \cdot \Delta S \tag{6-49}$$

循环向外界放热：

$$Q_1 = T_H \cdot \Delta S \tag{6-50}$$

循环压缩功：

$$W = Q_1 - Q_2 = (T_H - T_L) \cdot \Delta S \tag{6-51}$$

制热系数或称性能系数 COP：

$$\mathrm{COP} = \varphi = \frac{Q_1}{W} = \frac{T_H}{T_H - T_L} > 1 \tag{6-52}$$

即花费一部分高位能，将低位能转换成数量更多的高位能，这就是使用热泵可以节能的原理。

如果热泵完全可逆，即按逆向卡诺循环 1—2—3—4—1 进行，如图 6－18 所示，则此时的制热系数应为最大，即

$$\varphi_{\max} = \frac{Q_1}{Q_1 - Q_2} = \frac{T_H}{T_H - T_L} = \frac{1}{1 - \dfrac{T_L}{T_H}} \tag{6-53}$$

实际上由于传热必然存在温差，工质向室内放热时的冷凝温度 T_1 高于 T_H，从低温热源吸热时的工质温度 T_2 低于 T_L。如果按工质实际工作温度范围（$T_1 - T_2$）计算其最大的致热系数，则为：

$$\varphi'_{max} = \frac{T_1}{T_1 - T_2} = \frac{1}{1 - \frac{T_2}{T_1}} \tag{6-54}$$

由上式可见，如果（$T_1 - T_2$）越小，则 φ'_{max} 越大。φ'_{max} 始终大于1。当 $T_2/T_1 = 1$ 时，φ'_{max} 趋向于无穷大。这说明热泵所能提供的热量在数量上超过所消耗的功。并且，当转移热量的温差越小时，它的效果越好。就这点来说，利用热泵取暖是最合适的方式。

实际的热泵除传热不可逆损失外，由于在压缩机及膨胀阀中存在不可逆损失，实际的致热系数 φ 将小于最大值，即

$$\varphi < \varphi'_{max} < \varphi_{max} \tag{6-55}$$

在确定了热泵的工质、热力循环参数及压缩机的效率后，可以利用工质热力学性质图表，计算出 φ 值。在概算时可取

$$\varphi = \eta\varphi'_{max} \tag{6-56}$$

式中：η——热泵有效系数，一般在0.45～0.75范围，概算时可取0.6。

对热泵的㶲分析，其㶲流量如图6－19所示。图中的斜线部分表示㶲流，其余部分为𤆬。如果冷源的温度 T_L（例如冬天的地下水）高于环境温度，则热泵所吸收的热量 Q_2 中，含有少量的㶲，其㶲值为：

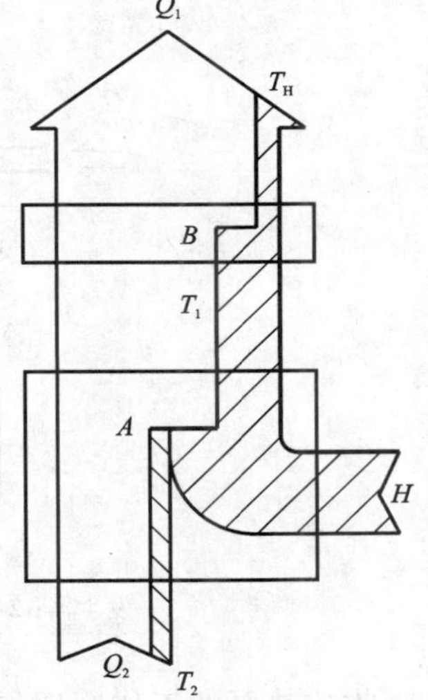

图6－19　热泵的㶲流图

$$E_{xQ,L} = \frac{T_L - T_0}{T_L} Q_2 = \frac{T_L - T_0}{T_L}(Q_1 - W) \tag{6-57}$$

热泵提供给室内的热量 Q_1 所具有的㶲为：

$$E_{xQ,H} = \frac{T_H - T_0}{T_H} Q_1 \tag{6-58}$$

图中，A 为热泵内的各项㶲损失。B 为工质向室内传热时，温差（$T_1 - T_H$）造成的㶲损失。总㶲损失为 $\sum(LW)_i$。㶲的损失系数为：

$$\xi = \frac{\sum(LW)}{W} = \sum\xi_i \tag{6-59}$$

根据㶲平衡可得：

$$W = E_{xQ,H} - E_{xQ,L} + \sum(LW)_i \tag{6-60}$$

将以上结果代入，经整理后可得：

$$W = \frac{1 - T_L/T_H}{1 - (T_L/T_0\xi)} Q_1 \tag{6-61}$$

实际致热系数为：

$$\varphi = \frac{Q_1}{W} = \frac{T_H}{T_H - T_L}\left(1 - \frac{T_L}{T_0}\xi\right) = \left(1 - \frac{T_1}{T_0}\xi\right)\varphi_{max} \tag{6-62}$$

由此可见，实际致热系数，偏离可逆卡诺热泵的理想致热系数 φ_{max}，其大小取决于热泵的各项㶲损失系数之和 ξ。㶲损失越大，则实际致热系数越低。

热泵的㶲效率可表示为：

$$\eta_{e,H}=\frac{\varphi}{\varphi_{max}}=1-\frac{T_L}{T_0}\xi \tag{6-63}$$

由此可见，热泵㶲效率是包括了传热温差损失的有效系数，$\eta_{e,H}$将小于 η。

6.3.4.2 吸收式热泵

吸收式热泵是一种以消耗一部分温度较高的高位能 Q_G 为代价，从低温热源吸取热量供给热用户。它所能提供的热量 Q_1 大于消耗的 Q_G，将比直接供热有更好的效果。

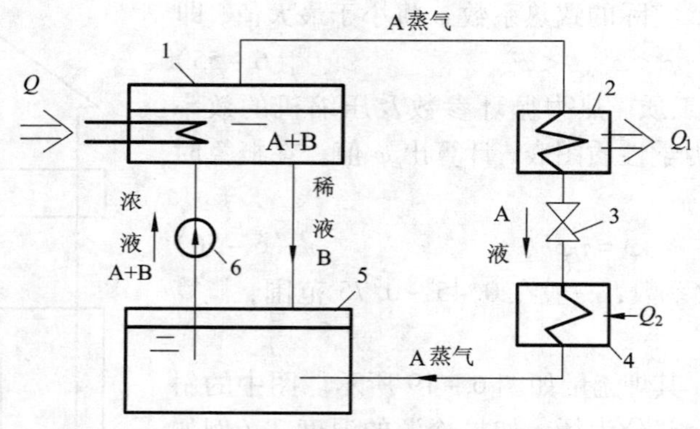

图 6-20 吸收式热泵的工作原理

1—发生器；2—冷凝器；3—节流阀；4—蒸发器；5—吸收器；6—溶液泵

吸收式热泵的工作原理如图 6-20 所示。由于吸收剂和工质组成的溶液装于发生器 1 中。吸收剂要对工质有更强的吸收能力，而两者的沸点差要尽可能大。吸收式热泵一般采用 H_2O-LiBr(溴化锂)溶液，水作为工质，溴化锂为吸收剂，溴化锂溶解于水中构成溴化锂水溶液。当高温热源对发生器中的溶液进行加热时，由于工质容易汽化，在蒸发器中产生一定压力的水蒸气。蒸发器起到压缩机的作用。工质在冷凝器 2 中的放热过程，以及经节流阀 3 降压降温后，在蒸发器 4 中从低温热源的吸热过程，与压缩式热泵相同。在蒸发器中蒸发的低压蒸汽送至吸收器 5 中，再次被吸收剂吸收后的稀溶液送回蒸发器中循环使用。

衡量吸收式热泵的性能指标也叫制热系数，用 ψ 表示。它是指向热用户提供的热量 Q_1 与消耗的高位热能 Q_G 之比，即

$$\psi=\frac{Q_1}{Q_G} \tag{6-64}$$

利用余热的吸收式热泵有两种形式。

第一类吸收式热泵是将低温余热(例如 30℃左右的废温水)作为蒸发器的热源，发生器中工质蒸汽的发生主要靠消耗一部分高质的热能(例如，城市煤气)。系统如图 6-21 所示。与吸收式制冷机相比，由于蒸发器的工作温度提高，相应的蒸发压力和冷凝压力也要提高，吸收器及冷凝器内的工作温度也增高。冷却水通过吸收器和冷凝器时，最终可获得 70～80℃的热水。

热泵消耗的能量是提供给发生器的热量 Q_{fs}，提供给热用户的热量为从吸收器及冷凝器获得的热量 $Q_{xs}+Q_{1n}$。蒸发器中由余热提供的热量为 Q_0，则热泵的热平衡关系式为：

$$Q_{fs}+Q_0=Q_{xs}+Q_{1n} \tag{6-65}$$

热泵的致热系数为：

$$\psi_1=\frac{Q_{xs}+Q_{1n}}{Q_{fs}}=\frac{Q_{fs}+Q_0}{Q_{fs}}=1+\frac{Q_0}{Q_{fs}} \tag{6-66}$$

由此可见，第一类吸收式热泵的致热系数大于 1，它能提供的热量大于发生器消耗的热量。但是，所得的热水温度低于发生器加热源的温度。

图 6-22 是第一类吸收式热泵的能流图的一例。在考虑热损失为 14% 的情况下，热泵实际可提供的热量为耗热量的 144%，比其他供热方式要节约能源。

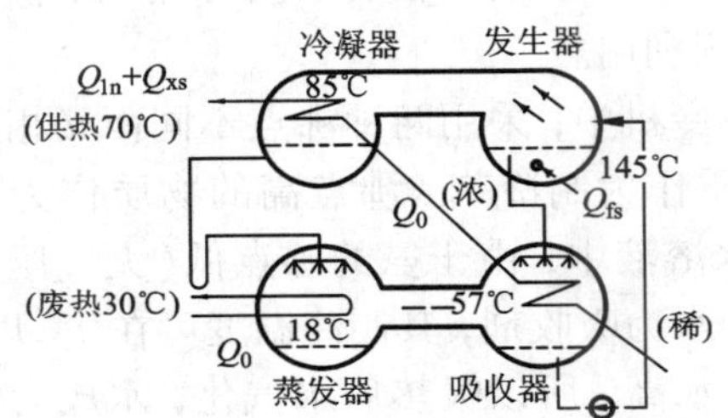

图 6-21　第一类吸收式热泵

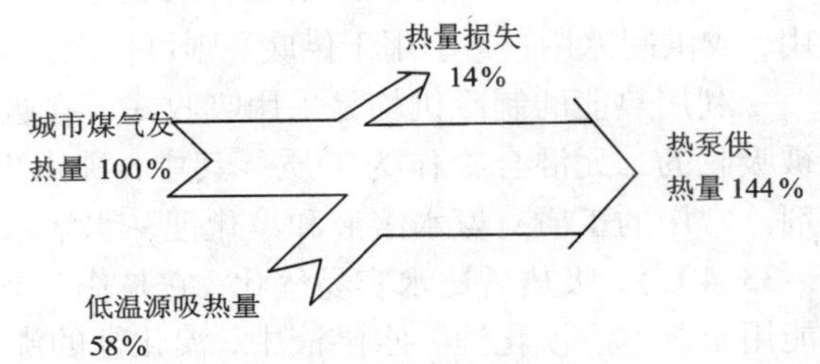

图 6-22　吸收式热泵的能流图

第二类吸收式热泵是直接利用温度较低的余热（例如 70℃ 的热水）作为供热源，同时通过热泵来提高余热的温度水平（例如提高到 100℃）。这种热泵不需要另外消耗高位能，又能提高余热的品位，从而提高其利用价值。

第二类热泵的系统如图 6-23 所示。它的特点是发生器、蒸发器所需的热量均由 70℃ 的余热水提供。这样，发生器由于热源温度低，产生的蒸汽压力也较低，约为 1 226 Pa。而蒸发器中由于热源温度高，产生的蒸汽压力也高，可达 19 900 Pa。因此，这种热泵的蒸发器和吸收器内的压力高于发生器和冷凝器内的压力。由于供热至吸收器的蒸汽温度达 60℃，吸收后的稀溶液温度可升高到 108℃，这样从吸收器就有可能获得 100℃ 的热水。

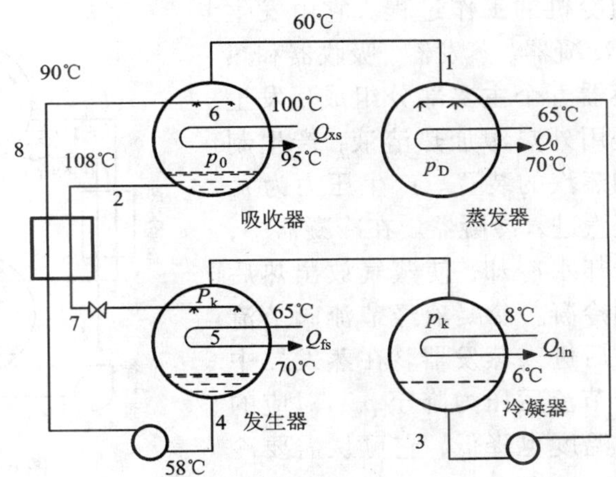

图 6-23　第二类吸收式热泵

第二类热泵的致热系数为从吸收器获得的热量 Q_{xs} 与发生器、蒸发器中消耗的热量总和之比，即

$$\psi_2 = \frac{Q_{xs}}{Q_{fs}+Q_0} = 1 - \frac{Q_{1n}}{Q_{fs}+Q_0} \tag{6-67}$$

由此式可见，第二类热泵的致热系数将小于1，一般在0.5以下。当温度的提高幅度越大时，致热系数越小。但是，由于它并没有消耗其他热能，而提高了余热的使用价值，所以仍是有价值的。

第二类热泵的另一个特点是，由于冷凝器的工作压力低，相应的冷凝温度也低。所需的冷却水要求是低温水(例如6℃的水)，才能维持低压，以保证正常工作。

6.3.5　余热制冷系统

利用中低温余热供暖是一种简便、经济的热回收方法。但是，供暖有季节性，非供暖期间这些余热仍只能弃之。如果能将余热作为吸收式制冷机的热源，在夏季获得低温水供空调用，或供制冰用；冬季用于供暖，则可使余热常年得到利用。

利用热能的制冷机均是采用吸收式。在吸收式制冷机中，采用两种沸点不同而又相互能被吸收的二元混合物作为工质。其中，沸点低的物质作为制冷剂，沸点高的物质作为吸收剂。常用的工质有氨水溶液和溴化锂-水溶液。氨水溶液中，由于氨的沸点低(大气压下为-33.4℃)，吸热后比水容易气化，它是作为制冷剂，水为吸收剂，其制冷温度可在0℃以下，能用于制冰。溴化锂-水溶液中，溴化锂的沸点远比水高，所以吸热后水汽化，水成为制冷剂，溴化锂为吸收剂，其制冷温度只能在0℃以上，一般作为空调的冷源(一般提供7℃左右冷媒水)。

图6-24表示了溴化锂吸收式制冷机的工作过程。它由发生器、冷凝器、蒸发器、吸收器和热交换器五个主要部分组成。发生器是用外热源加热溶液，产生制冷剂蒸汽的装置。产生压力为p_k的蒸汽进入冷凝器。在冷凝器中，用冷却水冷却，使蒸气放出热后得到冷凝。冷凝液经节流阀节流降压后进入蒸发器。在蒸发器中由于节流后压力降至p_0，对应的饱和温度也降低，它可从需要冷却的冷冻水中吸取热量而达到制冷的目的，制冷剂本身因吸热而蒸发。低压的制冷剂蒸汽被通至吸收器，重新被吸收剂吸收。吸收过程是一放热过程，因此，在吸收器中也需要用冷却水冷却。吸收器中的溶液来自发生器，当吸收了制冷剂后它们代替了压缩式制冷机中的压缩机的作用。由于发生器中的溶液温度高，吸收器中的溶液温度低，所以，在从发生器向吸收器供液的管路上设置了一个热交换器，以提高发生器的进液温度，降低吸收器的进液温度。它可以起到减少发生器的热耗和降低吸收器冷却水消耗的一举两得的作用，从而改善装置的经济性。

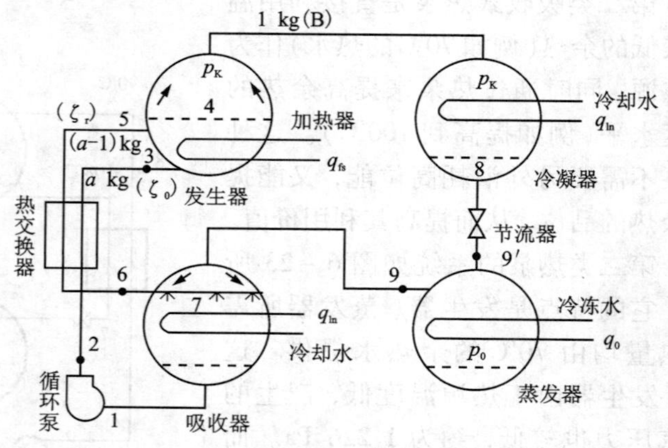

图6-24　吸收式制冷机的工作原理

对溴化锂吸收式制冷装置来说，循环工质是溴化锂-水溶液，溶液的浓度ξ用溴化锂含

量的百分数表示，即

$$\xi = \frac{G_1}{G_1 + G_2} \times 100\% \tag{6-68}$$

式中：G_1——溶液中溴化锂的质量，kg；

G_2——溶液中水的质量，kg。

在发生器中，由于水吸热汽化，溶液浓度将增加，浓溶液浓度用 ξ_r 表示。在吸收器中，来自发生器的浓溶液因吸收了水蒸气而变稀，稀溶液的浓度为 ξ_a。

如图 6－24 所示，当发生器产生的水蒸气为 1 kg，由吸收器供至发生器的溶液为 a kg，则由发生器流出的浓溶液为$(a-1)$kg。根据质量平衡可得：

$$(a-1) \cdot \xi_r = a \cdot \xi_a \tag{6-69}$$

$$a = \frac{\xi_r}{\xi_r - \xi_a} \tag{6-70}$$

式中：a 也称为溶液的循环倍率。浓度差 $\Delta\xi = \xi_r - \xi_a$ 称为放气范围。一般取 $\Delta\xi = 3.5\% \sim 6\%$。为了防止产生溴化锂结晶，一般取浓溶液浓度为 $\xi_r = 60\% \sim 64\%$，稀溶液浓度 $\xi_a = 56\% \sim 60\%$。

吸收式制冷的工作过程可在图 6－25 上定性地表示。在发生器中的压力为 p_k，溶液浓度为 ξ_a，图中对应点 4。当加热后，一部分水汽化，溶液因水汽化而增浓到状态点 5。水蒸气在冷凝器中放热而冷凝，冷凝液的状态点在点 8 的位置。经节流降至压力 p_0 时，则达到点 9 的位置，同时温度降低。在蒸发器中，低温液体吸热而蒸发，达到制冷的目的。浓溶液经降压后供至吸收器时的状态点为 7。在吸收器中，浓溶液吸收状态点 9 的水蒸气而成稀溶液，为状态点 1。再用泵将状态点 1 的稀溶液加压后供发生器，回到状态点 4，继续循环。

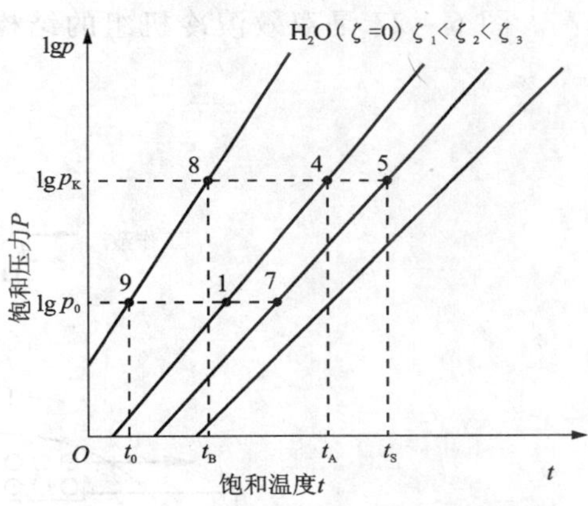

图 6－25　溶液的饱和蒸汽压与温度的关系

要对吸收式制冷装置进行热力计算，一般需利用溴化锂水溶液的焓－浓度图($h-\xi$ 图)，根据压力和温度(或浓度)在图上可找到相应点的位置，并从纵坐标上查到它的焓值。图中同时也给出制冷剂(纯水)在不同压力下液态和汽态时的焓值。

如图 6－26，每 kg 制冷剂的制冷量 q_0 为水在蒸发器中蒸发时的吸热量，即为蒸汽焓与水的焓之差：$q_0 = h_g - h'_g = h_g - h_0$。发生器消耗的热量 q_{fs} 主要是产生水蒸气所需要的热量，即 $q_{fs} = h_B + (a-1)h_5 - ah_3$。表示装置运行经济性的热力系数 ξ_g 是指制冷量与耗热量之比，即

$$\xi_g = \frac{q_0}{q_{fs}} \tag{6-71}$$

单效溴化锂吸收式制冷装置的热力系数一般在 0.6～0.7 之间。

供给发生器的热源通常为 120℃左右的低压蒸汽，它可利用余热锅炉产生的、夏天无热用户的蒸汽，使余热得到充分利用。根据总制冷量 q_0 及 q_{fs}，可以确定发生器所消耗的蒸

汽量。

吸收式制冷装置也有可能采用低于100℃的废热水作为热源。但是，发生器的加热温度降低，将使浓溶液与稀溶液的浓度差（放气范围）减小，溶液循环倍率增大，单位循环量的制冷量减少。这种制冷装置的热力系数较低，只有0.35左右，但是，它扩大了低温余热的利用途径，仍有很大的实际应用价值。当然，热源温度也不能过低，通常不能低于70～80℃。因此，对于利用这种低温余热制冷时，需要采用两级吸收式系统。用高压发生器和低压发生器使两种不同浓度的溶液中的制冷剂汽化。采用较高温度，如160～180℃的热源的两效溴化锂制冷机的热力系数一般达1.2左右，循环效率得到大幅度提高。图6－27是双效溴冷机组的结构简图。

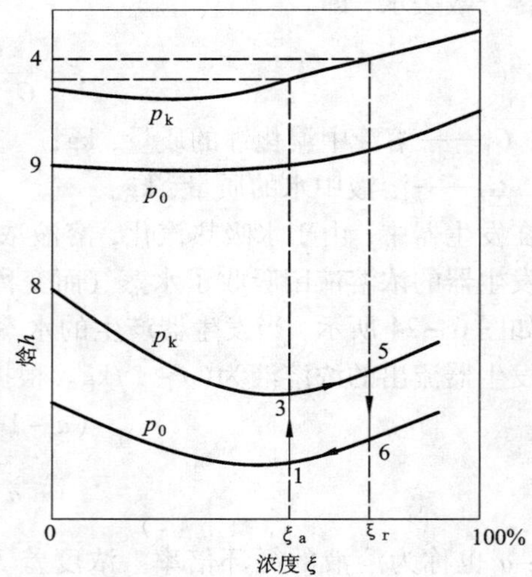

图6－26　单效溴化锂制冷循环 $h-\xi$

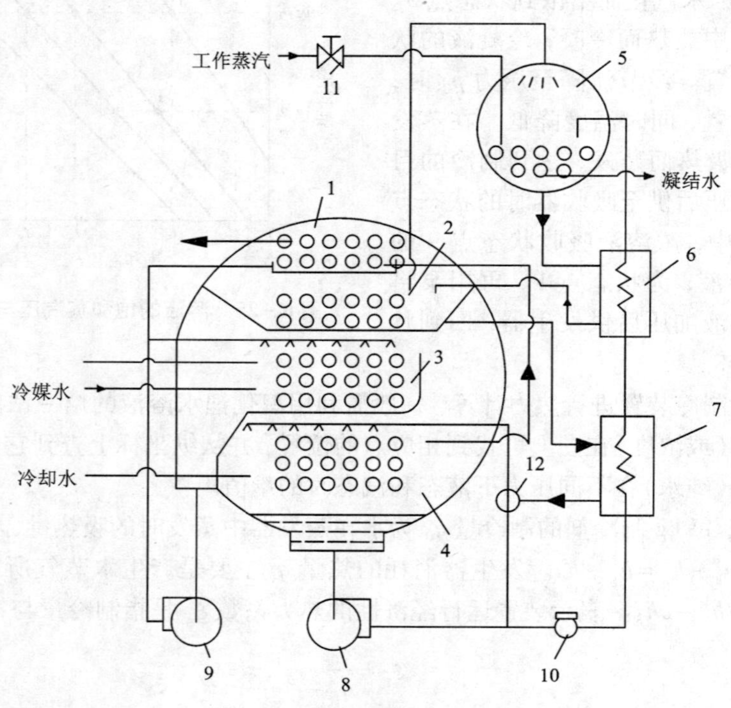

图6－27　双效溴冷机组结构简图

1—冷凝器；2—低压发生器；3—蒸发器；4—吸收器；5—高压发生器；6，7—溶液热交换器；8—溶液泵；9—冷剂泵；10—溶液调节阀；11—调节阀；12—混合喷射器

6.4　热回收用换热设备简介

从余热源回收热能时，绝大多数场合要通过换热设备，把热量传递给受热介质，例如空气、煤气、水等，将它们加热后再加以利用。根据余热源的温度水平和形态、载热介质的特性，以及利用目的的不同，换热设备有许多不同的形式。

工业排出的余热有固体显热、废气、冷却用排放水等固、气、液三种形态。以冶金企业的余热资源为例，主要的余热如表6－3所示。由于它们的状态、温度水平和利用目的不同，热回收介质及热回收设备也不同。

表6－3　冶金企业余热回收方法示例

余热源		温度	热输送介质	回收利用对象	热回收设备
固体	热焦	1 000℃	惰性气体、水	蒸汽、发电	干熄焦装置
	炉渣	1 300～1 600℃	空气、水	热水、蒸汽	风冷、水淬装置
	热坯、热材	700～900℃	水	热水、蒸汽	余热锅炉
	工业炉体	300～700℃	水、热媒	蒸汽、空气预热	汽化冷却、热媒冷却装置
气体	工业炉高温废气	>700℃	空气、煤气、水	预热空气、煤气 蒸汽、发电	高温预热器、蓄热器 余热锅炉
	中低温废气	<700℃	空气、煤气、水	预热空气、煤气 热水、蒸汽	回转式换热器、热管换热器 热媒换热器、流化床式换热器、省煤器
液体	高温水	60～90℃	水、热媒	热水、发电	热媒换热器,直接接触式换热器
	低温水	30～60℃	热泵工质	供暖、温水	热泵蒸发器 低温热管

6.4.1　余热回收换热设备分类

热回收设备主要是各种热交换器(换热器)。进行热交换的流体包括固－气、固－液、气－气、气－液、气－相变流体、液－液等。表6－3中并没有包括所有的热交换器的形式。就主要的热回收用的换热器来说，有以下一些类型：

(1)高温换热器。主要是回收工业炉高温烟气的余热，用来预热空气等。如高温辐射式换热器等。

(2)余热锅炉。回收中温以上的烟气余热或固体显热，用来产生热水或蒸汽。固体显热的回收，多数是先通过固－气热交换后，再在余热锅炉内进行气－液热交换。

(3)蓄热式换热器。包括高温的蓄热室和中低温用的回转式换热器。它是以蓄热体作为传热中间介质，实现热气体(例如烟气)与冷气体(例如空气)之间的换热。蓄热室用耐火材料作为蓄热体，通常作为炉子一个组成部分。回转式换热器是将蓄热材料装于低速旋转的转子中，与烟气通路相通部分进行蓄热，转至与空气通路相通进行放热。它首先用于锅炉的空气预热器，现也用于其他中低温烟气的余热回收。

(4)管壳式换热器。主要用于液-液之间的换热,或伴随有蒸发、冷凝相变过程的换热。例如油加热器、冷却器等。也有用于气-气换热的小型空气预热器,及气-液换热的空气冷却器等。它是一种较通用的换热器形式。

(5)翅管换热器。用翅片来增加气侧的传热面积,以增强换热器的换热能力,使换热器结构紧凑。它适于800℃以下较干净气体的换热。

(6)紧凑式换热器,由平板和翅片通道垒置而成一个整体,呈蜂窝状结构,使单位体积内传热面积增大到700~7 000 m^2/m^3,结构十分紧凑。特别适宜于干净的气-气之间的换热。

(7)热管换热器。利用热管传热能力强的特点,以热管作为传热元件的一种新型换热器。适宜于中低温余热的回收。

(8)流化床换热器。将传热管埋于粒子层内,当气体通过粒子层时,使粒子处于流化状态,靠粒子的不断运动以及与传热壁的碰撞来促进传热,使换热器结构紧凑,适宜于烟气量较小的中低温场合的余热回收。

6.4.2 换热器设计的制约因素

换热器的设计包括热设计和强度设计。热设计时可采用平均温差法或传热单元数法。对于各种换热器的具体结构形式,及设计计算问题,有专门课程讨论,在此不做展开。但作为余热回收用的换热设备,同一般的换热器相比,在设计时应考虑以下的制约因素。

6.4.2.1 热交换器壁温的限制

余热资源的温度范围很广,高的超过1 000℃。但是,在进行余热回收时,由于受到换热器传热面所能承受的最高温度的限制,余热得不到充分回收。不同材质允许的最高使用温度如表6-4所示。在设计时,应根据换热器的壁温选择合适的材质。但是,耐高温的合金材料将大大提高换热器的成本。有时不得不选用价格较便宜的耐温较低的材质,再采取降低壁温的相应措施,例如增大烟气侧的热阻、采用顺流布置等,以防止壁面温度超过允许的使用温度。

表6-4 换热器材料的最高使用温度

材 料	最高使用温度/℃	材 料	最高使用温度/℃
铜	200	耐热球墨铸铁	650~700
黄 铜	280	表面渗铝碳钢	650~700
铜-镍合金	370	合金钢(Ni,Cr10%以上)	800
优质碳钢	400~450	镍	980
HT15-32铸铁	550~600	耐热镍基合金	1 000
耐热铸铁	600~650	陶 瓷	>1 400

在采用热媒作为热回收介质时,由于热媒温度过高时会产生热分解,这时,壁温还将受到热媒的热分解温度的制约。

在烟气侧采用翅片管时，翅片的顶端将具有最高温度，所以要注意翅片材质的选择。有时在高温区段不得不采用光管，以免翅片的温度过高而材质无法承受。

在烟气中含有 SO_x、H_2O 等成分时，如果温度降至酸露点温度以下，它们将在换热器壁面上结露而对金属壁面产生腐蚀。因此，在回收烟气余热时，回收的最低温度也受到限制。酸露点与烟气中 SO_3 的浓度有关，关系如图 6－28 所示。换热器壁面允许的最低温度与燃料种类、换热器的材质以及排气速度有关，主要取决于燃料的种类。在图中同时给出了对不同燃料，允许的换热器壁面的最低温度的推荐值。此外，当实际使用温度较低时，应注意换热器壁面的定期清洗，以延长换热器的寿命。

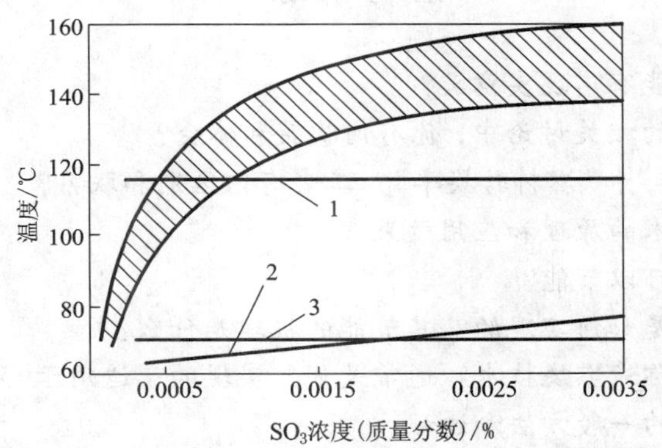

图 6－28　露点温度与 SO_3 浓度的关系及推荐的壁面最低温度

1—重油；2—天然气；3—煤粉

6.4.2.2　流体输送的功率消耗

安设余热回收装置时，必然要额外增加余热源通路的阻力，从而会增加风机的功率消耗，对原先没有引风机的烟道，有时还不得不增设引风机，从而增加额外的设备投资费用。在余热回收侧，空气或水等受热介质在通过换热器时，也需克服换热器的阻力而增加动力消耗。这些情况均会影响到热回收装置的经济性。

增加流体流速可以提高换热器内对流换热的给热系数，从而提高换热器的传热系数。给热系数大致与流速的 0.8 次方成正比。而流动阻力将随流速的 1.72 次方的关系迅速增加。动力消耗所需的运行费用也将按同样的比例关系增加。因此，在采取提高流速的措施增强传热时，还需要经过技术经济比较，慎重选取。根据经验，对常用的一些换热器，均有合理的流速范围，供设计时选取。

在采用高效传热面时，通常是靠增加气流的扰动来强化传热，这也相应地增加了阻力损失。在设计时，也需综合考虑两方面的影响。例如，在采用各种带内翅片的传热管来增强传热时，应考虑对它们在相同的流动阻力情况下（在相同的 *Re* 数下），进行传热性能的比较。

6.4.2.3　传热面的脏污

在工业废气中，往往含有大量的固体颗粒等杂质，因而会脏污换热器表面。烟气对换热面的脏污程度，与燃料的性质、燃烧完善程度、烟气中的粒子性质有关。换热面脏污不仅影响传热系数，从而降低换热器的热回收效果，严重时还会造成换热器堵塞，使换热器不能正常工作。必要时需预先采用适当的除尘和清洁措施。

换热面的结构也会影响到积灰的程度。因此，需要根据烟气情况，正确选择换热面的结构，决定烟气的流向等。此外，在必要时还需在换热器处预先设置吹灰装置，例如常用压缩空气、蒸汽、水等喷射装置，定期进行吹除。

6.4.2.4 强度设计

换热器强度设计的重要性不亚于传热设计。特别是对高温余热的回收显得更为重要。在设计时要考虑到如何解决换热器各部分不同热膨胀的问题，对产生的热应力采取适当措施进行消除。在某些情况下，为了保证强度留有余地，设计时不得不取较小的温度效率。

思考与练习

1. 讨论工业过程节能有何现实意义？
2. 从燃烧过程节能的相关讨论中，你有何收获和体会？
3. 何谓“燃料节约率”和“燃料转换率”？二者有何区别和联系？
4. 试述乳化燃烧技术的原理和应用效果。
5. 为什么磁化燃烧可以节能？
6. 水煤浆燃烧技术是如何实现的？其节能的机理是什么？
7. 什么叫高温低氧弥散燃烧技术？通常是如何实现的？适用于哪些场合？
8. 请总结余热利用的一般方法和过程。
9. 如何评价余热回收的效果？实际工作中应注意些什么？
10. 热媒式余热回收系统有何特点？通常应用于什么场合？
11. 试分析中低温余热发电系统的组成原理及主要特点。
12. 什么是热泵？有哪几种形式？使用热泵为什么可以节能？
13. 余热制冷通常采用什么方法实现？并简述其原理。
14. 热回收用换热器有哪些类型？各有何特点？在设计中应注意哪些问题？
15. 试述热管式换热器的工作原理及使用要求。
16. 某工厂有100台生产设备产生低温烟气(主要是空气)，每台设备烟气流量5 000 m^3/h(标)，温度150℃，并含有粉尘。请提出一种余热利用方案，画出系统组成原理图，估算系统热效率，并讨论某些关键问题的解决办法。
17. 某加热炉用煤气供热，已知煤气成分：H_2 56.5%，CO 8.77%，CH_4 24.8%，C_2H_4 2.83%，CO_2 3.02%，N_2 1.26%，O_2 0.39%，H_2O 2.43%，煤气用量3 600 m^3/h(标)，过剩空气系数取1.1，测得排烟温度为600℃。现考虑将排烟余热进行回收利用。具体方案是在炉尾加装换热器，将助燃空气预热到350℃后供入炉内。试计算采取这一措施所回收的能量及燃料节约率与燃料转换率(改造前煤气和空气均取室温25℃)。

第 7 章　环境概论

人类的生存和发展，既需要充足的能源，又需要良好的环境。能源是发展国民经济和提高人民生活水平的重要物质基础，环境则是人类社会可持续发展的基本保障。能源的开发、转换、加工、储运、利用等过程中都对环境产生污染，因此，能源与环境有重要关系。本章将从生态与环境的基本概念入手，讨论环境污染、环境控制标准及能源与环境的关系，并介绍可持续发展战略。

7.1　生态与环境

7.1.1　生态圈与生态系统

生物圈是在人类社会出现以前就客观存在的，它是经过漫长的进化过程而形成的。根据目前科学界的认识，生物圈的范围是海平面以下深度 11 km 至海平面以上 30 多 km，即有生物可以生存的范围。生物圈是由大气圈、水圈和岩石圈构成的。生物是靠空气、水和土壤而生存，同时生物又连续不断地影响周围的环境。生物与自然、生物与生物之间互相合作和斗争，形成了如今的生物圈。

生态系统是一个非常广泛的概念，大至整个宇宙，小至只含有几个藻类细胞的一滴水，都是生态系统。生物圈就是一个包罗万象、非常复杂的巨大的生态系统，其中又包括数不清的小生态系统。生物就生活在生态系统之中。生态系统无论大小，都包括有生命和无生命的两个基本部分。如池塘里有鱼虾、水草、微生物等有生命的物质和水、土壤、阳光、空气等无生命的物质。自然界中各种生物与非生物之间、各种生物之间、非生物之间，都是相互联系、相互依存而又相互制约的。在一定条件下，它们保持着自然的、暂时的、相对的平衡关系。当一个生态系统中的某个因素或几个因素发生了变化，这个生态系统就遭到了破坏。

生态系统最基本的循环是水循环、碳循环、氮循环和氧循环。地球上的物质通过各种循环在不停地运动着。物质循环一方面使各种生物之间、生物与非生物之间保持着一种相对的平衡，同时在循环中使物质得到更新和净化。

生物在自然界中并不是孤立存在的，它们总是结合成生物群落而生存的。生物群落和非生物环境之间密切相关，相互作用，进行着物质与能量的交换，这种生物群落和环境的综合体就叫做生态系统。在自然界中生态系统的能量流动与物质循环较长时间地保持稳定，这种相对平衡状态，就叫做生态平衡。

7.1.2　自然环境与生态环境

环境是人类和其他生物所赖以生存的客观物质和生态系统所组成的一个整体。环境可分为社会环境（精神环境）和自然环境（物质环境）两大类。一般讲的环境，主要是指自然环境。

由于影响自然环境的因素不同，如地震、火山爆发、台风、海啸、火灾、干旱等自然界变化造成的环境问题，称为原生环境或第一环境问题；如因人为的因素干扰了生态系统、破坏了生态平衡而造成的环境问题，称为次生环境或第二环境问题。

自然环境是对我们周围的各种因素的总称，包括大气、水、土壤、岩石、生物、各种矿物等。自然界有它自己的运动规律。从环境保护的角度来说，最重要的是认识和掌握自然界的生态平衡规律。

生态环境是指由生物群落及非生物自然因素组成的各种生态系统所构成的整体，主要或完全由自然因素形成，并间接地、潜在地、持久地对人类的生存和发展产生影响。生态环境的破坏，最终会导致人类生活环境的恶化。因此，要保护和改善生活环境，就必须保护和改善生态环境。各国的环境保护法都把保护和改善生态环境作为其主要任务，也正是基于生态环境与生活环境的这一密切关系。

生态环境与自然环境是两个在含义上十分相近的概念，有时人们将其混用，但严格说来，生态环境并不等同于自然环境。自然环境的外延比较广，各种天然因素的总体都可以说是自然环境，但只有具有一定生态关系构成的系统整体才能称为生态环境。仅有非生物因素组成的整体，虽然可以称为自然环境，但并不能叫做生态环境。从这个意义上说，生态环境仅是自然环境的一种。

7.2 环境污染

7.2.1 环境污染及其分类

环境污染(environmental pollution)是指人类活动使环境要素或其状态发生变化，环境质量恶化，扰乱和破坏了生态系统的稳定性及人类的正常生活条件的现象。简言之，环境因受人类活动影响而改变了原有性质或状态的现象称为环境污染。例如大气变污浊、水质变差、废弃物堆积、噪声、振动、恶臭等对环境的破坏都属环境污染。

环境污染的实质是人类活动中将大量的污染物排入环境，影响其自净能力，降低了生态系统的功能。环境污染可导致日照减弱、气候异常、山野荒芜、土壤沙化、盐碱化、草原退化、水土流失、自然灾害频繁、生物物种绝灭等严重后果。

7.2.1.1 污染物的来源

环境污染物大体来自两个方面：一方面是来自人类的生产活动，使大量自然界原来不存在的人工合成的各种有机化合物(近200万种)，以及每天约有成亿吨的固体废弃物排入环境，严重影响了各自然要素之间的物质和能量的正常交换过程；另一方面是来自人类的生活活动，如生活污水、垃圾等。

环境污染物可分为气态、液态、固态及胶态四种状态，被污染的对象则为大气、水体、土壤及生物(包括人类)。图7-1是环境污染物的主要来源示意图。

7.2.1.2 环境污染的分类

环境污染主要指大气污染、水污染和土壤污染三大类，具体如表7-1所示。

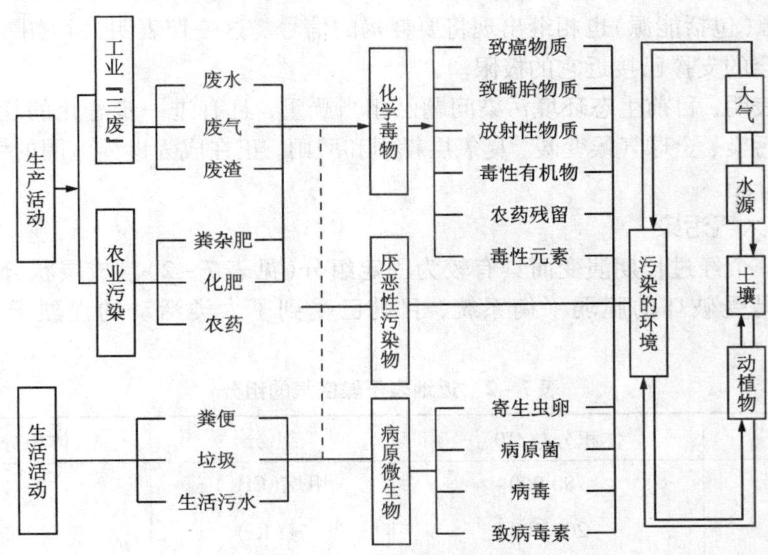

图 7－1　环境污染物的主要来源

表 7－1　环境污染的类型

	大气污染	水污染	土壤污染
化学性	硫氧、氮氧、碳氧、碳氧化合物，氟、氯、硫化氢、硫醇、氨等；光化学烟雾、酸（硝酸、硫酸）雾等；致癌性物质、多环芳烃类	无机物：酸、碱、无机盐类；无机有毒物质：铅、镉、汞等；有机有毒物质：有机氯、有机磷、多氯联苯、多环芳烃、酚类；油类污染物质：炼油石化废水；需氧物质：生活污水、食品加工、造纸工业废水	有毒物质，镉、铅、有机氯等
物理化学性和物理性	颗粒悬浮物：降尘、飘尘、石棉、金属粉尘（镉、铍、铅、镍、铬、锰、汞、砷）等	热污染、电站冷却水	
放射性	^{90}锶、^{137}铯	镭、氡、铀	核爆炸、工、农、医用放射废弃物
生物性	过敏原：花粉		肠道致病菌、寄生虫、钩端螺旋体、炭疽杆菌、破伤风杆菌
生活性		生活污水、医院污水等	

7.2.2　几个重大的环境污染问题

从 1984 年英国科学家发现、1985 年美国科学家证实南极上空出现臭氧洞开始，人类环境问题发展到当代环境问题阶段。这一阶段在全球范围内出现了不利于人类生存和发展的大气污染问题——酸雨、臭氧层破坏和全球变暖等全球性大气环境问题。与此同时，发展中国家的城市环境问题和生态破坏，一些国家的贫困化愈演愈烈，水资源短缺在全球范围内普遍发生，其他资源(包括能源)也相继出现将要耗竭的信号。这一切表明，生物圈这一生命支持系统对人类社会的支撑已接近它的极限。

大量事实表明，目前生态环境污染问题已相当严重，且有进一步恶化的趋势，而且是全球性的。大气污染、全球气候变暖、臭氧层耗损和酸雨，正在成为世界范围的生态环境灾难。下面进行简要介绍。

7.2.2.1 大气污染

大气层是一个经过长期演变而具有较为固定组分(见表7-2)且成层状分布的系统，实际上也是一个易受破坏的脆弱平衡系统，目前已受到了人类活动的强烈干扰，污染日益严重。

表7-2 近地表干燥空气的组分

组 分	体积分数/10^{-6}	组 分	体积分数/10^{-6}
氮(N_2)	780 900	甲烷(CH_4)	1.2
氧(O_2)	209 500	氪(Kr)	1.1
氩(Ar)	9 340	氢(H_2)	0.5
二氧化碳(CO_2)	330	氙(Xe)	0.08
氖(Ne)	18	臭氧(O_3)	0.01~0.04
氦(He)	5.2	—	—

大气污染主要是由于城市化、工业化、交通现代化，尤其是煤炭、石油等矿物能源的大量消耗，空气中一氧化碳、二氧化碳、二氧化硫、氮氧化物、甲烷、颗粒物、铅、砷、汞、镉、氟等有害物质大量增加而造成的。因此，控制大气污染的任务相当繁重。正是由于全球大气污染的加剧，导致了全球气候变暖、臭氧层破坏和酸雨危害等全球环境问题的发生。表7-3给出了1997—2011年我国几种主要废气的排放量。

表7-3 1997—2011年我国几种主要废气排放量 单位：万t

年份	工业来源SO_2	生活来源SO_2	工业来源烟尘	生活来源烟尘	工业粉尘
1997	1 852	494	1 565	308	1 505
2001	1 567	381	841	218	991
2011	1322	283	657	232	823

7.2.2.2 温室效应与全球气候变暖

全球气候变暖是指大气中的二氧化碳等气体可透过太阳短波辐射，使地球表面升温；但阻挡地球表面向宇宙空间发射的长波辐射，热量散失受阻而使大气增温的过程。由于二氧化碳等气体的这一作用与温室的作用类似，故称之为温室效应。造成这一效应的气体叫做温室气体。二氧化碳、一氧化碳、甲烷、臭氧、水蒸气等都是温室气体，但主要的还是二氧化碳，其中二氧化碳的作用占70%以上。燃煤、燃气、燃油都会排出大量二氧化碳。详见表7-4

和表7－5。

表7－4 大气中温室效应气体

气 体	大气中浓度/10^{-9}	年平均增长率/%
二氧化碳	365 000	0.4
甲 烷	1 650	0.2
一氧化二氮	315	0.2
三氯乙烷	0.13	7.0
臭 氧	不定	—
氯氟烃类 CFC－11	0.36	3.4
氯氟烃类 CFC－12	0.62	3.5
四氯化碳	0.125	1.0
一氧化碳	不定	0.2

表7－5 主要国家 CO_2 的排放量

国 家	2005(Mt)年总排放量	2011(Mt)年总排放量	人均排放量/t
中 国	5232.1	7320.2	4.6
美 国	7022.3	6923.3	19.7
俄罗斯	1827.7	1967.7	13.7
德 国	942.3	968.5	11.9
日 本	1532.3	1322.6	10.5
英 国	660.2	637.7	10.6
加拿大	737.2	732.5	19.6

1860年以来，全球平均温度升高了0.6±0.2℃。近百年来最暖的年份均出现在1983年以后。20世纪北半球温度的增幅是过去1 000年中最高的。地表温度的不断上升，最终会导致两极冰川溶化，海平面上升。海水上涨的后果是灾难性的，它将会给沿海及河口地区甚至全球的生态、农业、森林等造成前所未有的巨大灾难，一些地势低洼的沿海城市或国家将沉入海底。

据估测，按目前化石燃料使用增长速度发展下去，到2050年全球气温将上升4.5℃。这不仅会诱发洪水、干旱灾害频频出现，还将导致极地冰山融化，使海洋面上涨1.4 m，因而大片陆地和某些城市将被海洋淹没。一些科学家指出，问题的严重性在于，2025年前，温室效应只造成全球气温中等程度的渐变，在此之后情况会更为激化，全球气温分布格局严重扭曲，这不仅大大增加风暴猛烈程度，还将造成地表水、土壤、植被以及海洋生态发生恶化，甚至现有的农业耕作制度也将变得无效。

7.2.2.3 臭氧层耗损

臭氧层位于地球表面20~50 km的大气平流层上部，是一层非常稀薄但却集中了地球上90%臭氧的气体层。这种气体是地球生物的保护伞。它能够吸收和阻止紫外线，保护人类和其他生物不受太阳紫外线和宇宙射线的伤害。没有这个屏障，地球上的生物就难以生存。但近几十年来，臭氧层却遭到了严重的破坏。

1984年英国科学家发现，1977—1984年间，南极上空的臭氧明显下降，出现了一个空洞，其面积相当于美国大陆的面积。而且，这里的臭氧损耗严重，局部空间已损耗了90%。南极臭氧空洞的发现，引起了全世界的极大震惊。1986年，国际北极探险队宣布，他们又在北极上空发现了一个面积相当于格陵兰岛那样大的臭氧空洞。此后，科学家们对1988—1989年冬天由14架飞越北极上空的飞机所测得的资料进行了进一步的分析。结果发现，北极上空9~12英里处的臭氧损耗率为35%。最近几年，我国气象学家在研究1977—1991年间的气象资料时发现，我国西藏高原上空也有一个臭氧空洞，它的中心位置约在拉萨偏北，每年6~10月，这里的大气臭氧比正常值低11%。

现已查明，臭氧层遭到破坏是同大量使用含有各种碳氟氯化合物一类气溶胶气体有关，这也是目前癌症发病率急剧上升和海洋食物链严重破坏的主要祸根。最近还证实，臭氧层受破坏程度有增无减，第二个臭氧层窟窿正在形成。

臭氧层受到破坏之后，大量太阳紫外线和宇宙射线直射到地球上，给地球生物带来严重危害。具体表现在：对人体健康的影响；对陆生植物的影响；对水生生态系统的影响；对生物化学循环的影响；对材料的影响；对对流层大气组成及空气质量的影响等。

7.2.2.4 酸雨

酸雨是指pH小于5.6的雨、雪、霜、雾或其他形式的大气降水，是大气受污染的一种表现。产生酸雨的罪魁祸首就是二氧化硫和氮氧化物，它来自含硫的煤和石油的燃烧及汽车尾气的排放。酸雨被称为空中死神，其潜在的危害主要表现在四个方面：对水生系统的危害；对陆地生态系统的危害；对人体的影响；对建筑物、机械和市政设施的腐蚀。

20世纪50年代后期，酸雨首先在欧洲被察觉。进入80年代以后，酸雨发生的频率更高，危害更大，并打破国界扩展到世界范围，欧洲、北美和东亚是酸雨危害严重的区域。从1950年到1990年全球的二氧化硫排放量增加了约1倍，目前已超过1.5亿吨/年；全球氮氧化物的排放量也接近1亿吨/年。在各国中，中国、美国的二氧化硫年排放量和氮氧化物排放量最多。

在极短时间内因人口激增，农业活动密集和化石燃料过度使用而大量排放的硫和氮的氧化物以及各种气体，经光化反应形成的酸雨，近年来日益严重。大面积森林、河湖、农田乃至建筑物因酸雨而受到严重酸化。

中国是燃煤大国，煤炭在能源消耗中占了70%，因而我国的大气污染主要是燃煤造成的。我国生产的煤炭，平均含硫分约为1.1%。由于一直未加以严格控制，我国在工业化水平还不算高的现在就形成了严重的大气污染状况。目前我国二氧化硫的年排放量已达1 800多万吨。二氧化硫排放引起的酸雨污染不断扩大，已从20世纪80年代初期的西南局部地区扩展到长江以南大部分城市和乡村，并向北方发展。

据2001年我国环境公报，全国酸雨(pH <5.6)分布区域主要集中在长江沿线及以南—青海高原以东地区。主要包括浙江、江西、福建、湖南、重庆的大部分地区，以及长江三角

洲、珠江三角洲、湖北西部、四川东南部、广西北部地区，酸雨区面积约占国土面积的12.9%。监测的468个市(县)中，出现酸雨的市(县)227个，占48.5%；酸雨频率在25%以上的140个，占29.9%；酸雨频率在75%以上的44个，占9.4%。降水pH年均值低于5.6(酸雨)、低于5.0(较重酸雨)和低于4.5(重酸雨)市(县)分别占31.8%、19.2%和6.4%。与上年相比，酸雨、较重酸雨和重酸雨的市(县)比例分别降低3.8个百分点、2.4个百分点和2.1个百分点。

7.2.3 能源开发利用与环境污染的关系

对环境污染危害最大、范围最广的是大气污染和水质污染，它危害人的身体健康、动植物的生长，并且对器物腐蚀严重。而能源在开发和利用过程中对大气和水质的污染最为严重。

人类在开始利用能源以前的远古时代，这一过程是一个闭式的自然循环系统。然而伴随着人类逐渐地使用能源，对整个生态系统和围绕它的环境给予了各种影响。但是在现代化大工业出现以前，人类在漫长的发展过程中，只是从事规模较小的农牧业生产，而且这些生产一般都是顺应社会生态平衡的发展规律进行的，所以对环境基本上没有什么污染。

随着科学技术的进步和工业的发展，人类增强了改造自然的手段，同时也增强了改善和保护生存环境的能力。但是由于资源的开发，生产的发展，人口的增加，城市的高度集中，能源的大量利用，使环境污染日益严重。近百年来全球工业生产增加了50倍以上，其中80%的增长是1950年以后发生的。因此，20世纪50年代以来，随着工业交通事业的迅速发展，煤炭和石油消费量的急剧增长，大量有害的工业“三废”(废气、废液、废渣)的排放，严重污染了水质、空气和土壤，破坏了生态平衡，直接威胁人类生存和制约经济的发展。

7.2.3.1 能源污染的方式

生态环境的三大灾难，都直接或间接与能源利用有关。煤炭开采造成地面塌陷，矿井水、洗煤水的污染，煤矸石堆积，煤炭燃烧造成的烟尘、硫化物；石油开发造成油、水污染，海上采油和运油对海域的污染，石油加工的污染；水力资源开发有库区淹没、库坝安全等问题；矿物燃料和发电产生大气污染、热水污染和灰渣排放；生物质能的利用造成森林破坏，水土流失，土地肥力减退，生态平衡的破坏；核能则产生放射性“三废”污染等。

由能源产生的污染物直接影响人类生存环境，尤其工业革命后，近200年间，由能源消费所造成的危害是严重的。据统计，80%的环境污染来自燃料的燃烧过程，尤其是煤的燃烧污染。图7-2是煤的开采、运输和转化、燃烧过程中对环境的污染途径。

7.2.3.2 能源污染物的排放量

从世界各国使用能源情况来看，石油、煤炭、天然气是主要能源。而这些能源在燃烧过程中排出大量的废气和粉尘，是大气污染的主要来源。据统计，世界每年排入大气中的有毒气体达6.14亿t，如表7-6所示。

现代工业社会的劳动生产率，主要取决于能源供应的情况，因而对能源的需求量越来越大。世界上一次能源的用量，1900年为13.4亿t标准煤，1970年为72亿t，1987年为116亿t，到2011年，达174亿t。以动力消耗为例，世界人口每年平均增长2%，能源年平均消耗2.9 t/人。因此，燃料消耗与社会发展和人口的增长密切相关。据统计，能源的消耗每20年左右增加1倍，电能的消耗每10年就增长1倍。而燃料的有效利用系数大约只有1/3，其余

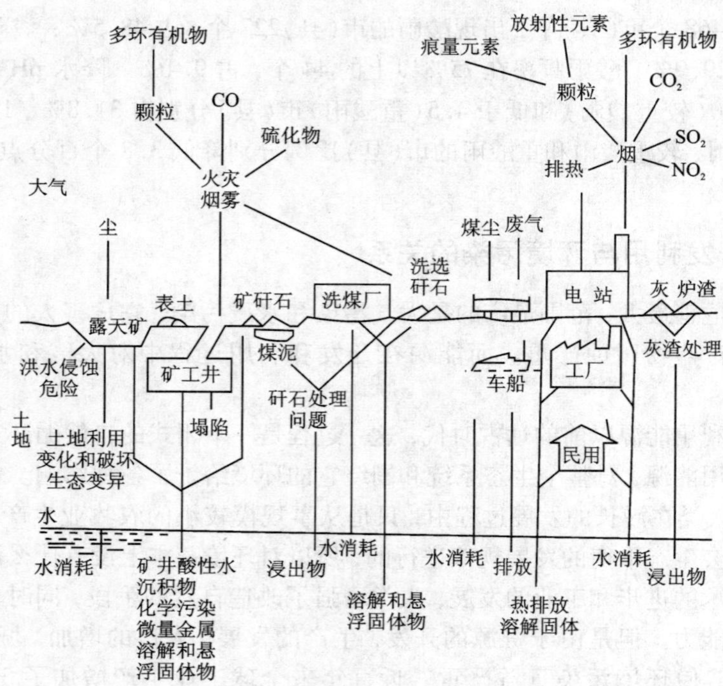

图 7-2 煤的开采、运输和转化过程中对环境的污染

则以各种污染物形式排入环境。以煤、油和原子能为燃料的动力设备排出的污染物列于表 7-7。

表 7-6 世界每年排入大气的有害气体总量

污染物	污染物来源	排放量/亿 t
煤粉尘	烧煤设备	1.00
二氧化硫	烧油烧煤设备	1.46
二氧化碳	汽车、工厂设备不完全燃烧产生的废气	2.20
二氧化氮	汽车、工厂设备在高温燃烧时产生的废气	0.53
碳氢化合物	汽车、烧煤、烧油设备和化工设备产生的废气	0.83
硫化氢	化工设备废气	0.03
氨	化工厂废气	0.04

表7-7 不同燃料的动力生产中排出的污染物

燃料名称	每吨燃料燃烧时排出的污染物数量与分布		
	废 气	废 水	废 渣
煤 炭	1. 火力发电站： 二氧化碳60 kg 二氧化氮9 kg 粉尘3~11 kg 2. 锅炉房： 二氧化硫60 kg 二氧化氮3.6 kg 粉尘9~11 kg 黑烟25~30 kg	一座100 MW的火力发电站每秒排出热废水7 t	废渣量为20~80 kg，每度电的粉煤灰量为30~300 g
重 油	1. 火力发电站： 二氧化硫19 kg 二氧化氮12.6 kg 醛类0.12 kg 粉尘1 kg 2. 锅炉房： 二氧化硫17 kg 二氧化氮1.5 kg 醛类0.25 kg	一座100 MW的火力发电站每秒排出热废水7 t	
原子能	反应堆： 每一反应堆每年排出大量氩^{41}、放射物质氚和裂变产物氪^{85}、碘^{131}、氙^{133}	每一座反应堆每年排放液10 000 m^3，放射性浓度为1 $\mu ci/m^3$到10 $\mu ci/m^3$，主要放射物质有氚、各种活化物和裂变产物。排热水量80 t/s	

注：1 $\mu ci = 16.387\ cm^3$。

从表7-7中可以看出，动力工业排出的污染物主要是由于燃料燃烧所产生的。

交通运输业排出的污染物主要是尾气中的一氧化碳、碳氢化合物、氮氧化物以及颗粒物等。一辆汽车平均每天排出一氧化碳3 kg，碳氢化合物0.2~0.4 kg，氮氧化物0.05~0.15 kg。由于汽车内燃机的结构及其使用的燃料不同，各类汽车排出的尾气里的污染物数量各异。汽油车和柴油车的排气量及其所含污染物列于表7-8中。

表7-8 燃烧汽油和柴油的汽车排出的污染物

污染物名称	以汽油为燃料/($g \cdot L^{-1}$)	以柴油为燃料/($g \cdot L^{-1}$)	
	小汽车	载重汽车	机车
一氧化碳	169	27.0	8.4
氮氧化物	21.1	44.4	9.0
碳氢化物	33.3	4.44	6.0
二氧化硫	0.295	3.24	7.8

矿物燃料燃烧时所产生的二氧化硫、氮氧化物、烃类、烟尘等，它们之间互相作用，又能产生比其本身危害更大的污染物。如 SO_2 在以金属氧化物活性碳成分为主的烟尘的催化作用下，会生成 SO_3，遇水则形成硫酸雾(即酸雨)，又能与金属氧化物生成硫酸盐。英国在 1952 年 12 月曾造成伦敦烟雾事件，5 天内死亡 4 000 人；又如英国利物浦下的酸雨，pH 达到 4。斯堪的纳维亚半岛 pH 超过 2.8，使瑞典的湖泊在 30 年中酸度增大 63 倍，鱼类减少 9 成，森林受到破坏，土壤被酸化。这种现象在我国西南地区使用高硫煤的四川、桂林等地也已出现类似的现象。

总之，能源物质(煤和石油)在加工和燃烧过程中排放出来的污染物，其数量之多、危害之大，是水质污染和大气污染的主要祸根。由此可见，能源是最大的污染源。因此，防止能源污染，做好环境保护，意义重大，是我国现代化建设的重要组成部分。

我国优越的社会主义制度，既为防治污染提供了必要性，又为防治污染提供了可能性，创造了各种有利条件。但可能性不等于现实性，如果我们不按客观规律办事，只顾发展生产，不顾环境保护，同样会受到客观规律的惩罚。

事实上，随着工业的发展，我国也发生过环境污染问题。2011 年全国共 200 个城市开展了地下水水质监测，优良 - 良好 - 较好水质的监测点比例为 45.0%，较差 - 极差水质的监测点为 55.0%。2011 年，全国废水排放总量为 652.1 亿吨，化学需氧量排放总量为 2499.9 万吨，氮氨排放总量为 260.4 万吨。一些主要水系和湖海，以及城市地下水已经受到不同程度的污染，严重影响了人们的健康。为此，为实现我国的可持续发展战略，相关职能部门应加大对企业废水排放的监督力度，企业也应严格执行国家发布的废水排放标准，严格执行环保方面的法律法规。

7.2.4 环境污染的综合防治

从整体出发对环境和环境问题进行综合分析，做出环境质量评价，制订环境标准，拟定环境规划，采取防治结合、人工处理和自然净化结合等措施，以技术、经济和法制等手段，是实施污染防治的综合方法。

这种综合防治思想，是近 30 年逐渐形成的。中国在 20 世纪 50 年代提出“三废”(废水、废气、废渣)的综合利用。1972 年，又在联合国人类环境会议上正式提出了“全面规划，合理布局，综合利用，化害为利，依靠群众，大家动手，保护环境，造福人民”的中国环境保护工作方针，明确了环境污染的综合防治思想。

由于许多国家走了以污染环境、破坏资源和生态为代价发展经济的道路，20 世纪 50 年代以来，公害日益严重，人们开始认识到环境污染的后果是极其深远的，治理环境的费用是巨大的，而且传统的治理技术同环境污染的严重性是不相适应的。因此，许多国家十分重视原料综合利用和资源合理开发，限制污染物排放等，以使环境污染防治做到经济、合理和有效。

环境污染综合防治的基本指导思想，是将环境作为一个有机整体，根据当地的自然条件，按照污染物的产生、变迁和归宿的各个环节，采取法律、行政、经济和工程技术相结合的综合措施，以期最大限度地合理利用资源，减少污染物的产生和排放，用最经济的方法获取最佳的防治效果。

环境污染综合防治是与单项治理相对的概念。从对象上说，它综合考虑大气、水体、土壤等各种环境要素，而不是着眼于其中某一个环境要素；从目标上说，它综合考虑资源、经济、生态和人类健康等方面，而不是局限于其中某个单一目标。对于各种不同的环境污染问题应采取各种不同的综合防治措施。

环境污染综合防治应根据当地具体条件，遵循以下原则：

(1)技术和经济相结合。制定综合防治方案，除考虑技术上的先进性外，还必须考虑经济上的合理性。方案中应包括相应的经济分析。

(2)防治结合，以防为主。在“防”的方面，着重加强环境规划和管理；在“治”的方面，着重考虑各种治理技术措施的综合运用。

(3)人工治理和自然净化相结合。为了节省环境治理费用，应充分利用自然净化能力，如依据地区环境中大气、水体、土壤的自然净化能力，确定经济合理的排污标准和排放方式。

(4)发展生产和保护环境相结合。生产部门应在发展生产的同时加强资源管理，防止资源浪费，并通过改革工艺、综合利用，实行企业内部的环境综合治理措施，减少污染物的排放量和处理量。

搞好环境污染综合防治必须搞好环境污染监测和环境质量评价的研究工作。环境监测是综合防治的基础，环境质量评价是综合防治的前提。对于新建工厂企业和工程项目，在其兴建之前应进行环境影响评价。

近年来电子计算机的应用，数学模拟以及控制论和系统工程的发展，为环境污染综合防治提供了强有力的技术手段。

7.3　环境标准

所谓环境标准，就是为了保护人群健康、社会财物和促进生态良性循环对环境中的污物(或有害因素)水平及其排放源应规定的限量阈值或技术规范。环境标准的建立和发展，从国际上看是与环境立法相结合而发展的。首先是从污染严重的工业密集地区制定条例、法律和排放标准开始，逐渐发展到国家规模；标准的种类和性质经历了由少到多，由简单控制污染物的排放发展到全面控制环境质量的过程，标准的形式也由单一的浓度控制发展到包括总量控制标准在内的多种形式。

随着近代工业的大发展，排放污染物不断增加，环境污染日益加剧，世界各国都感到必须运用立法来控制污染。因此，环境标准就随着环境污染控制条例和法律的发展而发展起来。一般说来，环境标准的制定首先与工业密集的局部地区发生高浓度污染相适应，从局部地区制定控制性的排放标准开始，以后当环境污染迅速蔓延成全国范围的问题时，在制定国家法律的同时，相应地制定了全局性对人类影响最大的大气、水质、噪声以及放射性物质等环境质量标准，并用日益完善的排放标准保证其实现。

7.3.1　防止公害的环境标准

要防止环境污染公害，就必须了解防止公害的环境标准。它们主要包括：大气质量标准、各种污染排放限制标准等。

人类生存片刻也离不开空气，被污染的大气给人类和生物带来了难以弥补的损害。防止大气污染是首当其冲的大事。因此世界各国都非常重视大气质量标准的制定。

工业发达的美国从 20 世纪 40 年代就开始制定法律控制大气，首先是从气象和地形皆不利于污染物均匀扩散而污染物排放量又最大的洛杉矶市开始制定了地区的法律和标准。到了 20 世纪 60 年代，美国对汽车和固定燃烧污染源由各州制定排放标准。1970 年美国建立了国家环境保护局(EPA)，首次规定要制定全国性大气质量标准，并在 1971 年颁布了全国主要空气污染物，如硫氧化物、悬浮微粒、一氧化碳、总碳氢化合物、氮化物和光化学氧化剂等六种污染物的空气质量标准。后来几个西方国家又提出了更为严格的大气质量标准(见表 7－9)。我国的大气质量标准见表 7－10(详见书末附表 8)。表 7－11 为中国电站锅炉二氧化硫排放标准，表 7－12 为中国烟尘与二氧化硫、烟气黑度排放标准。

表 7－9　几个主要西方国家的大气质量标准(1975 年)

国家	SO_2(mg · m^{-3})	飘尘/(mg · m^{-3})	NO_x/(mg · m^{-3})
加拿大	0.06	0.02	0.10
芬 兰	0.10	0.15	0.10
意大利	0.15	0.30	—
美 国	0.14	0.26	0.13
西 德	0.06	—	0.15
法 国	0.38	0.35	—
瑞 典	0.25	—	—

表 7－10　中国大气质量标准

污染物名称	浓度极限/(mg · m^{-3})			
	取值时间	一级标准	二级标准	三级标准
总悬浮微粒	日平均	0.15	0.30	0.50
	任何一次	0.30	1.00	1.50
飘 尘	日平均	0.05	0.15	0.25
	任何一次	0.15	0.50	0.70
二氧化硫	年日平均	0.02	0.06	0.10
	日平均	0.05	0.15	0.25
	任何一次	0.15	0.50	0.70
氮氧化物	日平均	0.05	0.10	0.15
	任何一次	0.10	0.15	0.30
一氧化碳	日平均	4.00	4.00	6.00
	任何一次	10.00	10.00	20.00
光化学氧化剂(O_2)	1 h 平均	0.12	0.16	0.20

表7－11　中国火力发电锅炉二氧化硫最高允许排放浓度　单位：mg/m^3

时　段	第1时段		第2时段		第3时段
实施时间	2005年1月1日	2010年1月1日	2005年1月1日	2010年1月1日	2004年1月1日
燃煤锅炉及燃油锅炉	2 100	1 200①	2 100 1 200②	400 1 200②	400 800③ 1 200④

注：①该限值为全厂第1时段火力发电锅炉平均值。

②在本标准实施前，环境影响报告书已批复的脱硫机组，以及位于西部非两控区的燃用特低硫煤（入炉燃煤收到基硫分小于0.5%）的坑口电厂锅炉执行该限值。

③以煤矸石等为主要燃料（入炉燃料收到基低位发热量小于或等于12 550 kJ/kg）的资源综合利用火力发电锅炉执行该限值。

④位于西部非两控区的燃用特低硫煤（入炉燃煤收到基硫分小于0.5%）的坑口电厂锅炉执行该限值。

表7－12　中国烟尘与二氧化硫、烟气黑度排放标准

烟尘浓度/（$mg\cdot m^{-3}$）			SO_2 浓度/（$mg\cdot m^{-3}$）		林格曼黑度
一类区	二类区	三类区	燃煤含硫量＜2%	燃煤含硫量＞2%	
100	250	350	1 200	1 800	1

7.3.2　我国几个重要的大气污染排放标准

下面介绍我国几个重要的大气污染排放标准。

1)《大气污染物综合排放标准》(GB 16297—1996)

该项标准从1997年1月1日起实施。分别针对现有排放源和新建排放源，规定了33种大气污染物的排放限值，设置了三项指标体系：

①通过排气筒排放的废气，规定了最高允许排放浓度。

②通过排气筒排放的废气，除规定了排气筒高度外，还规定了最高允许排放速率；任何一个排气筒必须同时遵守上述两项指标，未达到其中任何一项均为超标排放。

③以无组织方式排放的废气，规定了排放的监控点及相应的监控浓度限值。

对排放速率标准进行了分级，对现有污染源分为一、二、三级，新污染源分为二、三级，按污染源所在的环境空气质量功能区分类别，执行相应级别的排放速率标准，即位于一类区的污染源执行一级标准，位于二类区的污染源执行二级标准，位于三类区的污染源执行三级标准。

2)火电厂大气污染物排放标准(GB 13223—2003)

该项标准是根据我国大气二氧化硫及酸雨污染日趋加剧，火电厂是依据排放二氧化硫的重点行业的特点而制定的。标准对1997年1月1日起待审查批准环境影响报告书的新、扩、改建火电厂实行二氧化硫的全电厂排放总量及各烟囱排放浓度的双重控制，同时，为推动四电场高效静电除尘器的应用和及早控制火电厂氮氧化物的排放，该项标准首次规定了排放氮氧化物的标准限值。该项标准将火电厂按年限划分为三个时段（见表7－11、表7－13和表

7－14)：

第Ⅰ时段：1996 年 12 月 31 日之前建成投产或初步设计已通过审查批准的新、扩、改建火电厂。

第Ⅱ时段：1997 年 1 月 1 日起至本标准实施前通过建设项目环境影响报告书审批的新建、扩建、改建火电厂建设项目，执行第Ⅱ时段排放控制要求。

第Ⅲ时段：自 2004 年 1 月 1 日起，通过建设项目环境影响报告书审批的新建、扩建、改建火电厂建设项目(含在第Ⅱ时段中通过环境影响报告书审批的新建、扩建、改建火电厂建设项目，自批准之日起满五年，在本标准实施前尚未开工建设的火电厂建设项目)，执行第Ⅲ时段排放控制要求。

表 7－13　火力发电锅炉烟尘最高允许排放浓度和烟气黑度限值

时段	烟尘最高允许排放浓度/($mg \cdot m^{-3}$)					烟气黑度(林格曼黑度，级)
	第Ⅰ时段		第Ⅱ时段		第Ⅲ时段	
实施时间	2005 年 1 月 1 日	2010 年 1 月 1 日	2005 年 1 月 1 日	2010 年 1 月 1 日	2004 年 1 月 1 日	2004 年 1 月 1 日
燃煤锅炉	300① 600②	200	200① 500②	50 100③ 200④	50 100③ 200④	Ⅰ
燃油锅炉	200	100	100	50	50	

注：①县级及县级以上城市建成区及规划区内的火力发电锅炉执行该限值。

②县级及县级以上城市建成区及规划区以外的火力发电锅炉执行该限值。

③在本标准实施前，环境影响报告书已批复的脱硫机组，以及位于西部非两控区的燃用特低硫煤(入炉燃煤收到基硫分小于 0.5%)的坑口电厂锅炉执行该限值。

④以煤矸石等为主要燃料(入炉燃料收到基低位发热量小于或等于 12 550 kJ/kg)的资源综合利用火力发电锅炉执行该限值。

表 7－14　火力发电锅炉及燃气轮机组氮氧化物最高允许排放浓度

单位：mg/m^3

时　段		第Ⅰ时段	第Ⅱ时段	第Ⅲ时段
实施时间		2005 年 1 月 1 日	2005 年 1 月 1 日	2004 年 1 月 1 日
燃煤锅炉	$V_d < 10\%$	1 500	1 300	1 100
	$10\% \leqslant V_d \leqslant 20\%$	1 100	650	650
	$V_d > 20\%$			450
燃油锅炉		650	400	200
燃气轮机组	燃油			150
	燃气			80

3）锅炉大气污染物排放标准（GB 13271—2001）

本标准分年限规定了锅炉烟气中烟尘、二氧化硫和氮氧化物的最高允许排放浓度和烟气黑度的排放限值。详见表7-15至表7-18。

本标准适用于除煤粉发电锅炉和单台出力大于45.5 MW（65 t/h）发电锅炉以外的各种容量和用途的燃煤、燃油和燃气锅炉排放大气污染物的管理，以及建设项目环境影响评价、设计、竣工验收和建成后的排污管理。

表7-15　锅炉二氧化硫和氮氧化物最高允许排放浓度

锅炉类别		适用区域	SO_2 排放浓度/（$mg \cdot m^{-3}$）		NO_x 排放浓度/（$mg \cdot m^{-3}$）	
			第Ⅰ时段	第Ⅱ时段	第Ⅰ时段	第Ⅱ时段
燃煤锅炉		全部区域	1 200	900	—	—
燃油锅炉	轻柴油、煤油	全部区域	700	500	—	400
	其他燃料油	全部区域	1 200	900①	—	400①
燃气锅炉		全部区域	100	100	—	400

①　一类区禁止新建以重油、渣油为燃料的锅炉。

表7-16　燃煤锅炉烟尘初始浓度和烟气黑度限值

锅炉类别		燃煤收到基灰分（%）	烟尘初始排放浓度/（$mg \cdot m^{-3}$）		烟气黑度（林格曼黑度/级）
			第Ⅰ时段	第Ⅱ时段	
层燃锅炉	自然通风锅炉［<0.7MW（1 t/h）］	—	150	120	Ⅰ
	其他锅炉［≤2.8MW（4 t/h）］	$A_{ar} \leqslant 25$	1 800	1 500	Ⅰ
		$A_{ar} \geqslant 25$	2 000	1 800	
	其他锅炉［>2.8MW（4 t/h）］	$A_{ar} \leqslant 25$	2 000	1 800	Ⅰ
		$A_{ar} > 25$	2 200	2 000	
沸腾锅炉	循环流化床锅炉	—	1 500	1 500	Ⅰ
	其他沸腾锅炉	—	20 000	18 000	
抛煤机锅炉		—	5 000	5 000	Ⅰ

表7-17　燃煤、燃油（燃轻柴油、煤油除外）锅炉房烟囱最低允许高度

锅炉房装机总容量	MW	<0.7	0.7～1.4	1.4～2.8	2.8～7	7～14	14～28
	t/h	<1	1～2	2～4	4～10	10～20	20～40
烟囱最低允许高度	m	20	25	30	35	40	45

4)汽油机排放限值(GB 14762—2008)。

除了锅炉,车用动力装置的污染排放是另一类重要的排放源。世界主要国家或地区均针对车用动装置制定了相应的排放限值。表 7 - 18 和表 7 - 19 是我国针对汽油机和柴油机制定的排放标准。

表 7 - 18 点燃式发动机排气污染物排放限值(GB 14762—2008) 单位:g/(kW·h)

实施日期	排气污染物排放限值		
	汽油机		
	CO	HC	NO_x
Ⅲ,2009.7.1	9.7	0.41	0.98
Ⅳ,2012.7.1	9.7	0.29	0.70

5)柴油机排放限值(GB 17691—2005)。

表 7 - 19 车用压燃式、气体燃料点燃式发动机排气污染物排放限值

(中国Ⅲ、Ⅳ、Ⅴ阶段,GB 17691—2005)

阶段/实施时间	CO /g·(kWh)$^{-1}$	HC /g·(kWh)$^{-1}$	NO_x /g·(kWh)$^{-1}$	颗粒物 PM /g·(kWh)$^{-1}$	烟度② /m^{-1}
Ⅲ/2007.7.1	2.1	0.66	5.0	0.10,0.13①	0.8
Ⅳ/2013.7.1	1.5	0.46	3.5	0.02	0.5
Ⅴ/2015	1.5	0.46	2.0	0.02	0.5
Ⅵ/2018	1.5	0.13	0.5	0.01	—
EEV	1.5	0.25	2.0	0.02	0.15

注:①对每缸排量低于 0.75dm^3 及额定功率转速超过 3 000 r/min 的发动机。

②试验工况为稳态循环试验(ESC)和负荷烟度试验(ELR)。

③EEV 指环境友好汽车(enhanced environmentally friendly vehicle)。

④国Ⅵ排放标准为参照欧Ⅵ标准制订草案的值。

除了上述几个污染物排放标准外,还有《工业炉窑大气污染物排放限值》《工业炉窑有害污染物最高允许排放浓度》等,因篇幅所限,这里不予列出。

7.3.3 防止公害的法律措施

有了防止公害的环境标准之后,还必须要有防止公害的措施。到目前为止,世界各国防止公害的措施是很多的,归结起来主要有行政的、经济的、技术的、教育的、法律的等,但其中起主要作用的是法律,就连环境标准也是通过法律的手段——《环境保护法》制定的。这里主要介绍环境保护法及其特点。

环境保护法在广义上又称为环境法，是调整因开发、利用、保护和改善人类环境而产生的社会关系的法律规范的总称。其目的是为了协调人类与环境的关系，保护人体健康，保障社会经济的持续发展。其内容主要包括两个方面：一是关于合理开发利用自然环境要素，防止环境破坏的法律规范；一是关于防治环境污染和其他公害，改善环境的法律规范。另外还包括防止和减轻自然灾害对环境造成不良影响的法律规范。环境保护法除具有法律的一般特征外，还具有综合性、科学技术性、公益性、世界共同性、地区特殊性等特征。

我国的环境保护法是在20世纪70年代末以后迅速发展起来的，目前已经初步形成了包括环境保护的宪法规范，环境保护基本法，环境保护单行法和环境保护法规、规章组成的体系，成为我国整个法律体系中的一个独立法律部门。我国环境保护法的范围主要包括：环境污染防治法，如水污染防治法、大气污染防治法、噪声污染防治法等；自然环境要素保护法，如森林法、水法、野生动物保护法等；文化环境保护法，如风景名胜区保护条例、自然保护区条例等；环境管理、监督、监测及保证法律实施的法规，如环境监测管理条例、建设项目环境保护管理办法、报告环境污染与破坏事故的暂行办法、环境保护行政处罚办法等。另外还有各种环境标准，包括环境基础标准和方法标准、环境质量标准和污染物排放标准。我国环境保护法的内容仍在不断充实和完善。

美国是在1969年制定并通过了《美国·国家环境政策法》的，这个国家级的环保法共两篇十二节，在每节中又分若干条、款、项。此法的颁布是美国在防止公害方面一个重大措施，它的基本特点可概括为以下几条。

（1）明确宣布了美国的环境政策是为了创造和保持人类与自然得以在一种建设性和谐中生存的各种条件下，实现当代美国人及其子孙后代有一个安全健康、优美多姿而舒适的环境，并要求每个人都要为维护和改善环境做出贡献。

（2）公开要求美国的各项政策、条例和公法的解释与执行，均应与本法规定的政策相一致，并且对联邦政府的一切官署均应做到法律规定的职责。

（3）严格规定了各级环境质量委员会成员的条件及委员会的权力、职能和职责。如总统要向国会负责，并从1970年7月1日起，按年度向国会提交环境质量报告。在总统所属机构下还设有由三人组成的环境质量委员会，要求每个委员都应有相应的训练、经验和造诣，能对环境发展趋势和环境情报做出分析，并按照有关规定的政策对政府的计划和活动进行评价，从而提出各项国家政策。关于以下各级委员会的权力、职能和职责规定的就更具体了。

（4）具体规定了实施此法的财政年度拨款数字，1970年不得超过30万元，1971年不得超过70万元，以后各年度不得超过100万元。

此外，1974年6月24日美国还颁布了更为具体的《大气净化法》。

7.3.4 环境监测与评价

环境状态和质量需要通过监测和评价才能得到科学结论，而未来环境状态的发展趋势、各种建设项目对环境可能产生的影响，也需要通过对现存环境参数的监测及建设项目的污染物排放量等进行科学评估才能做出结论。因此，下面讨论环境监测与评价的目的、方法和要求等内容。

7.3.4.1 环境监测

环境监测(environmental monitoring)是为了特定目的，按照预先设计的时间和空间，用可以比较的环境信息和资料收集的方法，对一种或多种环境要素或指标进行间断或连续地观察、测定、分析其变化及其对环境影响的过程。

从监测手段上来看，有对环境样品组分、污染物分析测试的化学监测方法；有对环境中热、声、光、电磁、振动、放射性等物理量和状态测定的物理监测方法；以及利用生态系统中生物的群落、种群变化、畸形变种、受害症状等生物对环境污染所发生的各种信息，作为判断环境污染状况的环境生物监测方法。

目前，环境监测以化学监测和物理监测为主要手段，但由于生物长期生活在自然环境中，它不仅可以反映多种因子污染的综合效应，也能反映环境污染的历史状况，即长期的积累效应。生物监测可以完成化学监测和物理监测不可能完成的工作，它是环境监测的重要组成部分。

从环境监测的过程来说，它应包括现场调查布点，样品采集，样品运送、保存及处理分析，测试数据处理，质量保证与综合评价等一系列过程。

1)环境监测的分类

环境监测按其目的和性质可分为三类。

(1)监视性监测(常规监测或例行监测)：通过这种方法获得监测环境中已知污染因素的现状和变化趋势，确定环境质量，评价控制措施的效果，判断环境标准实施的情况和改善环境取得的进展。包括污染源控制排放监测和污染趋势监测。

(2)事故性监测(特例监测或应急监测)：是指在发生事故性污染时确定污染程度、危及范围，以便采取有效措施降低和消除危害。这类监测期限短，随着事故完结而结束，常采用流动监测、空中监测或遥感等手段。

(3)研究性监测：对某一特定环境，研究确定污染因素从污染源到受体的迁移转化的趋势和规律。当监测结果表明存在环境问题时，还必须确定污染因素对人体、生物体和各种物质的危害程度。研究性监测周期长，监测范围广。

此外，按监测对象的不同，环境监测又可分为水质污染监测、大气污染监测、土壤污染监测、生物污染监测、固体废物污染监测及能量污染监测等。按污染物或污染因素的性质不同，可分为化学毒物监测、卫生(包括病原体、病毒、寄生虫及霉菌毒素等污染)监测、热污染监测、噪声和振动污染监测、光污染监测、电磁辐射污染监测、放射性污染监测和富营养化监测等。

2)环境监测的原则

在环境监测中，由于影响环境质量的因素繁多，并受人力、监测手段、经济等方面条件的限制，不可能包罗万象地监测，应根据需要和可能进行选择性监测，并要坚持以下原则。

(1)全面规划、合理布局的原则。

环境问题的复杂性决定了环境监测的多样性。监测结果是环境监测中布点采样，样品的运输、保存，分析测试及数据处理等多个环节的综合体现，其准确可靠程度取决于环境监测中最为薄弱的环节。所以应分别不同情况，全面规划、合理布局，采用不同的技术路线，综合把握优化布点、严格保存样品、准确分析测试等环节，实现最优环境监测。

(2)优先监测原则。

由于影响环境质量的因素繁多，因此，实际工作时应按情况对那些危害大、出现频率高的污染物实行优先监测的原则。优先监测污染物包括：①对环境影响大的污染物；②已有可靠的监测方法并能获得准确数据的污染物；③已有环境标准或其他依据的污染物；④在环境中的含量已接近或超过规定的标准浓度，污染趋势还在上升的污染物；⑤环境样品有代表性的污染物。

7.3.4.2　环境质量评价

环境质量评价是现代化环境管理内容之一，是以防为主、防治结合的体现。

环境质量评价是对环境质量的优劣的定量评述。通过环境质量评价可为区域环境质量状况及其各时期的变化趋势提供依据；为控制污染和治理重点污染源提出要求；为制定城市建设规划、环境污染物排放标准、环境标准和环境法规等提供依据。环境质量评价包括环境质量回顾评价、现状评价和预断评价三类。

1）环境质量回顾评价

环境质量回顾评价是指对区域过去一定历史时期的环境，依据历史资料进行回顾性的评价，可提示区域环境污染的发展过程。本底评价就是回顾评价的一种形式，它是就环境的所有状况——环境本底、原有天然污染与人为污染对人群健康、作物等的影响情况所进行的调查对比和相关分析。回顾评价常常要受历史资料积累情况的制约。

2）环境质量现状评价

环境质量现状评价是根据近年（两三年）的环境监测资料，对某地区的环境质量进行评价。通过现状评价摸清环境污染的现状，为区域环境污染综合防治提供依据。现状评价还可推动和促进各企业对防治污染的积极性，也便于环境部门加强管理和监督。我国已经在这方面进行了不少工作。

3）环境质量预断评价

预断评价也称"环境预先判断性评价"或"环境质量影响评价"，指对某一地区任何重大企业（或工程）在新建之前或扩建前，必须提出对可能造成的影响进行预先判断性评价的报告。也就是说，在工程（或企业）新建或扩建前进行充分的调查研究，做出科学的预测估计，并制定出能妥善地预防公害和防止环境破坏的对策，经有关环境保护部门和其他有关部门审查和批准后才能进行设计、新建和扩建。

预断评价包括取得气象特征参数（直接影响污染物的扩散与排出后的分布规律，包括风向、风速、气温分布）、当前污染物质的组成参数（本底参数）等，在这些参数的基础上考虑新建工程的污染物排放量，对这些污染物给予环境质量的影响进行评价；并根据环保的要求，制定多种防治方案，对这些方案进行比较，择优选用。

预断评价制度是1969年由美国首先试用的一项制度，是改善环境的重要措施。先进工业国家已经将该评价法律化。目前世界上已经有20多个国家和地区建立了环境预断评价制度，我国也已经将该制度纳入环境保护法。我国环境保护法亦明确规定："在进行新建、改建和扩建工程时，必须提出对环境影响的报告书，经环境保护部门和其他有关部门审查和批准才能进行设计。"

我国环境保护法中规定了"在老城市改建和新城市建设中，应当根据气象、地理、水文、生态等条件，对工业区、居民区、公用设施、绿化地带等做出环境影响评价"。在城市规划条例中也明确规定"城市总体规划必须包括城市环境质量评价方案"。环境质量预断评价已经开始在我国实行，并已经取得一定成效。

7.4 环境保护与可持续发展

人类的生存环境及经济的进一步发展正在受到前所未有的威胁。和平与发展问题已成为新世纪的主题，环境与发展问题是新世纪面临的挑战。人类要和平、经济要发展、环境要保护，这是历史的潮流，大势所趋。

人类对环境问题的认识、觉醒、反思，全人类在环境问题上的形成共识，标志着人类对自身和世界认识的进步。如果说1972年斯德哥尔摩会议可以算作国际范围内对环境问题反思的正式开始的话，那么1992年的里约热内卢会议则提出了可持续发展的概念，1997年在纽约召开的联合国环境与发展会议与2002年在南非的约翰内斯堡召开的可持续发展世界首脑会议则标志着国际环境运动时代的到来。关心环境，已成为新世纪的时尚。为此，我们首先必须充分提高全民对环境、环境问题、环境科学和环境保护的认识。其次要充分认识到经济持续稳定的发展，要依赖于良好的生态环境。经济与环境既相互促进，又相互制约，我们必须协调好经济发展与生态环境的关系，走可持续发展的道路。

7.4.1 环境保护

1)环境保护的概念和任务

环境保护是指人类为解决现实的或潜在的环境问题，协调人类与环境的关系，保障经济社会的持续发展而采取的各种行动的总称。人类社会在不同历史阶段和不同国家和地区，有各种不同的环境问题。因而，环境保护工作的目标、内容、任务和重点，不同时期和不同国家是有区别的。当前，环境保护的任务是调控发展和环境之间的关系。即在促使经济稳步发展的同时，运用各种措施(包括行政的、法律的、经济的、教育的、科学技术的)保护自然环境和自然资源，防治环境污染和生态破坏，提高环境质量，创造生态健全的工作和生活环境。

2)环境保护的方法和内容

环境保护的方法和手段有工程技术的、行政管理的，也有法律的、经济的、宣传教育的等。其内容主要有：

(1)防治由生产和生活活动引起的环境污染，包括防治工业生产排放的“三废”(废水、废气、废渣)、粉尘、放射性物质以及产生的噪声、振动、恶臭和电磁微波辐射，交通运输活动产生的有害气体、废液、噪声，海上船舶运输排出的污染物，工农业生产和人民生活使用的有毒有害化学品，城镇生活排放的烟尘、污水和垃圾等造成的污染。

(2)防止由建设和开发活动引起的环境破坏，包括防止由大型水利工程、铁路、公路干线、大型港口码头、机场和大型工业项目等工程建设对环境造成的污染和破坏，农垦和围湖造田活动、海上油田、海岸带和沼泽地的开发、森林和矿产资源的开发对环境的破坏和影响，新工业区、新城镇的设置和建设等对环境的破坏、污染和影响。

(3)保护有特殊价值的自然环境，包括对珍稀物种及其生活环境、特殊的自然发展史遗迹、地质现象、地貌景观等提供有效的保护。

另外，城乡规划，控制水土流失和沙漠化、植树造林、控制人口的增长和分布、合理配置生产力等，也都属于环境保护的内容。环境保护已成为当今世界各国政府和人民的共同行动和主要任务之一。我国则把环境保护视为为我国的一项基本国策，并制定和颁布了一系列环境保护的法律、法规，以保证这一基本国策的贯彻执行。

7.4.2　我国环境保护的基本思路

1）实行可持续发展战略

可持续发展的思想最早源于环境保护，现在已成为世界许多国家指导经济社会发展的战略思想。任何地方经济发展都要注重提高质量和效益，注重优化结构，都要坚持以生态环境的良性循环为基础，这样的发展才是健康和可持续的。

我国经济的发展基本上仍然沿用以大量消耗资源和粗放经营为特征的传统发展模式，这种模式不仅造成对环境的极大损害，而且使发展难以持续。经济体制的转变有利于提高经济整体素质和生产要素的配置效率，引导产业结构优化和生产力合理布局，减轻和消除结构性污染和生态破坏；经济增长方式的转变有利于提高结构优化效益、规模经济效益和科技进步效益，提高能源资源利用效益，减少污染物排放量。经济改革中的两个转变，为我国在发展经济中保护好生态环境提供了可靠的保障。

坚持可持续发展战略就要在环境保护工作中做到：

（1）坚持经济建设，城乡建设，环境建设同步规划、同步实施、同步发展的“三同步”方针。

（2）坚持环境与发展综合决策。“在制定重大经济和社会发展政策、规划重要资源开发和确定重要项目时，必须从促进发展与保护环境相统一的角度审视利弊，并提出相应对策。这样才能从源头上防止环境污染的生态破坏。”在制定区域开发，城市发展、行业发展规划或调整生产力布局及产品结构调整等重大决策中，必须充分考虑环境的承载力，加快建立环境与发展综合决策机制，逐步使之规范化和法制化。

（3）加强宏观调控增加环保投入，要遏制我国环境状况继续恶化的趋势，归根到底还得增加环保投入：

$$\text{污染治理投入/国民生产总值} = A$$

根据国际实践经验表明：$A=1\%\sim1.5\%$可以控制污染；$A=2\%\sim3\%$可以逐步改善环境状况。建议A值每年增加0.1个百分点，1995年A值为$1\%\sim1.5\%$；2000年至2010年达到$1.5\%\sim2.5\%$。我国要经过20～30年的努力，才能逐步改善环境面貌，使可持续发展战略取得成效。

2）遏制环境恶化趋势

应该看到，认识与现实有相当大的反差，我国国民生产总值，近十多年来以每年10%左右的速度持续增长，而环境保护的投入徘徊在0.7%左右，致使全国环境形势日趋严峻。以城市为中心的环境污染正在加剧并向农村蔓延，生态破坏的范围在扩大，程度在加重，局部地区的环境污染和生态破坏已成为制约当地经济发展，影响改革开放和社会稳定，威胁人民健康的重要因素，为了遏制环境恶化的趋势：

（1）国务院通过并发表的《关于环境保护若干问题的决定》（以下简称《决定》）要求全国所有的工业产业污染源排放污染物要达到国家和地方规定的标准。

（2）经过人大批准的“纲要”提出的《污染物排放总量控制计划》是确保实现环保目标的有力举措，先对那些环境危害大，经采取措施可以有效控制的重点污染物进行总量控制，即在达标条件下，所增加的污染物排放总量，要在本地企业或本地区等量削减，从而控制住本地区污染负荷的增加。

(3)拓宽环保资金渠道。各省市要按照国务院《决定》的要求，切实增加环保投入，逐步提高 A 值，并建立相应的考核检查制度。其中基础设施由城市政府组织建设，设施运行费由污染者合理负担；工业污染防治资金按照“污染者付费”原则，主要由企业负担；按照“开发者保护、破坏者恢复”原则，生态破坏的恢复应由开发者和破坏者负担。要继续坚持并完善排污收费制度，切实做到依法、足额、全面征收排污费。要按照“高于污染治理成本”的原则，逐步提高现行排污收费标准。在实行污染物排放总量控制地区，要按照排污总量征收排污费。在部分地区开征二氧化硫排污费和生态环境补偿费。在生活污水集中处理城市，向排污者合理收取污水处理费。

(4)实行环境质量行政领导负责制。国务院《决定》中的第一条就是实行环境行政领导负责制。要根据污染物排放总量控制和工业污染源达标排放等要求制定本辖区切实控制污染、改善环境质量的具体目标和措施，并报上级备案。要将辖区环境质量作为考核政府主要领导人工作的重要内容。

(5)实施《跨世纪绿色工程规划》，在21世纪初分三期实施。第一期工程对3 000多个项目筛选后确定重点治理“三河”(淮河、辽河、海河)、三湖(滇池、太湖、巢湖)的水污染及酸雨、二氧化硫控制区的大气污染，同时还包括各地区和有关行业确定的污染治理项目。要把上述项目纳入本地区国民经济和社会发展计划，在资金上优先安排。

事实上，我国环境保护近20多年来取得了积极进展，但环境保护的形势依然严峻：主要污染物排放量超过环境承载能力，许多城市空气污染严重，持久性有机污染物的危害开始显现，土壤污染面积扩大，近岸海域污染加剧，核辐射环境安全存在隐患。发达国家上百年工业化过程中分阶段出现的环境问题，在我国近20多年来集中出现。随着我国人口和经济总量的继续增加，资源、能源消耗持续增长，环境保护面临的压力越来越大。我国政府高度重视环境保护问题，明确要求要以解决危害群众健康和影响可持续发展的环境问题为重点，加快建设资源节约型、环境友好型社会。我国在“十一五”和“十二五”都提出了主要污染物排放总量减少的约束性指标。各地各部门认真贯彻落实中央关于新时期环保工作的部署，层层分解减排指标，大力推进污染防治，加强环境监管，严格环境准入，妥善应对突发环境事件，加强环境能力建设，环境保护进入了历史上最好的发展时期。

7.4.3 可持续发展

传统的可持续发展观念古来有之，但现代意义上的可持续发展概念则是挪威首相布伦特兰夫人在《我们共同的未来》报告中首次提出的。所谓可持续发展是指“既满足当代人的需要，又不对后代人满足其需要的能力构成危害的发展”。这一定义得到广泛的接受，并在1992年联合国环境与发展大会上取得共识。我国学者对这一定义作了如下的补充：可持续发展是“不断提高人们生活质量和环境承载能力的，满足当代人需求又不损害子孙后代满足其需求能力的，满足一个地区或一个国家人群需求又不损害别的地区或国家人群满足其需求能力的发展”。

1)可持续发展战略的基本思想

可持续发展是一个涉及经济、社会、文化、技术及自然环境的综合概念。它是一种立足于环境和自然资源角度提出的关于人类长期发展的战略和模式。这并不是一般意义上所指的在时间和空间上的连续，而是特别强调环境承载能力和资源的永续利用对发展进程的重要性和必要性。它的基本思想主要包括三个方面。

(1)鼓励经济增长。可持续发展强调经济增长的必要性。通过经济增长提高当代人福利水平，增强国家实力和社会财富。但经济发展包括数量增长和质量提高两部分。数量的增长是有限的，而依靠科学技术进步，提高经济活动中的效益和质量，采取科学的经济增长方式才是可持续的。因此，可持续发展要求重新审视如何实现经济增长。要达到具有可持续意义的经济增长，必须审计使用能源和原料的方式，改变传统的以"高投入、高消耗、高污染"为特征的生产模式和消费模式，实施清洁生产和文明消费，从而减少每单位经济活动造成的环境压力。环境退化的原因产生于经济活动，其解决的办法也必须依靠于经济过程。

(2)提倡资源的永续利用和保持良好的生态环境。经济和社会发展不能超越资源和环境的承载能力。可持续发展以自然资源为基础，同生态环境相协调。它要求在严格控制人口增长、提高人口素质和保护环境、资源永续利用的条件下，进行经济建设、保证以可持续的方式使用自然资源和环境成本，使人类的发展控制在地球的承载力之内。要实现可持续发展，必须使自然资源的耗竭速率低于资源的再生速率，必须通过转变发展模式，从根本上解决环境问题。

(3)谋求社会的全面进步。发展不仅仅是经济问题，单纯追求产值的经济增长不能体现发展的内涵。可持续发展的理念认为，世界各国的发展阶段和发展目标可以不同，但发展的本质应当包括改善人类生活质量，提高人类健康水平，创造一个保障人们平等、自由、教育和免受暴力的社会环境。这就是说，在人类可持续发展系统中，经济发展是基础，自然生态保护是条件，社会进步才是目的。而这三者又是一个相互影响的综合体，只要社会在每一个时间段内都能保持与经济、资源和环境的协调，这个社会就符合可持续发展的要求。显然，在新的世纪里，人类共同追求的目标，是以人为本的自然—经济—社会复合系统的持续、稳定、健康的发展。

2)可持续发展的内涵

(1) 公平性内涵。

①本代人的公平。可持续发展要满足全体人民的基本需求和给全体人民机会以满足他们要求较好生活的愿望。要给世界以公平的分配和公平的发展权，要把消除贫困作为可持续发展进程特别优先的问题来考虑。

②代际间的公平。这一代人不要为自己的发展与需求而损害人类世世代代满足需求的条件——自然资源与环境，要给世世代代以公平利用自然资源的权利。

③公平分配有限资源。目前的现实是，占全球人口26%的发达国家，消耗的能源、钢铁和纸张等都占全球的80%。相反，发展中国家则仅消耗地球很少的资源。所以发达国家在全球环境状况的改善方面应当负起更多的责任。

(2) 持续性内涵。

持续性原则的核心是人类的经济和社会发展不能超越资源与环境的承载能力。因此，资源的永续利用和生态环境的可持续性是可持续发展的重要保证。人类发展必须以不损害支持地球生命的大气、水、土壤、生物等自然条件为前提，必须充分考虑资源的临界性，必须适应资源与环境的承载能力。换言之，人类在经济社会的发展进程中，需要根据持续性原则调整自己的生活方式，确定自身的消耗标准，而不是盲目地、过度地生产和消费。

(3) 共同性内涵。

可持续发展作为全球发展的总目标，所体现的公平性和持续性原则是共同的；并且，实现这一总目标，必须采取全球共同的联合行动。布伦特兰夫人在《我们共同的未来》的前言中写道："今天我们最紧迫的任务也许是要说服各国认识回到多边主义的必要性"，"进一步发展共同的认识和共同的责任感，这是这个分裂的世界十分需要的"。这就是说，实现可持续发展就是人类要共同促进自身之间、自身与自然之间的协调，这是人类共同的道义和责任。

3) 可持续发展战略的实施途径

可持续发展战略是一项综合的系统工程，从目前国际社会所做的努力来看，其实施途径大致有四条：

(1) 制定可持续发展的指标体系，研究如何将资源和环境纳入国民经济核算体系，使人们能够更加直接地从可持续发展的角度，对包括经济在内的各种活动进行评价。

(2) 制定条约或宣言，使保护环境和资源的有关措施成为国际社会的共同行为准则，并形成明确的行动计划和纲领。

(3) 建立、健全环境管理系统，促进企业的生产活动和居民的消费活动向减轻环境负荷的方向转变。

(4) 有关国际组织和开发援助机构都将环境保护和可持续发展能力建设作为提供开发援助的重点。

实现全球的可持续发展需要世界各国的通力合作与身体力行。中国作为全球最大的发展中国家，对可持续发展战略给予了高度的重视。在联合国环境与发展大会之后，中国政府认真履行自己的承诺，在各种场合、以各种形式表达了中国走可持续发展之路的决心和信心，并将可持续发展战略与科教兴国战略一并确定为中国的两大基本发展战略，从社会经济发展的综合决策到具体实施过程都融入了可持续发展的理念，通过法制建设、行政管理、经济措施、科学研究、环境教育、公众参与等多种途径推动跨世纪的可持续发展进程。

思考与练习

1. 为什么要将能源和环境放到一起讨论？
2. 什么是生态圈、生态系统、生态平衡？其关系是什么？
3. 请比较自然环境和生态环境的异同点。
4. 环境污染的定义是什么？环境污染会产生什么后果？
5. 环境污染有哪些类型？其污染源分别是什么？
6. 谈谈你对全球气候变暖的认识。
7. 臭氧层被破坏的原因可能是什么？其危害有哪些？
8. 酸雨是如何形成的？其危害有哪些？
9. 为什么说能源的开发利用是导致环境污染的"罪魁祸首"？
10. 为什么要制订环境标准？我国制定的相关标准主要有哪些？
11. 环境污染防治的措施有哪些？
12. 为什么要进行环境监测与评价？其主要内容是什么？
13. 可持续发展的内涵是什么？如何实施可持续发展战略？

第8章 燃烧污染防治

上一章已经指出，能源的开发和利用是造成环境污染的主要因素，尤其是大量化石燃料的燃烧是造成温室气体、酸雨等环境灾难的直接原因。因此，要改善和保护人类赖以生存环境并实现可持续发展，燃烧污染防治是非常重要的方面。为此，本章主要介绍燃烧污染物(SO_x、NO_x 和烟尘)产生的机理与防治方法。

8.1 硫氧化物的生成及治理

硫是自然界中分布很广且相当丰富的元素，地壳丰度为520 g/t。硫的化学性质活泼，自然界很少有单质硫，而都以化合物的形态存在，其存在形式SO_2、SO_3、硫酸、硫酸盐、金属硫化物、硫化氢及有机硫等。冶金矿砂多是硫化物矿，所以冶炼过程中生成大量SO_2和SO_3。化石燃料中也含有大量的硫化物，其存在形态主要有金属硫化物、硫化氢、有机硫及硫酸盐，其中前三种物质中的硫在燃烧过程中被氧化成SO_2或SO_3(通称SO_x)，构成对环境的污染。据测算，燃料燃烧所排出的SO_x占其排放总量的80%～90%，其中燃煤过程排放量占60%～70%，燃油过程排放量占20%左右。

SO_x对人体有强烈刺激作用，可导致呼吸窒息死亡；SO_x是形成酸雨的主要因素，从而导致土质和水质恶化，影响植物生长，腐蚀破坏建筑物和自然景观。因此，SO_x是一种排放量大、危害严重的污染物。

8.1.1 硫氧化物的生成机制

燃料燃烧过程中硫的转化：

一般而言，煤炭中含硫0.1%～8%，劣质硫煤含硫量更高；石油含硫较少，为0.1%～2%，极少数达到3%，但重油中含硫约比原油高一倍；气体燃料中硫以H_2S形式存在，天然气中含硫量一般小于1%，其他气体燃料则含量更少。

煤和石油中的硫包括无机硫和有机硫，它们在燃烧过程中发生如下反应：

无机硫绝大部分以硫铁矿形式存在，燃烧时氧化成SO_2：

$$4FeS_2 + 11O_2 \longrightarrow 2Fe_2O_3 + 8SO_2 \qquad (8-1)$$

有机硫有硫醚、硫醇等，在燃烧过程中先生成H_2S：

硫醚的反应：

$$\begin{matrix} CH_3CH_2 \diagdown \\ \quad S \\ CH_3CH_2 \diagup \end{matrix} \longrightarrow H_2S + 2H_2 + 2C + C_2H_4 \qquad (8-2)$$

硫醇的反应：

$$CH_3CH_2CH_2CH_2SH \longrightarrow H_2S + 2H_2 + 2C + C_2H_4 \tag{8-3}$$

生成的 H_2S 再氧化为 SO_2：

$$H_2S + \frac{3}{2}O_2 \longrightarrow H_2O + SO_2 \tag{8-4}$$

燃料中的硫绝大部分生成 SO_2 随烟气排出，小部分生成不溶性硫酸盐，如硫酸铁等，残留在灰渣中。

金属矿冶炼和硫酸制备工艺中排出的 SO_2 因浓度较高，一般都设置有回收系统进行回收(制酸)。

SO_2 在大气中又可被 O_2 氧化成 SO_3：

$$SO_2 + \frac{1}{2}O_2 \longrightarrow SO_3 \tag{8-5}$$

当有钒、铁、锰的氧化物起触媒作用时，此反应可大大加速。最后，SO_3 与水结合形成 H_2SO_3 或 H_2SO_4，硫酸烟雾即由此形成。一般条件下，二氧化硫和三氧化硫生成量之比为30∶1。

全世界每年由于工业、交通运输排入大气中的 SO_2，其中93%是由北半球排出，统计表明，在 SO_2 的排放中，烧煤排出约占72%，烧油和炼油排出约占19.9%，有色金属冶炼排出占8.1%；而南半球排出的 SO_2 仅占全世界7%，绝大部分是由烧煤和炼铜工业所排出。

燃料中硫含量愈大，SO_3 的转换率愈低。在空气比为1.25的情况下，当燃料含硫量大于2%，一般转换率不超过2%。图8-1给出了锅炉燃烧时 SO_2 的转变率曲线。

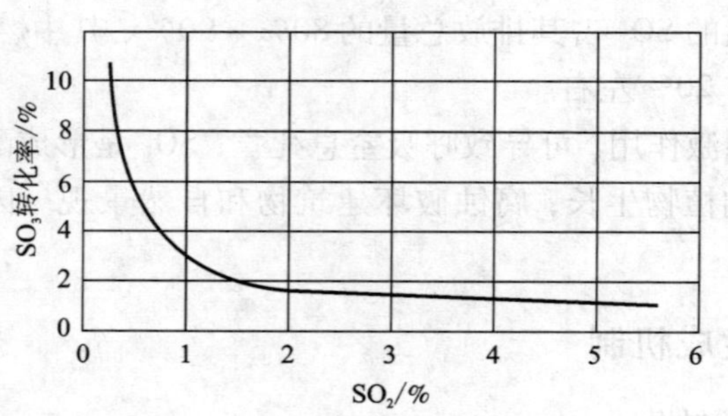

图8-1　锅炉燃烧时 SO_2 的转变率

影响 SO_3 生成的主要因素有：

(1)燃料中硫含量愈多，SO_2 和 SO_3 的生成量愈多；

(2)过剩空气量愈大，SO_3 的生成量愈大；

(3)火焰中心温度愈高，SO_3 的生成量也愈高。

8.1.2　燃烧过程脱硫

由硫氧化物的生成机理可以得到控制硫氧化物污染的方法，主要有以下几类：

(1)前脱——燃料制备过程除硫；

(2)中脱——燃烧过程脱硫；

(3)后脱——排烟脱硫；

(4)高空排放。

下面重点对(2)和(3)两种方法进行讨论。

8.1.2.1 沸腾燃烧脱硫

煤的燃烧过程脱硫，常用方法是流化床燃烧脱硫。流化床燃烧(或沸腾燃烧)法在燃烧学课程中已有讲述，在此主要针对其脱硫特性进行说明。

沸腾燃烧是指煤粒在气流作用下，在灼热的料层内与大量的灰渣粒子混合，并与之一起在上下翻腾的过程中进行燃烧，因此得名沸腾燃烧。燃烧过程中，煤粒和脱硫剂(石灰石、白云石等)以一定的比例由加料器加入，料层的燃烧温度一般为850～1 050℃，料层像“蓄热池”，燃料在进入料层后和几十倍以上的灼热颗粒混合，能很快升高温度并着火燃烧，因此燃烧条件好，即使多灰、多水、低挥发分的劣质煤也能维持稳定燃烧。由于沸腾料层温度均匀、燃烧易于控制，故近年来这种燃烧方法发展很快。

流化床的脱硫机理可由下列反应式得到说明：

$$CaO + SO_2 + \frac{1}{2}O_2 \longrightarrow CaSO_4 \tag{8-6}$$

$$CaCO_3 + SO_2 + \frac{1}{2}O_2 \longrightarrow CaSO_4 + CO_2 \tag{8-7}$$

$$CaO + H_2S \longrightarrow CaS + H_2O \tag{8-8}$$

$$CaCO_3 + SO_2 \longrightarrow CaS + H_2O + CO_2 \tag{8-9}$$

式(8-6)、式(8-7)在有过剩氧的条件下是主要反应；在还原性气氛中，式(8-8)、式(8-9)是反应的主体。

脱硫反应属固、气相间的反应，反应过程主要取决于四个过程：SO_2到达粒子表面；SO_2向粒子细孔的扩散；通过细孔表面硫酸钙层的扩散；化学反应(脱硫反应)。因此，影响脱硫效率的因素主要有：

(1)温度的影响。

脱硫效率与温度有关，以石灰石为例，其最佳温度为850℃。从反应平衡看，高温能提高脱硫效率。但是，由于灰分熔融会引起活性恶化，因此温度太高不利；另一方面，温度太低，也会降低反应速率，从而使脱硫效率降低。

(2)钙硫比的影响。

脱硫剂的用量与脱硫效率有关，一般用钙硫比(Ca/S)来表示。石灰加入量视煤的含硫量而定，一般加入量为燃料总量的10%左右。不同脱硫剂其脱硫效率也不同，石灰显然要比石灰石好。

(3)压力的影响。

压力对脱硫效果影响不大，随着压力的增加，反应朝SO_2减小的方向进行，但细孔内部的SO_2的扩散系数随压力增大而降低；此外，石灰在高压下反应难以进行，故此时脱硫效率反而比用白云石低。

(4)其他因素的影响。

过剩空气、气流速度、煤质、脱硫剂的粒径分布等，均与脱硫效率有关，需在实验中进行分析，找出最佳值。

8.1.2.2 添加剂脱硫

把脱硫剂$CaCO_3$、$CaCO_3 \cdot MgCO_3$和$Ca(OH)_2$制成细粉后吹入燃烧室，使燃烧过程产生的SO_2生成$CaSO_4$，从而降低烟气中SO_2浓度。这种方法还能提高灰渣的熔点，起到减少低温腐蚀的作用。

其反应过程如下：

$$\left.\begin{array}{l} CaCO_3 \\ CaCO_3 \cdot MgCO_3 \\ Ca(OH)_2 \end{array}\right\} \xrightarrow{\text{热分解}} \begin{array}{l} CaO \\ MgO \end{array} + \left\{\begin{array}{l} CO_2 \\ H_2O \end{array}\right. \tag{8-10}$$

其脱硫反应与流化床类似。

添加剂可分两类：镁化物：$Mg(OH)_2$，MgO，$MgCO_3$；钙化物：$CaCO_3$，CaO，$Ca(OH)_2$。这些添加物主要是控制酸雾的生成。酸性烟雾系以烟尘为核心，吸附着硫酸形成的。当烟气温度降到露点以下时则生成雪片状酸性物，其颗粒较大，比重也较大，沉积在设备表面便造成低温腐蚀。硫酸雾的成分随燃料种类不同而异，大致成分如下：含碳20%～50%，三氧化硫10%～40%，灰分10%～30%。

8.1.3 排烟脱硫

烟气根据其SO_2的浓度不同，可分为高二氧化硫烟气(SO_2含量≥2%)和低二氧化硫烟气(SO_2含量<2%)。前者主要来自有色金属冶炼，后者来自燃料燃烧。

高浓度SO_2的烟气可用来直接制酸，低浓度SO_2烟气往往含SO_2仅0.1%～0.5%，不适于回收利用，故只有排放前(燃烧过程中)及排放中进行脱硫处理。

8.1.3.1 排烟脱硫的方法与特点

排烟脱硫通常分干法和湿法两大类：

(1) 干法。使易和SO_2进行反应的化合物在固体状态下与烟气接触进行脱硫反应。即使脱硫剂的再生和副产品的回收过程需要用水，这种方法也称干法排烟脱硫。

其优点是：适合处理大排气量，处理后的烟气水分少，排烟口附近没有降酸雨的二次污染问题，排气温度几乎不降低(一般大于100℃)，净化烟气不需要加热即可从烟囱排出，用水量很小。

缺点：因是固－气反应，反应速度小。为了提高反应速度，要求吸收装置大，故设备费和动力费都较高。

(2) 湿法。使容易和SO_2反应的化合物与水溶液或悬浮液状态跟烟气接触进行脱硫反应。即使回收过程是干法，这种方法也称湿法脱硫。湿法的特点为：

优点：脱硫反应速度大，脱硫效率高；设备紧凑，占地面积小，投资较省。

缺点：① 排烟温度低(一般小于60℃)，烟气中含水量大，往往生成白烟(硫酸雾)，且扩散慢，有时还会产生酸雨，为改善烟气的扩散必须对净化后的烟气再加热。② 用水量大，必须处理废水(循环用水)。由于上述原因，对大排气量不适用，但因效率高，近几年有向湿法发展的趋势。

排烟脱硫方法甚多，但到目前为止，尚未找到一种能适用于各种情况的方法。下面介绍的是国内外常用的、比较有代表性的几种。

8.1.3.2 几种排烟脱硫工艺简介

1) *石灰石(石灰)浆法*

本法系以石灰(石灰石)浆为脱硫剂，同时可得到副产品石膏(或抛弃填坑)。本法的优点为脱硫剂便宜并易得到，副产品石膏可作轻质建筑材料。

（1）过程原理。

$$CaCO_3 \xrightarrow{SO_2,\ H_2O} CaSO_3（填坑）+ H_2O + CO_2 \quad (8-11)$$

$$Ca(OH)_2 + SO_2 \longrightarrow CaSO_3（填坑）+ H_2O \quad (8-12)$$

$$CaSO_3 + \frac{1}{2}O_2 + 2H_2O \longrightarrow CaSO_4 \cdot 2H_2O（石膏） \quad (8-13)$$

（2）影响因素。

①石灰石的粒度：粒度小，比表面积大，吸收效率高，一般控制在 200 ~ 300 目之间。

②吸收温度：低温有利于气 – 液传递，但会降低反应速度，一般认为 49 ~ 54℃较适宜。

③气液比：气液比对气—液传递是一个重要的指标。国外试验表明，液气比为 5.3 L/m^3 时，SO_2脱除率为 85% ~ 95%（平均 87%）；液气比小于 5.3 L/m^3，SO_2脱除率平均为 78%。

④接触时间：在气 – 液传递和吸收反应中气 – 液的接触时间是个重要因素，一般应通过试验确定。

⑤气流速度：气流速度的影响应从克服气膜传质阻力（相当大时）和气 – 液接触时间两方面综合考虑和选取。

（3）应用举例

我国某电厂采用这种方法，流程上经过改进后，脱硫效率可达 80% ~ 90%，石膏纯度 95% 以上，可作轻质建材。

2）碱式硫酸铝法

（1）过程原理。

吸收：

$$Al_2(SO_4)_3 \cdot Al_2O_3 + 3SO_2 \longrightarrow Al_2(SO_4)_3 \cdot Al_2(SO_3)_3 \quad (8-14)$$

氧化：

$$Al_2(SO_4)_3 \cdot Al_2(SO_3)_3 + 3/2O_2 \longrightarrow Al_2(SO_4)_3 \cdot Al_2(SO_4)_3 \quad (8-15)$$

再生：

$$Al_2(SO_4)_3 \cdot Al_2(SO_4)_3 + 3CaCO_3 + 6H_2O \longrightarrow Al_2(SO_4)_3 \cdot Al_2O_3 + 3CaSO_4 \cdot 2H_2O\downarrow + 3CO_2 \quad (8-16)$$

由上式可见，吸收后的渣体先经氧化，后用碳酸钙中和，即可回收脱硫剂。

（2）应用举例。

由于吸收液吸收 SO_2的能力大，故液气比可以小一些，吸收液腐蚀能力也较小。日本某厂试验结果：入口烟气 SO_2浓度 500 μg/m^3，出口为 5 μg/m^3，吸收率为 99%，并可副产石膏。

3）碱土吸收剂脱硫法

这种方法是使用碱土金属钙、镁、钡的氧化物或氢氧化物作为吸收剂进行脱硫，如用 $Mg(OH)_2$作吸收剂，其脱硫反应为：

$$Mg(OH)_2 + SO_2 \longrightarrow MgSO_3 + H_2O \quad (8-17)$$

$$MgSO_3 + SO_2 + H_2O \longrightarrow Mg(HSO_3)_2 \quad (8-18)$$

$$Mg(HSO_3)_2 + Mg(OH)_2 \longrightarrow 2MgSO_3 + 2H_2O$$

再生反应为：

$$MgSO_3 \xrightarrow{\text{加热}} MgO + SO_2 \uparrow \quad (8-19)$$

$$MgO + H_2O \longrightarrow Mg(OH)_2$$

这种方法的脱硫效率较高，一般均在95%以上，吸收剂价格也很便宜，其最大缺点是钙、镁盐的溶解度小，容易沉淀，造成系统或设备堵塞。另外，钙吸收系统中，$CaSO_3$和$CaSO_4$的再生比较困难，因此，采用此法时常放弃$CaSO_3$和$CaSO_4$的再生，即采取回收品抛弃法。

4）活性炭吸附法

（1）吸附作用过程。

活性炭吸附法是利用活性炭的活性和比表面大这两个特点。活性炭对SO_2只起物理吸附作用。对燃烧废气而言，因为有水和自由氧共存，除物理吸附外还有化学吸收，故吸收SO_2的量显然比单纯的物理吸附大。如图8-2所示，当气体中只有SO_2时，在很短时间内就达到了吸附饱和；当有水和氧共存时，吸附量随吸附时间的增加而增加。因此，一般燃烧烟气用活性炭吸附是合适的。

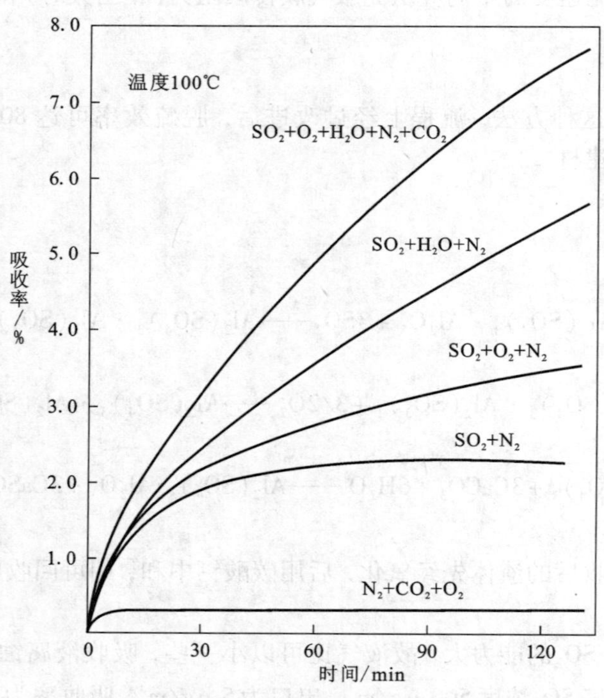

图8-2 活性炭对各种混合气体的吸附量

活性炭的吸附量随温度升高而降低(由于分子热运动造成)。一般温度控制在60~100℃之间；气流速度太大，净化效率降低。一般取0.20~0.50 m/s为宜。

（2）解吸。

活性炭吸附要生成硫酸，硫酸达到一定浓度就需解吸。解吸可用水洗解吸，也可用热气体把活性炭加热到370℃以上进行解吸，其解吸反应如下：

$$2H_2SO_4 + C \rightarrow 2SO_2 + CO_2 + 2H_2O$$

或

$$2H_2SO_4 + C \longrightarrow SO_2 + CO + H_2O$$

浓缩了的 SO_2 可作为制酸原料。但这一反应要损耗活性炭，故成本较高。采用水洗方法活性炭损失小，并可得到浓度为 20% 左右的硫酸，经浓缩后也可制得浓硫酸。

活性炭法的缺点是活性炭用量大，如处理废气量为 15 万 m^3/h(标)的设备，一次需装入 100 t 以上的活性炭。今后的方向是发展高效、廉价的活性炭。

8.2　氮氧化物的生成及治理

人们对 NO_x 危害性的认识比 SO_x 晚得多，最近二十多年才引起注意。研究结果表明，NO_x 的毒性比 SO_x 还大，因此近几年来，NO_x 的防治很受重视，并取得了较大成绩。

8.2.1　氮氧化物的危害与生成机理

8.2.1.1　$NO_x(NO + NO_2)$的危害

NO_x 主要影响人的肺部功能，且使血色素硝化。当空气中的 NO_2 的含量达 10 mg/m^3(标)时，可闻到强烈的臭味；大于 100 mg/m^3(标)，鼻子感到强烈刺激，1 min 内就不能正常呼吸；大于 180 mg/m^3(标)时，3 ~ 5 min 就能引起胸痛；达到 1 000 mg/m^3(标)，人在 30 min 到 100 h 内就会因肺水肿而死亡。

NO 同血球中红蛋白的结合力很强。据研究，其结合能力比 CO 还大数百倍，因此毒性很重。NO_x 在紫外线作用下，与碳氢化合物作用可生成颇具毒性的光化学烟雾，不仅能引起动脉硬化等症，对植物的危害也很大，可使叶片黄化、枯萎、花果掉落，还可使建筑物和橡胶制品等遭腐蚀。

8.2.1.2　NO_x 的生成机理

氮和氧化合所生成的化合物有：NO、NO_2、N_2O、N_2O_3、N_2O_4、N_2O_5 等，一般燃烧装置中，燃料燃烧生成的氮氧化物几乎全是 NO 和 NO_2，因此一般称 $NO + NO_2$ 为 NO_x，其中 NO 占 90% 左右，其余为 NO_2。目前得到共识的有如下三种生成机理。

1) 热力型 NO_x 的生成机理

NO 的生成可用一组不分支链锁反应来说明。这是由苏联科学家泽尔多维奇提出的，故称泽尔多维奇机理。

$$O + N_2 \xrightarrow{K_1} NO + N \tag{8-20}$$

$$N + O_2 \xrightarrow{K_2} NO + O \tag{8-21}$$

按泽尔多维奇推导和实验的结果，有：

$$\frac{d[NO]}{dt} = 5 \times 10^{14}[N_2][O_2]^{1/2}\exp(-542\ 000/RT) \tag{8-22}$$

式中：T——绝对温度，K；

t——时间，s；

R——通用气体常数，J/(g · mol · K)。

式(8－22)就是热力型 NO_x 生成速度的表达式。实验结果表明，对于空气过剩系数较大的预混火焰，按式(8－22)计算出的计算值与实验结果相当一致。

根据实践，对于一些不含氮或含氮量极少的燃料，当燃烧温度低于 1 500℃时，热力型 NO_x 生成量极少。当温度高于 1 500℃时，这一反应才变得明显；随温度升高，反应速度根据阿累尼乌斯定律按指数规律迅速增加，因此温度的影响具有决定性的作用。所以，把这种在高温下由空气中的氮气氧化而生成的氮的氧化物称作热力型 NO_x(Thermal NO_x)。此外，热力型 NO_x 生成量还与空气过剩系数、产物在高温区的停留时间等因素有关。

2) 燃料型 NO_x 的生成机理

由燃料中 N 的化合物转化为 NO 的生成途径，据 Martine 的推定有两条途径。

(1) N 化合物分解为 NH_2、NH_3、NH、CN、HCN 等中间生产物，然后按下式生成 NO。

$$HCN + O \rightleftharpoons NCO + H \tag{8-23}$$

$$HCN + OH \rightleftharpoons NCO + H_2 \tag{8-24}$$

$$CN + O_2 \rightleftharpoons NCO + O \tag{8-25}$$

$$NCO + O \rightleftharpoons NO + CO \tag{8-26}$$

$$NH_2 + O \rightleftharpoons NH + OH \tag{8-27}$$

$$NH + O \rightleftharpoons NO + H \tag{8-28}$$

(2) 氮化物被分解，氮原子释放出，这些氮原子按下式进行反应：

$$O + N_2 = NO + N \tag{8-29}$$

$$N + O_2 = NO + O \tag{8-30}$$

如前所述，按泽尔多维奇机理生成 NO 的必要条件是要有原子氧存在，在热力型 NO 场合，与原子氧的生成速度相比，氮原子的生成速度很低，生成量也很少。所以式(8－20)是影响热力型 NO 生成的关键反应。液体燃料和固体燃料中含有许多氮的有机化合物，如喹啉 C_5H_5N、吡啶 C_9H_7N 等。这些有机化合物中的原子氮就很容易分解出来，使氮原子的生成量大大增加。所以，液体和固体燃料燃烧时，生成大量的 NO，通常称作燃料型 NO_x(即燃料型 NO_x)。

由于燃料中氮的化合物的形式非常复杂，对其反应途径及中间生成物的了解还不是很充分，其反应机理有待于进一步研究。

3) 快速型 NO_x 的生成机理

Fenimore 指出，当碳氢化合物激烈反应时，在火焰面附近生成了用前述生成理论所不能说明的 NO 产物。这种产物是碳氢化合物系燃料所特有，尤其当空气过剩系数小的情况下，这种反应进行得更激烈。

Fenimore 等认为，反应是按以下方式进行的。首先按下式进行反应，生成中间产物 HCN、CN：

$$CN + N_2 = HCN + N \tag{8-31}$$

$$2C + N_2 = 2CN \tag{8-32}$$

$$CH_3 + N_2 = CN + NH_3 \tag{8-33}$$

$$CH_2 + N_2 = HCN + NH \tag{8-34}$$

然后，中间产物 HCN 再按式(8－23)至(8－30)反应式进行反应，从而生成 NO。

快速型 NO_x 的生成机理同样有待进一步研究。按上述说法其生成机理接近于燃料型 NO_x，有人却认为快速型 NO_x 是快速型的燃料型 NO_x。在一般燃烧设备中，快速型 NO_x 所占的比例很小。

8.2.1.3　NO_2的生成

NO_2是由 NO 在低温下氧化而成，因此燃烧反应中 NO_2的生成量不大。NO_2的生成反应式如下：

$$2NO = (NO)_2 \tag{8-35}$$

$$(NO)_2 + O_2 = 2NO_2 \tag{8-36}$$

最近发现一些燃烧设备中，如高空气比燃烧的燃气轮机的排烟中 NO_2所占比例较大。这个问题目前已引起人们的重视和研究。有人认为这是因为在火焰区初期生成的 NO，在有较多的氧原子存在时，会立即发生如下氧化反应：

$$NO + O + M \longrightarrow NO_2 + M \tag{8-37}$$

式中：M——第三物质（如器壁物质等）

8.2.1.4　抑制 NO_x 生成量的因素

按照上述 NO_x 的生成机理，可总结得到其影响因素：

（1）降低燃烧温度，可抑制热力型 NO_x 的生成。

（2）实现低空气比燃烧，可减少热力型 NO_x 的生成量。

（3）缩短烟气在高温区的停留时间，有利于抑制热力型 NO_x 的生成。

（4）采用 N 含量低的燃料，则燃料型 NO_x 生成少。

（5）利用空气过剩系数小于 1 时燃料型 NO_x 生成量极少的特点，可控制燃料型 NO_x 的生成。

8.2.2　氮氧化物的燃烧抑制

国际上关于 NO_x 的排放问题，在美国和日本最先引起重视，并采取了一系列有效措施。治理的方法可分为两个方面：一是在燃烧过程中创造条件限制 NO_x 的生成，这种方法也可以理解为以防为主；另一种方法是采用净化烟道气进行治理，称为排烟脱硝。从目前发展来看，主要是通过燃烧进行抑制。

控制 NO_x 排放的措施主要有以下几种类型：

①高烟囱排放；②燃料改质和转换；③改变燃烧操作条件；④采用新燃烧方法；⑤排烟脱氮。

对工业炉而言，多采用并发展③和④两类方法，但目前这两类方法只能减少排放量的60%，满足不了将来环境的要求。今后一方面要继续研究提高这两类方法控制 NO_x 生成量的效果，另一方面要降低排烟脱氮的成本。

8.2.2.1　燃料转换和改质

将燃烧污染严重的燃料转换为污染少的燃料（低污染型燃料）是工业发展和环境的要求。以前认为含硫低的燃料即为低污染燃料，现在概念不同了，除含硫低外，还要求含氮量低。

1）NO_x 的排出量和燃料种类的关系

P. F. Woolrioh 绘制了燃料种类和 NO_x 生成量的关系图，如图 8－3 所示。图中纵坐标表示燃料燃烧量，横坐标表示 NO_x 排出量。由图可见，气体燃料的 NO_x 发生量最小，可认为是干净燃料。

对低温炉，如锅炉等，NO_x 的排放量与燃料种类的关系的规律相当显著。对玻璃熔炉等，由于炉温较高，因此 T－NO_x 生成量大，故总 NO_x 生成量随燃料种类而变化的规律不大明显。

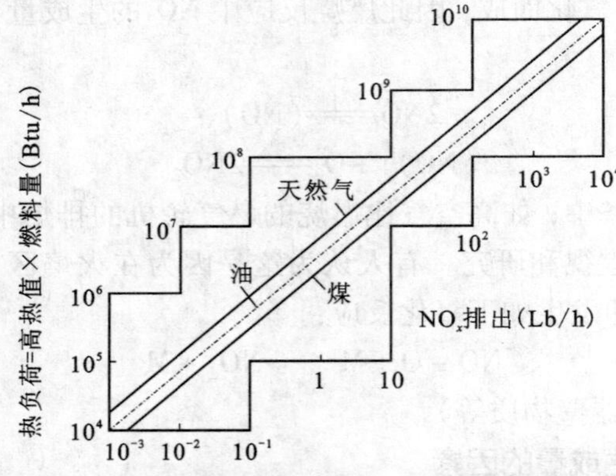

图 8－3　由燃料耗量推算 NO_x 生成量的关系图

2）燃料的混烧和 NO_x 生成量的关系

混烧是指两种以上的燃料混合燃烧。采用较多的形式是粉煤和重油混烧，煤气和重油混烧等。混烧的目的各不相同，例如在缺乏重油的情况下，利用一部分煤(制成煤粉)和重油混烧，以利用煤资源节约用油。这里所说混烧的目的是作为降低 NO_x 而采取的一种措施。

现以发电厂粉煤和重油混烧为例进行说明。某火力发电厂燃料混烧比例和 NO_x 的排出量如图 8－4 所示。图中的混烧比是单位时间内燃料燃烧所发出的热值之比而不是燃料比。目前还没有足够的理论来解释为什么随着重油掺入率的增大，NO_x 排放量迅速减少。

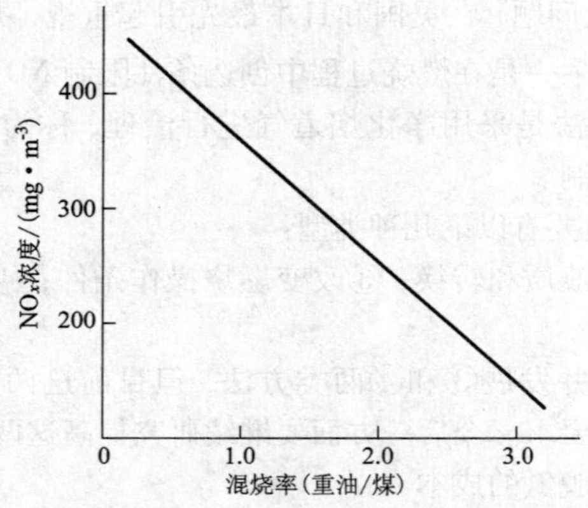

图 8－4　火力发电站排气中 NO_x 浓度和混烧率的关系

8.2.2.2　改善燃烧操作，加强燃烧管理

NO_x 是在燃烧过程中生成的，因此，可通过控制燃烧条件来降低 NO_x 生成量。燃烧过程是复杂的，生成 NO_x 的影响因素也很多。本节主要讨论如何通过改变操作条件来降低 NO_x

的生成量。

1）实现低空气比燃烧

低空气比燃烧，指在完全燃烧的基础上降低燃烧过程中氧的浓度。在一般燃烧设备中，空气过剩系数为 1.1 ~ 1.4。低空气比燃烧是在保证完全燃烧基础上供给最低的氧量。空气比降低，则烟气中氧的浓度也降低，即可用烟气中的氧浓度来表示低空气比的程度。当烟气中氧浓度小于 1% 时，NO_x 的浓度则急剧降低，效果很明显。

必须指出，通常排烟中的烟尘量与氧的浓度成反比，过剩氧量降低，则烟尘量升高。当空气过剩系数小于 1.10 时，烟尘量则急剧上升。因此，在考虑降低 NO_x 的措施时必须兼顾烟尘的生成量。

低空气比不仅能降低热力型 NO_x，而且也能降低燃料型 NO_x。图 8 - 5 是燃料中（重油）的氮转换为 NO_x 的转换率与排气中氧浓度的关系。由图可见若排气中 O_2 的浓度低，则燃料中的氮转化为 NO_x 的量也明显减少。

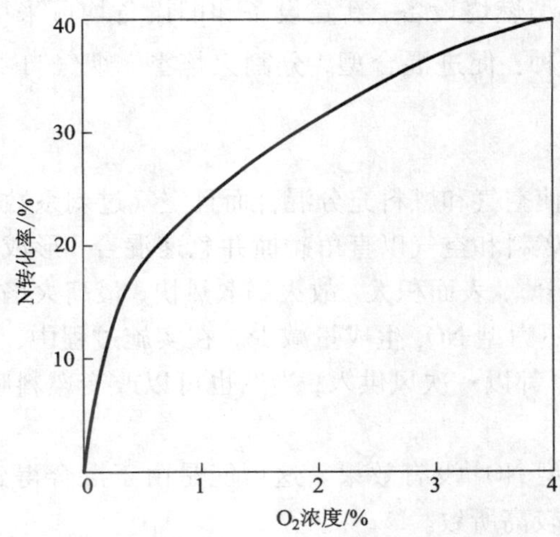

图 8 - 5　重油中氮（N）的 NO_x 转换率和排气中氧（O_2）浓度的关系

2）降低热负荷

火焰温度高，则 NO_x 生成速度也大。在燃烧室内降低热负荷，火焰温度也会随之下降，故 NO_x 生成量减少。

以轧钢加热炉为例，往往由于强化炉子热负荷，炉尾排烟温度太高（可达 1 100℃），造成烟气热损失急增，燃料单耗上升。对于热负荷过高的轧钢加热炉，降低热负荷对节能和降低 NO_x 生成量都能起到良好的作用。

3）降低助燃空气的预热温度

降低空气预热温度可降低 NO_x。对锅炉而言，预热空气比不预热空气，NO_x 发生量高 10% 左右。该方法和上述方法一样都存在产量和热效率降低的问题。因此，采用此措施时必须具体分析。

综上所述，改善燃烧操作降低 NO_x 还必须注意以下几点：

(1) 采用低空气比手段时，必须兼顾烟尘生成量的问题。

(2) 低空气比燃烧也可防止 SO_2 氧化为 SO_3，并防止重油中钒转变成低熔点 V_2O_5(或 V_2O_3 和 V_2O_4)，从而可防止腐蚀。

(3) 尽管有些措施可以降低 NO_x(如空气不预热，降低热负荷等)，但必须从热效率、设备生产效率方面全面考虑。

8.2.2.3 采用新燃烧方法

前文所述，是用燃烧工况的改变来控制 NO_x，这些方法比较适用于正在生产且不需花较多经费即可进行改造的设备，当然效果也是有限的。新的燃烧方法则不同，是在设计新设备时就把抑制 NO_x 生成量的燃烧方法考虑在设计中并给予一定的投资。

新燃烧方法一般有如下几种：低 NO_x 烧嘴燃烧；分段燃烧；水或蒸汽喷入燃烧；烟气循环燃烧等。下面分别予以介绍。

1) 低 NO_x 烧嘴

低 NO_x 烧嘴对于中小型燃烧设备、新建设备和旧设备均可采用。按原理和构造进行分类，低 NO_x 烧嘴有如下四种：促进混合型，分割火焰型，烟气自身再循环型，阶段燃烧组合型。

(1) 促进混合型烧嘴。

该形式的烧嘴由于能使空气和燃料充分混合而且空气过剩系数较低，而能达到降低 NO_x 的效果。该烧嘴的特点是燃料和空气以直角碰撞并急速混合，形成沿燃烧室壁的圆锥形(或钟形)中空火焰。由于火焰薄，表面积大，故火焰散热快，最高火焰温度得以降低，同时烟气在高温区停留的时间短，热力型 NO_x 生成量减少。在实施过程中，为改善混合效果，要求空气流速大，且不供二次风，都以一次风供入；当然也可以改变燃料喷流速度和空气流速的比值来改变火焰形状。

这种燃烧方法对燃料型 NO_x 没有效果。这可能是由于混合得到改善，空气又是一次送入，使得火焰中 O_2 的浓度较高所致。

(2) 分割火焰型烧嘴。

这种烧嘴是在烧嘴的前端开有小槽，从而把火焰分割为数个独立的小火焰(4～6 股)，从而降低了火焰温度，缩短了反应物停留时间，对热力型 NO_x 有较好的抑制，而对于燃料型 NO_x 效果不大。使用结果表明，这种方法一般可降低 NO_x 生成量 20%～40%。

(3) 烟气自身再循环型烧嘴。

这种烧嘴的原理是在烧嘴构造上创造了燃烧气体再循环的条件，即靠喷射空气或喷射燃料生成的负压，促使烟气再循环。可分两类：

①靠高速空气和燃料流的附壁作用，使烟气进行再循环，并且在第一燃烧区控制空气量。这实际上是烟气再循环型烧嘴和两段燃烧法的并用。

②单独设有循环途径，使循环气体逆流到一次燃烧区与空气、燃料的喷射流股进行混合。

2) 分段燃烧法

分段燃烧法也称浓淡燃烧法或称化学当量法。化学当量法指的是按化学反应式的摩尔需要量来供给参加反应的反应物，如：

$$CH_4 + 2O_2 \longrightarrow CO_2 + 2H_2O \tag{8-38}$$

组织该反应需供给1 mol的CH_4和2mol的O_2。

非化学当量法是指供给的O_2和CH_4不是按反应式供给，例如只供给1.8 mol的氧，因此CH_4不能完全燃烧，这一反应就没有按化学当量进行，故称非化学当量法。

分段燃烧法的特点是利用燃料过浓燃烧时，其燃烧温度低，特别是由于氧浓度低，可以有效地降低NO_x生成量。燃料过浓区的烟气中有未燃成分，这些成分靠后面的多次供风逐步燃烬。由于助燃空气分成数段送入，故又称多段(或阶段)燃烧法。

(1) 两段燃烧法。

两段燃烧法就是使燃料在第一阶段处于空气过剩系数小于1的状态下燃烧，第二阶段则把不足的氧送入，完成完全燃烧。在燃烧的第一阶段，由于氧的浓度低，生成的产物中有相当数量的CO和H_2，且火焰温度低，有效地抑制了NO_x的生成。在第二燃烧区，送入二次空气后因燃烧速度快(主要是CO和H_2的燃烧)，故烟气在高温区的停留时间缩短，从而有利于抑制NO_x的生成。

两段燃烧的效果在很大程度上决定于第一燃烧区的空气比。实验表明，在总的空气比相同的条件下，两段燃烧法比普通燃烧法好，总的空气比越大，效果越明显。同样是两段燃烧，第一段的空气比愈小，效果愈好。这种燃烧法可降低T-NO_x生成量30%~50%，降低F-NO_x生成量50%左右。

值得注意的是，一般第一阶段空气比以0.5~0.8为宜，太小则会冒黑烟；如小于0.4，黑烟急增；小于0.3则连气体燃料也离开了可燃范围。两段燃烧的火焰比较长，因此温度分布也有一些变化，使用时要根据炉子的要求来选择合适的燃烧器。

(2) 浓淡燃烧。

浓淡燃烧指有浓燃烧区和淡燃烧区。浓燃烧区的空气过剩系数小于1，淡燃烧区的空气过剩系数大于1。其原理和两段燃烧相似，只是把两段燃烧改成许多浓淡区域，所不同的是可以降低燃烧室的热负荷，用几个小烧嘴代替一个大烧嘴，相当于火焰表面积增大，又起到了减弱火焰的作用。前文已经指出，减小火焰和降低燃烧室热负荷均有利于减少热力型NO_x的生成量。实验结果表明，这种烧嘴不仅可降低NO_x排放，而且可以降低一氧化碳和碳氢化合物排放，有助于提高燃烧效率。

3) 水或水蒸气喷入燃烧

该方法是将水或蒸汽喷入燃烧室参与燃烧。喷入的方法有以下三种：①在燃烧用的空气中喷入水或蒸汽；②在燃烧室的某部位喷入水或蒸汽(如蒸汽雾化烧嘴采用增大雾化用的蒸汽量)；③采用燃料和水混合的乳化燃料。

上述三种方法中，以乳化燃料(油水乳化)的效果最好。采用②法时，一定要注意水或蒸汽的喷入位置。在同样用水量的情况下，用水比用蒸汽效果好(因为水汽化要吸收汽化潜热，对局部高温区的降温效果更好)，但应注意水一定要添加在火焰的高温区，否则对热工制度可能有负面影响。

4) 烟气循环式燃烧

烟气循环式燃烧法拟制NO_x生成的原理与自身循环烧嘴相类似，所不同的是前者在炉内组织循环，后者在烧嘴内组织循环。

所谓循环比，是指参加循环的烟气体积与燃烧用的空气量比。在不熄火、又不使火焰显著增长的范围内，循环比越大，降低 NO_x 的效果越好。通常，循环比一般取 10% ~40%。

循环气体必须投在火焰高温区，否则将起不到应有的作用。

烟气循环燃烧法对热力型 NO_x 的效果很好，实践证明可降低热力型 NO_x 生成量 30% ~50%；但对减少燃料型 NO_x 的作用不大。

5) 各种方法的组合——组合法

上述各种单一方法，最多只能达到 30% ~50% 的降低率。随着工业发展，降低 NO_x 生成量的 50%，已达不到环境要求，因此必须采用组合方法才能实现更高的降低率，以满足环境标准的要求。

一般说来，把两种不同原理的措施进行组合对降低 NO_x 生成量效果很好。同一原理的措施组合到一起，则往往效果不明显，常用组合方法有：

(1) 燃料改质 + 烟气再循环；

(2) 燃料改质 + 低 NO_x 烧嘴；

(3) 乳化燃料(或喷水) + 烟气再循环；

(4) 乳化燃料 + 浓淡燃烧烧嘴；

(5) 两段燃烧 + 烟气再循环。

其中(3)和(5)这两种方法的组合已在生产实践中分别取得降低 NO_x 生成量 70% 和 68% 的效果。

8.2.3 排烟脱氮

当采用燃烧治理达不到要求时，和 SO_x 一样，在烟气排入大气前必须进行烟气净化处理，这种去除烟气中 NO_x 的方法称为排烟脱氮(或称排烟脱硝)。

8.2.3.1 排烟脱氮方法的分类

与排烟脱硫一样，该法也分为干法和湿法两类。湿法烟气脱氮是用碱液吸收净化，吸收后，或生成无害物质，或对被吸收的 NO_x 进行分解。干法烟气脱氮是使排烟中的 NO_x 在催化剂作用下，采用分解 NO_x 的方法，或用某种粉状、粒状吸收剂吸收 NO_x。

1) 干法脱硝

干法中主要有：

(1) 催化还原法：又分选择性催化还原法和非选择性催化还原法。

(2) 催化分解法：反应式如 $2NO = N_2 + O_2$，NO 被分解为无害气体。该反应在低温条件下效果好(200 ~300℃)，若达到 1 000℃，则只能分解 30% 左右。

(3) 无催化气相还原法：以氨为还原剂，在 870 ~1 100℃，且有充分氧的情况下，还原效率较高。

(4) 吸收法：和 SO_3 一样，可用活性炭吸收。

(5) 熔融盐吸收法：碳酸钾、碳酸钠、碳酸锂，以 25%、30%、45% 配方熔融，与 NO_x 反应生成硝酸盐，同时可脱除 SO_2。

(6) 电子束照射法：电子束照射，使 NO_x、SO_2、H_2O 等发生反应而生成气溶胶(雾状)，通过捕集气溶胶以净化烟气。这种方法在锅炉上的使用结果表明，脱硫、脱氮效果均达到 80%。特点是：用电而不用化学药品，成本较高，一台处理能力为 3 000 m^3/h 的设备约需投资 1 百万美元。

2）湿法脱硝

湿法中主要有：

（1）碱性吸收法：如：

$$2NaOH + 2NO_2 \longrightarrow NaNO_3 + NaNO_2 + H_2O \tag{8-39}$$

$$2NaOH + NO_2 + NO \longrightarrow 2NaNO_2 + H_2 \tag{8-40}$$

使NO和NO_2都变成了亚硝酸钠的形式。

（2）络盐生成吸收法：如：

$$FeSO_4 + NO \longrightarrow Fe(NO)SO_4 \tag{8-41}$$

$$2Na_2SO_3 + 2NO \longrightarrow 2Na_2SO_4 + N_2 \tag{8-42}$$

（3）液相还原法：分亚硫酸盐法和阿莫尼亚盐法，将NO_x还原为N_2。

（4）亚硫酸盐法：

$$2NO_2 + 4Na_2SO_3 \longrightarrow N_2 + 4Na_2SO_4 \tag{8-43}$$

$$2NO + 2Na_2SO_3 \longrightarrow N_2 + 2Na_2SO_4 \tag{8-44}$$

（5）氧化吸收法：主要有以下四种。

①催化氧化法：

$$2NO + O_2 \longrightarrow 2NO_2\text{（在催化剂作用下）} \tag{8-45}$$

②二氧化氯氧化法：

$$ClO_2 + 2NO + H_2O \longrightarrow NO_2 + HNO_3 + HCl \tag{8-46}$$

③臭氧氧化法：

$$O_3 + NO \longrightarrow NO_2 + O_2 \tag{8-47}$$

$$O_3 + 2NO_2 \longrightarrow N_2O_3 + O_2 \tag{8-48}$$

④亚氯酸盐法和高锰酸钾吸收法，二者相类似，都是把NO转变成硝酸根进而变成硝酸盐，以高锰酸钾吸收法为例：

$$KMnO_4 + NO \longrightarrow KNO_3 + MnO_2\downarrow \tag{8-49}$$

$$KMnO_4 + 2KOH + 3NO_2 \longrightarrow 3KNO_3 + H_2O + MnO_2\downarrow \tag{8-50}$$

由以上这些反应式可以看出，氧化吸收法的主要特点，是把难溶解和难于被吸收的NO氧化为NO_2，然后再用吸收液加以吸收。

8.2.3.2　排烟脱硫同时脱氮

当前正大力发展脱硫与脱氮同时进行的排烟治理方法，具体主要有以下几种：

（1）电子束辐射法。

（2）高锰酸钾吸收法：高锰酸钾溶液不仅可以吸收NO_x，而且可以吸收SO_x。

（3）二氧化氯氧化－吸收法：将经二氧化氯氧化后的烟气送往氢氧化钠吸收塔，进行如下反应：

$$SO_2 + 2NaOH \longrightarrow Na_2SO_3 + H_2O \tag{8-51}$$

$$NO_2 + 2Na_2SO_3 \longrightarrow \frac{1}{2}N_2 + 2Na_2SO_4 \tag{8-52}$$

则NO_2被还原为N_2，因此称气相氧化还原法。该方法的效果一般可达到脱硫率99.5%，脱氮率95%，处理气量已突破62 000 m^3/h(标)。

（4）选择性催化还原法（用NH_3为还原剂）：先用NH_3进行选择性还原反应，实现脱氮，之后进行脱硫反应。

脱 N：
$$6NO + 4NH_3 \longrightarrow 5N_2 + 6H_2O$$
$$6NO_2 + 8NH_3 \longrightarrow 7N_2 + 12H_2O$$

脱 S：
$$2SO_2 + O_2 + 2H_2O \longrightarrow 2H_2SO_4$$
$$H_2SO_4 + 2NH_3 \longrightarrow (NH_4)_2SO_4$$

该法脱硫和脱氮效果都较好，一般可达到：脱氮效率95%，脱硫效率90.5%。

排烟脱氮近年来有很大发展，但成本高(包括设备费、附加材料和能耗等费用)，尤其是湿法成本更高，当前正朝降低成本、提高脱氮效率的方向发展。

8.3 烟尘的生成与控制

8.3.1 浮游粒子及其危害

尘，一般可分为烟尘和粉尘两类，在工业生产中往往把粉尘、烟尘、凝结性烟雾和雾总称为浮游粒子。烟尘是浮游粒子的一种。

8.3.1.1 尘的分类

1) 烟尘和粉尘

工业上所说的粉尘是指一些生产过程中的干燥、煅烧、筛分、破碎、研磨、输送、混合、包装等工序所产生的粒子。这些粒子一般形状不规则。粒径范围为0.01 ~1 μm，多为球形。

烟尘通常是工业生产过程与废气同时排出的烟和粉尘的总称。如燃煤，有不完全燃烧的气相析出黑烟，粒径为0.02 ~0.04 μm；也有机械不完全燃烧的粉煤颗粒、燃烬的灰分等，颗粒较大，粒径和粉尘相仿，统称烟尘。

烟尘因是热过程中伴随着废气排出的尘，在排尘过程中往往还有有害气体同时排出。而粉尘是指筛分等过程产生的粒子，一般不与有害气体同时排出。

2) 降尘与飘尘

根据颗粒的大小可将尘分为降尘和飘尘两种。直径为10 μm以上的粒子，由于其粒径大，因此在飘浮过程中能依靠其自身重量以较快的速度降落在地面上，因此称为降尘。降尘对人体的影响不大，但若排放量大，又没有及时清理，有可能造成厂房坍塌，落到附近地面，则可能造成土质污染。10 μm以下的微粒，在空气中可长时间飘浮，称为飘尘或浮游粒子。粒径10 μm的粒子降到地面一般需4 ~9 h，1 μm的粒子需19 ~98 天，小于0.1 μm的超细粒子甚至需要数年，或绕着地球转而长年不落至地面。飘尘对人体的影响较大。

3) 一次微粒和二次微粒

浮游粒子依其生成途径可分为一次微粒和二次微粒。一次微粒是从污染源直接排放出来，或由冷凝等过程而生成的微粒。二次微粒是气体污染物在大气中相互作用而生成的，生成机制非常复杂。飘尘在大气中作沉降、扩散和布朗运动，因此，一些小微粒由于相互碰撞，尤其是催化剂使用越来越多的情况下，一些微粒还载有催化剂，就更促使微粒发生复杂的变化。生成的二次微粒粒径很小，一般都在2 μm以下，因此危害更大。

8.3.1.2 浮游粒子的危害性

飘尘对人体的危害主要是侵入呼吸道，危害程度取决于粒径的大小及其化学组成，粒径越小，危害越大。大于 5 μm 以上的尘粒不易进入人体，小于 5 μm 以下的尘粒则易进入人体器官，造成呼吸道疾病，如矽肺、煤肺、尘肺等职业病。粒度越细，吸入深度越深，甚至会成为永久性沉淀。如 2 μm 以下的微粒可沉积于支气管和肺部，小于 0.01 μm 和 0.1 μm 的微粒，50% 以上可沉积于肺的深处。飘尘的毒性主要取决于尘粒的化学组成及其表面吸附的气体。

冶金炉排放的烟尘颗粒粒径大都在 1 μm 以下，从粒度看，对人的危害较大。燃烧过程中产生的烟尘有黑色的炭黑、灰色的灰分和黄色的挥发分，从成分上看含有炭黑、多环芳烃、苯等致癌物质。此外还有汞、铝、镉、铍、钒、砷、铬、镍等痕量物，后三种具有致癌性。

尘降落到地面上沉积下来，根据尘的化学性质不同，会使土壤变质，从而造成对植物生长的影响；对动物也有危害，若水中含有 270 μg/g 浮游粒子，则鱼类会全部死亡。

空气中含有的浮游粒子越多，对光线的反射和吸收（总称散射）越剧烈，使可见度降低。对清洁干燥的空气，人们的视线可达 150 km，但大气中有尘雾时，可见度往往仅有 15 km 或更低。

8.3.2　烟尘的生成机理

燃料燃烧时产生的烟尘，按其生成机理，主要有气相析出型和残炭型两种。

1）气相析出型烟尘

气相析出型烟尘是气体燃料、液体燃料和固体燃料在燃烧过程中放出的气体可燃物。当空气不足时，因热分解而生成的固体烟尘，一般又称作炭黑。这种烟尘很细，用电子显微镜才能够测定。由重油燃烧产生的炭黑，其粒径在 0.02 ~ 0.05 μm 范围内，由于粒径很小，表面积很大，每千克可达数万平方米，收集下来的烟尘呈絮状，看起来很多，但重量却很小。因此，炉膛内已明显冒黑烟时所造成的不完全燃烧损失一般还不到 0.1%。

2）残炭型烟尘

这种烟尘是液体燃料燃烧时剩余下来的固体物，常称油灰，颗粒尺寸较大，通常为 10 ~ 300 μm，其中大颗粒较少，多数是外形接近球形的微小空心粒子，部分粒子的表面残留有气体喷出的痕迹，还有部分粒子表面光滑而且致密，又称作空心微珠（cenosphere）。

3）雪片尘

雪片是上述两种烟尘在烟气温度接近露点温度时，吸收烟气中的 H_2SO_4，长大成为像雪片形状的烟尘。因含有 H_2SO_4，又称酸性烟尘（acid smut）。由于颗粒较大而沉落在烟囱附近。

4）积炭

积炭是残炭型烟尘的一种，是油滴附着在燃烧器壁、燃烧器口以及燃烧室炉墙上，受炉内高温气化而剩下来的。由于油滴附着处的形状和附近烟气流动的情况不同，积炭的形状不定，但其粒度较大。

气体燃料和液体燃料燃烧所产生的烟尘一般可以认为是含炭物质，但并非由单一的炭所组成，还含有许多其他成分。分析表明，含水为 1% ~ 3%，还含有很多游离基，如 $C_{10}H_{16}$ 等，是一种复杂的集合物。至于雪片尘，分析结果表明，含有 25% 左右的无水硫酸和 20% 左右的灰。而固体燃料产生的粉尘主要是炭和灰组成。

从烟尘的生成机理来看，影响烟尘生成量的因素主要有：

(1) 燃料种类。不同成分和种类的燃料生成的烟尘形式不同,生成量也不同。

(2) 过剩空气量。理论分析和实验证明,过剩空气量大,则烟尘生成量可减少。

(3) 燃烧温度。提高燃烧温度可以增大反应速度,因而可减少烟尘生成量。

(4) 惰性气体。在助燃空气中加入惰性气体(如 N_2、CO_2),可以有效地抑制烟尘的生成。

(5) 压力。在加压燃料时,会导致某些物质重组,因而增加烟尘生成量。

8.3.3 烟尘的燃烧抑制

烟尘可以通过除尘器去除,但是最好的方法是尽可能使燃料完全燃烧,也就是说在燃烧室内控制烟尘的生成,即燃烧治理。具体治理方法有:

1) 改善现有燃烧条件

改善现有燃烧条件是指在普通燃烧设备中,通过改善燃烧来抑制烟尘的生成。例如,改善空气和燃料的混合,保证足够的燃烧时间和足够的燃烧室温度,选择或设计性能良好的燃烧器,以及合理的燃烧室结构和合理的热负荷等。这些措施均可不同程度地减少烟尘的生成量,如综合使用,则效果更显著。

2) 采用特殊燃烧方法

(1) 烟尘再燃烧法。

一般把在火焰内生成的烟尘称为初期烟尘。初期烟尘若不能在火焰中心燃烬,一旦离开火焰中心,由于温度降低,反应速度减慢,就难以再燃烬。控制烟尘的生成量首先是防止初期烟尘的生成,其次要促进烟尘的二次燃烧(称烟尘再燃烧法)。

烟尘在高温状态下与氧接触再燃烧的方法称烟尘再燃烧法。为保证再燃烧进行得完全,必须保证再燃烧区的烟气和器壁都有足够高的温度和烟尘在该区域有足够的停留时间。

(2) 烟气混合燃烧。

燃烧用空气中,若混入 N_2 和 CO_2 可降低烟尘的生成量。如图 8-6 所示的循环烟气法,可起到增大 N_2 和 CO_2 浓度的作用。

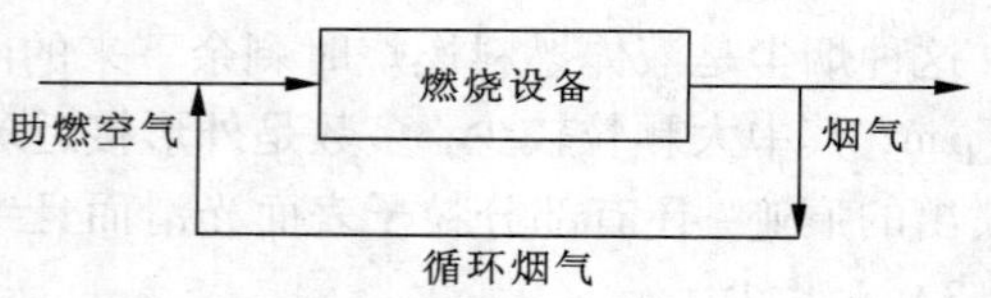

图 8-6 烟气再循环法

(3) 添加剂控制法。

抑制烟尘生成的添加剂有金属化合物、液状化合物及惰性气体。

金属化合物有 Ba、Mn、Ni、Ca、Mg 等,一般加入 Ba 时效果较好。添加 Mn 的效果也较好,但因长期使用后造成氧化锰堆积,因此采用得较少。金属添加剂可控制脱氢和起催化作用,并可促使碳微粒带正电,荷电可以改变粒子的流动途径、凝集等特性,因此可避免凝集成大颗粒,促进燃烬,从而起到了控制烟尘生成量的作用。

液状化合物添加剂有水、乙醇、碳氢化合物等。其作用可分化学的和物理的两方面。化学作用是增加了 OH、H、O_2 等活性中心,使反应性能得到改善,从而促进氧化。由于水分增加,促进了水煤气反应,燃烧速度增大,也可控制烟尘发生量。物理作用是由于液体添加剂沸点低,造成“微爆”,使雾粒直径变小,液相和气相界面处传热和传质得到改善,燃烧速度增大,从而使烟尘的发生得到控制。

8.4 除尘方法与设备

尘生成后将会随排气进入大气，造成环境污染。为了减少尘的排放量，就需要采用适当的技术手段和设备。本节对主要的除尘方法进行介绍。

8.4.1 除尘的基本原理

烟尘的排烟治理是通过除尘器实现的。当燃烧治理达不到要求时，就要进行排烟除尘。除尘器的种类很多，为正确地选择和应用各种除尘器，必须了解烟尘的主要物理性质和各种除尘器的性能。

8.4.1.1 烟尘的物理性质及其表示方法

烟尘的物理性质及除尘器性能的表示方法是气体除尘技术的重要基础。为理解各种除尘器的除尘机理和性能，正确设计、选择和应用各种除尘器，必须了解烟尘的物理性质和除尘器性能的表示方法，以及烟尘性质和除尘器性能之间的关系。

1）粒径

尘粒的大小不同，不但对人和生物的危害不同，而且物理和化学特性也不同，对除尘器性能的影响也不一样，因而粒径是尘的基本特性之一。

依测定方法不同，粒径的定义方法也不同。常用的有沉降法粒径（也叫斯托克斯粒径）和显微粒径等。

斯托克斯粒径用尘粒在某种流体中的沉降高度H(cm)和沉降时间t(s)替换沉降速度V_t，只要测得H和t，便可求出d_{st}：

$$d_{st}=d_p=\sqrt{\frac{18H\cdot\mu}{t\cdot(\rho_p-\rho)g}} \text{ 或 } t=\frac{18H\cdot\mu}{(\rho_p-\rho)gd_p^2} \tag{8-53}$$

这样，如果液体介质温度一定（即μ、ρ一定），给定沉降高度H后，便可由上式计算出沉降时间为t_1，t_2，…，t_n时的尘粒直径d_1，d_2，…，d_n。

如果设法测出经t_1，t_2，…，t_n秒后，在某一沉降高度以上（或以下）悬浮液中粒径小于（或大于）d_1，d_2，…，d_n的尘粒质量m_1，m_2，…，m_n，则可计算出各种粒径粉尘的筛下（或筛上）累计分布：

$$D_i=\frac{m_i}{m_0}\times100\% \quad (i=1,2,\cdots,n) \tag{8-54}$$

或某一粒径范围内粉尘的频数分布：

$$\Delta R_i=\frac{m_1-m_i+1}{m_0}\times100\% \quad (i=1,2,\cdots,n) \tag{8-55}$$

上式中m_0为原始悬浮液中（沉降时间$t=0$）所含粉尘质量。

测得粒径d_1，d_2，…，d_n后，平均粒径可采用多种方法得到。不同的平均方法适用于不同的场合。几种平均粒径及其应用场合见表8-1。

表 8-1　平均粒径的计算方法和应用范畴

名称	计算公式	物理意义	应用范畴
算术平均径	$d_1 = \sum_{i=1}^{n} d_i/n$	单一粒径的算术平均值	蒸发、各种尺寸的比较
面积长度平均径	$d_2 = \sum_{i=1}^{n} d_i^2 \Big/ \sum_{i=1} d_i$	表面积总和除以直径的总和	吸附
体面积平均径	$d_{32} = \sum_{i=1}^{n} d_i^3 \Big/ \sum_{i=1}^{n} d_i^2$	全部粒子的体积除以总表面积	传质、反应、粒子充填层的流体阻力、充填材料的强度
质量平均径	$d_{43} = \sum_{i=1}^{n} d_i^4 \Big/ \sum_{i=1}^{n} d_i^3$	质量等于总质量，数目等于总个数的等粒子粒径	气力输送、质量效率、燃烧、平衡
平均表面积径	$d_{\frac{1}{2}} = [\sum_{i=1}^{n} d_i^2/n]^{1/2}$	将总表面积除以总个数取其平方根	吸收、吸附
比表面积径	$d = 6(1-\varepsilon)/a$	由比表面积 a 计算的粒径	蒸发、分子扩散
中位径	d_{50}	粒径分布的累计值为 50% 时的粒径	分离、分级装置性能的表示
众径	d_d	粒径分布中频度最高的粒径	

2）粒径分布

所谓粒径分布是指某种粉尘中不同粒径的粒子所占的比例。表示粒径分布的方法有如下几种。

(1) 频数分布 ΔR。

如图 8-7 所示，粒径 x 至$(x+\Delta x)$之间的粉尘质量(或个数)占粉尘试样总质量(或个数)的百分数 $\Delta R(\%)$，称为粉尘的频数分布。

(2) 频度分布 f。

频度分布是指粉尘中某一粒径的粒子质量(或个数)占粉尘试样总质量(或个数)的百分数 $f(\%/\mu m)$，因此：

$$f = \Delta R/\Delta x \quad (\%/\mu m) \tag{8-56}$$

从图中可以得到频度 f 为最大值时的粒径 x_{ddm}，即为众径。

(3) 筛上累计分布 R。

筛上累计分布 $R(\%)$是指大于某一粒径 x 的所有粒子质量(或个数)占粉尘试样总质量(或个数)的百分数，则

$$R = \sum_{i=1}^{x_{max}} \left(\frac{\Delta R}{\Delta x}\right)\Delta x \tag{8-57}$$

或

$$R = \int_{x}^{x_{max}} f\mathrm{d}x = \int_{x}^{\infty} f\mathrm{d}x \tag{8-58}$$

反之，将小于某一粒径 x 的所有粒子质量（或个数）占粉尘试样总质量（或个数）的百分数 D(%)，称为筛下累计分布，因而有

$$D = 100 - R \tag{8-59}$$

筛上累计分布函数 $R(x)$ 与频率分布函数 $f(x)$ 之间的关系，如图 8-7 所示。

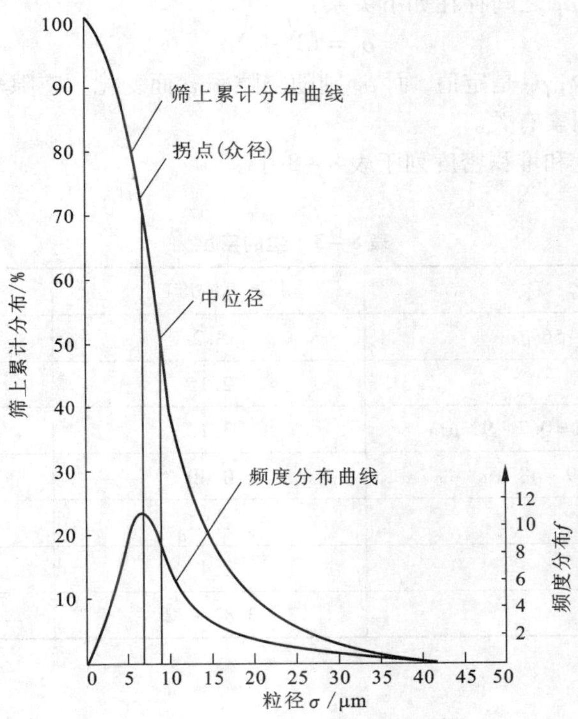

图 8-7　粒径频度分布和筛上累计分布的表示

$$f = \frac{\mathrm{d}R}{\mathrm{d}x} = \frac{\mathrm{d}D}{\mathrm{d}x} \tag{8-60}$$

筛上累计分布和筛下累计分布相等（$R = D = 50\%$）时的粒径称为中位径，并记为 d_{50}。中位径是气体除尘技术中常用的一种表示粉尘粒径分布特性的简明方法。表 8-2 给出了某种粉尘的各种粒径分布表示方法的示例。

表 8-2　某种粉尘的各种粒径分布

粒径范围/μm	0～3.5	3.5～5.5	5.5～7.5	7.5～10.75	10.75～19	19～27	27～43
粒径幅度/μm	3.5	2	2	3.25	8.25	8	16
频数/%	10	9	20	28	19	8	6
频度	2.86	4.5	10	8.62	2.3	1	0.38

3)密度

尘的密度可分为真密度及堆积密度。尘的真密度是设法将吸附在尘粒表面及其内部的空气排除以后，测得的粉尘自身的密度，用 ρ_p 表示。堆积起来的粉尘，除了每个尘粒吸附有一定空气外，尘粒之间空隙中也含有空气，将包含粉尘粒子间气体空间在内的粉尘的密度称堆积密度，用 ρ_b 表示。

粉尘粒子间的空间体积与包含空间粉尘的总体积之比称为空隙率，用 ε 表示。则粉尘的真密度 ρ_p 与堆积密度 ρ_b 之间存在如下关系：

$$\rho_b=(1-\varepsilon)\rho_p \tag{8-61}$$

对一定种类的粉尘，ρ_p 是定值，而 ρ_b 则随空隙率 ε 而变化。空隙率 ε 与粉尘的种类、粒径大小及填充方式等因素有关。

某些粉尘的真密度和堆积密度列于表 8-3 中。

表 8-3　尘的密度

单位：g/cm³

粉 尘 名 称	真密度	堆积密度
烟灰,沉降法得 $d=0.7\sim56$ μm	2.2	1.07
烟灰,球状粒子	2.15	1.20
硅酸盐水泥,沉降法得 $d=0.7\sim91$ μm	3.12	1.50
氧化铜,沉降法得 $d=0.9\sim48$ μm	0.40	2.62
炭黑烟灰	1.85	0.04
造型用黏土 $d=4.6$ μm	2.47	0.72~0.80
烧结矿粉尘	3.8~4.2	1.5~1.6

4)比表面积

单位体积的粉尘具有的总表面积称为粉尘的比表面积(cm^2/cm^3)。对平均粒径为 d_p，空隙率为 ε 的表面光滑的球形粒子，其比表面积定义为：

$$a=\frac{\pi d_p^2(1-\varepsilon)}{\dfrac{\pi d_p^3}{6}}=6\,\frac{(1-\varepsilon)}{d_p} \tag{8-62}$$

对非球形粒子组成的粉尘，其表面积定义为：

$$a_m=\frac{6(1-\varepsilon)}{\varphi_m d_p} \tag{8-63}$$

式中 φ_m 为粒子群的形状系数。从上二式可知，形状系数等于粒径为平均粒径的球形粒子比表面积与任意形状粒子群的比表面积之比，即 $\varphi_m=a/a_m$。例如，对于细砂，平均为 $\varphi_m=0.75$，细煤粉 $\varphi_m=0.73$，烟灰 $\varphi_m=0.55$，纤维尘 $\varphi_m=0.30$。

5)润湿性

粒子被水或其他液体润湿(结合)的现象，叫做润湿性。根据粉末能被水润湿的程度可大致分为两类：容易被水润湿的亲水性粉末和很难被水润湿的疏水性粉尘。当然，这种分类只是相对的，对于 5 μm 以下的特别是 1 μm 以下的尘粒，即使是亲水性的，也很难被水润湿，只有在尘粒与水滴具有较高相对速度的情况下才能被水润湿。这是由于细粉尘的比表面积大，对气体的吸附作用强，尘粒表面形成一层气膜的缘故。此外，粉尘的润湿性还随压力增加而增加，随温度上升而下降，随液体表面张力减小而增加。

6）荷电性和导电性

（1）尘的荷电性。

烟尘在其产生过程中，由于相互碰撞、摩擦、放射线照射、电晕放电及接触带电等原因，几乎总是带有一定的电荷。尘荷电以后，将改变其某些物理性质，如凝聚性、附着性等，同时对人体的危害也将增强。尘的荷电量随着温度的提高、表面积增大及含水量减小而增大，此外还与其化学成分有关。

（2）尘的比电阻。

烟尘的导电性的表示方法和金属导体一样，也用电阻率来表示，其单位是 Ω · cm。但是，尘的导电不仅包括粉尘颗粒本体的容积导电，而且还包括颗粒表面因吸附水分等形成的化学膜的表面导电。因此，尘的电阻率与测定时的条件有关，如温度、湿度以及尘的松散度和粗细等。所以尘的电阻率仅是一种表观的可以互相比较的尘电阻，称为表观比电阻，简称比电阻。

7）黏附性

粉尘的黏附性是指粉尘粒子之间凝聚的可能性或粉尘对器壁堆积的可能性。粉尘粒子由于凝集变大有利于提高除尘器的捕集效率，而粉尘对器壁的黏附则会造成装置和管道的堵塞或引起故障。

影响黏附性的因素很多，现象也复杂，有很多问题尚待研究。一般认为，黏附现象与作用在粒子之间的附着力以及与固体壁面之间的作用力有关。实践表明，颗粒细、含水率高及荷电量大的粉尘易于黏附在器壁上。此外还与粉尘和气流的运动状况及壁面粗糙情况有关。

8.4.1.2　除尘器性能表示方法

除尘器主要用于含有粒度为 0.01 ~ 100 μm，浓度范围在 0.01 ~ 100 g/m^3 的含尘气体的净化。

除尘器的种类甚多，而且在除尘过程中往往伴随有扩散、吸附及荷电等物理现象，还有可能发生高温氧化和腐蚀，甚至引起爆炸等化学现象。换句话说，对于同一种除尘器，除尘原理往往也是多方面的。因此，想用几种有代表性的性能指标来概括除尘器的性能，几乎是不可能的。尽管如此，在尘粒的性能已知的条件下，可以用三项基本特性，即处理气体量、除尘效率、压力损失，来表示各种除尘器的主要技术指标。

- 处理气体量：表示除尘器能力的大小，用体积流量表示。体积流量随气流温度、压力、湿度而定。
- 除尘效率：表示除尘器的除尘质量，指同一时间内除尘器捕集的烟尘量与进入除尘器的烟尘量的百分比，如下式所示：

$$\eta = \frac{\text{除尘器捕集的烟尘量}}{\text{进入除尘器的烟尘量}} \times 100\% \tag{8-64}$$

这是除尘器最重要的技术指标。

- 压力损失：表示设备耗能大小的指标之一，一般用 Pa（或 mmH_2O）表示。压力损失大，风机所耗功率也大。

1) 总除尘效率

总除尘效率的表达式如下:

$$\eta = \frac{S_c}{S_i} \times 100\% = \left(1 - \frac{S_0}{S_i}\right) \times 100\% \tag{8-65}$$

式中: $S_i = S_c + S_0$;

S_i——入口尘量, g/s;

S_0——出口尘量, g/s;

S_c——除尘器捕集的尘量, g/s。

又

$$S = CV$$

式中: C——含尘浓度, g/m^3;

V——气体流量, m^3/s。

故式(8-65)可改写为:

$$\eta = \left(1 - \frac{C_0 V_0}{C_i V_i}\right) \times 100\% \tag{8-66}$$

计算时要注意进口与出口的状态参数的变化。

2) 分级除尘效率

同一装置在同一运行条件下, 对粒径分布不同的粉尘的捕集效率不同, 为表示除尘效率与尘粒粒径分布的关系, 一般用分级除尘效率表示。

分级除尘效率(简称分级效率)是指除尘器对某一粒径 x 或粒径范围 Δx 内的粉尘的除尘效率, 并以 η_x 表示。若粒径由 x 至 $x+\Delta x$ 范围内除尘器入口的粉尘流量为 ΔS_i(g/s), 捕集的粉尘量为 ΔS_c(g/s), 则该除尘器对 Δx 范围内的尘粒的分级效率为:

$$\eta_x = \frac{\Delta S_c}{\Delta S_i} \times 100\% \tag{8-67}$$

设除尘器入口的粉尘流量为 S_i(g/s); 粒径频度分布 f_i; 捕集的粉尘量为 S_c(g/s); 频率分布 f_c。则:

$$\eta_x = \frac{\Delta S_c}{\Delta S_i} \times 100\% = \frac{S_c f_c}{S_i f_i} \times 100\% \tag{8-68}$$

因总除尘效率 $\eta = S_c/S_i$, 则分级效率可表示为:

$$\eta_x = \eta \frac{f_c}{f_i} \tag{8-69}$$

分级效率还可以根据除尘器出口逸散粉尘的频率分布 f_0 和入口的 f_i 计算, 如下式所示(推导从略):

$$\eta_x = 1 - (1 - \eta)\frac{f_0}{f_i} \tag{8-70}$$

同样, η_x 也可以由 f_c 和 f_0 计算:

$$\eta_x = \frac{\eta}{\eta + (1 - \eta)\dfrac{f_0}{f_c}} \tag{8-71}$$

可见, 在测出除尘器的总除尘效率 η, 分析除尘器入口、出口和捕集粉尘的频率分布 f_i、f_0 和 f_c 中的任意两项, 即可计算出分级效率 η_x。

由上述推导和计算可以看出，总除尘效率与粒径分布和分级除尘效率有着内在的联系。其关系为：

$$\eta = \frac{\int_0^{\infty} S_o f_c \mathrm{d}x}{S_i} = \eta \int_0^{\infty} \frac{f_i \eta_x}{\eta} \mathrm{d}x = \int_0^{\infty} f_i \eta_x \mathrm{d}x \tag{8-72}$$

或

$$\eta = \sum_{x_{\min}}^{x_{\max}} \Delta R_i \cdot \eta_x \cdots$$

3）串联运行时的总除尘效率

在实际除尘系统中，当气体含尘浓度较高时，若用一个除尘器净化，可能达不到排放标准，这时，往往把两种或多种不同型式的除尘器串联起来使用。按下式可算出 n 级除尘器串联后的总除尘效率：

$$\eta = 1 - (1-\eta_1)(1-\eta_2)\cdots(1-\eta_n) \tag{8-73}$$

式中：η_1，η_2，…，η_n 分别为第 1，2，…，n 级除尘器的除尘效率。

8.4.2　除尘设备

8.4.2.1　除尘设备分类

按除尘设备捕集尘粒的原理，可分重力装置、惯性力集尘装置、离心力集尘装置、声波集尘装置、洗净式集尘装置、过滤式集尘装置、电集尘装置，等等。

以上是按除尘机理对除尘器所作的分类。然而在实际中，往往在一种除尘器中同时利用了几种除尘机理，这时则按其中的主要作用机理而命名。

在除尘技术中，还常按气体净化程度将除尘装置分成如下三类：

（1）粗净化装置。主要是除掉粒径为 100 μm 以上的粉尘，一般用于多级除尘中的第一级除尘。

（2）中净化装置。主要是除掉粒径为 100 μm 以下的粉尘，净化后的气体含尘浓度小于 100～200 mg/m^3。中净化是一般烟气除尘工程中常遇到的标准要求。

（3）精(细)净化装置。主要是除掉粒径为 10 μm 以下的细粉尘，净化后气体含尘浓度要求达到 1～2 mg/m^3。这种净化要求主要用于通风工程中的送风系统和再循环系统。

以下将就各种常用除尘器的主要性能及结构形式进行简要介绍。

8.4.2.2　重力除尘器

将含尘气体引入空室后，由于减速，粒子失去惯性力，尘粒便借助重力的作用而自然沉降，并分离出来，从而实现气体的净化。

粒子在空室内的运动速度取决于气体流速 U 和粒子的沉降速度 V_t。粒子在沉降室内的运动轨迹如图 8－8 所示。图中 H 为沉降室高度，L 为沉降室长度，B 为宽度。

当水平气流流动为层流时，粒子在沉降室的停留时间为：$t = \frac{L}{U}$(s)。

垂直方向的运动决定于粒子沉降速度 V_t，粒子从顶部落到底部需要的时间为 $t' = \frac{H}{V_t}$(s)。

为保证粒径为 d 的颗粒能全部沉降下来，就必须保证 $t \geqslant t'$ 或 $\frac{L}{U} > \frac{H}{V_t}$。从沉降室结构看，长度($L$)越大，高度($H$)越小，则能捕集越小的颗粒。

实际应用的重力除尘器还有两种(见图8-9):① 采用多层水平隔板的多层沉降室。② 采用多层垂直挡板的沉降室。

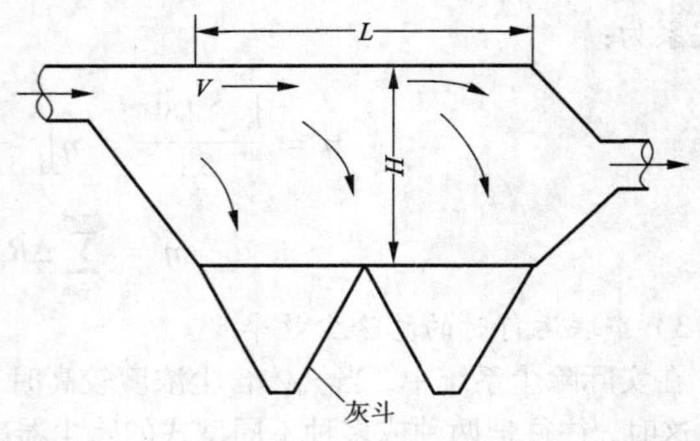

图8-8 重力沉降室

重力除尘器是粗除尘，一般用来捕集100~1 000 μm粒径的烟尘。精心设计的、性能好的除尘器也可捕集50 μm以上的尘粒，难于捕集20 μm以下的尘粒。重力除尘器的压力损失小，一般仅为5~15 mmH_2O；除尘效率较低，为40%~60%，国外有的可达60%~80%。除尘效率低、体积庞大是这类除尘器的特点，但具有结构简单、成本低、维护方便等优点，因此在粗除尘和多级除尘的初除尘方面得到了广泛应用。

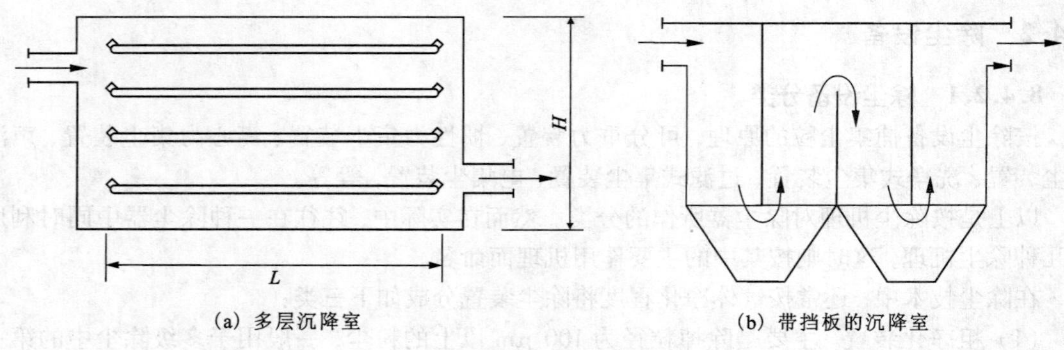

(a) 多层沉降室　(b) 带挡板的沉降室

图8-9 沉降室

8.4.2.3 惯性除尘器

含尘气流进除尘室后，由于气流方向急剧改变或撞击挡板，受离心力和惯性力的作用使烟尘从气流中分离出来，从而实现气体的净化。撞击使尘粒失去惯性力，结果因重力作用落入沉灰室。方向急剧改变，因离心力作用使烟尘与气流分离而沉降下来。

惯性除尘器的结构形式多样，以图8-10为例，图中(a)、(b)主要靠撞击，(c)和(d)以改变方向为主，撞击为辅。其中图8-11称百叶窗式除尘器。

和重力除尘器一样，惯性除尘器也是粗除尘器。可用来捕集粒径10~20 μm以上的尘粒，一般用于捕集粒径100~10 μm的尘。其压力损失(因结构不同差别很大)为10~100 mmH_2O，除尘效率为50%~70%。气流速度愈高，气流方向转变的次数愈多，转角愈大，进次数愈多，净化效率也愈高，但压力损失增大，磨损(如对百叶板的磨损)也愈大。

该法可以和旋风除尘器或离心式水膜除尘器联用来提高除尘效率，从而可以处理粒径1 μm的粉尘，效率达98%~99%。

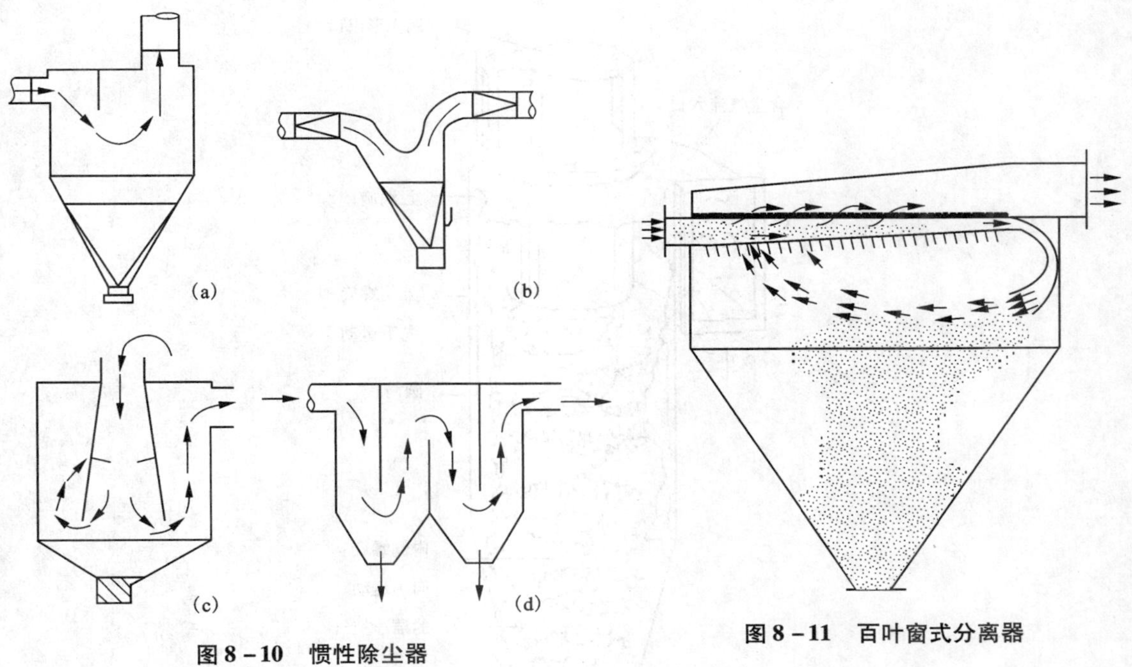

图 8－10　惯性除尘器

图 8－11　百叶窗式分离器

8.4.2.4　旋风除尘器

使气流在除尘器内旋转，由于离心力的作用，把尘粒从气流中分离出来，亦称离心式除尘器。

如图 8－12 所示，气流切向进入后分成两股。一股是主流，即大部分气流沿筒体内壁旋转下降，这部分属外圈气流，称外旋流。大部分外旋流到达锥体底部后又转为向上流动，在中心区边旋转边上升，最后由出口管排出，这股旋转向上的气流称为内旋流。另一股是支流，即沿筒内壁向上旋转，到顶盖后又沿出口管外壁向下旋转，在出口管下部，由于径向作用力，被上升的内旋流带走，这一支流称上旋流。上旋流将带走微量尘粒，影响除尘效果，还有少量微粒在混流区(尚未到达锥底)便被内旋流卷带向上，最后由出口管被排出，也影响除尘效果。

旋风除尘器的除尘效果与除尘器本身的结构形式、运行条件等因素有关。大致可以分为与除尘效率成正比和与除尘效率成反比的两组参数。

除尘效率与下列参数成正比：①尘粒的粒径和密度；②含尘量的负荷；③进口气流速度的平方；④圆柱部分和锥体部分的总长度；⑤气流的旋转数(旋转的圈数)。

除尘效率与下列参数成反比：①气体的密度；②筒体的直径及筒体直径与出口直径的比值($D_{筒}/D_{出}$)；③出口直径和入口断面积。

旋风除尘器的形式很多，我国的旋风除尘器已形成系列产品可供选用。单体旋风除尘器的压力损失为 15～150 mmH_2O。对于 5～20 μm 的尘粒，除尘效率为 80%～95%，对于小于 5 μm的尘粒为 50%～90%。因此，若设计得好，也适用于处理小于 5 μm 的烟尘。

将除尘效率不同的除尘器串联起来使用，可以提高除尘效率。图 8－13 所示为三级串联

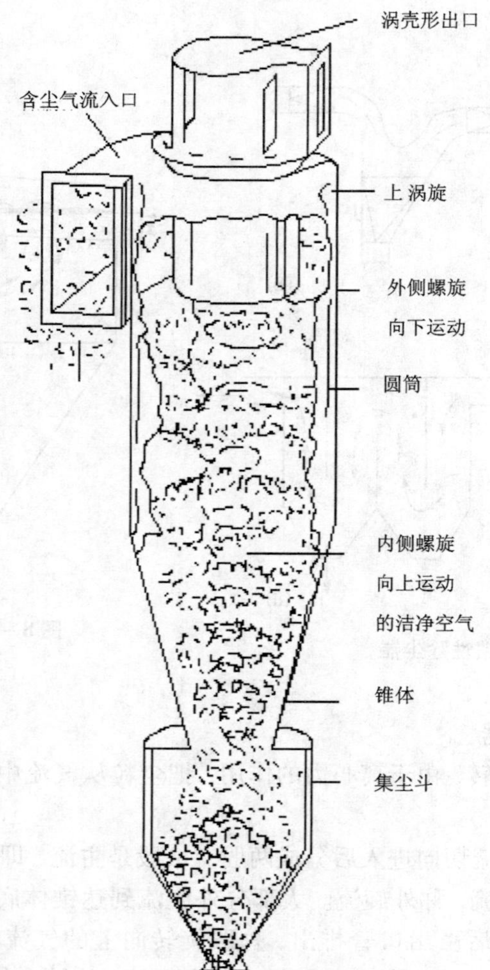

图 8－12　旋风除尘器示意图

式旋风除尘器组。初级向末级锥体由短逐渐增长，目的是使末级能更好地捕集浓度变低、且粒径较小的尘粒。所能处理的气体量决定于第一级，压力损失等于各级之和。

用几个小直径的旋风除尘器并联起来使用，则可以提高除尘效率又可以加大处理量。除单体除尘器并联组合外，也有采用许多小型的旋风除尘器组合在一个壳体内，以并联的形式组成整体式的组合式并联旋风除尘器。这种除尘器又称多管式旋风除尘器(见图 8－14)。这些小型旋风除尘器又称旋风子，组合个数从 9 个到 108 个均有。其特点是除尘效率高，可有效地捕集粒径 5～10 μm 的细尘，也可捕集粒径 1 μm 的微粒；压力损失较小，一般为 60 mmH_2O；处理气量大；但结构较复杂，消耗的金属量大。适用于处理气量大，要求除尘效率高的场合。

目前正发展旋风加喷水(或蒸汽)的除尘装置，除尘效率可达 99%，对捕集粒径 0.5 μm 的尘粒效果也很好。

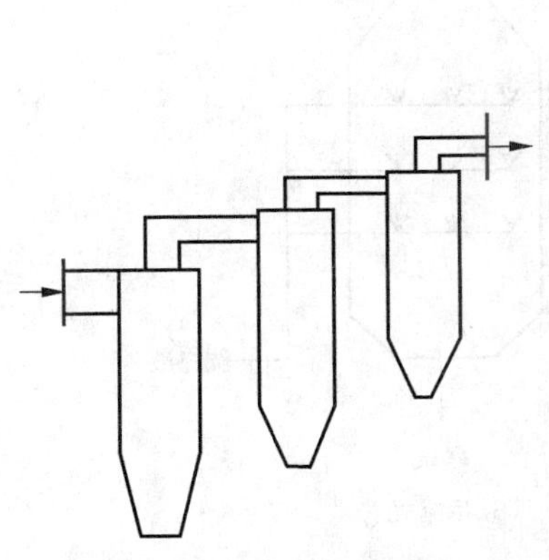

图8-13　三级串联式旋风除尘器

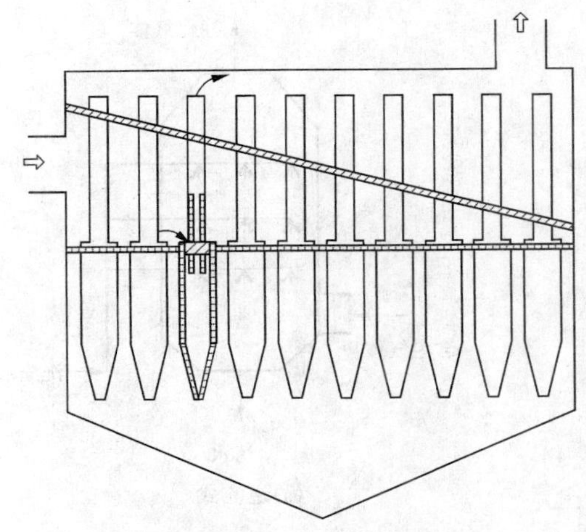

图8-14　多管除尘器

和其他除尘器一样，旋风除尘器也存在一些问题，如堵塞、小尘粒逃逸和腐蚀造成气流分布不正常等，这些问题都有待于研究解决。

8.4.2.5　湿法除尘(洗涤除尘器)

洗涤除尘是利用含尘气体和洗涤液(以液滴、液膜和气泡等形式)相互密切接触，使污染物从废气中分离出来。

除尘机理主要靠惯性、碰撞和拦截作用。惯性作用取决于液滴与尘粒的相对运动速度及尘的质量。拦截作用主要依靠尘粒的尺寸大小。当液滴表面离尘粒表面距离小于尘粒半径时，就被拦截。除此之外还靠液滴的凝集作用。液滴凝集在尘粒上，使粒径变大，从而容易捕集。

洗涤器可以在除尘的同时吸收有害气体，这种吸收主要靠化学吸收，可分水溶性吸收(如SO_2治理中的稀硫酸法)和化学吸收(如用碱液吸收SO_2和NO_x)。对于烟黑一类的疏水性尘粒可采用添加表面活性剂的方法处理。由于洗涤器具有冷却烟气的特点，因此适于高温、易燃和易爆气体(如各种煤气)的除尘。

洗涤器按其性能可分为高能洗涤器和低能洗涤器。高能洗涤器压力损失为250～900 mmH_2O。对于粒径5μm的尘粒，净化效率可达99%以上，对于粒径10 μm以上的尘粒达99.5%以上。低能洗涤器压力损失为20～150 mmH_2O，对大于粒径10 μm的粉尘，除尘效率为90%～95%。

湿法除尘器主要有重力喷雾除尘器、旋风洗涤器、文丘里洗涤器、冲激式除尘器、填料床洗涤器等，其结构形式分别如图8-15至图8-19所示。

8.4.2.6　袋式除尘器

袋式除尘器是使含尘气流通过滤料后，把粉尘分离出来的除尘设备，因此也称过滤式除尘器。过滤式除尘器主要是靠滤筛作用。大颗粒的粒子由于惯性作用碰到纤维上被捕集，滤布间隙起了拦截作用，但起最主要的作用不是拦截和捕集，而是粉层初次黏附层的筛滤作用。大颗粒被捕集拦截的同时，小颗粒由于黏附作用在布层表面形成一层黏附滤筛层，因此

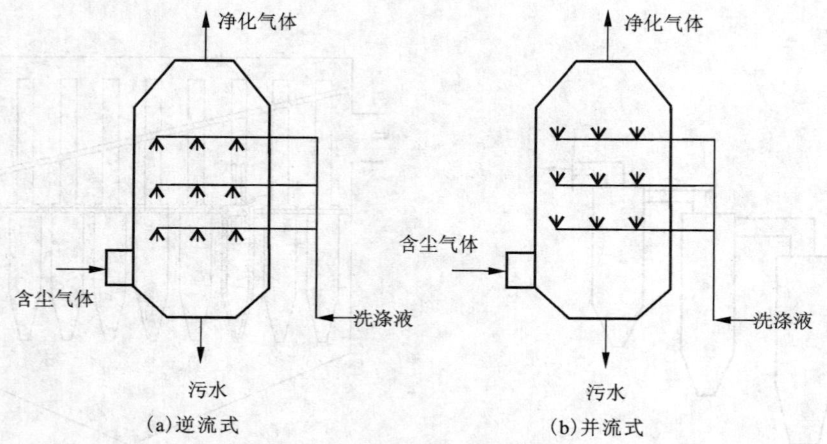

图 8-15 喷雾塔形式

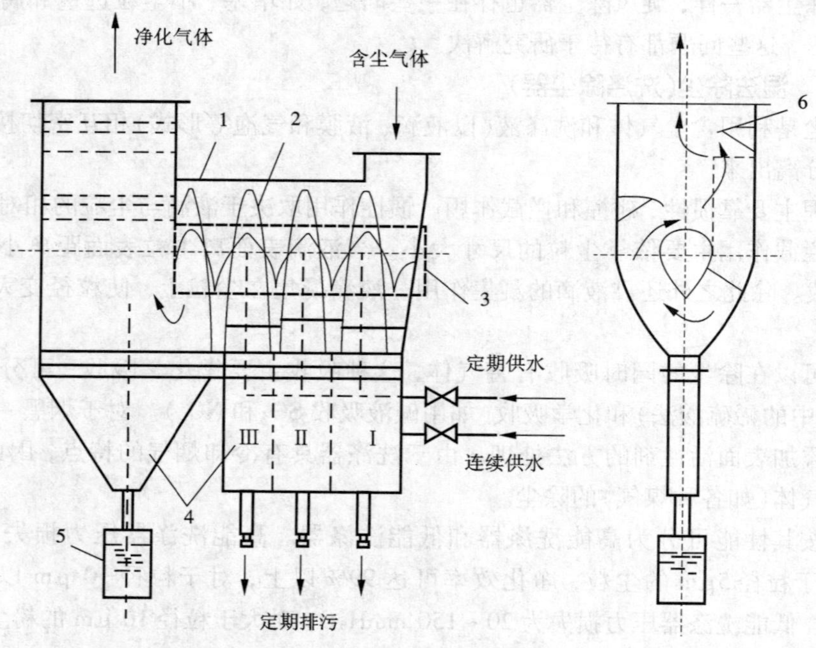

图 8-16 卧式旋风水膜除尘器

1—外筒；2—螺旋导流片；3—内筒；4—灰斗；5—溢流筒；6—槽式挡水板

对粗细颗粒均有较好的过滤效果。

过滤式除尘器结构形式很多，按除尘效率可分为粗效、中效和高效过滤器，其滤料主要有金属网、金属纤维、玻璃纤维、金属或陶瓷颗粒，以及尼龙、石棉、棉毛等做成的毡或布。袋式收尘器是其中常用的一种高效收尘器，结构如图 8-20 所示。

袋式除尘器具有效率高，性能稳定的特点。对粒径 1 μm 以上的尘粒，除尘效率达 99%

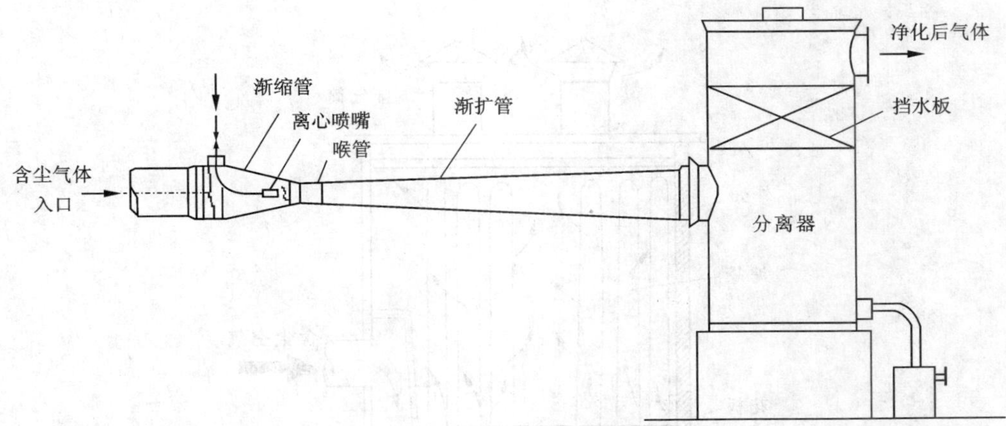

图 8-17 文丘里除尘器

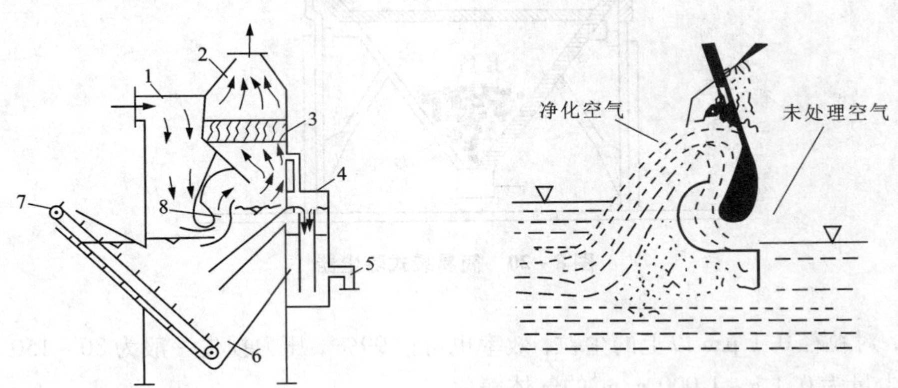

图 8-18 冲激式除尘器

1—含尘气体进口；2—净化气体出口；3—挡水板；4—溢流箱；5—溢流口；6—泥浆斗；7—刮板运输机；8—S形通道

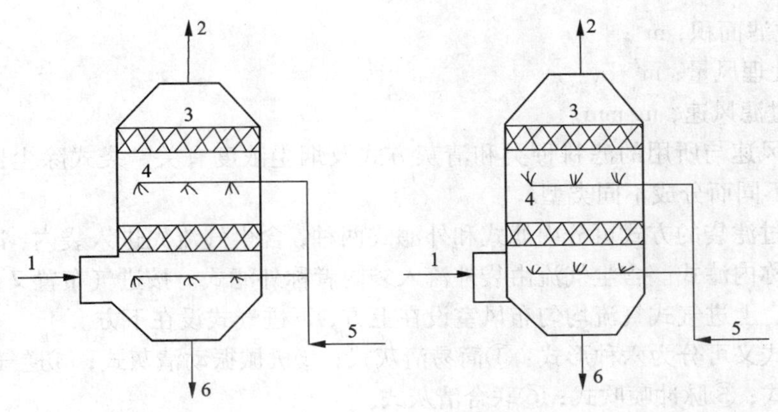

(a)立式双层逆流式 (b)立式双层顺流式

图 8-19 填料床洗涤器

1—含尘气体入口；2—气体出口；3—填料层；4—喷嘴；5—洗涤液；6—污水出口

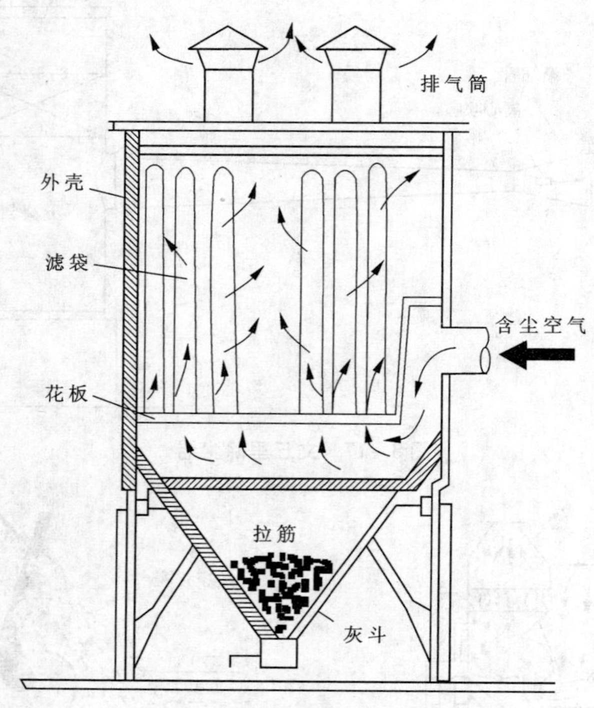

图 8-20 简易袋式除尘器

~99.9%，对粒径 0.1 μm 以上的尘粒，效率也可达 99%，压力损失一般为 80~150 mmH_2O。适用于含尘量为 0.1 g~1 000 g/m^3的气体净化。

除尘器过滤能力取决于过滤面积 A：

$$A = \frac{V}{60U} \quad m^2 \tag{8-74}$$

式中：A——过滤面积，m^2；

V——处理风量，m^3/h；

U——过滤风速，m/min。

其中过滤风速与所用的滤料种类和清灰方式及烟尘浓度有关。袋式除尘器又可依其进风、清灰方式不同而分成不同类型。

按气流通过滤袋的方式可分内滤式和外滤式两种，含尘气流先进入袋内，净化气由袋内流向袋外者均称内滤式。含尘气流由袋外流入袋内者称外滤式。按进气布置又分上进气式和下进气式两种。上进气式气流均匀布风室设在上方，下进气式设在下方。

按清灰方式又可分为六种形式：①简易清灰式；②机械振动清灰式；③逆气流反吹风式；④气环反吹风式；⑤脉冲喷吹式；⑥联合清灰式。

清灰方式与气流的流速、滤袋寿命、除尘效率、压力损失等均有密切关系。因此，袋式除尘器往往按清灰方式命名。

按滤料的耐高温性能又可分为一般滤布、有机纤维、玻璃纤维、金属纤维，其耐高温性能如表 8-4 所示。

表 8－4　各种纤维的耐热性能

有机纤维	玻璃纤维	金属纤维
200℃以下	300℃ （试验有 500℃的）	450℃ （已用）

简易清灰袋式除尘器有各种简易清灰方法，如自重自行脱落法、人工拍打法、空气喷吹法等。

8.4.2.7　电除尘器

电除尘器是利用高电压生成适当的不均匀性强电场使气体发生电离，气流中的尘粒荷电，在电场作用下实现粉尘与气体分离的一种除尘器。电除尘器作为一种高效除尘器，广泛应用在火力发电、冶金等企业。当前类型很多，这里不涉及电除尘器的结构形式，只对原理及性能进行简单介绍。

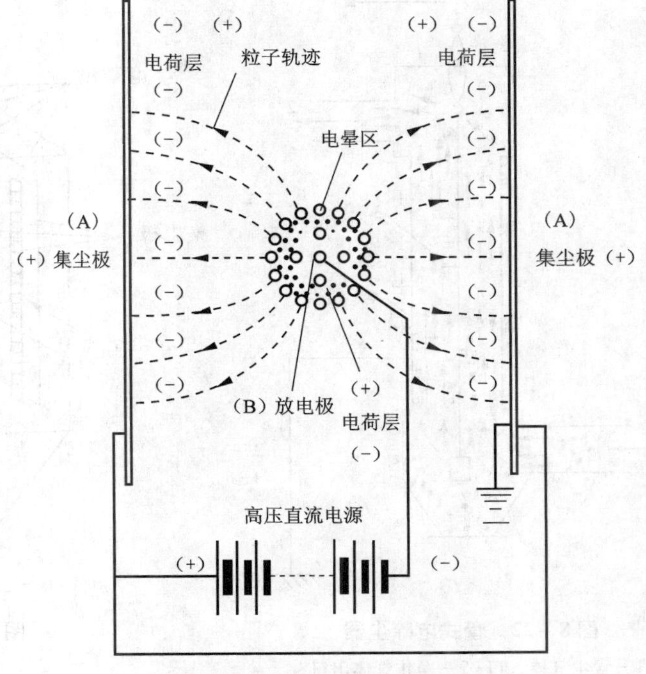

图 8－21　电除尘器的工作原理

电除尘器的结构示意图见图 8－21。与高压直流电源相接的细金属线是放电电极，接地的金属圆管（或平板）为集尘电极。放电电极置于圆管中心，由下端的吊锤张紧。含尘气流从除尘器下部进气管引入，净化后的清洁气体从上部的排气管排出。

除尘过程大都可分四个阶段，即气体电离、尘粒荷电、尘粒沉集、清灰。

（1）气体电离。将直流高压电源（50～70 kV）加在放电电极和集尘电极之间，在放电电极附近形成强电场，并且发生电晕放电，使气体电离，生成大量的负离子和正离子，故放电电极亦称电晕电极。

（2）粉尘荷电。放电电极附近生成了所谓电晕区，正离子被电极（假定带负电）表面吸引而失去电荷，自由电子和负离子则因受电场力的驱动和扩散作用向集尘电极（正极）移动，因此两电极中间的绝大部分空间内分布着自由电子和负离子。含尘气流通过这部分空间时，粉尘与自由电子、负离子碰撞后结合在一起，实现粉尘荷电。

（3）沉集。粉尘荷电引起库仑力，在电场库仑力的作用下，荷电粉尘被驱往集尘电极，到达集尘电极表面，放出所带的电荷而沉积其上。

（4）清灰。当集尘电极表面上粉尘沉积到一定厚度后，用机械振打等方法将沉积的尘粒清除。放电电极也会沉积少量粉尘，也必须定期除去。

电除尘器的性能特点是除尘效率高，可达 99.99% 以上，能除去小于粒径 1 μm 的微粒

(也可除去0.1 μm，最大限度可除去0.01 μm的微粒)。除尘效率越高，投资和运转费也越高，从经济观点看，控制除尘效率在95%～99%之间较适宜。

电除尘器的另一特点是耗能量低，压力损失一般为20～50 mmH_2O。耗能量低主要是由于粉尘与气流分离所需的力(库仑力)是直接作用在粉尘上，而其他除尘器往往有外力同时作用在粉尘和气流上。除此之外，还具有容量大、适用烟气面广的优点，能处理温度达500℃和湿度100%的烟气，并且可以处理爆炸性气体，且连续操作，可完全自动化。

电除尘器的主要缺点是设备庞大，消耗钢材多，设备投资费高，占地面积较大，要有较高的运行管理技术。图8－22和图8－23是两种典型的静电除尘器的结构。

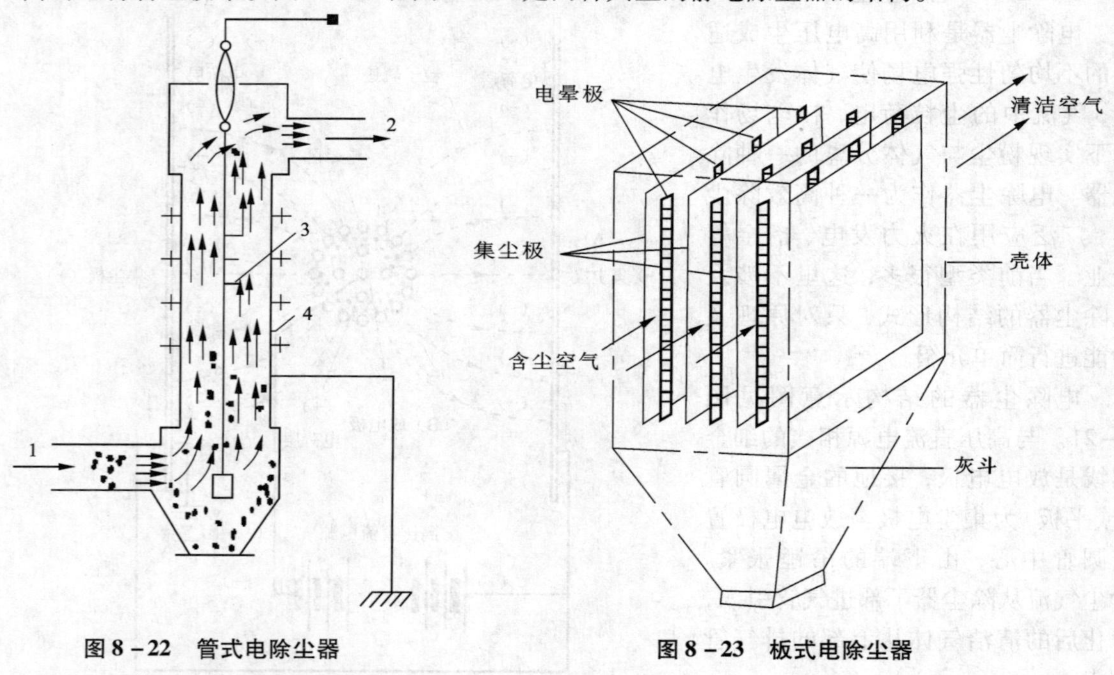

图8－22 管式电除尘器

1—含尘气体入口；2—净化气体出口；3—电晕极；4—集尘极

图8－23 板式电除尘器

8.4.2.8 除尘器选择的要点

选择除尘设备时，要考虑的因素有：

(1) 排放标准；

(2) 粉尘性质、粒度分布、密度等；

(3) 含尘浓度与气体流量；

(4) 气体温度及性质；

(5) 粉尘回收与否；

(6) 除尘器效率、阻力损失；

(7) 投资与效益；

(8) 二次污染问题。

因此，选择除尘器时，应根据上述因素进行综合考虑，其中心问题是投资与效益。为了便于甄别与选型，现将几种常用除尘器的除尘效率及主要技术性能列于表8－5和表8－6。

表 8-5 几种除尘器的除尘效率

	全效率 η/%	分级效率 η_x/%				
		0~5 μm	5~10 μm	10~20 μm	20~44 μm	>44 μm
带挡板沉降室	60	7.5	22	43	80	90
旋风除尘器	85	40	79	92	99	100
喷淋塔除尘器	95	72	96	98	100	100
文丘里除尘器	99.5	99	99.5	100	100	100
袋式除尘器	99.7	99.5	100	100	100	100
静电除尘器	97	90	95	97	99.5	100

表 8-6 几种除尘器性能比较

	适用粒径范围(下限)/μm	全效率/%	阻力损失/Pa	设备费	运行费
重力沉降室	>50	<50	50~130	少	少
旋风除尘器	5~15	60~90	300~800	少	少
水膜除尘器	>5	95~98	800~1 200	中	中
电除尘器	0.5~1	90~98	50~130	大	中上
袋式除尘器	0.5~1	95~99	1 000~1 500	中上	大
文丘里除尘器	0.5~1	90~98	4 000~10 000	少	大

思考与练习

1. 什么是燃烧污染？讨论燃烧污染防治有何意义？
2. 硫氧化物的产生机制及其危害是什么？
3. 燃烧过程中如何实施“脱硫”？影响脱硫效率的因素有哪些？
4. 烟气脱硫的工艺路线有哪些？各有何特点？
5. 氮氧化物的产生机制及其危害是什么？
6. 采用哪些方法可以拟制氮氧化物的生成？
7. 排烟脱硝的方法有哪些？各有何特点？
8. 简述尘的分类及其危害。
9. 为什么要制定 PM2.5 的监测标准并向公众发布其监测数据？
10. 烟尘的生成机理是什么？其影响因素有哪些？
11. 烟尘的燃烧拟制方法有哪些？各有何特点？
12. 尘的平均粒径有哪些表示方法？各应用于什么场合？
13. 筛分的含义是什么？
14. 除尘器的性能通常用哪些指标来衡量？
15. 除尘设备有哪些类型？各有何特点？分别应用于什么场合？
16. 选用除尘设备时通常要考虑哪些因素？

第9章 大气污染控制

大气污染是环境污染的最重要方面，也是能源开发和利用过程中造成环境污染的一个重要方面。上一章讨论了几种主要燃烧污染物的生成机理和防治技术，实质上就是从源头上治理大气污染。本章我们重点讨论臭氧层和温室气体有关的几种大气污染的控制措施。

9.1 大气污染物的产生

9.1.1 大气污染物

大气污染物的种类很多，按其存在形式，可概括为两大类：气体状态污染物和气溶胶状态污染物。

1)气态污染物

气态污染物是以分子状态存在的污染物。气态污染物的种类很多，常见的有五大类：以二氧化硫为主的硫化物，以氧化氮和二氧化氮为主的氮化物，以烷烃、烯烃、芳香烃、芳香化合物(如萘、蒽、苯并芘等)为主的碳氢化合物、一氧化碳、二氧化碳、卤素化合物。

2)气溶胶态污染物

气溶胶态污染物系指固体粒子、液体粒子或它们在气体介质中的悬浮体。

从大气污染控制的角度，气溶胶状态污染物按照其来源和物理性质，可分为如下五种：粉尘(dust)、烟(flue)、飞灰(fly ash)、黑烟(smoke)和雾(fog)。

应当指出，在国内外各种文献，特别是工程实际中，粉尘、烟、飞灰和黑烟等名词往往是混用的，多不加区别地混称为粉尘或烟尘。而雾则是属于气体中液滴悬浮体的总称，在气象中指造成能见度小于1 km的水滴的悬浮体。

9.1.2 影响大气污染物生成的因素

前文已经指出，大气污染物主要来自燃烧、工业生产和机动车辆。这里我们先简要回顾一下燃烧过程中影响大气污染物生成的因素。

1)燃料种类

根据上一章的相关介绍可知，在得到同样热量的情况下，燃烧过程污染物生成量有如下规律：固体燃料>液体燃料>气体燃料。表9-1也说明了这一规律。而对于液体燃料又有重油>柴油>汽油。

同一类燃料，往往由于产地不同，其性质也不同。例如，我国的煤一般属高硫煤，含硫小于1%的煤仅占储量的23%左右。山东、浙江、广东、广西、湖北、湖南、四川、贵州的煤多为高硫煤，有的高达10%。我国煤的含硫量由东北向西南、由煤层上部往下部、由年轻到年老，有含量增加的趋势。不同品质的煤，对环境的影响也不同。

表9-1　1000 MW火电厂排放的主要大气污染物(t/年)

大气污染物＼燃料	煤(每300万t)	渣油(每200万t)	天然气(每22亿m^3)
颗粒物	3 000	1 200	500
二氧化硫	110 000	37 000	20.4
氮氧化物	27 000	25 000	20 000
一氧化碳	2 000	700	34
碳氢化合物	400	470	—
醛类及其他有机物	—	240	240

注：①煤含硫2%，飞灰脱出率99%，无烟气脱硫措施。

②渣油含硫1%，灰分0.5%，飞灰脱出率99%。

③电厂热效率均为38%。

2)燃烧条件

燃烧条件不同，同一燃料产生污染物数量也不同，这已为人们所了解。例如，燃料与空气混合条件好，空气充足，则燃烧完全；在连续燃烧设备中一般不易生成一氧化碳，而发动机、内燃机等设备中却易生成一氧化碳；温度过高、空气充足则易生成氮氧化物等。因此，可以通过调节、控制燃烧条件来降低污染物的生成量。

燃烧过程中生成的污染物与燃烧过程有密切关系，了解污染物的生成机理，确定影响污染物生成量的定性和定量因素，寻求在燃烧过程中控制污染物的生成的途径是十分重要的。这在上一章中已有讨论。

3)燃料消耗量

燃料消耗量取决于燃料利用率(或用能效率)及设备规模。单位产品燃耗指生产单位产品所消耗的燃料量，如生产一度电所消耗的燃料量[kg(标煤)/(kW·h)]、炼铁的焦比[kg焦炭/(t·铁)]、加热炉的吨钢燃耗[kg标煤/(t·钢)]。总燃料消耗量表示已建成或筹建设备单位时间所消耗的燃料量(kg标煤/h)等。对于生产规模相同的工厂，降低单位产品燃耗，无疑总能耗也降低，污染物排放量也就减少。

9.1.3　大气污染的防治措施

总结起来，防治大气污染的措施主要有如下几个方面。

1)采用合理的污染控制技术

对一个具体设备，如一个燃烧设备(如加热炉、锅炉)或一个生产设备(如炼钢转炉)，若采用合理的防治措施，则可使污染物的排放降到最低限度。每个设备都采取污染物防治措施，则环境便可得到改善。大气污染控制措施有如下五种途径。

(1)采用清洁(或低污染)的燃料(或原料)；

(2)降低单位产品的燃耗(或能耗，或原料消耗)；

(3)燃烧治理(或采用无害、低害工艺)；

(4)排烟治理；

(5)高烟囱排放。

2)全面规划，合理布局

所谓全面规划，就是各地区、各部门制订发展规划时，既要从发展生产出发，又要充分注意到环境的保护和改善，把两方面的要求统一起来，统筹兼顾，全面安排。把防治工业污染的要求纳入到经济发展计划中去，开展环境评价，采用无污染工艺等预防为主的措施。

合理布局主要是指工业布局要合理。工业布局是否合理与形成大气污染关系极为密切。工业过分集中的地区大气污染物的排放量必然过大，不易被稀释扩散。在布局不合理的状况下，即使采取严格的防治污染技术和管理措施，也往往无济于事。

实现大分散、小集中的合理布局，将有利于污染物的稀释扩散。选择厂址时要充分考虑地形、气象条件，以利于污染物的扩散。工厂要布置在该城市盛行风的下风向，以减少废气对城市居民区的危害。工厂区和生活区要有一定的间隔距离等。总之，要使工业布局真正符合经济规律与生态规律。

3)加强环境管理

所谓环境管理，是指运用计划、组织、协调、控制、监督等手段，为达到预期环境目标而进行的一项综合性活动。由于环境管理的内容涉及土壤、水、大气、生物等各种环境因素，环境管理的领域涉及经济、社会、政治、自然、科学技术等方面，环境管理的范围涉及国家政府的各个部门，所以环境管理具有高度的综合性。

现代环境管理是应用近代系统工程的理论和方法，遵循客观的社会经济规律和自然生态规律，并通过全面规划和行政、技术、经济、法律、教育等手段，组织并管理人类社会的生活与生产活动，合理开发利用自然资源，以控制其对环境的污染与资源的破坏，使社会经济发展与环境治理协调一致，达到既能持续发展经济，又能保证环境生态系统的较佳平衡，从而保护和改善人类生活的环境质量，并满足人民物质与文化上不断增长的需要。

环境管理的主要内容包括三方面：①环境计划的管理。环境计划包括工业交通污染防治、城市污染控制计划、流域污染控制计划、自然环境保护计划，以及环境科学技术发展 计划、宣传教育计划等；还包括在调查、评价特定区域的环境状况的基础区域环境规划。②环境质量的管理。主要有组织制订各种质量标准、各类污染物排放标准和监督检查工作，组织调查、监测和评价环境质量状况以及预测环境质量变化趋势。③环境技术的管理。主要包括：确定环境污染和破坏的防治技术路线和技术政策；确定环境科学技术发展方向；组织环境保护的技术咨询和情报服务；组织国内和国际的环境科学技术合作交流等。

4)开展环境质量监测与评价

环境监测是通过对影响环境质量因素的代表值的测定，确定环境质量(或污染程度)及其变化趋势的过程。环境监测是开展环境管理和环境科学研究的基础，是制定环境保护法规的重要依据，是搞好环保工作的中心环节。

对于大气污染监测，基本原则有：①采样点的位置应包括整个监测地区的高浓度、中浓度和低浓度三种不同的地方；②污染源集中、主导风向比较明显时，污染源的下风向为主要监测范围，应布设较多的采样点，上风向布设较少采样点作对照；③工业比较集中的城区和工矿区，采样点数目多些，郊区和农村则可少些；④人口密度大的地方采样点的数目多些，人口密度小的地方可少些；⑤超标地区采样点的数目多些，未超标地区可少些。

环境质量评价，是现代化环境管理内容之一，是以防为主、防治结合的体现。

环境质量评价是对环境质量的优劣的定量评述。通过环境质量评价可为区域环境质量状况及其各时期的变化趋势提供依据；为控制污染和治理重点污染源提出要求；为制定城市建设规划、环境污染物排放标准、环境标准和环境法规等提供依据。环境质量评价包括环境质量回顾评价、现状评价和预断评价三类。参见前文第7.3.4节的介绍。

9.2 大气污染控制技术

大气污染的防治措施中，不断提高污染控制技术是非常重要的。下面围绕如图9－1所示的六条控制途径进行讲述。其中燃烧和排烟治理已在上一章讲述，这里就其他几项措施进行讲述。

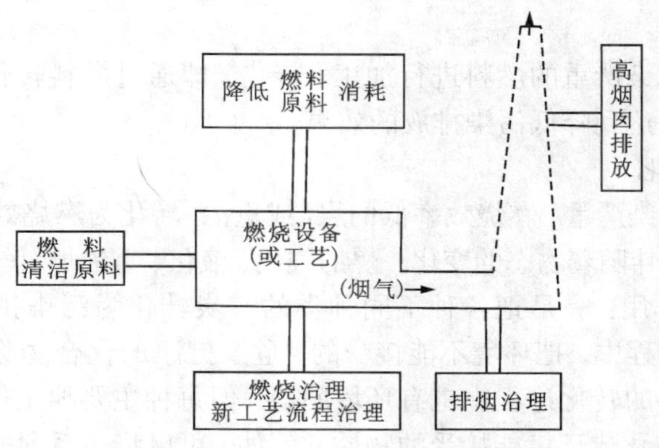

图9－1　工业设备污染治理途径

9.2.1 降低燃料、原料消耗

大气污染物中的SO_x、NO_x有80%以上的来自能源的开发和利用，特别是能源的利用；烟尘的60%以上也来自能源的利用，CO的碳氢化合物的90%来自交通运输的能量消耗。这说明了节约能源便可减少污染。

环境的污染程度取决于能源消费量和能源结构。在当前能源消耗全球性增长，特别是理想燃料迅速减少的情况下，能源的开发利用，原材料的开发使用造成的污染，仍然严重地威胁环境，特别是以煤为主的中国，节约能源和原材料消耗对治理环境有重要意义。

我国的能源消耗量居世界第一位，但收益却较低。以单位产值能耗计，按1亿美元国民生产总值的能耗计算，比日本高4倍，比美国高2倍。其主要原因是单位产品能耗高。由于能源管理不善，用能设备和工艺落后，能量没有多次利用和合理利用，其结果导致能量利用率低，只有33%，而美国是52%，日本为55%。可见我国的节能潜力还很大。

根据我国能耗情况和能源建设情况，实行开发和节约并重，近期把节约放在优先地位的方针。

要大幅度地节能，仅靠节约直接能源是不够的，还必须节约原材料，因为原材料的生产本身也要消耗能量。例如铁钢比（同一时期内铁产量/钢产量），我国一直大于0.9，而国外先进国家在0.5～0.8。铁水是炼钢的原料，每吨铁水的能值约20 MJ，因此，仅这一项，我国的钢铁工业就要多消耗数百万吨标准煤。因此，努力节约能值高、耗量大的原材料是节能的重要内容之一。

9.2.2 采用清洁燃料或原料

采用清洁的燃料(或原料)可以减少污染物的生成,从而满足环境的要求。

工业污染往往随着原材料不同而有很大差异。生产同一产品用某种燃料,可能造成严重污染,而用另一种原料,则可减少,甚至避免污染。如高炉铁用矾土矿代替含氰萤石作溶剂,可以有效地消除氰对环境的污染。原料中有害物质成分高,一般生产过程排出的污染物也多。采用低污染物质的原料有利于改善环境,故精料也是治理环境的措施。因此,采用无污染或少污染的新型原材料,提高对各种原材料的加工深度,从根本上消除污染物的来源,就能杜绝危害的发生。

能源也一样,对污染严重的燃料进行加工、转化,即通过燃料转化和燃料改质,获得污染小的清洁燃料,从而达到降低污染排放的效果。

9.2.2.1 燃料转化

燃料转化是指把污染严重、燃烧效率低的煤(或重油)转化为燃烧效率高、清洁的燃料油、煤气等过程。燃料转化伴随着物态的变化。煤的气化、液化、重油加氢气化等都是燃料转化。

燃料转化有双重作用:一是把各种不同种类的煤炭转化为污染排放小的气体或液体燃料;二是在加工转化过程中,把环境不能接受的、危及健康的化合物除去或加以处理并回收副产品。可见,在燃料的转化过程中也有环境问题,但每种主要加工过程中产生的废物大部分是可以控制或可以转化成环境能接受的物质。例如,可以将一系列的脱硫技术综合到煤的转化工艺中去,使硫从煤的预处理、转化过程、产品或废气中除掉。在煤的预处理时主要去掉黄铁矿,但很难去掉有机硫。有机硫在转化过程中一部分转入产品,可通过煤气脱硫等手段除去;另一部分转化到烟气中,可采取排烟脱硫除去。虽然处理量很大,但这种方式是十分有效的。表9-2给出了按1000 MW电站所需的煤计算的气化、液化需要的资源和污染物排放量的估计。与表9-1所列数据对比可知,相对于直接燃煤来讲,气化或液化后燃料,燃烧污染物排放量将大为减少。

煤的气化和液化无疑是今后进一步扩大煤的利用和保护环境的必然途径。对钢铁工业来说,矿石直接还原是个方向,而煤的气化无疑将是其中还原剂的来源。再者,冶金工业的生产需要大量的燃料,尤其是中热值燃料,煤的气化可以提供这些燃料,因此,气化在冶金工业有重大意义。

煤的液化可以提供低硫、低灰分、低氮的燃料油、汽油、喷气机燃料和柴油等各种类型的液体燃料,还可以为冶金工业提供人造高黏性煤,以代替炼焦配煤中的肥煤,从而可以达到扩大炼焦煤资源利用的目的。

燃料转化研究的重点在于,进一步降低成本和解决降低污染物排放量等技术问题。燃料转化方法很多,在选择转化方法时,应考虑到气化方法的先进性、经济合理性及环境保护的要求,综合进行选取。

表9-2　煤的液化、气化需要的资源和"三废"排放量估计

项目		低热值煤气	高热值煤气	煤的液化
需要的资源	煤[①](Mt)	4.6	5.7	4.6
	土地(亩)	22 965	10 080	23 430
	水(Mt/a)	2.4	19.6	10
废气(t/a)	颗粒物	0.75	820	529
	二氧化硫	1 960	9 061	1 076
	氮氧化物	982	6 771	7 409
	一氧化碳	28	356	291
	烃	28	108	2 268
	氨气	40	49	-
废渣(t/a)		5 310	5 710	6 210

注：①处理量与1000 MW电站一年的耗煤量相同。

9.2.2.2　燃料改质

燃料改质是指在不改变燃料物态的条件下改变燃料的性质(指物理性质和化学性质)。

正如前文所述，同一类燃料，由于性质不同，对环境的影响也不同。通过加工手段，改变燃料性质可以改善燃料对环境的污染。

煤炭的洗选可以降低灰分和硫的含量，添加固硫剂(如石灰石粉)的型煤；重油脱硫、脱氮、煤气脱硫都属于燃料改质。燃烧前重油预热，也属于燃料改质，不同的是前者改变化学性质，后者改变物理性能。

9.2.3　发展无害技术或工艺

通过燃烧治理或通过工艺治理的实质，就是通过无污染或少污染工艺来控制有害物质的排放。例如，改善燃烧技术可降低烟尘和一氧化碳的排出，也可控制 NO_x 的排出。又如在工艺过程中实现工艺用水的循环使用，或通过水的净化实现用水的闭路循环，也是新工艺流程治理的一种。

前进一步看问题，可把工艺治理和降低燃料、原料消耗结合起来，形成无害或少害技术，或称无废或少废技术。

所谓无废技术，就是为满足人类社会的需要，应用现代化的科学知识，对自然资源和能源做到合理的利用，以达到持续发展生产和保护环境的目的。发展无废技术的关键，是对人类社会的各种活动进行全面的规划管理，使物质和能量在其使用过程中产生的废物最少。

"无废技术"一词应理解为一种最佳的技术，它能作为衡量物质和能量利用的最终效果的标准。因为传统技术产生的废物可视为潜在资源的损失，减少废物所作的各种努力，对社会、经济和环境都会产生有益的效果。无废技术的宗旨是产生的废物量最小，对环境危害程度最轻。

无废技术除研究减少或清除在生产和消费过程中产生的废物之外，还应探索各种已知产

品的新生产路线，包括新工艺、新原料、新能源的利用，和生产对环境无害的产品。所谓无害产品是指当一些产品在使用时与同类产品相比较，它们排放的污染物最少，消耗的能源最小，使用寿命长，最后能采用简单、无害和便宜的办法加以处理。这样的产品被称为环境友好性产品。

只有发展无害技术，才能创造出排入环境系统的废物最少的新工艺系统。这是当前和今后减少环境污染和保护资源的方向。

9.2.4 高烟囱排放

高烟囱排放是利用烟囱在大气中的扩散现象和规律，使污染物的着地浓度降低，达到环保的要求。

在理想状态下，即无风时，烟为球形扩散，其等浓度为球面，如图 9－2 所示。图中 He 为烟囱高度，r 为扩散半径。

在有风状态下，设排出的烟气和该处的风以同一速度(风速 u)向前延长，由于扩散作用，排出物由该点(烟囱排出物)以圆锥体形状向下风向扩散，在圆锥的同一截面上烟的浓度相同，离点源越远的地方，烟的浓度越小。图 9－2 中的 x 处截面可以认为是等浓度截面，其关系如下：

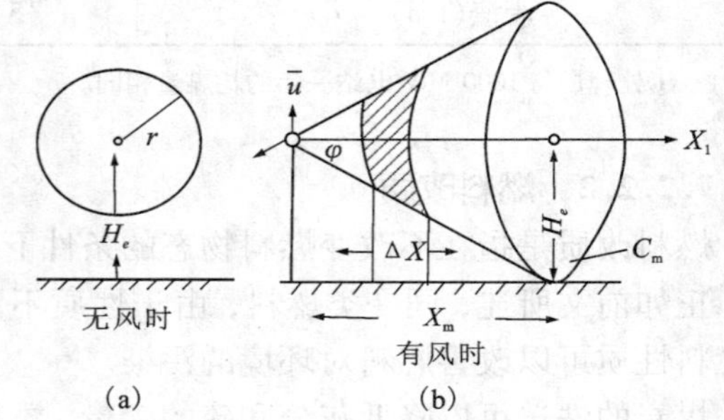

图 9－2 烟的扩散模型

X_1—1 s 间放出的烟生成的长度；

C_m、X_m—烟尘最大着地浓度和它出现的距离

$$Q = \prod r^2 \bar{u} C(x) \qquad (9-1)$$

式中：Q——排烟量，m^2/s；

$\bar{u}$——平均风速，m/s；

$C(x)$——在下风向离点源距离为 x 处的烟浓度，kg/m^3；

r——圆锥半径。

由式(9－1)可知，当 $H_e = r$ 时，烟气浓度 $C(x) = C(m)$；$C(m)$ 称最大着地浓度，即

$$C(x) = Q/\prod r^2 u \qquad (9-2)$$

$$C(m) = Q/\prod H_e^2 u \qquad (9-3)$$

由上式可见，着地浓度与烟囱高度的平方成反比。因此，在其他条件相同时，增高烟囱后，由于扩散作用，烟降到地面的浓度就越低，距该点源也越远。

上述公式只说明了高烟囱的扩散稀释原理，实际上扩散稀释还受气象和地理条件的影响。如风速、风向和风的湍流度，大气压力和温湿度，都对扩散稀释效果有影响。当气象条件促成逆温层，则扩散稀释效果变差。复杂且多变的气象条件，加大了扩散规律的研究难度。尽管如此，一些经验式仍有较大的实用性。

由于高烟囱能够取得较好的扩散效果，导致了 20 世纪 60 年代许多高烟囱的出现。美国建造了世界上最高的 360 m 烟囱，英国也建造了 200～260 m 烟囱。看看结果如何？英国本国国土污染得到了改善，可是英格兰的东南、法国的西北部、比利时、卢森堡与荷兰等国雨水的 pH 已经降到 4.5～4.0，整个斯堪的纳半岛下酸雨，不少生物消失了，鱼产量降低 10 倍以

上。又如西欧一些国家利用欧洲南风多的特点，建 200 m 以上的烟囱，由南风把有害气体送到北欧，造成瑞典湖泊大量被酸化。可见高烟囱排放并不能从根本上消除污染，只能解决局部地区污染物浓度过高的问题。我国国土幅员辽阔，采取高烟囱时更应注重下风向的污染问题。

9.3 臭氧层的耗损及其控制

臭氧(O_3)是氧的同素异性体，在大气中含量很少，但其浓度变化会对人类健康和气候带来很大的影响。臭氧存在于海平面以上至少 10 km 高度的地球大气层中，其浓度随海拔高度而异。在平流层(离地面 20 ~ 25 km)最高，但也不超过 5×10^{13} 分子/cm^3。

平流层中的臭氧吸收太阳放射出的大量对人类、动物及植物有害的紫外线辐射(240 ~ 329 nm，称为 UV - B 波)，为地球提供了一个防止有害紫外辐射的屏障。但另一方面，臭氧遍布整个对流层，却起着温室气体的不利作用。基于长期对全球臭氧分布的监测，已经观察到，在平流层中其含量正在减少，而在对流层中其含量有所增加。由于约有 90% 的臭氧在平流层，所以其总量在下降。这就是常说的臭氧层耗损，也称为臭氧层破坏。

9.3.1 臭氧层的耗损

1974 年，化学教授马利奥 · 莫利纳(Mario Molina)和谢伍德 · 罗兰(F. Sherwood Rowland)提出，诸如氟利昂之类的物质最终能够对地球臭氧层造成 20% 以上的破坏时，向空中释放气体的危害性才被认识。莫利纳和罗兰的可怕预言，直到 1985 年才被持怀疑态度的人接受。当时英国学者约瑟夫 · 法曼在《自然》杂志上发表文章指出，南极上空臭氧层有一个很大并且还在继续扩大的空洞。1988 年大气化学家 Susan Solomon 领导的南极考察组进一步证实，氯氟烃火箭推进剂是造成臭氧空洞的因素，这与预言的完全一样。

1984 年英国科学家首次发现南极上空出现了臭氧空洞；1985 年美国的“云雨 - 7 号”气象卫星测到了这个“洞”，其面积与美国领土相当，深度相当于珠穆朗玛峰的高度。经过几年的连续观测，科学家发现，臭氧空洞通常在南极的春天出现，即每年从 9 月开始出现臭氧的减少，到 11 月中旬消失。在最严重的几天中，南极紫外辐射是前几年中最大值的两倍，比中纬度测量的夏季紫外辐射剂量还高。南极上空臭氧空洞如图 9 - 3 所示，南极与全球臭氧浓度的变化如图 9 - 4 所示。

目前不仅在南极，而且在北极也出现了臭氧层减少的现象。NASA 的测定表明，1989 年北极臭氧层与 1970 年的测定结果相比，已经被吞掉 19 ~ 24 km，而北半球其他地区的臭氧层也比 1969 年减少了 3%。欧洲臭氧层联合调查小组自 1991 年 11 月起，对欧洲、格陵兰和北极圈臭氧层物质氟氯烃等的浓度所进行的调查表明，欧洲上空的臭氧层比往年减少了 10% ~ 20%，是历年来最低的。我国气象学家发现，在我国西藏高原上空也有一个臭氧空洞，它的中心位置约在拉萨偏北，每年 6 ~ 10 月，这里的大气臭氧浓度比正常值低 11%。

上述一系列监测结果表明，大气层的臭氧正在减少，人们需要积极行动起来，研究如何拯救臭氧层。

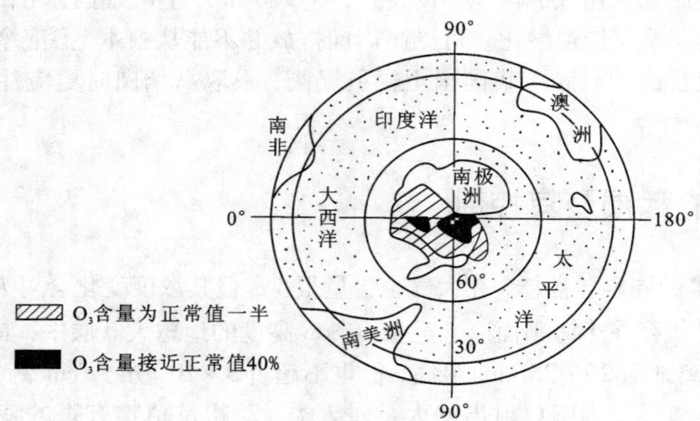

图 9-3 南极上空臭氧层空洞示意图

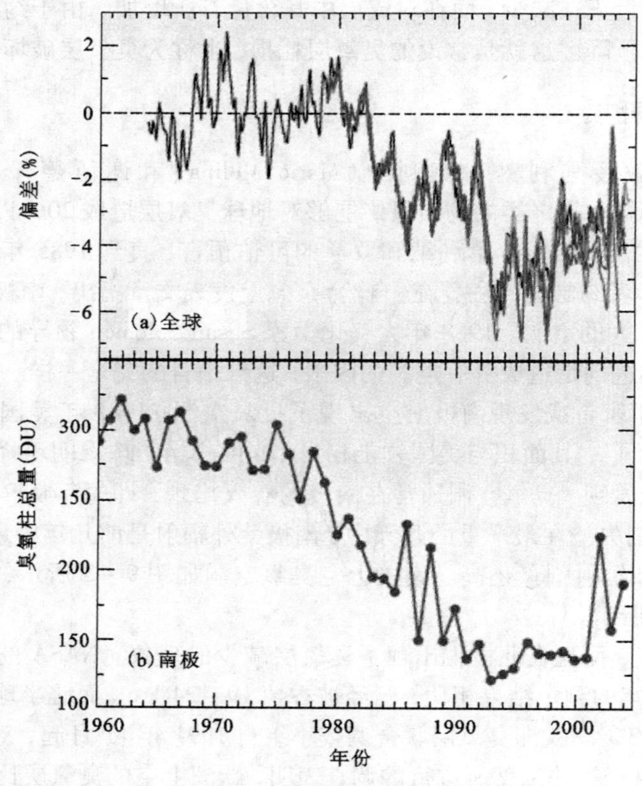

图 9-4 南极与全球臭氧浓度的变化

9.3.2 臭氧层耗减的危害

臭氧分子是地球大气层中很重要的组分之一。它在大气中含量很少，但其浓度变化会对人类健康和气候带来很大的影响。正是因为它的存在，才使生命的进化与繁衍成为可能。

臭氧层的耗减产生的直接结果就是使太阳光中的紫外线(称 UV－B 波)到达地面的数量增加。通常认为臭氧浓度每降低1%，UV－B 辐射量就增加1.5%～2%。紫外线能破坏蛋白质的化学键，杀死微生物，破坏动植物的个体细胞，损害其中的脱氧核糖核酸(DNA)，引起传递遗传特性的因子变化，发生生物的变态反应等。下面就其对人类健康、生物和环境等产生的危害进行介绍。

1)对人类健康的影响

适量的紫外线照射对人体的健康是有益的，它能增强交感肾上腺机能，提高免疫能力，促进磷钙代谢，增强人体对环境污染物的抵抗力。但是长期反复照射过量紫外线将引起细胞内的 DNA 改变，细胞的自身修复能力减弱，免疫机能减退，皮肤发生弹性组织变性、角质化，以至皮肤癌变，诱发眼球晶体发生白内障等。由于紫外线辐射的增加，大量疾病的发病率及严重程度都会大大增加。

实验证明，紫外线能损伤角膜和眼晶体，可引起白内障、眼球晶体变形等。据分析，平流层臭氧减少1%，全球白内障的发病率将增加0.6%～0.8%，如果不对紫外线的增加采取措施，从现在到2075年，UV－B 辐射的增加将导致大约1 800万白内障病例的发生。

UV－B 辐射的增加，直接导致人类常患的三种皮肤癌，即 Basal 癌、鳞状皮肤癌和恶性黑瘤。恶性黑瘤是高危疾病，每年造成有5 000人死亡。据计算，臭氧每减少1%，非黑色素瘤皮肤癌就增加3%。

2)对陆生植物的影响

臭氧层耗减对植物和动物生长的影响，人们了解还不很多。对某些农作物的研究表明，UV－B 辐射增加会引起某些植物物种的化学组成发生变化，影响农作物在光合作用中捕获光能的能力，造成植物获取的营养成分减少，生长速度减慢。在研究过的植物中，紫外线对其中的50%有不良影响，尤其是像豆类、瓜类、卷心菜一类的植物。西红柿、土豆、甜菜、大豆等农作物，由于 UV－B 辐射的增加，还会改变细胞内的遗传基因和再生能力，使它们的质量下降。有研究表明，臭氧每减少25%，则大豆的产量会下降20%～25%，大豆的蛋白质含量和含油量也会降低。

3)对水生生物的影响

海洋表面的浮游植物，大多数人可能以为无足轻重。但是，这些浮游生物对大气化学过程是很重要的。在以往的10亿年间，正是这些生物制造了大量的、或许达到2/3以上的大气中的氧。今天它们的作用仍是世界上氧气的最大制造者，同时也是二氧化碳的吸收者，还是海洋食物链底层太阳能的主要转化者。

世界上30%以上的动物蛋白质来自海洋，满足人类的各种需求。海洋浮游植物的吸收是大气中 CO_2 的一个重要的消除途径，它们对未来大气中 CO_2 浓度的变化趋势起着决定性的作用。海洋对 CO_2 气体的吸收能力降低，将导致温室效应加剧。

暴露于阳光 UV－B 下，会影响浮游植物的定向分布和移动，因而降低这些生物的存活率。由于浮游生物没有皮层，因此它们对紫外线辐射没有防护功能。没有臭氧层，紫外线会穿透海洋表面杀死海中细胞壁很薄的浮游生物，从而破坏整个海洋生态系统。

研究发现，阳光中的 UV－B 辐射对鱼、虾、蟹、两栖动物和其他动物的早期发育阶段都有危害作用，最严重的影响是繁殖力下降和幼体发育不全。紫外线照射量很少量的增加就会导致海洋生物的显著减少。

4)对城市环境和建筑材料的影响

过量的紫外线还会使城市环境恶化，进而损害人体健康，影响植物生长和造成经济损失。城市工业在燃烧矿物燃料时排放的氧化氮，与某些工业和汽车所排放的挥发性有机物，同时在紫外线照射下会更快地发生光氧化反应，生成臭氧、过氧化烯烷基硝酸酯等产物，从而造成城市内近地面大气的臭氧浓度增高，引起光化学烟雾污染。

近地面臭氧浓度过高，吸入人体会导致肺功能减弱和组织损伤，引起咳嗽、鼻咽刺激、呼吸短促和胸闷不适等。近地面的臭氧和过氧化烯烷基硝酸酯能损害植物叶片，抑制光合作用，使农作物减产，森林或树木枯萎坏死，其危害甚至比酸雨还大。

因平流层臭氧损耗导致阳光紫外线辐射的增加，会加速建筑、喷涂、包装及电线电缆等所用材料，尤其是聚合物材料的降解和老化变质。阳光中 UV－B 辐射的增加会加速这些材料的光降解，从而限制了它们的使用寿命。研究结果已证实中波 UV－B 辐射对材料的变色和机械完整性的损失有直接的影响。当这些材料尤其是塑料用于一些不得不承受日光照射的场所时，只能靠加入光稳定剂和抗氧剂或进行表面处理以保护其不受破坏。

9.3.3 臭氧生成与分解机理

9.3.3.1 臭氧的产生与分解

臭氧的生成主要是自然原因产生的。当大气中的氧气分子受到短波紫外线照射时，氧分子会分解成原子状态。氧原子的不稳定性极强，极易与其他物质发生反应。如与氢(H_2)反应生成水(H_2O)，与碳(C)反应生成二氧化碳(CO_2)。同样地，与氧分子(O_2)反应时，就形成了臭氧(O_3)。臭氧形成后，由于其比重大于氧气，会逐渐地向臭氧层的底层降落，在降落过程中随着温度的上升，臭氧不稳定性愈趋明显，再受到长波紫外线的照射，再度还原为氧。臭氧层就保持了这种氧气与臭氧相互转换的动态平衡。

由太阳发射出的带电粒子进入大气层，可使氧分子裂变成氧原子，而部分氧原子与氧分子重新结合成臭氧分子。这一过程主要是在距地面 15～50 km 高度的大气平流层中进行，因此平流层中集中了地球上约 90% 的臭氧，这就是“臭氧层”。

地表附近的臭氧主要分布于太阳紫外线较充足的地区，如在大气污染较轻的森林、山间、海岸周围。此外，雷电作用也产生臭氧，分布于地球的表面。

NO_2也是生成臭氧的来源。一般情况下，NO 与由于大气流动而从平流层下来的臭氧反应生成 NO_2和一个氧分子，但阳光使 NO_2分解成 NO 和一个氧原子(O)，这个氧原子又会与 O_2反应生成 O_3。这个反应进行得很快，并且与阳光的强度有关，但不会产生比原来更多的臭氧。但是在有烃基存在的情况下，它们会与烃基反应，而后再与 NO 反应生成 NO_2。当这些 NO_2分解时，就产生了比原来更多的臭氧。有烃基存在的情况下，当 NO_2的浓度较低时，增加 NO_x 的浓度(NO_2浓度提高)会提高臭氧的浓度。但是当 NO_x 的浓度高过某一点后，反应会发生变化，臭氧的浓度会下降，进一步增加 NO_x 的浓度会降低臭氧浓度。这可能是因为其中的 NO 比 O_2更容易与氧发生反应。

表 9－3 给出了的影响平流层臭氧生成与分解的主要反应(以氯化物和 NO_x 为代表)。

表 9-3 平流层臭氧的生成与分解

生成机理	注 释
$O_2(h\nu) \longrightarrow O + O$ $O_2 + O + M \longrightarrow O_3 + M$ $O_3 + h\nu \longrightarrow O_2 + O$ $O_3 + O \longrightarrow O_2 + O_2$	Chapman 反应
分解机理	**来 源**
$Cl + O_3 \longrightarrow ClO + O_2$ $ClO + O \longrightarrow Cl + O_2$	$CFC \longrightarrow Cl \longrightarrow ClO$
$NO + O_2 \longrightarrow NO_2 + O_2$ $NO_2 + O \longrightarrow NO + O_2$ $NO_2 + h\nu \longrightarrow NO + O$	$NO_2 + O \longrightarrow 2NO$
$OH + O_3 \longrightarrow HO_2 + O_2$ $HO_2 + O_3 \longrightarrow OH + 2O_2$	$CH_4 \longrightarrow OH$

9.3.3.2 臭氧损耗的原因

南极臭氧洞的发现和观测，是臭氧层损耗现象最直观的证明，也是研究臭氧层损耗成因的最重要的自然背景。南极臭氧洞成因有多种假设，其中主要有：

(1)与太阳活动周期有关的自然现象；

(2)火山活动的影响；

(3)当地天气动力学过程的影响；

(4)人为活动的影响——如氯化物的排放进入大气平流层。

各种假设均有一定的说服力，目前还不能完全肯定某一种而否定另一种。但归根到底是物理和化学作用。化学作用是影响臭氧浓度最根本的动力，物理过程影响着化学过程的效率，因为物理过程创造和影响化学作用过程的外部环境。物理过程(动力学过程)可能是南极臭氧季节性变化的主导因素，其他的自然因素可能为臭氧的化学消耗提供或创造适宜的环境或者一定程度上直接影响臭氧的浓度。但是，在漫长的历史过程中，臭氧的动态平衡已经形成，没有人为活动的影响，臭氧损耗不可能像当代这样显著。

科学家认为，人为的活动对臭氧急剧耗损起决定性作用，正是某些人类活动所散发的物质进入臭氧层，引起臭氧的损耗。这些物质有含氯氟烃类(CFCs)、有机溴化合物、氧化亚氮及亚音速飞机排放出的氮氧化物、甲烷、水汽和二氧化碳等。其中，氯氟烃类物质，由于性质稳定、不易燃烧、易于储存、价格便宜而被广泛用作制冷剂、喷雾剂、发泡剂及清洗剂等。日常生活的许多方面，如吸烟、家用电器、沙发、冰箱、空调使用等都涉及到氯氟烃类物质的大量使用。

部分 CFCs 物质，由于其具有非同寻常的化学稳定性(如 CFC-11 在大气中的寿命为 75 年，CFC-12 在大气中的寿命为 110 年)，因而可以在同温层积聚，其影响将持续一个世纪或更长的时间。强大的紫外线辐射引起它们光解而放出氯原子，于是氯原子夺去臭氧中的一个氧原子，从而使臭氧失去吸收紫外线的性能。

氯原子自由基作为催化剂与臭氧反应，就像一辆辆"运"臭氧的车子，不断地来回搬运臭氧，臭氧在不断减少，而氯原子却不见消耗。一个氯原子自由基能够消耗十万个臭氧分子，故只要微量的含氯化合物进入平流层，都会造成臭氧层的巨大损耗。

已经证实，哈龙(Halons)等有机溴化合物，如哈龙1211(CF_2BrCl)、哈龙1310(CF_3Br)、哈龙2420($C_2F_4Br_2$)，它们主要用作消防灭火剂，大棚种植蔬菜用到甲基溴作薰土剂，干洗衣服也用到含溴化合物，它们释放的溴原子对臭氧的破坏力是氯原子的30～60倍，它们也是臭氧损耗的"罪魁祸首"。

图9-5给出了以CFCs和NO_x为代表的影响大气臭氧浓度的相关因素，可见在大气平流层和对流层，其作用机理和影响程度是不同的。

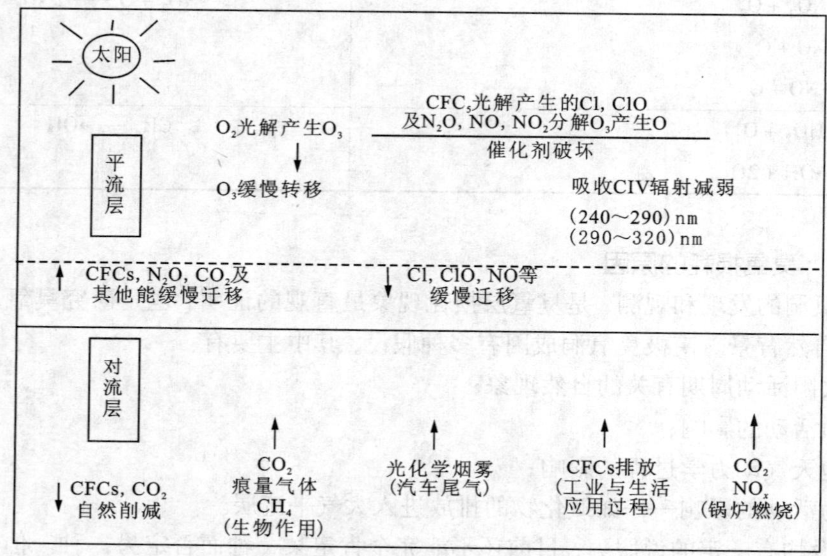

图9-5 影响臭氧浓度的物理化学过程

为了评估各种臭氧层损耗物质对全球臭氧破坏的相对能力，人们采用了臭氧损耗潜势(ozone depletion potential，ODP)这一参数。其定义为：

$$ODP=\frac{\text{单位质量物质引起的全球臭氧减少}}{\text{单位质量 CFC-11 引起的全球臭氧减少}} \quad (9-4)$$

臭氧损耗物质的大气浓度分布及参与的大气化学过程是影响其ODP值的主要因素。各类臭氧层损耗物质的ODP值的次序大体为：含氢的氟氯烃化合物的ODP值较氟利昂低，而许多哈龙类化合物对平流层臭氧的破坏能力大大超过氟利昂。

国际组织《关于消耗臭氧层物质的蒙特利尔议定书》规定了15种氯氟烷烃、3种哈龙、40种含氢氯氟烷烃、34种含氢溴氟烷烃、四氯化碳(CCl_4)、甲基氯仿(CH_3CCl_3)和甲基溴(CH_3Br)为控制使用的消耗臭氧层物质，也称受控物质。

含氢氯氟烷烃(如$HCFCl_2$)类物质是氯氟烷烃的一种过渡性替代品，因其含有H，使得它在底层大气中易于分解，对O_3层的破坏能力低于氯氟烷烃，但长期和大量使用对O_3层危害仍很大。

在工程和生产中作为溶剂的四氯化碳(CCl_4)和甲基氯仿(CH_3CCl_3)，具有很大的破坏臭氧层的潜值，所以也被列为受控物质。

受控的三种哈龙是：哈龙1211(CF_2BrCl)、哈龙1310(CF_3Br)、哈龙2420($C_2F_4Br_2$)。此类物质对臭氧层最具破坏性，比氯氟烷烃高3～10倍。1994年发达国家已经停止这3种哈龙的生产。

近年来的研究发现，核爆炸、航空器发射、超音速飞机将大量的氮氧化物注入平流层中，也会使臭氧浓度下降。NO对臭氧层破坏作用的机理为：

$$O_3 + NO \longrightarrow O_2 + NO_2 \tag{9-5}$$

$$O + NO_2 \longrightarrow O_2 + NO \tag{9-6}$$

9.3.4 臭氧层的修复

臭氧层破坏是当前面临的全球性环境问题之一，自20世纪70年代以来就开始受到世界各国的关注。造成大气臭氧生成与耗减的机理已基本清楚，要对破坏已十分严重的大气臭氧层进行修复，需要世界各国紧急行动起来，减少臭氧耗损物质的排放。在此方面已取得许多可喜的进展。

1985年，在联合国环境规划署的推动下，在维也纳通过了有关保护臭氧层的国际公约——《保护臭氧层维也纳公约》(以下简称《公约》)。该公约从1988年9月起生效。这个公约只规定了交换有关臭氧层信息和数据的条款，但对控制消耗臭氧层物质的条款却没有约束力。《公约》的宗旨和原则是正确的，促进了各国就保护臭氧层这一问题的合作研究和情报交流。

在《保护臭氧层维也纳公约》的基础上，为了进一步对氯氟烃类物质进行控制，在审查世界各国氯氟烃类物质生产、使用、贸易的统计情况的基础上，通过多次国际会议协商和讨论，于1987年9月16日在加拿大的蒙特利尔会议上，通过了《关于消耗臭氧层物质的蒙特利尔议定书》(以下简称《蒙特利尔协定书》)，并于1989年1月1日起生效。这项议定书已得到了163个国家的批准，对人类保护大气臭氧层具有里程碑意义。

《蒙特利尔议定书》规定，参与条约的每个成员组织(国家或国家集团)将冻结并依照缩减时间表来减少5种氟利昂的生产和消耗，冻结并减少3种溴代物的生产和消耗。5组氟利昂的大部分消耗量，将从1989年7月1日起，冻结在1986年使用量的水平上；从1993年7月1日起，其消耗量不得超过1986年使用量的80%；从1998年7月1日起，减少到1986年使用量的50%。不仅如此，联合国环境署还规定从1995年起，每年的9月16日为“国际保护臭氧层日”，以增加世界人民保护臭氧层的意识，提高参与保护臭氧层行动的积极性。

1990年、1992年和1995年，在伦敦、哥本哈根、维也纳召开的议定书缔约国会议上，对《蒙特利尔议定书》又分别做了3次修改，扩大了受控物质的范围，现已包括氟利昂(也称氟氯化碳CFC)、哈龙(CFCB)、四氯化碳(CCl_4)、甲基氯仿(CH_3CCl_3)、氟氯烃(HCFC)和甲基溴(CH_3Br)等，并提前了停止使用的时间。根据修改后的议定书的规定，发达国家到1994年1月停止使用哈龙，1996年1月停止使用氟利昂、四氯化碳、甲基氯仿；发展中国家到2010年全部停止使用氟利昂、哈龙、四氯化碳、甲基氯仿。

目前，这项议定书已经取得成效。向大气层排放的消耗臭氧层的物质已经逐年减少，从1994年起，对流层中消耗臭氧层物质浓度开始下降。但是，由于氟利昂相当稳定，可以存在

50 至 100 年，即使议定书完全得到履行，臭氧层的耗损也只能在 2050 年以后才有可能完全复原。

在现代经济中，氟利昂等物质应用非常广泛，要全面淘汰，必须首先找到氟利昂等的替代物质和替代技术。在特殊情况下需要使用时也应努力回收，尽可能重新利用。近年来，世界上一些主要的氟利昂生产厂家参与开发研究了替代氟利昂的含氟替代物(含氢氯氟烃 HCFC 和含氢氟烷烃 HCF 等)及其合成方法，有可能用作发泡剂、制冷剂和清洗溶剂等，但这类替代物也损害臭氧层或产生温室效应。同时，也在开发研究非氟利昂类型的替代物质和方法，如水清洗技术、氨制冷技术等。

我国政府非常关心保护大气臭氧层这一重大环境问题。我国于 1989 年加入了《保护臭氧层维也纳公约》，先后派团参与了历次的《保护臭氧层维也纳公约》和《关于消耗臭氧层物质的蒙特利尔议定书》缔约国会议，并于 1991 年加入了修正后的《关于消耗臭氧层物质的蒙特利尔议定书》。我国还成立了保护臭氧层领导小组，开始编制并完成了《中国消耗臭氧层物质逐步淘汰国家方案》。根据这一方案，我国已于 1999 年 7 月 1 日冻结了氟利昂的生产，并于 2010 年前全部停止生产和使用所有消耗臭氧层物质。

在这里我们看到了人类共同努力取得的成果，但也应当认识到，即使如此努力地弥补臭氧空洞，但由于臭氧层损耗物质从大气中除去是十分困难的，预计采用哥本哈根修正案，也要在 2050 年左右平流层中的氯原子浓度才能下降到临界水平以下，到那时，我们上空的“臭氧洞”可望开始恢复。

臭氧层保护是近代史上一个全球合作的典型范例，这种合作机制将成为人类的财富，并为解决其他重大环境问题提供借鉴。

9.4 温室效应及温室气体

全球气候变暖是人类面临的又一重大环境问题。它与地球大气的温室效应有着密不可分的关系。

地球的温室效应是指大气中的二氧化碳等气体可透过太阳短波辐射，但阻碍地球表面向宇宙空间发射长波辐射，使地表热量散失受阻，从而使大气和地球表面升温的现象。由于二氧化碳等气体的这一作用与温室的作用类似，故称之为温室效应。造成这一效应的气体称为温室气体。

9.4.1 温室效应与全球气候变暖

在讲述这部分内容之前，首先要澄清地球变暖是由于能源大量使用所释放的热量所造成的这种误解。人类一年使用的全部能源换算成石油是 80 亿 t 左右，1 kg 石油相当于 4.18×10^4 kJ(1×10^4 kcal)的热量，全部能源相当于 33×10^{16}kJ 或 8×10^{16}kcal。但是如果用这些热量加热全部海水，一年也只不过能提高 6×10^{-5}℃，一万年也上升不了 1℃。人类使用能源一天所放出热量约为 0.1×10^{16}kJ，而整个地球一天从太阳获得的热量就达 1.5×10^{19} kJ。因此人类活动释放出的热能只占其万分之一以下。地表每天白天被加热，太阳一下山就急剧地冷却下去，每年 365 天往复进行。如果不是存在其他原因，地球及其大气的年平均温度将不会出现明显升高。

太阳射向地球的光约1/3被云层、冰粒和空气分子反射回去；约25%穿过大气层时暂时被大气吸收起到增温作用，但以后又返回到太空；5%是由地面反射出去，特别是被冰雪所反射；其余的大约37%则被地球表面吸收。这些被吸收的太阳辐射能大部分在晚上又重新发射到天空。如果地球表面发射的能量没有直接逃出大气层，就说明温室气体产生了作用。温室气体层能捕捉约90%的外逸热辐射，并能很长时间地保留住这部分热量。这样，我们这颗行星的温度才能保持在舒适的平衡状态下。

太阳表面温度约为6 000 K，辐射的最强波段为可见光部分，地球表面温度为288 K，地表辐射波段为红外部分。从太阳这样的高温物体发射出来的是紫外线、可见光这些短波长的光，一般将其称为太阳波辐射或短波辐射；被地球吸收、变成低温后向宇宙空间发射的光是红外线这样的波长较长的光，常被称为红外辐射或长波辐射。大部分太阳短波辐射可以通过大气层到达地面，使地球表面温度升高，与此同时，大气能强烈地吸收地面放出的长波辐射，仅散失少量热辐射到宇宙空间去。由于大气吸收热量多，散失少，使地球气温升高，形成了大气的“温室效应”。随着气温的升高和地面长波辐射的增强，散失到宇宙空间的热量也随之增多。最终，地球接受到的太阳辐射热量和地球散失的长波辐射热量会达到平衡，形成地球上的平衡温度，即目前地球的平均气温。

能量的辐射是按物体绝对温度的四次方规律进行的。现在，地球的平均温度约为300 K，地球释放的热量若增加万分之一时，地球温度的上升只不过为0.01 K左右，不到温室效应气体影响的1%。若按斯蒂芬·波尔兹曼公式进行计算，地球温度应为-18℃。但是，实际地表的平均温度为15℃左右，这就是温室效应的结果。

若温室效应气体增加，地表气温会上升多少呢？这里有三点值得注意：一是从外空看地球，作为整体的地球，其温度为-18℃不会变；二是温室效应气体增加，地表温度将持续上升。对应温室效应气体的浓度，在某点温度恒定，这时称为稳定状态。此时地表从太阳得到的热量又被全部传到较冷的外大气，最终传到宇宙，这样就可以知道此时的地表温度；三是温室效应气体阻碍了从温暖的地表到较低的大气层外部的热量传递。

温室效应气体并不是使热量滞留在地表，而应考虑成热量不滞留地使地表变暖。若不考虑CO_2浓度增加造成的效应，要想传递与以前相同的从太阳接受的热量，地表和大气层外的温度差应增大，即地表变暖。根据计算，此时地表附近的对流层也应变暖，但在其外侧，即平流层比现在的气温要下降。其示意图如图9-6所示。

地球正在变暖吗？请看下列结果。图9-7为全球年均温度(包括陆地和海洋上空的气温)的变化。图中的0线代表1961年到1990年这30年的平均值，平滑的曲线为用二项式滤波器平滑处理后的结果。在从1856年到2004年有温度记载的149年当中，最热的10个年份依次是1998年、2002年、2003年、2004年、2001年、1997年、1995年、1999年、1990年、2000年，最近20年当中，除了1996年，其余9年都进入了最热的前10名。所以说已经出现了全球变暖的明显趋势，这种趋势还在继续。20世纪当中，全球年均温度上升了0.3~0.6℃。

图9-8是我国全国历年平均气温变化曲线图。2010年(1~12月)全国年平均气温为9.6℃，比2009年低0.4℃，但仍然是连续第14年高于常年平均值，说明我国气候也在持续变暖。

又据2007年2月发布的政府间气候变化专门委员会(IPCC)第四次评估报告指出，全球气候呈现以变暖为主要特征的显著变化，最近12年中有11年位列1850年以来最暖的12个

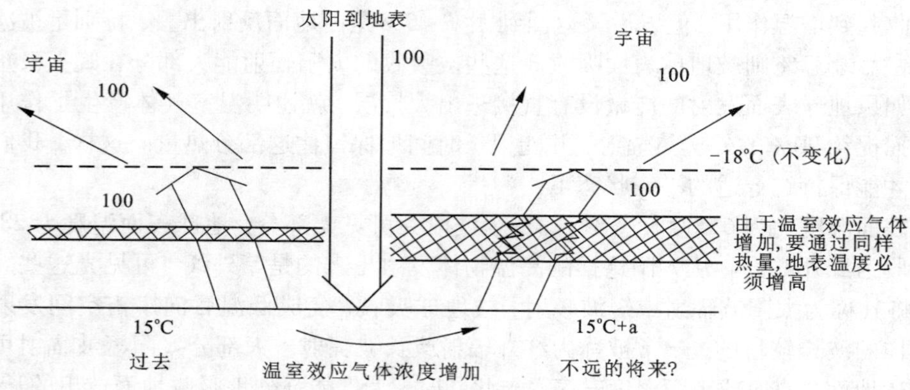

图 9-6 地球变暖和温室效应的原理

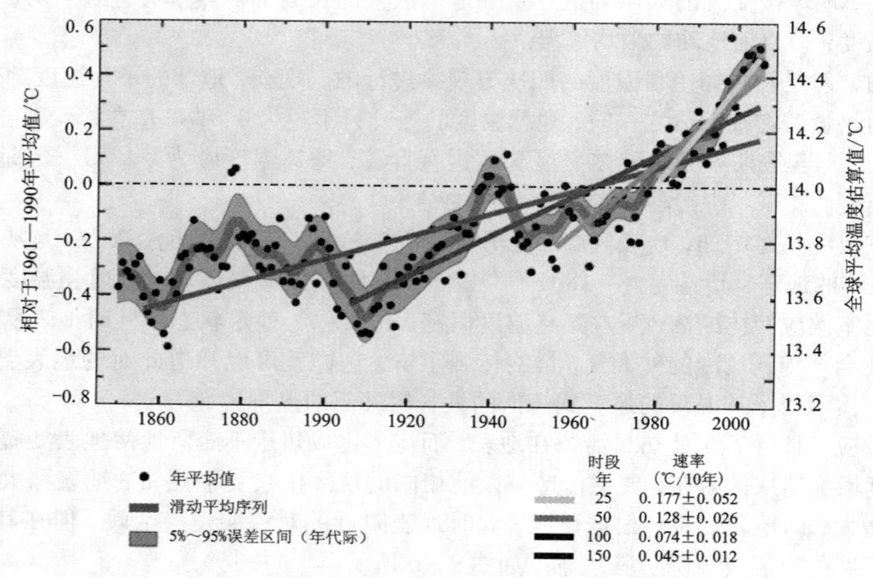

图 9-7 全球大气年均温度的变化趋势

年份之中;近 50 年平均线性增暖速率(每 10 年 0.13℃)几乎是近 100 年的两倍,相对于 1850—1899 年,2001—2005 年总的温度增加为 0.76℃。南北半球的山地冰川和积雪总体上都已退缩,格陵兰和南极冰盖的退缩已对 1993—2003 年间的海平面上升贡献了 0.41 mm/a;在 1961—2003 年期间,全球平均海平面上升的平均速率为 1.8 mm/a(见图 9-9)。到 2050 年,平均气温预计将上升 2.2℃。这将导致海平面上升 500 mm,从而使大量陆地被淹没。另外,全球气候变暖还将导致雨量增多,河水上涨,加剧局部干旱和荒漠化,极端天气出现的频率增大且强度增大,生态系统失衡,粮食减产等后果,从而给人类的生产和生活造成各种灾难性后果。

对于造成全球气候变暖的原因,各国专家提出了多种假说,有代表性的有以下几种:

(1)全球温度升高仍然属于自然温度变化的范围之内。

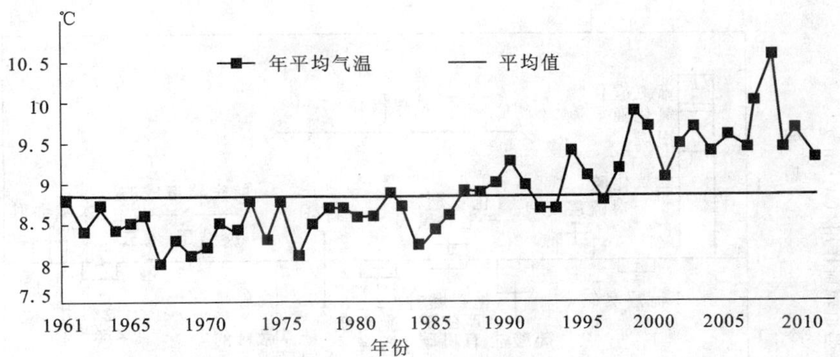

图9-8 我国全国年度平均气温历年变化

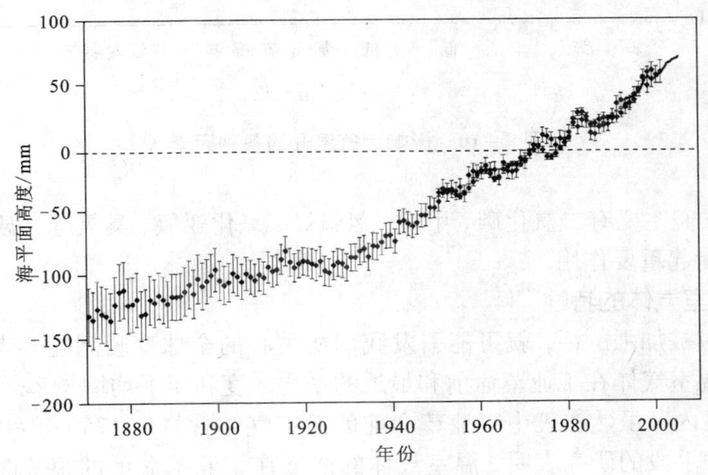

图9-9 世界平均海平面变化趋势图

(2)全球温度升高是小冰河时期的来临。

(3)全球温度升高的原因是太阳辐射变化(太阳周期性活动)及云层覆盖的调节效果。

(4)全球温度升高是城市热岛效应的反映，因为很多记录数据都是在人口稠密或正在扩张的地区。

(5)全球温度升高是人类经济活动导致大气中温室气体浓度持续增加的后果。

目前多数人倾向于用第(5)种解释，即人类经济活动所排放的大量温室气体如二氧化碳(CO_2)、甲烷(CH_4)、氧化亚氮(N_2O)、氢氟碳化物(HFCs)、全氟碳化物(PFCs)及六氟化硫(SF_6)等浓度的持续增加是导致全球气候变暖的主要原因。图9-10给出了影响大气温度的各种因素及其对大气温升的作用。

9.4.2 温室气体

地球大气有类似玻璃的温室效应，其作用的加剧是当今全球气候变暖的主导因素。大气由许多气体组成，其中氮、氧占总体积的99%，但影响温室效应的却是众多的微量气体，这些气体可以让太阳短波辐射自由通过，同时使地面和大气底层温度升高，故而，这些气体被

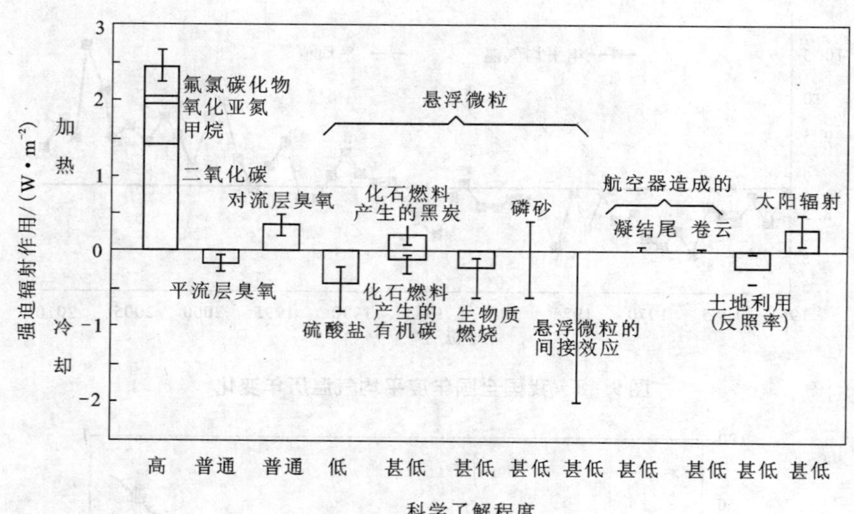

图 9-10 影响大气温升的各种因素

称为温室气体，它们主要有二氧化碳、甲烷、氢氟烃、氧化亚氮、臭氧等，温室气体对地球辐射热量的收支平衡起重要作用。

9.4.2.1 温室气体的特性

如果温室效应被加强的话，就可能引发我们所关心的全球变暖问题。表 9-4 列出了大气中一些主要的温室气体在工业革命前和最近的平均浓度和年平均增长率。因为缺少准确资料，臭氧未包含在内。虽然在表中工业革命前的温室气体含量用 1750—1800 年的平均浓度表达，但来自各种手段的研究表明，温室气体的浓度在工业革命前的很长时间中变化很小，在围绕上述平均浓度的不大范围内变动。但在工业革命之后，数值却急剧增长，甚至是从无到有，这是惊人的。这个事实表明，这些气体在大气中浓度的增加，主要来自工业革命后的人类活动(如大量燃煤、制冷剂的大量应用等)。

表 9-4 人类活动影响下的温室气体

	CO_2	CH_4	CFC-11	CFC-12	N_2O
工业革命前(1750~1800)/ppb(V)	280 000	800	0	0	288
1990 年/ppb(V)	353 000	1720	0.280	0.484	310
1998 年/ppb(V)	365 000	1745	0.356	0.620	314
现存的每年变化值/ppb(V)	1 500	3	0.0095	0.017	0.5
现存的每年变化率/%	0.42%	0.18%	3.4%	3.5%	0.16%
平均寿命/年	50~200	12	65	130	114
20 年变暖潜值(GWP)	1	63	4500	7100	270

注：气体浓度单位 ppm(V)、ppb(V)、ppt(V)分别指单位体积内含有 10^{-6}、10^{-9}、10^{-12}体积的气体。

表9-4中提供了这些气体的平均寿命，也就是它们的分子产生后在大气中的存留时间。这个数字显然很重要，因为气体分子产生之后，如不能在大气中存留很长时间，它们就不会对大气温度有影响，而寿命越长，影响也越大。任何一种温室气体的分子在产生之后，其寿命的长短由多种因素决定的。首先，看它是不是容易和其他化学成分产生化学反应，变成另一种化学物质。再有，它是不是容易被海洋、土壤或植物从大气中吸收(这些地方称为汇)；或者，海洋、土壤，或植物是不是可以产生它并把它释放到大气中(这些地方称为源)；还有，它在某地产生之后，是否容易被风和海流等带到其他的地区或扩散到四周，等等。所以它的寿命是和它所在的全球空间中的循环过程联系在一起的，非常复杂。从表中可以看到，二氧化碳(CO_2)的寿命可能最长达200年左右；氧化亚氮(N_2O)可达120年左右。一旦它们因任何原因(自然原因或人为原因)大量产生并进入大气后，可以影响的时间非常之长。

表9-4中还列出变暖潜值GWP(global warming potential)。所谓变暖潜值是比照二氧化碳的变暖效果计算的。例如，如果一个二氧化碳分子在周年内形成1个单位的增温效果，则一个甲烷(CH_4)分子将会造成63个单位的变暖效果，氧化亚氮为270，氟氯烃(CFCs)更大，其中CFC-11为4 500，CFC-12为7 100。从表9-4中可以看到，这些温室气体都具有令人吃惊的年增长率，而且氧化亚氮、甲烷和氟氯烃的增温潜值远大于二氧化碳。虽然现在它们的大气含量很低，但因其快速增长而具有非常大的变暖效率，应受到人们的加倍重视。

9.4.2.2 温室气体的来源

表9-5给出了各种已知温室气体的来源及在大气中的降解时间。

表9-5 温室气体种类、来源及在大气中的降解时间

温室气体	分子式	来　源	降解时间(年)
水蒸气	H_2O	自然蒸发	0.001
二氧化碳	CO_2	化石燃料和砍伐森林	8
一氧化碳	CO	来源很广	0.3
氢　气	H_2	来源很广	2
氮化物	N_2O	燃料与肥料	120
	NH_3	农业化学品	0.01
	NO，NO_2	燃　烧	0.001
硫化物	CSO	CS_2 氧化	未 知
	CS_2	工业和胱氨酸氧化	未 知
	SO_2	燃烧和工业	0.001
	H_2S	燃烧和工业	0.001
氟化物	CF(F14)	铝 厂	>500
	C_2F_6(F116)	铝 厂	>500
	SF_6	未 知	>500
氯氟烃	$CClF_3$(F13)	空调设备与制冷剂	400
	CCl_2F_2(F12)	烟雾剂	110
	$CHClF_2$(F22)	烟雾剂	<20

续表 9-5

温室气体	分子式	来　源	降解时间(年)
	CCl_3F(F11)	烟雾剂	<65
	CF_3CF_2Cl(F115)	烟雾剂	<380
	$CClF_2CClF_2$(F114)	烟雾剂	180
	CCl_2FCClF_2(F113)	烟雾剂	90
含氯烃	CH_3Cl	海洋天然生成	15
	CH_2Cl	工业溶剂	0.6
	$CHCl_3$	F22 的制造	0.6
	CCl_4	含氟烃的生产	25~50
	CH_2ClCH_2Cl	化学工业	0.4
	CH_3CCl_3	去油剂	8
	$CHCl_3$	去油剂	0.02
	C_2Cl_4	去油剂	0.5
溴化物	CH_3Br	天然生成	1.7
	$CBrF_3$	灭火剂	110
	CH_2BrCH_2Br	加铅汽油添加剂	0.4
碘化物	CH_2I	海洋天然生成	0.02
烃　类	CH_4	工业产生	5~10
	C_2H_6	汽车废气	0.3
	C_2H_2	工业产生	0.3
	C_3H_8	天然生成	0.03
对流层臭氧	O_3	天然生成	0.1~0.3
醛　类	HCHO	烃类氧化	0.001
	CH_3CHO	天然生成	0.001

人类的各种生产和社会生活，都会释放或产生温室气体。图 9-11 给出了几种主要温室气体的排放量与来源。作为排放源，首先当然是工业部门，尤其是能源工业。除了工业部门要消耗能量外，我们的日常生活也要消耗大量的能量。此外，农业也是一个较大的排放源，耕地、牧场和森林的开垦都会排放出温室气体。

表 9-6 所示为各种气体对温室效应的影响程度、发生源及削减目标。尽管 N_2O 的影响程度远小于 CO_2 的影响程度，但是 N_2O 吸收红外线(如在 7.8μm 波长)的能力是 CO_2 的 250 倍，因而 N_2O 浓度的轻微增加就可造成很大的影响。预测表明，当在现有基础上 CO_2 增加 30%，N_2O 增加 25% 时，N_2O 的温室效应效果将相当于 CO_2 的 1/6。

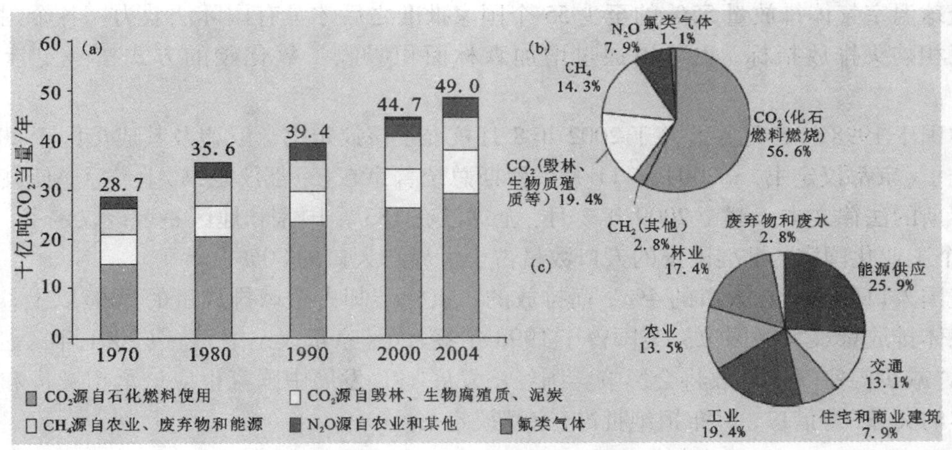

图 9－11　全球主要温室气体排放量与来源

表 9－6　各种气体对温室效应的贡献

气体	影响	来源	削减目标
CO_2	50%	化石燃料燃烧、生物焚烧	80%～95%
CH_4	20%	农　业	45%
CFCs	14%	化学工业	75%～100%
N_2O	6%	肥料、生物焚烧、化石燃料燃烧	80%～85%
其他(如 O_3)	10%	臭　氧	—

9.4.2.3　温室气体的减排

工业化时代开始以来，仅仅约200年的时间，人类的活动已使上层大气发生了变化。在过去的一个多世纪里，由于燃烧化石燃料(石油、天然气、煤)和砍伐森林，CO_2含量已经增加了30%以上，19世纪60年代，全球CO_2排放量不足1亿t，而现在世界的排放量已达到人均5 t。甲烷在上层大气中的含量也已增加了1倍，这主要是由于油气井的喷发，森林和原野变成牧场和耕地，以及海洋捕捞活动中产生的有机废弃物腐烂也起着作用。与此同时，大气中N_2O也增加了1/3，它主要来自化石燃料的燃烧以及肥料脱氮和破坏森林所释放的污染物质。

为了使人类免受气候变暖的威胁，1997年12月，在日本京都召开的《联合国气候变化框架公约》缔约方第三次会议通过了旨在限制发达国家温室气体排放量以抑制全球变暖的《京都议定书》。

《京都议定书》规定工业化国家要减少温室气体的排放，减少全球气候变暖和海平面上升的危险，发展中国家没有减排义务。到2010年，相对于1990年的温室气体排放量总体减少5.2%，这包括6种气体，即二氧化碳、甲烷、氮氧化物、氟利昂(氟氯碳化物)等。到2008年至2012年的五年间，欧盟国家应减少8%，美国7%，日本6%，加拿大6%，东欧各国减少5%～8%。新西兰、俄罗斯和乌克兰则不必削减，可将排放量稳定在1990年水平上，允许爱尔兰、澳大利亚和挪威的排放量可分别比1990年增加10%、8%、1%。《京都议定书》需要在占全球温室气体排放量55%的至少55个国家批准之后才具有国际法效力。各个国家之间可以互相购买排放指标，也可以通过增加森林面积吸收二氧化碳的方式按一定计算方法抵消。

中国于1998年5月签署并于2002年8月核准了该议定书。欧盟及其成员国于2002年5月批准了《京都议定书》。2004年11月俄罗斯总统普京在《京都议定书》上签字，使其正式成为俄罗斯的法律文本。截至2009年2月，全球已有183个国家和地区签署该议定书，其中包括30个工业化国家，批准国家的人口数量占全世界总人口的80%。

美国人口仅占全球人口的4%，而排放的二氧化碳却占全球排放量的20%以上，为全球温室气体排放量最大的国家。美国曾于1998年签署了《京都议定书》。但2001年3月，布什政府以"减少温室气体排放将会影响美国经济发展"和"发展中国家也应该承担减排和限排温室气体的义务"为借口，宣布拒绝批准《京都议定书》。

2005年2月16日，《京都议定书》正式生效。这是人类历史上首次以法规的形式限制温室气体排放。为了促进各国完成温室气体减排目标，议定书允许采取以下四种减排方式：

(1)两个发达国家之间可以进行排放额度买卖的"排放权交易"，即难以完成削减任务的国家，可以花钱从超额完成任务的国家买进超出的额度。

(2)以"净排放量"计算温室气体排放量，即从本国实际排放量中扣除森林所吸收的二氧化碳的数量。

(3)可以采用绿色开发机制，促使发达国家和发展中国家共同减排温室气体。

(4)可以采用"集团方式"，即欧盟内部的许多国家可视为一个整体，采取有的国家削减、有的国家增加的方法，在总体上完成减排任务。

9.5 温室气体的排放与控制

如前所述，温室气体的种类繁多，不同温室气体因其来源不同，减排措施也不尽相同。这里介绍几种主要温室气体的排放控制。

9.5.1 二氧化碳的排放与控制

近百年来，由于天然气、石油、煤等燃料消耗量的急剧增多，大量的二氧化碳排放到大气中。同时，能够吸收二氧化碳的森林面积在不断减少，草场退化严重，土地荒漠化加剧，致使大气中的二氧化碳含量不断增大。

排入大气中的二氧化碳主要来自天然气、石油和煤等燃料的燃烧。但由于绿色植物的光合作用消耗二氧化碳，因此大气中二氧化碳的含量在以前很长时间基本上保持不变，一般稳定在0.03%(体积分数)左右。因二氧化碳直接存在于人类、动物、植物在生命活动过程中的摄入物和排出物之中，二氧化碳通常不被人们认为是一种大气污染物。

实际上，二氧化碳也是一种污染物。当空气中二氧化碳的体积分数达到1%时，就会使人呼吸加快；达到3%时，有明显的不舒适感；达到5%时，会感到难以忍受；达到10%时，可引起窒息、死亡。因此，大气中的二氧化碳污染应该受到人们的重视。

二氧化碳是人们发现最早的温室气体，也是数量最多的温室气体，对温室效应的贡献约为50%。这种温室效应会破坏高空中的臭氧层，引起全球气候转暖，并干扰地球上的生态平衡，给人类带来严重的后果，如严重的旱涝灾害，对农、牧、渔业产生不良的影响。

研究表明，近几十年来 CO_2 排放量正在与日俱增，结果导致大气二氧化碳浓度的持续上升(如图9-12)。工业革命前大气二氧化碳浓度基本稳定在280 μL/L，工业革命以后持续上升，已升高了31%，达到370 μL/L；最近20年每年平均升高1.5 μL/L，年增幅约为0.4%。

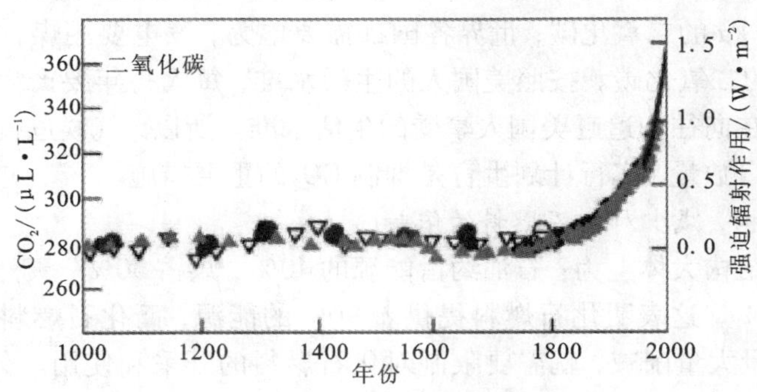

图9-12　大气二氧化碳浓度的变化趋势图

调查表明，全球二氧化碳排放量正以3.2%的年增长速度增加，到2010年，全球二氧化碳排放量达到310亿t，2020年将达到370亿t，2030年将达到423亿t。由于强大的经济增长拉动和对传统化石燃料的持续依赖，大部分增长排放量将源于发展中国家和非经合组织国家。2005年，非经合组织的总排放量超出经合组织7%，到2030年，非经合组织的排放量预计将超出经合组织的72%。

在中国，所有人为活动引起的温室气体排放中，CO_2 的排放量最大，全部 CO_2 排放量中，能源活动引起的排放占96%。中国又是用煤大国，85%的 CO_2 排放量是由于燃煤造成的。我国这种以煤为主的能源结构在今后相当长时间内不会有根本改变，而且随着经济的发展，煤炭消费还将保持继续增长趋势，故燃煤排放的 CO_2 仍将呈现增长趋势。随着能源消费的增加，中国温室气体总排放量仍会有较大幅度的增长。然而，虽然发展中国家近几十年来随着经济发展，CO_2 排放量急剧增长，但与发达国家相比，目前发展中国家的 CO_2 排放量仍然是相当少的。

控制二氧化碳的排放主要应从以下几个方面着手。

1)实行可持续发展战略

可持续发展所面临的人口、资源、环境等问题都是世界性的，它们包含技术、社会、经济和政治各方面的因素，并且它们存在复杂的相互作用。可持续发展与全球气候变化密切相关，面对这种挑战，科学家们应当联合起来，致力于推广和传播人与自然的和谐进步，参与制定、调整发展战略和产业政策；在科学研究方面，齐心协力地形成一种学科间综合的方法，合作研究可持续发展所面临的具体问题。

可持续性涉及很多特征因素，包括生活差异、自然资源、环境容量、人口增长、社会动乱和道德变化等。由于能源是人类生活中最主要的消费品之一，且影响着可持续发展的完整性，所以，我们把注意力集中到与能源的可持续性直接相关的三个特征因素，这就是自然资源、环境容量和人口增长。

实现了可持续发展后，所有的环境问题都将得到缓解，CO_2的排放与消费将保持平衡，温室效应就不会带来严重的环境问题。

2)抑制人口增长

千百年来，人类对生物和地球资源的近乎掠夺性的占有，加之人口的急剧增长，导致了今天环境的恶化。随着生活水平的提高，人人都想要汽车，汽车要用汽油，每消耗4.55 L的汽油就要产生9.07 kg的二氧化碳；世界各国都需要电力，发电要用煤，每生产1 kW·h电就要排出0.90 kg的二氧化碳。按照美国人的生活水准，每人每年要产生20 t二氧化碳，而世界各地的人们正在向往和追赶美国人享受的生活水准。所以，气候危机实际上是一种人口危机。所以抑制人口数量，实行计划生育是抑制CO_2的重要措施。

3)改善能源结构，减少对化石燃料的依赖

世界能源消费结构大体上为：石油约占能源的40%，煤占30%，天然气占20%，核能占6.5%，其他占3.5%。这表明化石燃料提供着90%的能源，而化石燃料又是CO_2的主要来源。要使CO_2排放量大量削减，就需要限制对化石燃料的开采和使用。另外，根据经验，能源利用率每提高一个百分点，CO_2排放量就可以减少3个百分点。因此，提高能源利用率是抑制CO_2排放的可行手段。

积极发展新型能源和可再生能源，是减少CO_2排放、改善生存环境、合理利用自然资源的必然方向。可再生能源满足可持续性条件，因此可以期望远期的能源战略将转向可再生能源。可再生能源有着极丰富的资源，在能源系统中将会越来越多地使用，新技术的不断开发也显示了它广泛的应用前景。

9.5.2 氟氯烃的排放与控制

在南极上空发现臭氧层空洞对科学界和公众来说都是令人震惊的。虽然已经认识到广泛用于烟雾喷射剂、溶剂和制冷过程的人造化学物质氟氯烃(CFCs)对臭氧层的破坏有一种长期作用，但其破坏的速度和程度仍然令人震惊。

氟氯烃(CFCs)作为温室气体，不如破坏臭氧层那样有名。CFCs是一个家族，其中应用最多的是CFC-11和CFC-12。它们是高稳定性的、无毒、难燃、价格便宜、无腐蚀性的物质，并且是热的不良导体，它们是良好的制冷剂和绝缘体。在过去的50年里，CFCs广泛地进入到工业产品领域，全世界都在使用它们。自然界中原本并不存在CFCs，CFCs完全属于人工合成物质。在20世纪20年代，CFCs被合成成功，广泛应用于清洁溶剂、发泡剂、制冷剂和灭火剂等领域。

在20世纪50年代以前，CFCs尚未被投入广泛的商业使用，因此大气中的CFCs含量是很低的。但自从商业使用开始后，CFCs的制造和使用增长极快。全世界大约85%的CFCs在使用后被排放到大气中。据估计，从20世纪70年代中期开始，每年大约有100万t的各类CFCs产品被排放进入大气。图9-13给出了南极观测站CFCs含量的增长情况。

CFCs有许多途径使地球变暖。像二氧化碳一样，氯化物有阻止地球表面红外辐射的作用，它所产生的温室效应能力是非常高的。CFCs通过破坏上层大气中的臭氧，使许多的太阳光穿透同温层而进入对流层。即使这些透进来的光线到达不了地球表面，但也能在较低的空气层加热大气，这对全球变暖有作用。当进入的紫外线撞击较低的对流层的氧分子时，就会就地产生臭氧。低空的臭氧作为温室气体，可以有效地使地表变暖。较低的温室“天花板”作

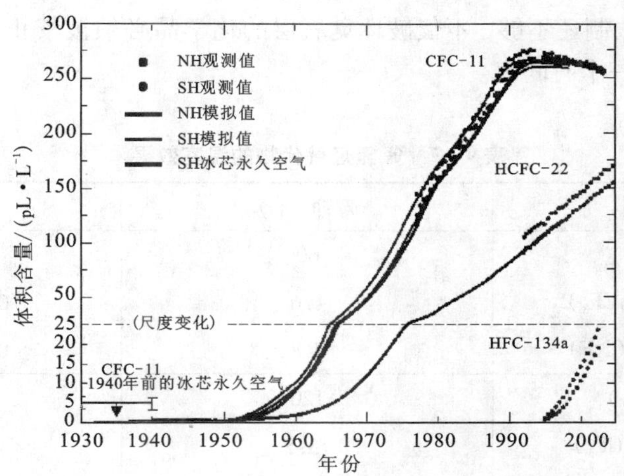

图9－13　南极观测站CFCs含量的增长情况

用可能导致比我们过去看到的快得多的变暖速率。在表9－4中可以看到，增加一个CFC－11分子产生的增温效果，相当于增加4 500个CO_2分子；增加一个CFC－12分子产生的增温效果，相当于增加7 100个CO_2分子。所以，虽然CFCs绝对排放量比CO_2的排放量小得多，但对大气温室效应的贡献依然是不容忽视的。

观测表明，CFCs在大气中的浓度每年增加3个百分点以上，其增加速率之快居各种温室气体之冠（见表9－4）。

既作为大气臭氧层耗损物质，又作为重要的温室气体，CFCs的排放已受到世界大多数国家的重视。1987年的《蒙特利尔协定书》及其后的修正案，已对CFCs的排放削减作出了具体的规定（详见9.3.4节），这是世界各国共同缔结的第一项环境保护协议书。但是，为赢得签约者，该协议遗留下许多漏洞。它允许各国有缓冲时间去进行工业调整，以便代之以新的产品和技术。尽管它看起来是个好文件，并且是全球环境协作的一个里程碑，但蒙特利尔协议也只能被看作是一个开始。蒙特利尔协议不会停止臭氧层的耗竭，只是减慢它的加速度。蒙特利尔协议实际上是呼吁世界民众到2020年把同温层的臭氧浓度增加一个数量级，即达到协议出台前实有浓度的10倍。由于CFCs在同温层的滞留期要长达一个多世纪，所以1990年排放的CFCs分子到2010年、2030年分别有39%、7%，仍然会起破坏作用。

CFCs的代用品一般比原来的化合物更昂贵，且效率较低。因此，换用替代品是不容易的。使用某些替代品的设备本身也更昂贵，能量消耗更多，损坏得更快。

氟氯烃化学组成十分稳定，有的寿命长达100年（见表9－7）。由表中可以看出，CFCs的多数替代物不仅对臭氧层破坏能力较低，寿命更短，而且其温室效应作用也较小；但作为制冷剂或高分子原料的HCFC－22（其本身也是一种CFCs替代物）是个例外，其替代物反而具有更强的温室效应作用。在寻找替代物时，还应考虑由于向替代物转换造成的能量利用效率降低，限制排放、回收、破坏处理等需要增大，及与此关联的间接的CO_2排放量增加。

2005年，100多个国家的政府代表集会于日本京都讨论局面的严重性，对全球气候变暖有了高度的认识和一致的意见，形成了京都议定书。该议定书规定了各国主要温室气体的削减指标，尽管个别国家出于本国利益最后拒绝批准该协议书，但所有参加会议的国家共同认为，蒙特利尔协议的限制还不够，不仅破坏臭氧层的化学品必须被禁止，而且各种温室气体的排放削减也必须有一个时间表。

表 9-7　氟氯烃替代物的温室效果

替代品名	寿命(年)	温室效果①
CFC-11(CCl_3F)②	60	1
HCFC-123($CHCl_2CF_3$)	1.6	0.017~0.020
HCFC-141b(CH_3Cl_2F)	7.8	0.084~0.097
CFC-12(CCl_2F_2)②	120	2.8~3.4
HFC-134a(CH_2FCF_3)	15.5	0.24~0.29
HFC-152a($CHClFCF_3$)	1.7	0.026~0.033
HCF-124($CHClFCF_3$)	6.6	0.092~0.01
HCF-142b(CH_3CClF_2)	19.1	0.34~0.39
HCFC-22($CHClF_2$)②	15.3	0.32~0.37
HFC-125(CHF_2CF_3)	21.8	0.51~0.65
HFCl-143a(CH_3CF_3)	41	0.72~0.76

注：①单元质量的相对比较值；②替代对象。

9.5.3　氧化亚氮的排放控制

许多被称为微量的气体，与主要温室气体起着同等重要的作用。这些微量温室气体包括氧化亚氮、臭氧、微量碳氢化合物、硫的氧化物、PAN 等。这些化合物在大气中的浓度很小，不足百万分之一，但对于同等浓度而言，在影响全球变暖方面，它们比浓度较大的二氧化碳(CO_2)和甲烷(CH_4)等气体作用大得多。

许多微量气体在吸收红外线方面要比普通温室气体强 10 倍，最强的要比甲烷大 100 倍，比二氧化碳大 1 000 倍。由于地球大气圈十分广阔，因此我们对大气中化学组成的改变在体积上是微小的，在上层大气中测出的含量仅为 10^{-9} 量级。

这里以 N_2O 的排放控制为例进行介绍。

大气中 N_2O 浓度是 N_2O 生成与分解之间平衡的结果。按这一机理，每年 NO_2 分解量在 10.5 ± 3.0 TgN，而大气中 N_2O 每年增加 3.5 ± 0.5 TgN。由此可以推断每年 N_2O 产生量应为 14 ± 3.5 TgN。

较新的测试表明，大气中的 N_2O 浓度已达 322 nL/L，而且在过去的几十年中其浓度逐步上升。图 9-14 为 1975 年到 2007 年大气中 N_2O 浓度的变化。由图中数据可以得出，N_2O 浓度以每年 0.2%~0.3% 的速度增加。当考虑到臭氧层的消耗和全球能量平衡变化时，这种增长显然影响非常重大。地球上不同地方的 N_2O 浓度略有差别，北半球比南半球约高 1 nL/L。

通过对南极冰中封存的气泡进行分析，1800 年 N_2O 浓度为 280 nL/L，此前数千年其浓

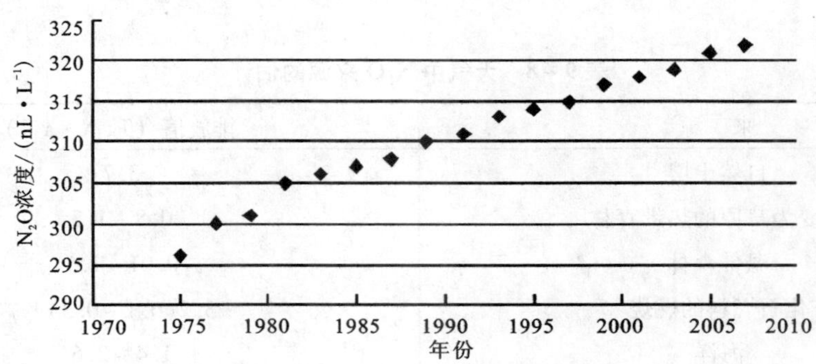

图9-14　1975—2007年间大气中N_2O容积浓度变化

度变化很小。而工业化开始之后，其浓度有较大的升高，如图9-15所示。因而可以认为，N_2O浓度的升高是由于人类活动的加剧造成的。大气中N_2O浓度的升高使得温室效应及臭氧层的变薄加剧。

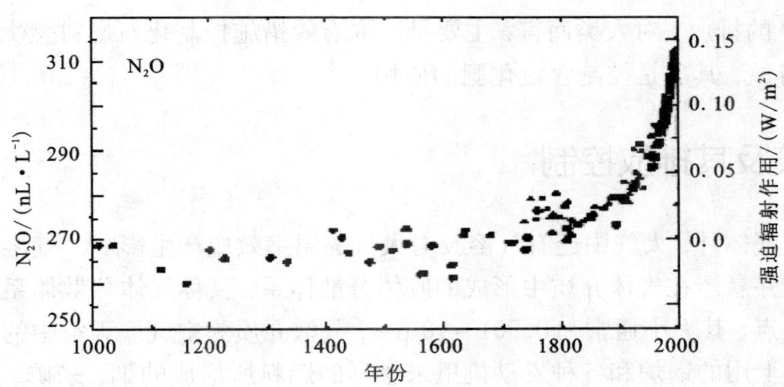

图9-15　过去1 000年大气中N_2O容积浓度的变化

近年来，燃烧过程中氧化亚氮(N_2O)的排放引起了人们较大的重视，这是由于它对大气环境的破坏作用为人们越来越了解。其一，它能破坏大气同温层的臭氧层；其二，它是一种温室效应气体。由于N_2O能通过生命过程产生，它是大气中含量居第二的含氮物质。N_2O对人体没有很大危害，也不伤害农作物，它的主要问题在于对环境的直接作用而间接影响到地球上的生命活动。

表9-8所示为N_2O产生源的估计。由表中可以看出，无论是自然的、未施肥的还是施肥的土地，都是N_2O的重要来源；化石燃料的燃烧为第二个大源。自从发现同时含有SO_2、NO_x和水的烟气能在储存过程中产生额外的N_2O后，化石燃料的燃烧实际产生的N_2O量只有以前测量的十分之一。由于化石燃料的燃烧和生物焚烧产生的N_2O量被修改了，大气中N_2O的生成与分解量不再平衡。这可能有两种原因：一是还存在未知的源，再就是低估了目前已发现源的产生量。N_2O由土壤和水中大量的微生物的反应形成，但含氮化肥的大量生产与使用也造成N_2O的增加。能够产生N_2O气体的一些人工化学过程已经得到确定。在过去

的200年里N_2O的浓度增加了大约13%。大气中的N_2O的新的产生源还在探寻之中。

表9-8 大气中N_2O来源的估计

来 源	排放值/($Tg\ N\cdot a^{-1}$)
自然土壤	3.7
转变为草原的热带森林	0.8~1.3
温带森林	0.01~1.5
化石燃料的燃烧	3.2(0.1~0.3)①
海洋	1.4~2.6
生物焚烧	1.6(0.1~1.0)①
施肥的农业土壤	0.01~1.1
漏入地下水的化肥	0.5~1.1
总量	11.22~16.10(6.6~12.6)①

注:①修改后的值。

要减少N_2O的排放,对人类而言,主要是采取有效措施控制化石燃料燃烧和生物焚烧所产生的NO_x的排放,其次是控制含氮化肥的使用。

9.6 气溶胶及其排放控制

除上述温室气体外,大气中还有气溶胶对大气的温室效应产生影响。气溶胶是由固体或液体小质点分散并悬浮在气体介质中形成的胶体分散体系,又称气体分散体系。其分散相为固体或液体小质点,其大小通常为0.001~10 μm,分散介质为空气。天空中的云、雾、尘埃,工业上和运输业上用的锅炉和各种发动机里未燃尽的燃料所形成的烟,采矿、采石场磨材和粮食加工时所形成的固体粉尘,人造的掩蔽烟幕和毒烟等都是气溶胶的具体实例。

9.6.1 气溶胶的分类及特性

目前常将气溶胶分成三大类:①雾:指液体粒子的凝聚性气溶胶和分散性气溶胶;②尘:指固态粒子的分散性气溶胶;③烟:指固态粒子的凝聚性气溶胶。

由于气溶胶的分散介质是气体,气体的黏度小,分散相与分散介质的密度差很大,质点相碰时极易黏结以及液体质点的挥发,使气溶胶有其独特的规律性。气溶胶质点能发生光的散射,这是使天空成为蓝色,太阳落山时成为红色的原因,彩虹、月晕都是因为光线穿过大气层时气溶胶质点发生光的折射而引起的自然现象。在动力性质方面,其布朗运动非常剧烈,当质点小时具有扩散性质;当质点大时,由于与介质的密度差大,沉降显著。在电学性质方面,气溶胶粒子可以带电,其电荷来源于与大气中气体离子的碰撞或与介质的摩擦,所带电荷量不等,且随时间变化。在稳定性方面,气溶胶粒子没有溶胶粒子那样的溶剂化层和扩散双电层,相碰时即发生聚结,生成大液滴(雾)或聚集体(烟)。此过程进展极其迅速,所以气溶胶是极不稳定的胶体分散体系,但由于布朗运动的存在,也具有一定的相对稳定性。

不同类型不同高度的气溶胶其形成与清除的过程差别很大，在大气中的生命期也不同，一般认为在对流层内的气溶胶生命期为几天至数十天，平流层中硫酸盐气溶胶的生命期可以达到1年以上。

9.6.2　气溶胶的来源与排放

气溶胶颗粒物的来源分为自然源和人为源，自然源主要有火山喷发、森林大火、沙尘暴、生物行为(植物及动物)；人为源主要有矿物冶炼、燃烧、化工、加工、农业、家庭装饰及放射性气溶胶等。植物气溶胶的粒径为5～100 μm，如花粉、霉及其他杂物；动物气溶胶的粒径为0.01～100 μm，如细菌、病毒；燃烧产生的气溶胶，其粒径为0.01～1 000 μm，源于燃烧木材及烟草产物等；家庭或个人清洁及化妆产生的气溶胶，粒径分布在0.1～1 000 μm之间；放射性气溶胶，主要是指放射性粒子附着在较大的颗粒上，其中部分颗粒可被吸入肺部。其放射性物质将损坏肺部并增加肺癌的危险。

大气气溶胶是指大气与悬浮在其中的固体和液体微粒共同组成的多相体系。气溶胶的自然来源主要是海洋、土壤和生物圈以及火山等。工业化革命以来，人类活动不仅直接向大气排放大量粒子，更重要的是向大气排放大量的 SO_x，SO_x 在大气中通过非均相化学反应逐渐转化成硫酸盐粒子，形成二次气溶胶。大气气溶胶的来源与排放量如表9－9所示。

表9－9　大气气溶胶的来源与排放量　单位：t/年

源	1971	1995
自然源		
土壤和岩石碎屑	100～500	1 500
森林和砍伐剩余物火灾	3～150	50
海盐	300	1 300
火山残骸	25～150	33
气粒转化过程		
含硫气体转化成硫酸盐	130～200	102
NH_3 转化成铵盐	80～270	
NO_x 转化成硝酸盐	60～340	22
植物释放和大火产生的有机物(VOC)	75～200	55
小计	773～2 200	3 026
人为源		
直接排放	10～90	120
气粒转化		
含硫气体(SO_2，H_2S)转化成硫酸盐	130～220	140
NO_x 转化成硝酸盐	30～35	36
有机物(VOC)	15～90	90
小计	185～419	386
总计	958～2 615	3 450

生物物质燃烧以及化石燃料不完全燃烧产生大量的黑炭气溶胶。根据 IPCC(政府间气候变化专门委员会)报道，目前的黑炭气溶胶年排放约 1 300 万 t(碳)，其中 600 万 t 来自生物体燃烧，700 万 t 来自化石燃料燃烧(其中 1/4 来自汽车排放，柴油汽车是主要的来源)。它们对大气的物理化学性质和区域及全球气候有较大的影响，IPCC 第二次评估报告指出，化石燃料燃烧产生的黑炭气溶胶，其全球年平均强迫辐射强度为 $+0.1\ W/m^2$，第三次评估报告根据最新的研究成果，认为其强迫辐射强度为 $+0.2\ W/m^2$。黑炭气溶胶的作用已越来越受到人们的关注，它对气候变暖的贡献甚至可能超过目前公认的二氧化碳等。

近百年来，硫化物的排放量增加极为显著。在欧洲和北美这些高度工业化地区，人为 SO_2 排放比自然排放高出 10 倍甚至更多。根据工业排放的 SO_2 资料，可以利用三维区域尺度硫输送模式模拟区域硫酸盐的分布规律。在此基础上，可进一步计算硫酸盐气溶胶的直接辐射强度，并可运用二维能量平衡模式模拟硫酸盐气溶胶对温度场的影响。

地形对气溶胶分布的影响十分明显，山区易于使人为气溶胶堆积；气溶胶的浓度在 100 $\mu g/m^3$ 以上时，地面太阳辐射就明显减少；当气溶胶浓度达 500 $\mu g/m^3$ 时，400 ~ 600 m 烟雾层可使地面太阳辐射减少 30%；空中气溶胶吸收了太阳辐射而增温，使大气不稳定性减弱，并使大气扩散能力差，进而使山区上空气溶胶堆积加重。

沙尘气溶胶，或称为矿物气溶胶，是对流层气溶胶的主要成分。据估计全球每年进入大气的沙尘气溶胶达(10 ~ 20)亿 t，占对流层气溶胶总量的一半。近 30 年来，研究者主要从以下几个方面对沙尘气溶胶进行了研究：沙尘暴形成的天气背景、下垫面条件；沙尘的起沙机制，沙尘粒子的空间分布特征；沙尘的长距离输送，沙尘气溶胶的辐射反馈机制，等等。

9.6.3 气溶胶的危害

气溶胶对大气环境质量和人体健康有很大的影响。在城市大气中，由汽车尾气和燃煤排放出的大量污染气体可通过气粒转化过程形成二次气溶胶，由于其粒子小、平均寿命长，可对城市大气环境产生显著影响。高浓度的气溶胶可以降低大气的能见度而影响城市的正常生活，如高浓度的气溶胶可以降低大气的能见度从而影响飞机的正常起落。微米级的气溶胶粒子对人的呼吸系统产生重要影响，危害人类健康。最近的研究表明，生物气溶胶(含有各种微生物的气溶胶)可对一些从事特定职业的人群产生危害。生物气溶胶所引起的各种呼吸道疾病已经得到医学界的广泛关注。

在环境受到气溶胶污染时，人们呼吸时吸入的不是纯净空气而是气溶胶。气溶胶对人体的危害程度主要与其成分、浓度、来源和粒径有关。气溶胶浓度和暴露时间决定了吸入剂量，有害颗粒物浓度越高、持续时间越长、危害就越大。气溶胶在呼吸道内的沉积、滞留和清除与其粒径有关。气溶胶的来源可能是短期的、季节性的或连续性的，其粒径从毫微米到 10 μm，对人体健康的危害很大。当气溶胶的浓度达到足够高时，将对人类健康造成威胁，尤其是对哮喘病人及其他患有呼吸性疾病的人群。空气中的气溶胶还能传播真菌和病毒，这可能会导致一些地区疾病的流行和暴发。

此外，对流层中硫酸盐气溶胶的一个潜在作用是作为反应基，使导致臭氧破坏的化学反应得以进行。有证据表明，在臭氧破坏反应中呈现惰性的酸性氯化物和溴化物在硫酸气溶胶表面可转化为具有活性的气态氯和溴，从而加速臭氧层的耗损。

9.6.4 气溶胶对气候的影响

气溶胶对气候的影响是指气溶胶浓度变化会影响云的光学特性、云量和寿命，而云的变化反过来影响气候。从表9－9可以看出，人类活动给大气排入了大量的气溶胶，这些气溶胶包括硫酸盐颗粒和黑炭(煤烟)，它们在大气中的寿命较短，分布具有不均衡性。硫酸盐颗粒将太阳辐射散射回外层空间，从而在一定程度上减缓温室效应。最近由于“洁净炭技术”和低硫燃料的利用，使得硫酸盐浓度有所降低，但也降低了其对温室效应的抵消作用。黑炭气溶胶是生物质燃烧(森林火灾和秸秆焚烧)以及化石燃料不完全燃烧的最终产物，它们直接或间接地影响太阳辐射的收支，尽管要量化其影响还存在难度，但这一点是确定无疑的。

气溶胶粒子能够从两方面影响天气和气候。一方面是可以将太阳光反射到太空中，从而冷却大气，并会使大气的能见度变坏；另一方面是通过微粒散射、漫射和吸收一部分太阳辐射，减少地面长波辐射的外逸，使大气升温。

气溶胶粒子具有分布不均匀、变化尺度小、成分复杂等特点，多集中于大气底层，对云的凝结核、雨滴、冰晶形成，进而对降水的形成起重要作用。气溶胶甚至可以改变云的存在时间，能够在云的表面产生化学反应，决定降雨量的多少并影响大气成分。

碳粒粉尘是大气气溶胶的重要组成物质，主要是由于燃烧煤和柴油等高含碳量的燃料时碳利用率低而造成的。众多的碳粒聚集在对流层中导致了云的堆积，而云的堆积便是温室效应的开始，因为40%～90%的地面热量来自云层所产生的大气逆辐射，云层越厚，热量越是不能向外扩散，地球也就越来越热。碳粒粉尘并不是不可避免的东西，随着内燃机品质的不断提高，和不使用内燃机的交通工具的问世，不能烧烬的碳粒的排放是可以减少的。如果这一学说成立，则会给地球降温带来新的希望。

硫化物是大气气溶胶的又一重要组成物质。它主要是燃烧煤和冶炼过程产生的，它在大气中的存留时间短，多集中在产地，因此难于形成比较均匀的全球分布。但硫化物气溶胶的局部影响非常显著，主要集中在工业化程度高和化石燃料消耗大的地区。硫化物气溶胶会遮挡部分阳光到达地面，因此使地面气温降低，起到冷却作用。

有人对人类活动排放到对流层颗粒物进行了研究，估算了直接颗粒物的排放和因在大气中的化学反应而产生的二次颗粒物，特别是硫化物。全球范围内人为源排放的直径小于10 μm的硫化物为345 t/a，包括次生的 NO_3^- 和有机物。世界范围内的排放主要是由化石燃料的燃烧，尤其是煤和生物质的燃烧产生的。这种排放到2040年将会增长115～211倍，发展中国家增长将会最大，尤其是印度和中国。现在人为源的排放与自然源排放相比基本相当，但到2040年人类造成的排放量将远远高于自然源排放量。其增长将通过增加辐射散射的直接影响和改变云的反照率和覆盖率的间接影响增加对气候的负面影响。

尽管气溶胶只是地球大气成分中含量很少的组分，但其重要性却因诸多因素而扩大化。这些因素包括：在大气层中的广泛分布；对许多大气过程的重要作用；对区域和全球大气质量和气候的影响等。气溶胶还对空气质量、能见度、酸沉降、云和降水、大气的辐射平衡与平流层和对流层的化学反应等有重要影响。

9.6.5 气溶胶的控制

尽管气溶胶粒子对气候和环境质量有重要影响，但在目前的全球气候与环境模型中对气溶胶的影响的考虑并不充分。其原因是缺乏关于气溶胶的全球数据;缺乏对气溶胶相关过程和气溶胶辐射效果的了解。在用模型计算大气成分改变(由人为活动造成的)所引起的气候问题时,平流层气溶胶仍是一个不确定的因素。人类活动引起的土地利用变化、城市化和沙漠化及自然或人为因素引起的地表特征和气候变化都可能改变沙尘暴的频率及强度,沙尘气溶胶对酸雨的中和作用、对硫酸盐气溶胶的形成及其谱分布和对海洋微量成分循环过程的影响将继续是科学界关注的问题。由于大气气溶胶的种类繁多,作用机理复杂,对气候的影响规律还需要进一步研究。

在气溶胶的排放控制方面,由表9-9可知,对气溶胶的人为源排放的控制主要可采取以下措施:

(1)优化能源结构,减少对化石燃料的依赖,特别是减少煤炭的直接燃烧;

(2)采取有效的燃烧污染治理措施,减少 SO_2、炭烟和粉尘的排放;

(3)加大对冶炼、化工、加工等过程烟气和粉尘的治理力度,减少其排放;

(4)增加绿化面积,有效减少土地的沙化和荒漠化。

由前面的分析可知,大气气溶胶也是一个不容忽视的全球性问题,尽管对它的全球浓度分布、对气候的影响规律、作用机理等还缺乏定量的认识,但其整体对大气的温升作用、对气候的负面影响、对人类健康和生活质量的不利影响,已得到科学界的共识。人们只有通过采取措施、控制排放,才能减少其所带来的不利影响,使人类共同拥有一片蓝天!

思考与练习

1. 大气污染物有哪些种类?各有何危害?
2. 大气污染的防治措施有哪些?
3. 大气污染控制技术包括哪些方面?
4. 臭氧的生产与分解的机理是什么?
5. 臭氧层损耗的后果有哪些?
6. 臭氧层如何才能修复?
7. 温室气体有哪些?各自的特性是什么?
8. 如何减少温室气体的排放?
9. 如何理解“碳交易”政策?
10. 简述气溶胶的种类、特性。
11. 气溶胶有哪些危害?
12. 如何控制气溶胶的排放?

附 录

附表1 各种能源折标准煤参考系数

能源名称	平均低位发热量	折标准煤系数
原煤	20 908 kJ/kg(5 000 kcal/kg)	0.7143 kg(标准煤)/kg
洗精煤	26.344 kJ/kg(6 300 kcal/kg)	0.9000 kg(标准煤)/kg
洗中煤	8 363 kJ/kg(2 000 kcal/kg)	0.2857 kg(标准煤)/kg
煤泥	8 363 ~ 12 545 kJ/kg(2 000 ~ 3 000 kcal/kg)	0.2857 ~ 0.4286 kg(标准煤)/kg
焦炭	28 435 kJ/kg(6 800 kcal/kg)	0.9714 kg(标准煤)/kg
原油	41 816 kJ/kg(10 000 kcal/kg)	1.4286 kg(标准煤)/kg
燃料油	41 816 kJ/kg(10 000 kcal/kg)	1.4286 kg(标准煤)/kg
汽油	43 070 kJ/kg(10 300 kcal/kg)	1.4714 kg(标准煤)/kg
煤油	43 070 kJ/kg(10 300 kcal/kg)	1.4714 kg(标准煤)/kg
柴油	42 652 kJ/kg(2 000 kcal/kg)	1.4571 kg(标准煤)/kg
液化石油气	50 179 kJ/kg(12 000 kcal/kg)	1.7143 kg(标准煤)/kg
炼厂干气	46 055 kJ/kg(kcal/kg)	1.5714 kg(标准煤)/kg
天然气	38 931 kJ/m^3	1.3300 kg(标准煤)/m^3
焦炉煤气	16 726 ~ 17 981 kJ/m^3(4 000 ~ 4 300 kcal/m^3)	0.5714 ~ 0.6143 kg(标准煤)/m^3
发生炉煤气	5 227 kJ/m^3(1 250 kcal/m^3)	0.1786 kg(标准煤)/m^3
重油催化裂解煤气	1 9235 kJ/m^3(4 600 kcal/m^3)	0.6571 kg(标准煤)/m^3
重油热裂解煤气	35 544 kJ/m^3(8 500 kcal/m^3)	1.2143 kg(标准煤)/m^3
焦炭制气	16 308 kJ/m^3(3 900 kcal/m^3)	0.5571 kg(标准煤)/m^3
压力气化煤气	15 054 kJ/m^3(3 600 kcal/m^3)	0.5143 kg(标准煤)/m^3

续附表 1

能源名称	平均低位发热量	折标准煤系数
水煤气	10 453 kJ/m^3(2 500 kcal/m^3)	0.3571 kg(标准煤)/m^3
煤焦油	33 453 kJ/kg(8 000 kcal/kg)	1.1429 kg(标准煤)/kg
粗苯	41 816 kJ/kg(10 000 kcal/kg)	1.4286 kg(标准煤)/kg
热力(当量)		0.03412 kg(标准煤)/MJ
		0.14286 kg(标准煤)/1 000 kcal
电力(当量)	3 596 kJ/kWh(860 kcal/kWh)	0.1229 kg(标准煤)/kWh
人粪	18 817 kJ/kg(4 500 kcal/kg)	0.643 kg(标准煤)/kg
牛粪	13 799 kJ/kg(3 300 kcal/kg)	0.471 kg(标准煤)/kg
猪粪	12 545 kJ/kg(3 000 kcal/kg)	0.429 kg(标准煤)/kg
羊、驴、马、骡粪	15 472 kJ/kg(3 700 kcal/kg)	0.529 kg(标准煤)/kg
鸡粪	18 817 kJ/kg(4 500 kcal/kg)	0.643 kg(标准煤)/kg
大豆秆、棉花秆	15 890 kJ/kg(3 800 kcal/kg)	0.543 kg(标准煤)/kg
稻秆	12 545 kJ/kg(3 000 kcal/kg)	0.429 kg(标准煤)/kg
麦秆	14 635 kJ/kg(3 500 kcal/kg)	0.500 kg(标准煤)/kg
玉米秆	15 472 kJ/kg(3 700 kcal/kg)	0.529 kg(标准煤)/kg
杂草	13 799 kJ/kg(3 300 kcal/kg)	0.471 kg(标准煤)/kg
树叶	14 635 kJ/kg(3 500 kcal/kg)	0.500 kg(标准煤)/kg
薪柴	16 726 kJ/kg(4 000 kcal/kg)	0.571 kg(标准煤)/kg
沼气	20 908 kJ/m^3(5 000 kcal/m^3)	0.714 kg(标准煤)/m^3

附表 2 各种元素的化学㶲

元素	e_x/(kJ/g 原子)	元素	e_x/(kJ/g 原子)
O	1.97	B	610.58
N	0.35	Cs	393.45
C	414.92	Ge	493.37
H	117.67	Sm	963.34
Si	853.16	Gd	933.32
Al	788.61	Br	34.37
Fe	368.33	Be	594.54
Ca	708.57	Pr	926.62
Na	360.96	As	386.46
K	387.04	Sc	907.20
Mg	614.39	Dy	958.73
Ti	885.18	Hf	1 023.74
Cl	23.48	U	1 244.01
Mn	461.47	Ar	11.98
P	872.62	Yb	936.13
S	607.22	Er	961.64
F	310.27	Ho	967.10
Rb	389.76	Eu	872.92
Ba	784.55	Tb	947.15
Zr	1 059.11	Lu	918.13
Cr	547.70	Sb	409.90
Sr	771.53	Cd	304.33
V	695.80	Tl	169.79
Ni	243.58	I	25.62
Cu	478.97	Hg	84.47
W	822.77	Tm	894.73
Li	372.17	Bi	296.87
Ce	1 119.43	In	412.62
Co	288.54	Ag	62.58
Sb	515.97	Se	0
Zb	337.60	Pb	0
Y	932.90	He	30.14
Nd	1 137.56	Ru	0
Nb	878.57	Pt	0
La	983.05	Au	0
Pb	337.44	Ne	27.08
Mo	718.91	Os	297.25
Th	1 165.44	Te	266.48
Ga	496.42	Rh	0
Ta	951.15		

附表3 主要无机物质的化学㶲

物质	相	e_x/(kJ·mol^{-1})	物质	相	e_x/(kJ·mol^{-1})
Al_2O_3	s	0	$Ba(NO_3)_2$	s	0
$AlCl_3$	s	229.94	$BaCl_2$	s	20.68
$AlPO_4$	s	67.14	$BaSO_4$	s	36.71
BaO	s	263.26	$BaCO_3$	s	65.93
CaO	s	106.2	HBr	g	98.58
$Ca(OH)_2$	s	48.85	HI	g	145.42
HgO	s	27.88	H_2SO_4	l	160.03
HgBr	s	0	H_3PO_4	l	113.78
Hg_2Cl_2	s	5.07	KH_2PO_4	s	83.93
Hg_2SO_4	s	157.91	LiF	s	9.8
KCl	s	2.01	LiCl	s	11.39
KBr	s	40.77	$LiCl\cdot H_2O$	s	0
KI	s	97.33	LiOH	s	47.46
KNO_3	s	0	$LiCO_3$	s	32.36
K_2CO_3	s	128.72	MgO	s	46.63
KCN	s	691.32	$MgCl_2$	s	69.24
Na_2SO_4	s	67.06	$MgCO_3\cdot CaCO_3$	s	0
Na_2CO_3	s	94.14	MgBr	s	.183.36
$NaHCO_3$	s	48.85	$Mg(NO_3)_2$	s	37.13
Na_2SiO_3	s	153.54	$MgCO_3$	s	22.6
$NaNO_3$	s	0	$MgSiO_2$	s	10.59
NiO	s	33.74	$MgO\cdot Fe_2O_3$	s	41.19
NiO_2	s	31.35	$MgSO_4$	s	58.27
$NiCl_2\cdot 6H_2O$	s	0	$Mg(PO_4)_2$	s	63.63
$Ni(OH)_2$	s	35.37	MnO_2	s	0
$NiSO_4$	s	98.54	Mn_2O_3	s	47.26
$CaCl_2$	s	7.07	Mn_3O_4	s	108.42
$CaSO_4\cdot 2H_2O$	s	0	$Mn(OH)_2$	s	85.4
$CaCO_3$	s	0	$MnCO_3$	s	66.01

续附表 3

物质	相	e_x/(kJ·mol^{-1})	物质	相	e_x/(kJ·mol^{-1})
$Ca_{10}P_6O_{24}F_2$	s	0	$MnSiO_3$	s	79.37
$Ca_3(PO_4)_2$	s	0	N_2	g	0.67
$CaO \cdot SiO_2$	s	17.16	NO	g	88.95
$CaO \cdot Al_2O_3$	s	83.89	NO_2	g	55.63
$CaO \cdot Fe_2O_3$	s	39.64	NH_3	g	336.85
CO	g	279.67	$NaNO_3$	s	0
CO_2	g	20.13	$NaOH \cdot H_2O$	s	94.19
CuO	s	351.2	NaCl	s	0
Cu_2O	s	813.85	NaBr	s	45.88
$Cu_2(OH)_2Cl$	s	0	O_2	g	3.94
CuS	s	1032.66	PbO	s	150.36
$CuSO_4 \cdot H_2O$	s	412.79	PbO_2	s	123.91
CuCl	s	382.52	$PbCl_2$	s	70.12
$Fe2O_3$	s	0	$PbBr_2$	s	146.09
$Fe(OH)_3$	s	30.14	PbClOH	s	0
$FeCO_3$	s	122.11	Pb(OH)2	s	124.2
α-Feb	s	222.07	$PbSO_4$	s	138.98
Fe_2SiO_4	s	218.01	$PbCO_3$	s	132.45
$FeAl_2O_4$	s	103.23	SO_2	g	310.86
H_2	g	235.34	H2S	g	809
H_2O	g	8.58	SiO2	s	0
HF	g	154.59	$SiCl_4$	e	326.89
HCl	g	45.84	SnO_2	s	0
SnO	s	260.92	$ZnSO_4$	s	77.86
ZnO	s	21.1	$ZnCO_3$	s	26.5
$Zn(OH)_2$	s	21.47	FeO	s	118.71
$ZnCl_2$	s	14.99	Fe_3O_4	s	98.37
$Zn(NO_3)_2 \cdot 6H_2O$	s	0			

附表 4　主要有机物质的化学㶲

化合物	相	$e_x/(kJ \cdot mol^{-1})$	化合物	相	$e_x/(kJ \cdot mol^{-1})$
CH_4	g	830.67	C_6H_5COOH	s	3 362.8
C_2H_6	g	1 502.96	$HCOOCH_3$	g	1 007.9
C_3H_6	g	2 132.6	$CH_3COOC_2H_5$	l	2 281.4
C_4H_{10}	g	2 819.2	$(CH_3)_2O$	g	1 423.6
C_5H_{12}	g	3 478.3	$(C_2H_5)_2O$	l	2 719.9
C_5H_{12}	l	3 477.2	$HCHO$	g	542.55
C_6H_{14}	g	4 136.5	CH_3CHO	g	1 168.7
C_6H_{14}	l	4 132.6	$(CH_3)_2CO$	l	1 797
C_7H_{16}	g	4 795.3	CH_3Cl	g	732.98
C_7H_{16}	l	4 788.3	CH_2Cl_2	l	634.02
C_2H_4	g	1 368.7	$CHCl_3$	l	531.46
C_3H_6	g	2 013.5	CCl_4	l	440.21
$CH_2=CHCH_2CH_3$	g	2 529.4	CH_3Br	g	776.34
C_2H_2	g	1 274.5	CH_3I	g	815.73
$CH_3C\equiv CH$	g	1 909.3	CF_4	g	1 020.6
C_5H_{10}	l	3 287.7	C_6H_5F	l	3 520.4
C_6H_{12}	l	3 928.2	C_6H_5Cl	l	3 294.8
C_6H_6	l	3 320.1	C_6H_5Br	l	3 165
$CH_3C_6H_5$	l	3 960	C_6H_5I	l	3 310.3
CH_3OH	l	721.17	CH_3NH_2	g	1 031.2
C_2H_5OH	l	1 363	CH_3CN	l	1 283.7
C_3H_7OH	l	2 016.9	$CO(NH_2)_2$	s	691.03
C_4H_9OH	l	2 669.2	$C_6H_5NO_2$	l	3 224.1
$C_5H_{11}OH$	l	3 324.9	$C_6H_5NH_3$	l	3 461.7
$C_6H_{13}OH$	s	3 151.5	$C_6H_{12}O_6$	s	2 997.8
$HCOOH$	l	308.01	$C_{12}H_{22}O_{11}$	s	6 025.2
CH_3COOH	l	911.81	C_5H_5N	l	2 819.4
C_3H_7COOH	l	2 222	C_9H_7N	l	4 822.9
$C_{15}H_{31}COOH$	s	10 073	C_5H_5S	l	3 380.3

参考文献

[1] 黄素逸，高伟．能源概论．北京：高等教育出版社，2004.
[2] 李君慧．能源与环境．沈阳：东北大学出版社，1994.
[3] 华泽澎．能源经济学．东营：石油大学出版社，1991.
[4] 《中国能源年鉴》编辑委员会．中国能源年鉴．北京：科学出版社，2000—2011.
[5] 林伯强．中国能源问题与能源政策选择．北京：煤炭工业出版社，2007.
[6] 郭星渠．核能：20世纪的主要能源．北京：原子能出版社，1987.
[7] 马进．核能发电原理．北京：中国电力出版社，2007.
[8] 左然，施明恒，王希麟．可再生能源概论．北京：机械工业出版社，2007.
[9] 罗运俊，何梓年，王长贵．太阳能利用技术．北京：化学工业出版社，2005.
[10] 张希良．风能开发利用．北京：化学工业出版社，2005.
[11] 汪集旸，马伟斌，龚宇烈等．地热利用技术．北京：化学工业出版社，2005.
[12] 李允武．海洋能源开发．北京：海洋出版社，2008.
[13] 袁振宏，吴创之，马隆龙等．生物质能利用原理与技术．北京：化学工业出版社，2005.
[14] 孙艳，苏伟，周理．氢燃料．北京：化学工业出版社，2005.
[15] 樊栓狮．天然气水合物储存与运输技术．北京：化学工业出版社，2005.
[16] 赵永民．热力发电厂．北京：中国电力出版社，1996.
[17] 刘永长．内燃机原理．武汉：华中科技大学出版社，2001.
[18] 韩宝琦，李树林．制冷空调原理及应用．2版．北京：机械工业出版社，2002.
[19] 金苏敏．制冷技术及其应用．北京：机械工业出版社，1999.
[20] 毛宗强等编著．燃料电池．北京：化学工业出版社，2005.
[21] 郭茶秀，魏新利．热能存储技术与应用．北京：化学工业出版社，2005
[22] 朱明善．能源系统㶲分析．北京：清华大学出版社，1988.
[23] 严俊杰，黄锦涛，何茂刚．冷热电联产技术．北京：化学工业出版社，2006.
[24] 张旭等编著．热泵技术．北京：化学工业出版社，2007.
[25] 汤学忠．热能转换与利用．2版．北京：冶金工业出版社，2002.
[26] 车得福，刘艳华．烟气热能梯级利用．北京：化学工业出版社，2006.
[27] [日]节能中心编．节能燃烧技术．周家骅等译．北京：机械工业出版社，1989.
[28] [日]森康夫主编．燃烧污染与环境保护．蔡锐彬等译．广州：华南理工大学出版社，1989.
[29] 刘圣华，姚明宇，张宝剑．洁净燃烧技术．北京：化学工业出版社，2006.
[30] 孙胜龙等编著．环境污染与控制．北京：化学工业出版社，2001.
[31] 钟秦．燃煤烟气脱硫脱硝技术及工程实例．北京：化学工业出版社，2002.
[32] 方德明，陈冰冰．大气污染控制技术及设备．北京：化学工业出版社，2005.

[33] 胡满银，赵毅，刘忠. 除尘技术. 北京：化学工业出版社，2006.
[34] 金国淼等编. 除尘设备. 北京：化学工业出版社，2002.
[35] 郭静，阮宜纶. 大气污染控制工程. 2版. 北京：化学工业出版社，2008.
[36] 郑楚光. 温室效应及其控制对策. 北京：中国电力出版社，2001.
[37] The International Energy Agency. World Energy Outlook 2006, By Claude Mandil. IEA PUBLICATIONS, 9, Rue de la Fédération, PARIS, PRINTED IN FRANCE BY STEDI, 2006.
[38] Michael A Laughton. Renewable Energy Sources. ELSEVIER SCIENCE PUBLISHERS LTD, Crown House, Linton Road, Barking, England, Published in the Taylor & Francis e-Library, 2003.
[39] John R Fanchi. ENERGY: Technology and Directions for the Future. Elsevier Academic Press, 200 Wheeler Road, Sixth Floor, Burlington, MA, USA; 84 Theobald ´s Road, London, UK, 2004.
[40] Mukund R Patel. Wind and Solar Power Systems. CRC Press, Washington, D. C. , 1999.
[41] Nuclear Energy Agency of OECD. Forty Years of Uranium Resources, Reduction and Demand in Perspective. OECD Publications Service, 2, Rue André-Pascal, Paris, France. 2006.
[42] Gregor Hoogers. Fuel Cell Technology Handbook. CRC Press LLC, Washington, D. C. USA, 2003.
[43] Michael F Hordeski. New Technologies for Energy Efficiency. MARCEL DEKKER, INC. New York and Basel, Distributed by Marcel Dekker, Inc. 270 Madison Avenue, New York, USA, 2003.
[44] OECD Environmental Outlook. OECD Publications Service, 2, Rue André-Pascal, France, 2001.
[45] Daniel A. Vallero. Environmental Contaminants: Assessment and Control. Elsevier Academic Press. 200 Wheeler Road, 6th Floor, Burlington, MA, USA; 84 Theobald's Road, London, UK, 2004.
[46] Noel de Nevers. Air Ppllution Control Engineering(Second edition). McGraw-Hill Companies Inc. ; 北京：清华大学出版社，2000(影印版).

图书在版编目(CIP)数据

能源与环境(第二版)/周乃君主编. —2版. —长沙:
中南大学出版社, 2013.2
ISBN 978-7-5487-0771-4

Ⅰ.能… Ⅱ.周… Ⅲ.能源—关系—环境—高等学校—教材
Ⅳ.X24

中国版本图书馆CIP数据核字(2013)第017415号

能源与环境
(第二版)

周乃君　主编

□**责任编辑**　邓立荣
□**责任印制**　易建国
□**出版发行**　中南大学出版社
社址:长沙市麓山南路　邮编:410083
发行科电话:0731-88876770　传真:0731-88710482
□**印　　装**　长沙印通印刷有限公司

□**开　　本**　787×1092　1/16　□**印张** 18.5　□**字数** 457千字　□**插页**
□**版　　次**　2013年2月第2版　□2019年7月第3次印刷
□**书　　号**　ISBN 978-7-5487-0771-4
□**定　　价**　45.00元